ÉTUDE INDUSTRIELLE

DES

GITES MÉTALLIFÈRES

ÉTUDE INDUSTRIELLE

DES

GITES MÉTALLIFÈRES

PAR

George MOREAU

Ancien élève de l'École Polytechnique
et de l'École Nationale supérieure des Mines.

Avec 89 figures dans le texte.

PARIS
LIBRAIRIE POLYTECHNIQUE, BAUDRY ET Cie, ÉDITEURS
15, RUE DES SAINTS-PÈRES, 15
MAISON A LIÈGE, RUE DES DOMINICAINS, 7
—
1894
Tous droits réservés.

AVERTISSEMENT

A côté de la géologie qui a pour but l'étude de la composition de l'écorce terrestre, à côté de l'art des mines qui ne vise que l'utilisation des gîtes, une science nouvelle a surgi récemment, isolant en quelque sorte l'examen des dépôts minéraux, en établissant l'histoire et permettant de déduire de l'ensemble des faits connus un enseignement dont les conclusions sont applicables à des cas nouveaux. Ces idées ont peu à peu progressé, surtout en Allemagne et en Amérique. Chez nous, c'est assez récemment que les faits, jusque-là épars, ont été condensés en un corps de doctrine, système encore embryonnaire, encore discutable, mais qui devait peu à peu se perfectionner entre les mains mêmes qui l'avaient créé.

La première mention des gîtes métallifères est peut-être faite par Diodore de Sicile qui signale les filons espagnols. Pline l'Ancien consacre quelques paragraphes à l'or et au plomb, ainsi qu'à leur mode d'occurrence.

Agricola, dans un chapitre relatif à la genèse des dépôts métalliques (1556), admet le rôle prépondérant de l'eau, qu'il considère comme ayant apporté les métaux à l'état de dissolution.

Rössler, en 1673, établit distinctement que la fracture a précédé le remplissage.

Henckel, en 1725, préconise la même idée et explique la minéralisation par l'arrivée d'émanations, provenant des régions profondes et modifiant la nature des substances rencontrées.

Zimmerman explique la formation des veines par la transformation des roches avoisinantes, sous l'influence de substances salines (1746). Trois ans plus tard, Van Oppel affirmait la postériorité du remplissage, par rapport à la fracture, et admettait que les substances métalliques étaient empruntées aux roches avoisinantes.

En 1753, Lehman se montrait l'apôtre de la théorie de l'émanation, et supposait tous les filons en relation avec un réservoir central des métaux, tandis que Delius, en 1770, se faisait le défenseur de la théorie, encore peu nette, de la sécrétion latérale.

Gerhard (1781) se prononce pour les phénomènes de ségrégation ; ses idées sont reprises et développées par Lasius (1789), tandis que Werner affirme le remplissage *per descensum* (1791).

Il convient de citer, en Allemagne, les travaux de Humboldt, Léopold de Buch, Von Cotta, Fr. Sandberger, Von Groddeck, etc., en Amérique, ceux de Cl. King, Whitney, Becker, Raymond, Emmons, etc., en Angleterre, les noms de Henwood, Wallace, Geikie et autres.

En France, la mémoire d'Élie de Beaumont est justement vénérée et il convient de rendre hommage à ses successeurs : Moissenet, Rivot, de Chancourtois, etc. On doit une mention toute spéciale à l'éminent savant Daubrée dont les expériences ont jeté tant de lumière sur la question, ainsi qu'au regretté E. Fuchs l'innovateur du cours de Géologie technique.

Sans entrer dans la description détaillée des gîtes métallifères, ce qui a été fait sur les plans de Fuchs, par son élève et successeur, A. de Launay, nous avons réuni dans le présent travail des données générales, auxquelles nous avons ajouté quelques vues particulières.

Nous avons supposé les faits connus et nous nous sommes attaché à mettre en évidence les caractères permettant d'apprécier la valeur d'un gîte. Nous avons essayé de montrer toute l'importance de la phase d'étude qui précède la naissance d'une affaire minière, et quelles sont les conséquences qui doivent en découler.

Nous croyons fermement que l'application des principes exposés dans ce livre peut être d'une grande utilité. Il ne faut pas oublier que si l'on doit se laisser guider par la théorie pendant l'étude générale, c'est pour émettre une conclusion basée sur l'observation de la nature, en demandant à la science ce qu'elle peut avoir d'éminemment pratique.

G. Moreau.

Paris, 1894.

TABLE DES MATIÈRES

Avertissement. 1

CHAPITRE PREMIER
CLASSIFICATION DES GÎTES

Généralités 1
   Définition. 1
   Les gites et les terrains. 2
Roches 4
   Division des roches en deux séries. 4
   Classification des roches 5
   Série ancienne. 6
   Série moderne 8
   Espèces minérales. 10
   Eléments de l'écorce terrestre. 11
   Succession des terrains 13
Classification des gîtes 16
   Tentatives de classification. 17
   Classification d'après la structure. 18
   Classification de M. V. Groddeck. 19
   Classification de M. de Lapparent. 19
   Classification de M. J.-A. Phillips 20
   Classifications diverses 21
   Classification proposée. 23
   Gîtes détritiques 25
   Gîtes en place 25
   Gîtes imprégnés. 26
   Gîtes métamorphiques. 27
   Gîtes massifs. 27
   Gîtes éruptifs avec départ. 27
   Filons francs 29
   Filons irréguliers. 33
   Gîtes de substitution 34

Variations du remplissage	36
Age des gîtes	36
Allure des gîtes	38
Direction	38
Plongement	39
Puissance	39
Epontes	40
Affleurements	40
Plans	40

CHAPITRE II

FORMATION DES FRACTURES ET CAVITÉS

Nature des filons	41
Importance des filons	41
Origine des filons	43
Complexité de la question	43
Classification des causes	44
Causes qui ont occasionné les fractures	45
Des causes en général	45
Rupture brusque de l'équilibre moléculaire	45
Dessiccation	46
Contraction et refroidissement	46
Contraction de l'écorce terrestre	48
Soulèvements et affaissements	49
Plissements	51
Pression et écrasement	53
Torsion	54
Efforts divers	54
Systèmes et groupes de fractures	55
Fracture dans une formation unique	56
Nature de la force produisant la cassure	56
Influence des forces latérales	57
Relations de la faille et de la couche	58
Formes des fractures	60
Cassures traversant des terrains divers	62
Variation des éléments	62
Relation de la faille et de deux couches successives	63
Singularités provenant du passage d'une couche à une autre	66
Gîtes de contact et filons couches	66
Modifications subséquentes des fractures	67
Rejets	69
Définitions	69

Effets produits par les rejets..	73
Cas singuliers.	73
Eléments du rejet.	75
Cas particuliers.	80
Rejet ouvert	81
Systèmes filoniens	82
Systèmes et groupes.	82
Ages des fractures.	84
Formation des cavités	87

CHAPITRE III

REMPLISSAGE DES GÎTES

Remplissage rocheux	89
Remplissage métallifère.	90
Structure du remplissage	90
Causes du remplissage	91
Causes principales et secondaires.	92
Injection.	93
Gîtes de départ.	93
Sublimation	96
Phénomènes solfatariens.	97
Circulations hydrothermales	98
Dépôt du remplissage	102
Influence du fluor et du chlore.	102
Actions des gaz et vapeurs agissant à des températures élevées	103
Influence du refroidissement sur les matières fondues	104
Dissolution des minéraux	105
Dépôt des minéraux dans les cavités	107
Variations de pression et de température	111
Courants électriques.	112
Influence des parois	113
Actions épigéniques.	114
Age du remplissage.	116
Opinions diverses relatives à la genèse des filons.	118
Venue des métaux.	118
Parties riches	120
Plages variables.	120
Associations minérales.	123
Variations des espèces minérales en profondeur	124
Lois de Henwood et de Moissenet	127

CHAPITRE IV

GÎTES SÉDIMENTAIRES

Généralités... 130
    Définitions... 130
    Accidents des couches.. 131
    Répartition des gîtes stratifiés.................................... 133
    Importance des gîtes stratifiés.................................... 134
Genèse des gîtes sédimentaires... 135
    Origine des gîtes stratifiés....................................... 135
    Actions détritiques... 136
    Évaporation... 141
    Actions organiques... 142
    Actions chimiques... 142
    Age de la métallisation.. 144
    Amas stratifiés.. 145
    Gîtes stratifiés ferrifères... 145
    Minerais de cuivre... 148
    Alluvions aurifères... 150
Métamorphisme.. 151
    Causes du métamorphisme.. 151
    Contact d'une roche éruptive..................................... 151
    Effets thermiques lents... 152
    Effets thermiques intenses.. 152
    Pression... 152
    Influence de l'eau.. 153
    Gîtes métamorphiques.. 153

CHAPITRE V

LES MINERAIS

Caractères généraux... 155
    Formes cristallines... 155
    Propriétés optiques... 158
    Phénomènes thermiques.. 159
    Phénomènes électriques et magnétiques.......................... 159
    Cohésion. Dureté.. 160
    Densité.. 160
    Caractères divers.. 161
Caractères minéralogiques... 161
    Or... 161
    Platine et analogues... 162

TABLE DES MATIÈRES

Argent 162
Cuivre 163
Plomb 165
Zinc 166
Fer 166
Manganèse 167
Nickel 168
Cobalt 168
Chrome 169
Tungstène 169
Etain 169
Bismuth 169
Antimoine 169
Mercure 170
Aluminium 170
Gangues 170

Caractères chimiques 172
Aluminium 172
Antimoine 172
Argent 172
Arsenic 172
Baryum 172
Bismuth 173
Brome 173
Calcium 173
Carbone 173
Chlore 173
Chrome 173
Cobalt 173
Cuivre 174
Etain 174
Fer 174
Fluor 174
Iode 174
Magnésium 175
Manganèse 175
Mercure 175
Nickel 175
Or 175
Phosphore 175
Platine 176
Plomb 176
Potassium 176
Silicium 176
Sodium 176
Soufre 176
Strontium 176

X   TABLE DES MATIÈRES

Tungstène	176
Zinc	177

Caractères pyrognostiques 177

Alumine	177
Antimoine	177
Argent	177
Arsenic	177
Baryte	177
Bismuth	178
Chaux	178
Chlore	178
Chrome	178
Cobalt	178
Cuivre	178
Etain	178
Fer	178
Fluorures	178
Iodures	179
Magnésie	179
Manganèse	179
Mercure	179
Nickel	179
Plomb	179
Potasse	179
Silice	179
Soude	179
Soufre	179
Strontiane	179
Tungstène	179
Zinc	180
Coloration de la flamme	180
Minerais usuels	180

CHAPITRE VI

GÎTES CARACTÉRISTIQUES

Or	182
Types principaux des gîtes	183
Placers découverts	184
Placers recouverts	186
Gîtes stratifiés	187
Gîtes présentant l'or en combinaison	188
Gîtes filoniens ordinaires	189
Argent	193
Gîtes d'argent	193

Cuivre	199
Couches sédimentaires..........................	199
Amas stratifiés	201
Gîtes de départ	204
Gîtes filoniens.................................	205
Plomb	207
Gîtes sédimentaires	208
Amas stratifiés	209
Gîtes filoniens.................................	209
Filons couches	216
Gash-veins et cavités	216
Mines de plomb et d'argent.....................	219
Zinc	220
Fer...	225
Gîtes pyriteux..................................	225
Gîtes oxydés	225
Gîtes des terrains primitifs.....................	230
Gîtes des terrains paléozoïques.................	232
Gîtes des terrains secondaires	234
Gîtes des terrains tertiaires....................	234
Conclusion	235
Etain...	237
Métaux divers...	242
Antimoine	242
Mercure	243
Manganèse	245
Chrome	246
Cobalt et nickel................................	247
Bismuth	248
Platine et analogues............................	248
Statistique	249

CHAPITRE VII

ÉTUDES MINIÈRES

Prospection	254
Ignorance ordinaire des prospecteurs............	254
Part du temps et du hasard	256
Recherche des alluvions.........................	258
Lavage à la batée...............................	259
Motifs légitimant une prospection................	262
Recherches industrielles........................	263
Horizons productifs.............................	266
Indications magnétiques.........................	269

Examen suivant la découverte... 270
    Travaux à pratiquer... 270
    Examen des résultats.. 273
    Cas d'une couche.. 274
    Cas d'un filon.. 275
    Nature de la gangue... 278
    Valeur restreinte de la plupart des prospects............................ 278
    Développements.. 280
Détermination sommaire des espèces trouvées................................ 281
    Densité... 281
    Trousse chimique.. 282
    Classification à première vue... 283
    Essai par les acides.. 284
    Détermination des gangues... 287
Essais... 288
    Matériel d'essai.. 288
    Préparation de l'échantillon.. 291
    Essais d'or et d'argent par voie sèche.................................. 292
    Essais des minerais de plomb.. 295
    Etain... 296
    Mercure... 296
    Antimoine... 296
    Essais par voie humide (cuivre, zinc, fer, manganèse)................... 296
    Essai mécanique des minerais.. 298
Etude définitive d'une mine.. 299
    Description de la localité.. 300
    Communications et approvisionnements.................................... 302
    Etude géologique.. 304
    Prises d'essai.. 305
    Travaux... 306
    Etude économique.. 307

CHAPITRE VIII.

TRAITEMENT DES MINERAIS

Préparation mécanique.. 314
    Débourbage.. 314
    Concassage.. 315
    Broyage... 317
    Appareils de classement... 321
    Enrichissement.. 321
    Moyens de transport... 327
    Installation d'une usine.. 327

TABLE DES MATIÈRES

Or 330
    Traitement des alluvions. 330
    Traitement des quartz aurifères normaux. 334
    Procédés chimiques. 338
    Traitement par fusion. 339

Argent 340
    Traitement hispano-américain de l'argent chloruré. 340
    Procédé mexicain du patio. 340
    Méthode du tonneau de Freyberg 341
    Traitement dans les usines à bocards. 342
    Procédés de lixiviation. 355
    Minerais auro-argentifères 356

Cuivre 357
    Généralités 357
    Méthode galloise. 358
    Emploi du water-jacket 360
    Convertisseur Manhès 364

Plomb 366
    Méthodes de traitement 366
    Procédé carinthien 367
    Procédé du bas-foyer 367
    Grillage et fusion 368
    Désargentation 371

Métaux divers. 373
    Zinc 373
    Etain 374
    Antimoine 374
    Mercure 375

Choix d'un procédé 376

CHAPITRE IX

ÉTUDE ÉCONOMIQUE D'UN GÎTE

Prix de revient 380

Examen du gîte 383
    Productivité. 383
    Tonnage disponible dans un étage. 384
    Méthode analytique 387
    Variations du prix de revient. 397
    Maximum d'effet utile 398
    Variations des cours. 401
    Coefficient de prospérité. 401
    Caractéristique industrielle. 402

Usine de traitement 406
    Enrichissement par préparation mécanique 407
    Usine pour traitement métallurgique 413
    Position des usines de traitement. 417
Valeur des mines 420
    Proportion des mauvaises mines 420
    Influence des cours des métaux. 424
    Disproportion du capital. 428
    Prix d'achat des mines 429
    Conclusion 434

INDEX BIBLIOGRAPHIQUE 437

ÉTUDE INDUSTRIELLE

DES

GITES MÉTALLIFÈRES

CHAPITRE PREMIER

CLASSIFICATION DES GITES

Généralités. Définitions. Les gîtes et les terrains. — *Roches.* Division des roches en deux séries. Classification des roches. Série ancienne. Série moderne. Espèces minérales. Eléments de l'écorce terrestre. Succession des terrains. — *Classification des gîtes.* Tentatives de classification. Classification d'après la structure. Classification de M. V. Groddeck. Classification de M. de Lapparent. Classification de M. J.-A. Phillips. Classifications diverses. Classification proposée. Gîtes détritiques. Gîtes en place. Gîtes imprégnés. Gîtes métamorphiques. Gîtes massifs. Gîtes éruptifs avec départ. Filons francs. Filons irréguliers. Gîtes de substitution. Variations du remplissage. Age des gîtes. — *Allure des gîtes.* Direction. Plongement. Puissance. Epontes. Affleurements. Plans.

§ I. — GÉNÉRALITÉS

Définitions. — La définition des *Gîtes métallifères* est plus aisée à concevoir qu'à formuler.

Si l'on ne tient compte que des habitudes reçues, legs des anciens exploitants dont le vocabulaire souvent expressif n'est pas toujours correct, on arrive à manquer de précision. Ainsi on a coutume d'exclure [1] les amas d'alumine, les bancs de sel marin, les couches d'azotate de soude, etc... Pourtant le sodium et l'aluminium appartiennent à la catégorie des métaux. Le dernier de ces corps est même quelquefois utilisé dans des conditions analogues à celles du fer. Mais jusqu'à présent la routine a

---

[1] Nous nous bornons à envisager les *gîtes métallifères*. La conclusion serait différente s'il s'agissait des *gîtes minéraux*.

prévalu et on a toujours accepté une division toute faite. Von Groddeck définit les gîtes métallifères : *des dépôts naturels de minerais qui font partie de la croûte terrestre*. Quant aux minerais, ce sont, au point de vue industriel, des minéraux ou des mélanges de minéraux pouvant servir à la préparation des métaux ou de combinaisons métalliques.

Les gîtes métalliques sont, d'après M. de Lapparent, tous les dépôts desquels il est possible d'extraire avec profit les métaux usuels.

Sous le nom de métaux usuels on désigne ordinairement ou plutôt on désignait autrefois : l'or, l'argent, le plomb, le zinc, l'étain, le cuivre, le fer, le mercure et l'antimoine.

Les progrès de la métallurgie ont mis à la disposition de l'homme des corps nouveaux et à la liste précédente il faut ajouter : le manganèse, le chrome, le nickel, le cobalt, le tungstène, l'aluminium, le bismuth, le platine et les métaux qui l'accompagnent, etc., etc...

Il en est de l'art des mines comme de toutes choses. Des perfectionnements sont introduits peu à peu et telle formation, aujourd'hui sans utilité, pourra être avantageusement exploitée par nos descendants. Il en résulte que la classification d'après le caractère d'utilité immédiate est encore illusoire. Les procédés modernes permettent d'attaquer des filons que les anciens eussent dédaignés. Nous n'en voulons pour exemple que ce qui se passe en Californie, où les Américains traitent certains quartz aurifères dont la valeur dépasse à peine un dollar [1].

On voit donc que le nom de gîte métallifère doit être étendu à toute formation d'où l'homme est susceptible d'extraire les substances qu'il peut employer à l'état métallique.

Les Gîtes et les terrains. — Les gîtes diffèrent quant à la forme, l'origine et la nature. Ils doivent être considérés comme

---

[1] La possibilité d'exploiter des gisements à teneur aussi basse est due non seulement à la perfection des méthodes mais aussi aux conditions exceptionnelles dans lesquelles on travaille.

des exceptions dans l'ensemble de la croûte terrestre et leur masse totale n'est qu'une infime portion de la partie solide de notre globe. Cette écorce est formée surtout de silice, de silicates et de carbonates dont les combinaisons diverses constituent les roches et les couches remaniées. L'activité interne a déterminé à diverses reprises des épanchements ou des intrusions de produits éruptifs dont les éléments avaient souvent une parenté avec ceux des assises primitives.

Accessoirement d'autres agents entraient en ligne : c'étaient des circulations aquifères, des émanations gazeuses, des émissions de vapeurs minérales dont l'action se faisait sentir surtout dans le voisinage des lieux qui étaient le théâtre des révolutions principales. De même que le champ des éruptions a varié, de même ont varié le mode d'action de ces influences secondaires et la nature de ces agents subordonnés. Ces forces n'ont pas toujours été successives et beaucoup d'entre elles au contraire ont coexisté. Souvent une influence donnée ne s'est exercée que pendant une période limitée, bien qu'avec des intensités diverses et des récurrences quelquefois peu explicables.

Le dépôt des espèces métalliques n'a pu s'effectuer qu'à la surface, ou au sein de massifs existant déjà au moment où s'exerçaient les actions minéralisatrices dont on pourra conclure la cessation à une époque précise, si, dans les terrains postérieurs, on ne trouve pas trace du métal antérieurement amené au jour.

Certaines zones sont connues pour leur richesse en plomb argentifère et pour leur manque de cuivre. La recherche de nouveaux gîtes devra naturellement avoir pour but la rencontre du métal dominant dans la contrée, ce qui ne veut pas dire que le cuivre ne doive jamais être trouvé dans ces parages. Telle circonstance peut se présenter qui permette de découvrir ce qui avait jusqu'alors échappé aux investigations.

Le fer est réparti d'une façon constante mais inégale dans l'épaisseur de la croûte terrestre. Au sein du Laurentien, à

Iron Mountain (Missouri), et dans la région des monts Adirondack, il forme des lits importants dont l'épaisseur atteint et parfois dépasse 50 mètres. Les oxydes et pyrites de fer se trouvent à tous les niveaux et des minerais se forment encore de nos jours sous l'influence d'actions diverses.

Le cuivre, le plomb, le zinc, l'argent, l'or, etc., apparaissent également aux époques les plus reculées. En Suède et dans l'Erzgebirge de nombreux filons en font foi. Le Devon, le Cornwall, le Hartz sont des pays classiques où ces questions ont été étudiées soigneusement et dans lesquels le dépôt des métaux a fréquemment été rapporté à la période dévonienne.

§ II. — ROCHES

Les roches présentes dans les districts métallifères méritent toute notre attention, car il n'y a pas lieu de faire fi de la théorie en matière d'industrie minière. Bien des mécomptes eussent été évités par l'examen scientifique d'un gîte, comme bien des économies eussent été réalisées si des experts de cabinet eussent consenti à étudier les détails matériels d'une exploitation.

Deux points sont importants à considérer : la nature de la roche, puis son âge ; ces deux éléments peuvent aider puissamment pour les inductions à venir.

Division des roches en deux séries. — Les manifestations plutoniques, nombreuses aux périodes anciennes, semblent avoir peu à peu perdu de leur intensité jusqu'à l'époque tertiaire, durant laquelle elles se sont à nouveau énergiquement réveillées.

C'est alors que se forment les Pyrénées, les Apennins, les Alpes, le Jura, les Carpathes, les Montagnes Rocheuses[1], l'Himalaya, etc., etc...

---

[1] Le système des Montagnes Rocheuses, fort compliqué, est dû à l'ensemble de plusieurs soulèvements dont le premier remonte à l'époque paléozoïque et dont le dernier est postmiocène. Toutefois le grand mouvement semble avoir pris place à la fin du crétacé ou tout au début de l'ère tertiaire.

« La naissance des montagnes qui eut lieu, en Amérique, à la fin des temps méso-

Aujourd'hui nous traversons une période de calme et les manifestations de l'énergie interne ne nous parviennent qu'en échos affaiblis. Peut-être un jour viendra-t-il où un violent cataclysme brisera l'écorce terrestre, donnera naissance à des cimes plus hautes que les grands pics asiatiques et amènera une nouvelle recrudescence des actions éruptives. Rien ne s'oppose à un semblable bouleversement, mais nous n'avons pas à entrer dans le champ des hypothèses ; nous devons jeter les yeux en arrière et non pas envisager l'avenir.

On peut, dans l'ensemble des roches, introduire une division, en établissant une série ancienne et une série moderne. Ces produits se sont naturellement trouvés dans des conditions bien diverses et leur refroidissement a subi des phases variées. D'après des expériences faites par MM. Fouqué et Michel Lévy, ces causes ont principalement influé sur la texture, à laquelle la pétrologie accorde une importance toute particulière.

Classification des roches. — Il y a lieu de distinguer entre les roches uniquement cristallines, celles qui ne comprennent que des masses vitreuses et celles qui présentent une composition mixte. Nous ne prétendons pas exposer les bases de la classification des roches; nous ne voulons que rappeler quelques caractères commodes pour leur examen sur le terrain. Les produits éruptifs pourront être échantillonnés et les prises d'essai examinées ensuite à loisir par les spécialistes qui se prononceront en toute certitude.

Pour remplir notre but, dans le type cristallin nous pratiquons une subdivision : dans une première catégorie nous rangeons toutes les roches composées d'éléments silicatés, avec

---

« zoïques, prit place après la fin du dépôt du groupe de Laramie, c'est-à-dire à la fin
« du crétacé, si cette série est réellement crétacée. Toutefois l'âge de ce groupe est
« encore douteux et beaucoup de géologues ont une tendance à le considérer comme
« tertiaire. Si on le range dans l'éocène, les mouvements de la croûte terrestre, dans
« le Nord-Amérique, paraissent avoir été contemporains de ceux qui affectèrent l'Eu-
« rope et l'Asie. » J. Dana. *Manual of Geology*.

adjonction de silice libre ; dans la seconde nous plaçons les espèces uniquement formées de silicates.

Enfin, dans chaque subdivision, nous établissons deux groupes, d'après l'apparence cristalline. D'abord le groupe granitoïde, dans lequel les éléments sont nettement visibles ; puis le groupe porphyroïde, dans lequel un mélange plus intime empêche les cristaux d'être discernables à l'œil nu.

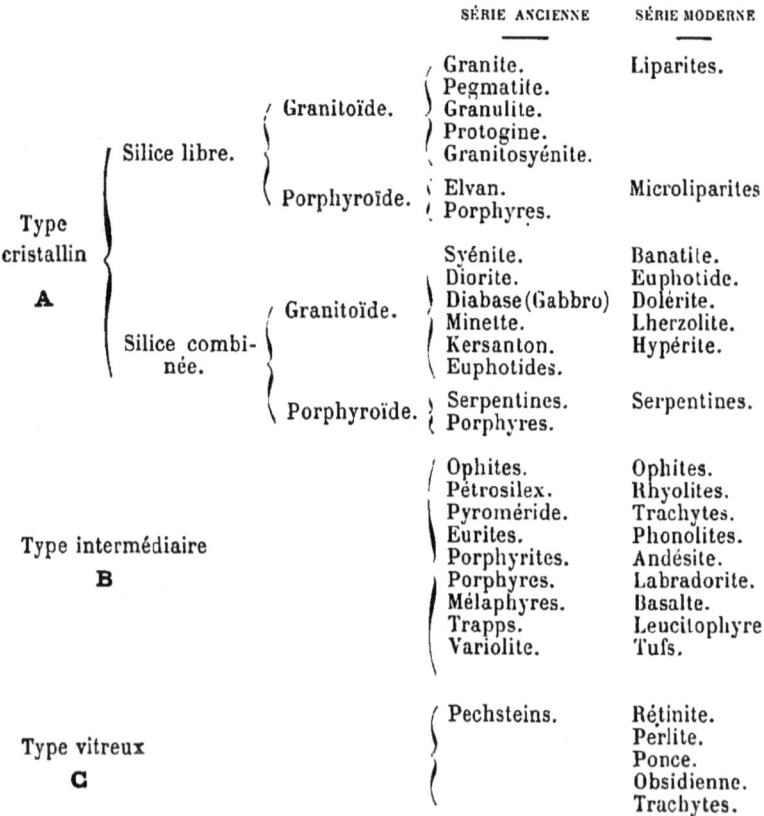

Série ancienne. — A. — Le *granite* est la roche cristalline type et sa composition comprend essentiellement : du feldspath, du mica et du quartz. Diverses variétés existent et dépendent de la nature du feldspath. Lorsque les minéraux constituants apparaissent en fragments plus volumineux, le granite passe à la *pegmatite*, tandis qu'il devient une *granulite* avec un groupement différent.

Si le mica est remplacé par la chlorite (du talc, ont dit certains auteurs) on a affaire à de la *protogine*, et, si cette substitution s'opère au profit de l'amphibole, la masse devient un *granito-syénite*.

Lorsque le grain se serre au point de devenir indiscernable à l'œil nu, ou tout moins difficilement visible, on se trouve en présence d'une texture dite porphyroïde et la subdivision acide comporte des *elvans* et des *porphyres* divers.

Dans le groupe où la silice n'apparaît pas à l'état libre, on distingue ordinairement une série neutre et une série basique, mais nous nous bornons à mentionner le fait.

Au premier rang viennent la *syénite* et la *diorite*, toutes deux composées d'amphibole hornblende avec un feldspath qui est l'orthose dans le premier cas et le plagioclase dans le second ; ces mélanges sont fréquemment accompagnés de minéraux accessoires. La *diabase* et le *gabbro* sont constitués par du feldspath et du pyroxène augite. Le mica apparaît aussi dans cette série et forme la *minette*, en s'unissant aux éléments de la syénite, tandis qu'en s'alliant à l'orthose il produit la *kersantite*. L'*euphotide* résulte de l'union du feldspath avec le diallage. La texture se modifiant et l'union des éléments devenant plus intime, on arrive à la série porphyrique dont la composition chimique ne diffère pas sensiblement de celle des roches que nous venons d'examiner. Quant aux *serpentines*, qui sont des produits créés aux dépens d'autres espèces, ce sont des silicates hydratés magnésiens.

B. — Si maintenant nous passons au type intermédiaire, nous nous trouvons en présence des *ophites*, souvent classées dans le groupe précédent et qui sont une combinaison de diallage avec un feldspath plagioclase.

Les *felsophyres* des auteurs allemands constituent une série acide avec pâte silico-feldspathique comprenant des éléments chimiques analogues à ceux de la famille granitoïde, mais présentant une texture différente. Sous le nom de *pétrosilex*, *eurite*, *pyroméride*, on a établi des distinctions que nous ne faisons que rappeler. Les *porphyres* accusent un degré d'acidité moindre et comportent essentiellement une pâte feldspathique avec adjonction d'amphibole et de pyroxène. Il y a là toute une famille qui correspond au groupe des roches syénitiques et dioritiques. Nous ferons remarquer en passant l'impropriété du mot « porphyre » que nous avons employé à diverses reprises dans des acceptions différentes. Il faut voir dans l'emploi de ce vocable un écho des anciennes traditions ; autrefois on désignait sous ce nom des roches d'aspect porphyrique au milieu desquelles la science moderne a trouvé le moyen d'opérer toute une classification. Certaines tentatives de nomenclature ont été hasardées, mais l'accord n'étant pas encore fait sur ce point, nous conservons aux espèces éruptives considérées leur nom le plus usuel.

Deux types sont seulement à citer : le *mélaphyre*, riche en olivine, et le *trapp*, dans la composition duquel le mica joue un rôle important. Les *variolites* qui appartiennent au même groupe présentent une texture globulaire très prononcée.

C. — Lorsque l'élément cristallin disparaît tout à fait on arrive à une série amorphe dont les termes désignés sous le nom de *pechsteins* ont été séparés grâce au secours de la chimie. On y retrouve l'équivalent des roches précédentes avec ou sans silice libre.

Série Moderne. — A. — La succession des actions plutoniques qui s'est produite à l'époque tertiaire a amené au jour de nouvelles espèces, au milieu desquelles on peut opérer la même classification que parmi les anciennes. Les granites modernes ont été désignés sous le nom de *liparites* et baptisés *microliparites* lorsque le grain se serre et que la texture passe au type porphyrique, en présentant une apparence plus homogène. Cette famille est toujours caractérisée par excès de silice.

Lorsqu'il ne reste plus qu'un fedspath plagioclase avec mica et amphibole fréquente, on se trouve en présence de la *banatite*. Si le fedspath s'unit au diallage c'est pour former l'*euphotide*, tandis qu'avec augite et pyroxène dominant, la roche passe à la *dolérite*.

L'enstatite, le péridot et le pyroxène s'unissent dans la *lherzolite*. L'*hypérite* est le résultat de l'alliance de certains feldspaths avec l'hypersthène.

B. — Les propriétés cristallines disparaissant partiellement, on arrive au type intermédiaire en tête duquel se trouvent les *ophites* correspondant aux espèces de même nom de la série ancienne. Les *rhyolites* sont des liparites porphyroïdes. Les porphyres de ce groupe ont pour équivalent les *trachytes* parmi lesquels nous citerons les *phonolites*, célèbres par leur sonorité, et les *andésites* où domine le plagioclase.

La *labradorite* se compose surtout de labrador et d'augite, tandis que la combinaison du plagioclase avec l'augite et le péridot olivine produit les *basaltes*. Dans cette famille on range les *tufs* qui contiennent une forte proportion d'eau et les *leucitophyres*, dans lesquels la leucite entre comme élément essentiel.

C. — Dans le groupe vitreux nous citerons la *rétinite*, la *perlite*, la *ponce*, l'*obsidienne* et certaines espèces auxquelles on conserve encore le nom de *trachytes*.

Cette classification introduit une démarcation bien tranchée entre les épanchements anciens et modernes. Bien que souvent l'examen d'un échantillon permette de le placer dans l'un ou l'autre de ces deux groupes, bien que certaines règles aient été formulées au sujet de l'état plus vitreux du feldspath dans les espèces récentes, il se présente bien des cas douteux. Il est fort intéressant pour l'ingénieur d'arriver à fixer ces hésitations, car les gîtes métallifères ont des allures différentes suivant leur âge et, dans les terrains anciens que ne recouvrent pas des couches plus modernes, l'examen scientifique des produits éruptifs pourra fournir des indications souvent précieuses.

Espèces minérales. — Dans l'énumération qui précède nous avons employé quelques termes dont nous rappellerons brièvement la signification.

Le *quartz* est l'oxyde de silicium.

Les *feldspaths* sont des mélanges de silicate d'alumine avec des silicates de potasse, de soude ou de chaux. Si la potasse domine parmi ces derniers éléments, le minéral s'appelle *orthose*, *sanidine* (variété vitreuse d'orthose) ou *microline*. La soude occupant la place prépondérante, le composé est de l'*albite* et devient de l'*anorthite* si la chaux est le protoxyde important. Dans le cas où la soude et la chaux priment la potasse, le feldspath résultant est de l'*oligoclase*, de l'*andésine* ou du *labrador*. Quant à la *leucite*, c'est un feldspathoïde (c'est-à-dire un feldspath moins riche en silice) potassique.

Sous le nom de *micas* on désigne toute une famille dans laquelle existent deux termes principaux, les *biotites* ou micas noirs, et les *muscovites* ou micas blancs. Ces espèces comportent des silicates alumineux, potassiques et magnésiens, avec adjonction d'un composé hydraté ou fluoré.

Les *chlorites* vertes et à paillettes flexibles se composent de silice, d'alumine, de magnésie, d'oxyde de fer et d'eau, tandis que le *talc* offre les mêmes éléments avec absence du fer.

Les *amphiboles* sont des silicates de fer, de magnésie et de chaux parmi lesquels la *hornblende* contient une forte proportion d'alumine. Les *pyroxènes* ont une composition analogue à celles des amphiboles. Le *diallage* est riche en fer et l'*augite* chargée d'alumine. Quant à l'*enstatite*, la chaux y est moins abondante.

Les *péridots* sont des silicates magnésiens avec adjonction de fer et d'un peu de manganèse. L'*olivine*, ou péridot granulaire des basaltes, est l'espèce la plus importante de ce genre.

Éléments de l'écorce terrestre. — A côté des roches, il y a l'écorce terrestre faite d'éléments divers, importants à définir, car l'allure des gîtes est différente suivant la nature des parois qui les encaissent.

Parmi les terrains primitifs servant de base aux étages géologiques les principaux sont :

1° Les *gneiss*, de composition analogue à celle des granites, mais de structure différente ;

2° Les *micaschistes*, essentiellement formés de quartz et de mica disposés en zones alternées ;

3° Les *leptynites* et les *halleflints*, mélanges cristallins d'orthose et de quartz avec grenat disséminé ;

4° Les *quartzites*, formés de quartz pur et dont les itacolumites ou grès flexibles du Brésil sont considérés comme une variété ;

5° Les *schistes amphiboliques*, analogues aux micaschistes avec remplacement du mica par l'amphibole ;

6° Les *schistes chloriteux*, agrégats de lamelles de chlorite ;

7° Les *phyllades*, schistes argileux primitifs ;

8° Les *cipolins*, calcaires primitifs.

Nous laissons à la géologie le soin de décrire la formation et d'exposer les causes génératrices. Nous nous bornons à cette énumération en rappelant que c'est avec ces matériaux et ceux amenés par les éruptions rocheuses que la croûte terrestre a été construite.

Un premier groupe comprend les assises que l'on peut appeler *fragmentaires* et dont les principaux termes sont : les *brèches*, les *conglomérats*, les *grès grossiers* (grits), les *grès*, les *schistes*, les *argiles*, les *sables* et les *alluvions*. Ces bancs sont dus à une sorte de séparation mécanique des éléments arrachés aux massifs déjà formés. L'Océan et les fleuves ont été les grands facteurs de ce travail souvent refait, souvent détruit ; la classification s'est fréquemment modifiée et, de nos jours encore, nous voyons se poursuivre cette œuvre, dont nous ne prévoyons pas la fin. Des dessiccations, des poussées, des tassements sont intervenus et ont achevé le travail commencé par les eaux.

Les bancs calcaires forment un second groupe, dans lequel il convient de distinguer : les *calcaires compacts* de textures diverses, les *calcaires magnésiens*, les *calcaires argileux* que Dana appelle *hydraulic limestones*, les *oolithes*, concrétions affectant la forme globulaire, la *craie*, substance tendre et blanche, la *marne*, mélange d'argile et de calcaire, les *formations coralliferes*, les *bancs coquilliers*, les *travertins* et les *dépôts accidentels*. Quelquefois le grain se modifie, devient cristallin et les calcaires passent au marbre.

L'ensemble des formations d'origine externe peut se diviser de la façon suivante :

Dépôts détritiques.
- Dépôts meubles.
  - Sables.
  - Graviers.
  - Galets.
  - Blocs erratiques.
  - Moraines glaciaires.
- Conglomérats.
  - Brèches.
  - Poudingues.
- Grès.
  - Grès quartzeux.
  - Psammites.
  - Grauwackes.
  - Macignos.
  - Grès ferrugineux.
  - — verts.
  - — calcarifères.
  - — lustrés.
  - Quartzites.
  - Lydites.
  - Arkoses.
- Dépôts argileux.
  - Marnes.
  - Argiles réfractaires.
  - — smectiques.
  - — ferrugineuses.
  - Gaize.
  - Lehm.
  - Lœss.
- Schistes.
  - Phyllades.
  - Novaculites.
  - Schistes bitumineux.

Dépôts chimiques.
- Meulières.
- Geysérites.
- Travertins calcaires.
- Tufs.
- Limonites.
- Sel gemme.
- Anhydrite.
- Gypse.
- Concrétions . . . .
  - Silex de la craie.
  - Phthanites.
  - Sphérosidérites.
  - Ménilites.
  - Septaria.

Dépôts d'origine organique.
- Calcaires
  - terreux.
  - grossiers.
  - oolithiques.
  - pisolithiques.
  - marneux.
  - à lumachelles.
  - à entroques.
  - bitumineux.
  - crayeux . . . . . .
    - francs.
    - marneux.
    - noduleux.
    - glauconieux.
    - phosphatés.
  - marbres . . . . .
    - saccharoïdes.
    - lamellaires.
- Dolomies.
- Tripolis.
- Combustibles
  - Tourbe.
  - Lignite.
  - Houille.
  - Anthracite.

TABLEAU DE LA SUCCESSION DES TERRAINS

	EUROPE	AMÉRIQUE DU NORD
Terrain moderne.	Terre végétale. Alluvions. Travertins. Tourbe.	Équivalents.
Terrain quaternaire.	Lœss. Dépôts erratiques. Diluvium.	Champlain Formation. Groupe glaciaire.

GITES MÉTALLIFÈRES

			EUROPE	AMÉRIQUE DU NORD
Tertiaire.		Pliocène.	Dépôts marins et lacustres. Molasse. Sables coquilliers.	
		Miocène.	Faluns de la Touraine. Sables de la Sologne. — de l'Orléanais.	
		Oligocène.	Calcaire de Beauce. Sables de Fontainebleau. Calcaire de Brie. Marnes vertes.	Groupe Loup River. — White River. — York town. — Uinta. — Bridger. — Green River. — Wahsatch.
		Eocène.	Gypse. Calcaire de Saint-Ouen. Sables de Beauchamp. Calcaire grossier. Sables nummulitiques. Argile plastique. Sables de Bracheux.	
Crétacé.		Sénonien.	Craie de Maëstricht. — de Meudon. — noduleuse.	
		Turonien.	— marneuse.	Groupe de Laramie (1). — Fox-Hills. — Fort-Pierre. — Niobrara. — Benton. — Dakota.
		Cénomanien	Sables du Perche. Craie glauconieuse. Gaize.	
		Albien. Aptien. Urgonien. Néocomien.	Gault. Argiles à plicatules. Marnes à Lumachelles. Calcaires à spatangues.	
Jurassique		Oolithique.	Portlandien. Kimmeridien. Astartien. Corallien. Oxfordien. Callovien. Bathonien. Bajocien.	Peu développé.
		Lias.	Toarcien. Liasien. Sinémurien. Hettangien. Rhétien.	
Trias.			Marnes irisées. Muschelkalk. Grès bigarrés.	Trias.
Permocarbonifère.			Grès des Vosges. — rouges. Schistes d'Autun. Coal Measures. Millstone Grit. Calcaire carbonifère.	Permian. Carboniferous. { Coal Measures. Millstone Grit. Subcarboniferous. { Groupe Chester. — St-Louis. — Keokuk. — Burlington. — Kinderhook

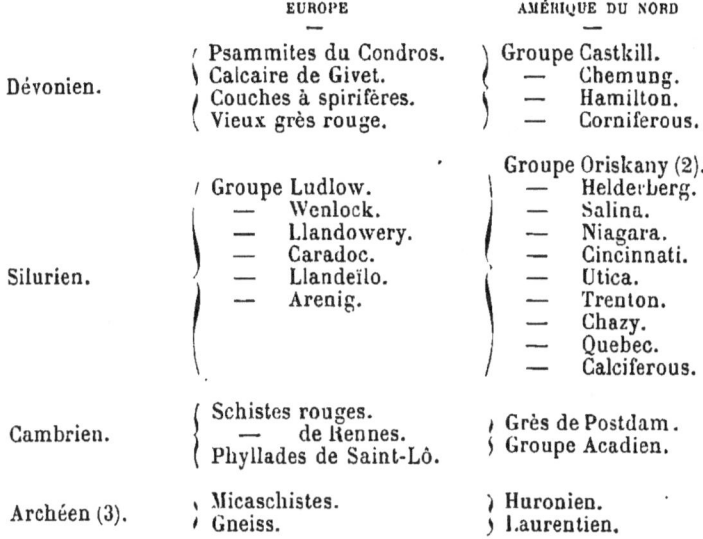

La détermination des terrains[4] est une chose importante et leur âge doit être fixé. On arrivera à ce résultat soit *en comparant* entre elles les différentes couches et en en examinant

---

[1] Le groupe de Laramie est souvent rapporté à la base de l'éocène.

[2] Le groupe d'Oriskany est aussi rangé dans le dévonien dont il constitue alors la base.

[3] Les terrains archéens ou primitifs ont un facies multiple; sans entrer dans leur description ni discuter les conditions de leur formation, nous en donnerons une nomenclature succincte, en raison du rôle important qu'ils jouent dans l'histoire de l'industrie. On range sous cette désignation :
1° Des *granites*.
2° Des *gneiss*, micacés, glanduleux, amphiboliques, chloriteux, graphiteux, etc.
3° Des *schistes*, micacés, à oligiste, à amphibole, à chlorite, à pyroxène, à talc, etc.
4° Des *leptynites* et des *halleflints*, des *grenatites*, des *éclogites*, des *quartzites*, des *phyllades*, des *cipolins*, etc.

[4] La détermination des terrains, outre les difficultés scientifiques inhérentes à la question, se complique encore du défaut d'entente entre les divers géologues étudiant une même formation. L'interprétation erronée de nomenclatures différentes a conduit fréquemment à des malentendus ; aussi, en 1881, le congrès géologique de Bologne a-t-il émis le vœu d'une classification unique dont il a fixé les termes principaux. On a divisé le temps en *ères* puis celles-ci en *périodes*, comprenant des *groupes* formés de *systèmes*, composés eux-mêmes de *séries* dont les *étages* sont les éléments.
Il en résulte que l'ère paléozoïque embrasse un groupe divisé en plusieurs systèmes dont l'un, par exemple, s'est déposé pendant la période silurienne.
Les recommandations du Congrès de Bologne sont loin d'avoir été suivies, et en Angleterre, en Amérique... le mot *groupe* est employé dans un sens beaucoup plus restreint que celui prescrit en 1881.

l'allure, soit en recherchant des fossiles caractéristiques et les déterminant ou les faisant déterminer[1].

On ne saurait s'entourer de trop de précautions pour s'assurer des circonstances dans lesquelles se trouve le gîte exploité. Le moindre indice doit être étudié et il n'est point indifférent de savoir à quel horizon géologique doit être rapportée la plage productive. Cette détermination est quelquefois difficile et le champ est ouvert à la discussion, mais l'exploitation ne peut que bénéficier des données recueillies, pourvu qu'on ne change pas une prospection industrielle en une exploration scientifique.

§ III. — CLASSIFICATION DES GITES

Dès que l'on envisage l'ensemble des gîtes métallifères, on est frappé de la différence qu'ils présentent entre eux, et l'on se rend compte de la nécessité d'une classification. Malheureusement leur variété est telle qu'il n'en existe pas deux absolument semblables et toute tentative rigoureuse de groupement est illusoire. On peut établir quelques grandes lignes, en se basant sur un des caractères bien tranchés ; mais, si l'on se place à un autre point de vue, les divisions établies ne sont pas distinctes. Par exemple un banc de gravier est absolument

---

[1] Nous renvoyons, pour les développements de cette idée, à la géologie de M. de Lapparent et particulièrement au chapitre intitulé : « Principes de la classification des formations sédimentaires. »
Nous ne pouvons aborder ici le problème stratigraphique, ni même indiquer les ressources que la paléontologie est susceptible de fournir. Il nous suffira de rappeler que les caractères de variabilité des espèces sont fonctions des altérations du milieu dans lequel les organismes se développent. Il en résulte donc que les habitants des terres émergées devaient vivre dans des conditions de stabilité moindre que ceux fréquentant les hauts fonds pélagiques. Par suite, les variations des espèces devaient être plus rapides sur les continents ou le long des côtes que dans les régions abyssales. Les organismes, influencés par les conditions du milieu dans lequel ils se meuvent, peuvent servir à le caractériser. Les oscillations rapides, ou termes faibles de la série générale, seront déterminées par des fossiles continentaux et littoraux, tandis que les grandes phases comporteront des différences dans les organismes de haute mer. C'est ainsi que la prédominance de certaines familles de Brachiopodes (*Spirifer* et *Productus*) caractérise l'ère paléozoïque tandis que le groupe secondaire ou mésozoïque voit se produire l'épanouissement des *ammonitidés*.

différent d'un filon quartzeux, mais tous deux peuvent rentrer dans la catégorie des formations aurifères, si dans les deux cas on rencontre le précieux métal.

Tentatives de classification. — D'après leur allure, les gîtes peuvent se classer en réguliers et irréguliers. Dans la première catégorie on rangera les couches et les filons, tandis que dans la seconde prendront place les amas, les chapelets, les remplissages de grottes, etc. Le défaut de ce groupement est de s'attacher à des caractères trop extérieurs et de mettre ensemble des formations distinctes, telles que des couches détritiques et des remplissages éruptifs.

La division en gîtes simples et gîtes composés n'est pas satisfaisante. En effet, si, dans la pratique, on rencontre des mines ne produisant qu'un seul métal ou dans lesquelles une espèce minérale prédomine largement, il n'existe guère de filons ou de couches sans minéraux accessoires, et, comme cette proportion entre l'élément principal et les éléments secondaires varie dans de larges limites, on ne sait à quel point arrêter une distinction qui scientifiquement n'existe pas.

Le praticien, se plaçant au point de vue utilitaire, ne considère que le résultat produit, et n'envisage que la nature du métal extrait.

On a ainsi le groupe de l'or, celui de l'argent, du plomb, du cuivre, du zinc, etc., mais ces divisions, suffisantes peut-être dans l'industrie, ne le sont pas pour un esprit méthodique. Dans quelle section rangera-t-on les mines de plomb argentifère? Dans celle du plomb ou de l'argent? Sans doute cela dépendra de la richesse relative, mais à quelle limite s'arrêtera-t-on pour statuer dans un sens ou dans l'autre? De même dans le cas où le plomb et le zinc se trouvent associés ; et, d'une façon générale, chaque fois qu'il existera une combinaison multiple d'où plusieurs produits pourront être retirés.

GÎTES MÉTALLIFÈRES.

Classification d'après la structure. — La structure est un autre caractère sur lequel on peut se baser. Elle sera homogène ou hétérogène, amorphe ou cristallisée, grenue ou à inclusions, etc., etc. Von Groddeck, dans cet ordre d'idées, fait tout d'abord une distinction entre la structure détritique, caractéristique des gîtes remaniés[1] et la structure primitive correspondant aux gîtes en place. Il introduit les subdivisions suivantes :

A. Structure détritique.

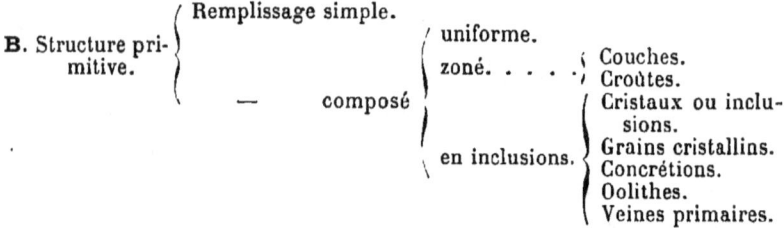

Cette classification, rationnelle dans son ensemble, a l'inconvénient de faire entrer dans le même groupe des individus par trop différents. Par exemple, une couche ferrifère homogène et un filon quartzeux appartiendraient au type : structure primitive, remplissage simple.

De même le remplissage composé à inclusions de grains cristallins pourra comprendre une assise imprégnée ou une roche éruptive à cristaux de magnétite.

Si l'on remonte à la formation des gîtes, on cherchera un nouveau criterium dans leur histoire. On introduira une distinction basée sur les causes originelles. Mais les difficultés recommenceront. On se demandera quelle est la nature des agents générateurs au travail desquels nous n'avons pas assisté et sur lesquels on discute aujourd'hui. Les phénomènes d'in-

---

[1] Nous devons remarquer ici un manque de précision. En se reportant à ce que nous disons p. 153 au sujet du métamorphisme dans les gîtes sédimentaires, on voit que dans des strates, d'origine détritique, dont le dépôt remonte à une époque reculée, la texture primitive peut avoir complètement disparu.

filtration, d'injection, d'émanation, de sublimation, de sécrétion latérale ne sont pas suffisamment élucidés. Dans bien des cas, des contestations se sont élevées et la question n'est pas encore assez avancée pour que les doutes subsistants puissent toujours être levés.

Il est un cas où les auteurs se trouvent toujours d'accord, c'est pour mentionner les gîtes d'origine purement alluvionnaire L'aspect de ces débris détritiques est caractéristique et il y a là un terme spécial que l'on retrouve dans toutes les classifications.

Classification de M. Von Groddeck. — M. Von Groddeck, outre son tableau basé sur les différences de structure, en propose un autre que voici :

1° Gîtes détritiques

2° Gîtes en place
- Contemporains de l'encaissement.
  - Stratifiés.
    - Couches homogènes.
    - — de sécrétion.
    - Amas stratifiés.
  - Massifs.
- de formation postérieure.
  - dans des cavités.
    - Filons
      - dans des roches.
      - dans des sédiments.
    - Grottes.
  - métamorphiques.

Malgré l'importance accordée à l'âge du remplissage par rapport à celui de la roche encaissante, ce que nous considérons comme une bonne chose, ce tableau ne nous satisfait pas. Il est d'abord insuffisant et de plus basé sur des éléments trop peu en rapport avec la nature ou l'origine des gisements.

Dans son mémoire « *Genesis of ore deposits* », F. Pozepny a fait la critique des idées qui ont donné naissance à la division ci-dessus. Nous y renvoyons le lecteur.

Classification de M. de Lapparent. — M. de Lapparent, dans son remarquable ouvrage [1], consacre un chapitre impor-

---

[1] *Traité de Géologie.*

tant à la question qui nous occupe. Il admet les divisions suivantes :

Gîtes stratifiés, synchroniques du dépôt du terrain encaissant.

Gîtes en amas, à la jonction de deux terrains différents.

Gîtes en filons, occupant des fentes bien caractérisées de l'écorce terrestre. Ces derniers sont subdivisés ainsi :

Gîtes d'émanation directe, « pour lesquels le remplissage a « immédiatement suivi la production des cassures, ce remplis- « sage étant d'ailleurs le résultat des émanations d'une roche « éruptive dont la venue au jour a été la cause déterminante « de la formation des fentes ».

Gîtes de départ, « où le minerai s'est ultérieurement concentré « en amas dans certaines portions d'une fente primitivement « remplie par l'injection d'une roche éruptive ».

Gîtes concrétionnés, « où les gangues et les minerais se sont « déposés lentement par circulation d'eau ou de vapeurs, « appliquant leurs produits sur les deux lèvres de la fente, « en forme d'incrustations, que ce dépôt ait eu lieu par simple « évaporation et condensation, ou par suite de phénomènes « électro-chimiques. »

Ces distinctions sont absolument justes, mais nous ne pouvons les considérer que comme embryonnaires. Les classes ainsi formées sont trop générales et ne répondent pas à toutes les exigences de la question. Un traité de géologie peut s'en contenter, mais l'analyse des dépôts métallifères doit être poussée plus loin.

Classification de M. J.-A. Phillips. — M. J.-A. Phillips *(Ore deposits)* admet trois familles qu'il subdivise ensuite. Son tableau est le suivant :

Gîtes superficiels. { *Dépôts*, formés sous l'action mécanique de l'eau.
{ — résultant d'actions chimiques.

Gîtes stratifiés.
- *Dépôts*, constituant la masse de lits métallifères formés par précipitation.
- *Lits*, originairement formés par précipitation mais ultérieurement métamorphisés.
- *Minerais disséminés* dans des sédiments où ils ont été déposés chimiquement.

— nonstratifiés.
- *Filons proprement dits*, recoupant les terrains éruptifs ou sédimentaires, ayant un remplissage quelconque.
- *Filons couches*, formés au contact de deux formations différentes et les suivant au lieu de les recouper.
- « *Gash veins* » ou fissures limitées, existant dans les calcaires et n'affectant qu'une strate déterminée.
- *Imprégnations*, affectant les épontes d'une fracture, ne possédant pas de limites définies et disparaissant peu à peu dans l'épaisseur de la roche.
- *Stockwerks*, réseaux de veines minces s'entre-croisant au milieu d'une roche dont la masse peut être imprégnée de la substance des veinules.
- *Fahlbandes*, lits rocheux allongés, contenant des imprégnations diverses.
- *Gîtes de contact*, dépôts métallifères au contact de deux formations différentes.
- *Chambres* et *poches*, remplies de matières diverses.

Cette classification, bonne au point de vue pratique, ne possède pas l'allure rationnelle et scientifique de la division moins détaillée de M. de Lapparent. Nous ne trouvons pas par exemple qu'il y ait lieu de faire des dépôts superficiels et stratifiés deux groupes distincts mis au même plan que celui des gîtes non stratifiés. C'est trop d'importance accordée à un caractère purement extérieur.

Classifications diverses. — Il est intéressant de rapprocher des idées de M. J.-A. Phillips celles qui ont cours de l'autre côté de l'Atlantique. J.-D. Whitney fait rentrer les dépôts métallifères dans le cadre suivant :

1° Gîtes superficiels.

2° — stratifiés...
- où le minerai existe à l'état massif ;
- où le minerai se présente à l'état disséminé ;
- où les précipitations primitives ont été métamorphisées.

3° Gîtes non stratifiés
- d'origine éruptive et massifs ;
- d'origine éruptive avec métallisation disséminée ;
- stockwerks ;
- contacts ;
- fahlbandes ;
- réguliers. . . .
  - segregated veins ;
  - gash veins ;
  - filons francs.

Rossiter W. Raymond admet la classification ci-après :

1° Gîtes superficiels
- détritiques (du type placer);
- en place (du type des minerais des marais);

2° — intercalés
- tabulaires. . . .
  - filons ;
  - couches ;
- de départ ou de concentration.
  - massifs ;
  - en imprégnations ;
- irréguliers.. . . .
  - poches et chapelets ;
  - dépôts isolés et gash veins. . . .

Les deux classifications précédentes présentent le grave défaut de sacrifier la nature à la forme et d'établir une distinction fondamentale sur des qualités parfois accidentelles.

F. Pozepny, préoccupé de l'importance des phénomènes génésiques, a séparé les gîtes en trois grandes classes (idiogenites, xenogenites et hysterogenites), d'après l'origine ou les modifications des éléments adventifs. La deuxième de ces divisions comporte les gîtes de substitution et ceux qui sont nés par suite du remplissage d'une cavité préexistante.

M. L. de Launay a établi trois catégories : les inclusions, les filons et les sédiments.

Ces deux dernières classifications nous semblent incomplètes et ne répondent pas aux exigences du problème.

Nous ne dissimulons pas combien il est difficile de trouver une solution satisfaisante. Du reste, à proprement parler, cela n'existe pas, car la nature agit d'une façon toujours variée et, dans un même genre, les individus peuvent présenter des différences profondes. D'autre part, les similitudes entre les espèces sont quelquefois difficiles à saisir et le classement peu aisé.

Classification proposée. — Aussi proposons-nous sans aucune espèce de prétention la classification suivante :

A. Gîtes stratifiés.
- Détritiques (superficiels, recouverts ou interstratifiés).
- Déposés en place
  - primitifs (homogènes et amas).
  - imprégnés.
  - métamorphiques.

B. — éruptifs.
- Massifs.
- Avec départ (réguliers — en plages — en filets — certains Stockwerks).

C. — à cavité préexistante.
- Filons.
  - Injection (postérieure à la roche encaissante).
  - Sédimentaires.
  - Uniformes.
  - Concrétionnés.
  - Remplissage irrégulier.
  - De contact.
  - Filons-couches.
- Irréguliers.
  - Stockwerks.
  - Plicatures.
  - Gash veins.
  - Imprégnations.
  - Poches et chambres.

D. — de substitution.

Si l'on voulait être absolument complet, il faudrait dresser un tableau à double entrée, en disposant sur une ligne horizontale le nom des métaux usuels de façon à créer une colonne pour chacun d'eux, chacun des termes de la nomenclature susnommée correspondant à une ligne horizontale. Les métaux à énumérer seraient : l'or, l'argent, le plomb, le cuivre, le zinc, l'étain, le fer (et manganèse), le nickel (et le cobalt), le platine (et analogues), l'antimoine, le mercure et l'aluminium. De plus, une colonne devrait être réservée pour les métaux divers, une pour les minerais de deux espèces, et une troisième pour les minerais complexes. Au total, 15 colonnes.

La nomenclature ci-dessus comportant 18 divisions, notre tableau complet aurait $18 \times 15 = 270$ cases, correspondant à autant de types différents. Sans aucun doute beaucoup de ces cases resteraient vides, mais leur ensemble permettrait d'embrasser la totalité des gîtes connus.

Nous avons divisé les gîtes en quatre catégories et, dans la première, nous rangeons ceux dans la formation desquels les causes plutoniques ne sont pas intervenues. Cette classe comprend tous les dépôts de remaniement ou détritiques, ainsi que tous ceux qui ont été produits en place.

Nous appelons gîtes éruptifs ceux qui doivent leur origine à une poussée des forces internes ayant amené au jour la matière métallifère, en lui ouvrant en même temps un chemin au milieu des portions solidifiées du globe. Dans ce cas, il y a contemporanéité entre la rupture des bancs et le remplissage.

Les gîtes du type C comportent une cavité préalable plus ou moins modifiée dans la suite, puis un remplissage ultérieur de la cavité créée.

Les gîtes de substitution sont ceux dans lesquels le dépôt métallifère est dû à une sorte d'échange entre les éléments de la roche et ceux des agents minéralisateurs. Dans des formations attaquables et sous l'influence d'affinités énergiques, il s'est parfois produit des doubles décompositions rongeant la roche et donnant naissance à des substances métalliques qui prenaient immédiatement la place des molécules disparues.

Cette substitution, cette action *métasomatique*, comme disent les Américains, est surtout manifeste dans les gîtes calaminaires. A *Raibl*, le dépôt zincifère montre la texture cellulaire de la roche qui porte le nom de *Rauchwacke* (*Cargneule*).

Ces formations se développent principalement dans les calcaires.

Nous n'établissons aucune catégorie spéciale pour les gîtes altérés postérieurement à leur formation sous l'influence des agents atmosphériques ou des eaux de circulation. Dans chaque cas particulier, le dépôt modifié devra être considéré comme une variété du type primitif.

Gîtes détritiques. — Leur histoire est facile à écrire, car de nos jours les agents naturels poursuivent l'œuvre du passé. Ce qui se fait aujourd'hui s'est fait hier et se continuera demain. Les roches désagrégées sont entraînées par les eaux et les atomes longtemps roulés vont se déposer au loin pour former des strates nouvelles. Des cavités sont remplies, des dépressions sont comblées, et de cette manière s'établissent parfois des horizons métallifères.

Ces débris subissent une véritable séparation mécanique et se déposent plus ou moins loin des endroits d'où ils ont été arrachés. Ils sont soumis à un traitement tel que les espèces les plus résistantes sont les seules à persister : l'or, le platine et les analogues parmi les métaux, la cassitérite, la magnétite parmi les oxydes. Les pyrites et les sulfates métalliques disparaissent plus facilement.

Parmi ces gîtes détritiques nous distinguons trois genres :

1° Les dépôts superficiels, parmi lesquels on peut citer les placers aurifères, les alluvions stannifères et les alluvions ferrugineuses. La Sibérie, l'Amérique du Sud et les îles de la Sonde fournissent d'excellents types de cette classe.

2° Les dépôts recouverts dont on trouve un exemple célèbre en Californie. Là, les graviers aurifères sont surmontés de cendres, de ponces et d'un épais manteau de laves, matériaux provenant d'éruptions postérieures. Cette lave a joué un rôle protecteur et conserve jusqu'à nos jours des assises qui, sans cela, eussent été détruites et entraînées par les eaux.

3° Les dépôts interstratifiés dont nous trouvons un exemple à *Peine* dans le Hanovre. Un banc détritique, formé de fragments d'hématite reliés par un ciment ferrugineux, existe dans les marnes de la craie sénonienne.

Gîtes en place. — Cette catégorie peut se subdiviser, en raison de la forme affectée par la masse métallifère, en *couches uniformes* et en *amas* dont l'origine est fréquemment due à une précipitation chimique. Les lits ferrugineux de la formation carbonifère sont abondants et nous serviront d'exemple. A cette classe appartiennent les couches de fer carbonaté cristallin ou lithoïde, ainsi que les amas d'hématite brune et d'hématite rouge.

Gîtes imprégnés. — Il n'est pas question ici des roches éruptives sur lesquelles nous reviendrons plus loin, mais uniquement des formations sédimentaires ou des produits de consolidation tels que les gneiss ou les schistes primitifs.

Des opinions diverses ont été formulées au sujet de la genèse métallifère. Les uns ont regardé les minerais qui nous occupent actuellement comme des résultats d'une imprégnation postérieure à la formation de la couche, tandis que d'autres ont voulu y voir les produits d'une séparation des éléments de l'assise.

Les schistes cuprifères du *Mansfeld*, contenus dans le Zechstein (permien), ont une célébrité particulière. Ils sont marneux, feuilletés, bitumineux, contiennent du cuivre et fréquemment de l'argent.

Les grès de *Commern*, dans l'Eifel, offrent des sécrétions noduleuses de minerai de plomb et appartiennent à l'époque triasique, étage des grès bigarrés. La localité du Bleiberg est aujourd'hui classique.

A ce groupe nous devons rattacher les *fahlbandes* qui sont des couches de schistes cristallins variant du gneiss au schiste chloriteux et qui contiennent de la pyrite, soit en cristaux disséminés, soit en enduits minces tapissant les parois des fractures. A *Kongsberg*, on a reconnu un système de filons dont l'intersection avec les fahlbandes est généralement riche en argent. Les fahlbandes donnent aussi naissance à des gîtes nickélifères comme à *Espedalen* (Norvège) et à *Schladming* Styrie).

Gîtes métamorphiques. — Cette famille serait fort nombreuse si l'on s'en tenait à la lettre de la définition. Un gîte est réellement métamorphique dès que la substance primitivement déposée est altérée. Or les modifications subséquentes sont nombreuses et existent dans la majorité des cas. Toutefois il y a lieu de restreindre cette famille et de n'y ranger que les individus dans lesquels le métamorphisme a profondément modifié l'allure primitive. M. Phillips cite les dépôts d'hématite de l'île d'*Elbe*, de *Dalkarlsberg* et de l'île d'*Utö* en Suède.

Aux Etats-Unis, les minerais de *Marquette* (rive sud du Lac Supérieur) ainsi que ceux du *Pilot Knob Mine*, près Saint-Louis (Missouri), doivent être rangés dans la même catégorie.

Gîtes massifs. — Nous désignons sous ce nom les roches renfermant comme partie intégrante un métal utilisable et venues au jour en se frayant un passage au travers des strates, au lieu de profiter d'un conduit déjà existant. Suivant cette définition, les gîtes massifs ne seront guère intéressants au point de vue industriel, car ils comporteront uniquement certaines roches, telles que les diorites, les diabases, les basaltes etc., substances riches en fer mais inexploitables et que nous cessons de classer dans le présent groupe dès que le métal s'isole par suite d'une sécrétion postérieure.

Gîtes éruptifs avec départ. — Cette catégorie comprend les roches à inclusions métallifères et à minéraux accidentels, telles que les diorites à labrador de Suède et de Bretagne, dans lesquelles on trouve de la magnétite, de la pyrite, du fer titané, etc... A cette famille appartient la dunite composée de péridot granulaire et de fer chromé. En Nouvelle-Zélande, où cette roche recoupe une veine de serpentine, le fer chromé se développe souvent en zones qui deviennent alors exploitables.

Au célèbre gisement de *Taberg*, près de Jonköping (Suède), la masse est formée d'un trapp dans lequel l'olivine joue un rôle prépondérant, en compagnie de magnétite, de plagioclase, de mica et d'apatite. Le minerai est disséminé soit en grains très fins, soit en veinules irrégulières. De même dans l'Oural, à *Gora-Blagodat*, près d'Ekatherinenbourg, des sécrétions de magnétite, soit en veines, soit en amas, criblent la roche porphyrique. Dans la même région, à *Katschkanar*, à *Nijni Tagilsk*, la magnétite se retrouve dans des conditions analogues.

L'*Iron Mountain* (Missouri — États-Unis) a tantôt été rangé dans cette classe, tantôt dans celles des filons irréguliers au sein d'une masse éruptive. Certains auteurs prétendent que la roche a été amenée au jour tout imprégnée de substances métallifères dont les éléments, en se consolidant, se sont groupés autour de certains centres de concentration. D'autres affirment que des actions ultérieures sont venues déterminer le remplissage de crevasses existant dans une roche fissurée, en empruntant les éléments de ce travail aux parois latérales. Nous mentionnons les deux opinions sans trancher la question.

Les serpentines de Toscane sont connues par leur richesse en cuivre. Ces roches, en relation avec un mélaphyre appelé Gabbro rosso (nom évidemment dû à la couleur rouge de la roche après oxydation), traversent les couches crétacées tertiaires. A *Monte-Catini*, les gisements, très irréguliers, comportent une sorte de conglomérat fait de mélaphyre et de serpentine. Quant au minerai (chalcopyrite, phillipsite et chalcosine) il est distribué tantôt en grains d'une extrême petitesse, tantôt en masses contournées d'un volume de plusieurs mètres cubes.

La roche primitive semble avoir été un péridot cuprifère, lequel s'est changé en serpentine, transformation qui a été accompagnée de la concentration du cuivre au voisinage du Gabbro. Cette disposition donne un type de contact.

Lorsque les plages de concentration affectent une forme plus ou moins plane, admettant quelques directions prédominantes en s'entre-croisant les unes les autres, on arrive à un véritable stockwerk. Le refroidissement de la roche peut n'être pas étranger à la création de ces craquelures qui, provenant d'une modification physique, ont pu en quelque sorte appeler à elles les minéraux préexistants qui avaient une tendance à se séparer.

Filons francs. — Les filons existent dans les sédiments et dans les roches ; certains d'entre eux n'affectent que les premiers, d'autres ne traversent que les secondes, d'autres recoupent à la fois strates et masses éruptives. Nous n'établissons aucune distinction basée sur ce fait, car nous comprenons essentiellement sous le nom de *filon* un dépôt métallifère dans une fracture de l'écorce terrestre antérieure au remplissage [1]. Si donc on avait affaire à une formation dans laquelle le remplissage (injection d'une roche) eût suivi immédiatement la naissance de la cassure, en la déterminant, il faudrait reporter cette formation dans le groupe : *gîtes éruptifs.* Du reste nous avons établi plus haut cette différence.

Les *filons d'injection* ne diffèrent des gîtes « éruptifs » qu'en ce que le remplissage n'a pas été contemporain de la fracture. Une poussée interne a chassé des matières en fusion par une cheminée préalablement ouverte et nous pouvons retrouver ici les mêmes caractères que dans le groupe B de notre tableau. Nous mentionnons cette catégorie pour mémoire.

Les *filons sédimentaires* sont des fentes remplies par des produits détritiques venus de la surface. D'après J.-S. Newberry, on trouve, dans le sud de l'Utah et dans le Colorado, des veines faites de pierres et de graviers recouverts ultérieurement d'un

---

[1] Nous examinerons plus tard les influences de la roche encaissante.

enduit argentifère, et qui sont travaillées d'une façon continue.

Filons uniformes. — Le remplissage de semblables fractures peut être homogène ou uniformément hétérogène. Si l'on con-

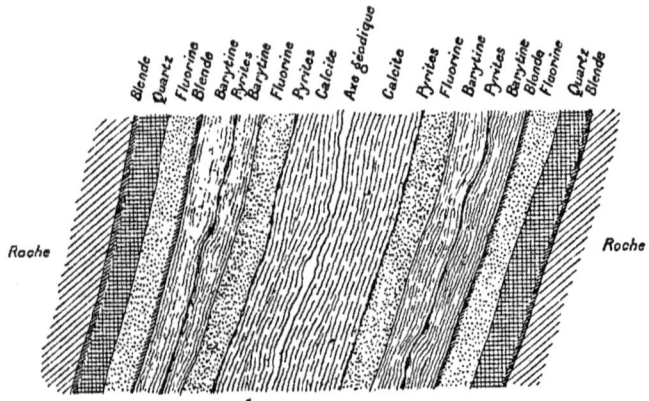

Fig. 1. — Filon Drei Prinzen, à Freiberg.

sidère la formation de l'Iron Mountain comme un système de filons sillonnant une roche éruptive, nous aurons un exemple du premier cas. Dans la même classe on doit ranger les filons uniquement quartzeux dans lesquels l'or et les pyrites sont disséminés en quantités si minimes que l'aspect général n'en est pas affecté. Certains mélanges de l'Oberhartz faits de calcite, quartz, galène, blende et pyrite cuivreuse, forment un type de la même catégorie.

Filons concrétionnés. — Cette classe assez nombreuse et très intéressante montre une succession manifeste dans les dépôts des matières minérales. Les célèbres filons de Freiberg sont un des meilleurs exemples du genre. Une coupe du gîte paraît absolument symétrique par rapport à un axe central. A droite et à gauche de cet axe se trouvent les mêmes espèces minérales, réparties de la même façon, et tapissant de chaque côté les lèvres de la fracture. La figure 1 donne une idée de cette disposition.

Beaucoup de filons du Hartz appartiennent également au type concrétionné.

Dans le Cornwall, une succession analogue se retrouve à

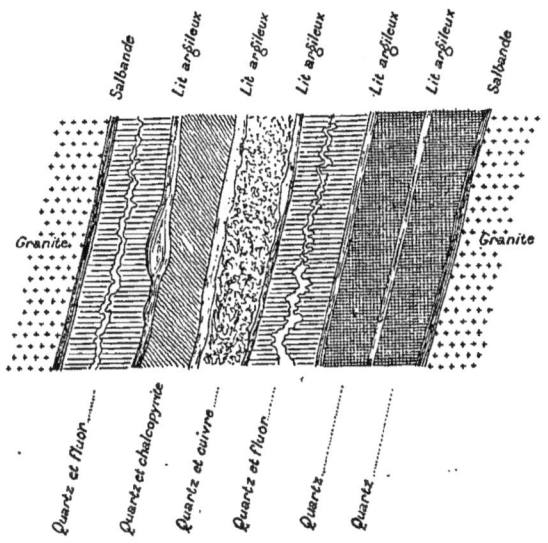

Fig. 2. — Coupe d'un filon à Carn Marth.

Huel Mary Ann. Les deux épontes, qui sont des schistes ardoisiers, présentent un enduit de calcédoine auquel succède une couche quartzeuse, disposition qui se maintient symétrique. Intérieurement, chaque lèvre de la fracture quartzeuse porte un manteau de galène et l'axe de la fente est rempli par de la sidérose.

La figure 2 montre une section d'un filon dans le granite, à *Carn Marth*, près de Redruth; les réouvertures y sont évidentes.

Remplissage irrégulier. — Les remplissages sont loin d'être toujours aussi nets que dans le cas précédent. En Espagne, à *El Horcajo*, la masse quartzeuse montre la galène argentifère, tantôt isolée en grains cristallins répartis uniformément, tantôt concentrée en veinules minces qui recoupent l'ensemble. Au

Mexique dans les environs d'*Arizpe* (Sonora), nous avons vu la même disposition reproduite dans les filons qui sillonnent les trachytes. Le remplissage quartzeux, passablement ramifié, est sillonné par des veinules de sulfure d'argent.

Les émanations métallifères et silicifères semblent avoir coexisté ; le quartz et les métaux se sont peut-être déposés simultanément et un départ a eu lieu dans l'ensemble comme pour les gîtes éruptifs. Le produit de concentration peut être un nodule à texture radiée (*Azuaga*, Espagne).

Quelquefois enfin le minerai affecte la forme de lentilles irrégulières.

Le sulfure de cuivre existe en noyaux dans les veines de barytine de *Schappach* (Forêt Noire). D'après Credner certains filons cuprifères de la région des Lacs (États-Unis) appartiendraient à ce type. De même ceux de *Schemnitz* et de *Kremnitz*.

Filons de contact. — Nous tenons à bien spécifier que si les filons de contact sont des gîtes de contact, la réciproque n'est pas vraie. Si dans une roche imprégnée le dépôt se fait de manière que la concentration ait lieu près de la formation voisine un gîte de contact prend naissance, mais sans avoir de caractère filonien. Nous n'envisageons dans le présent groupe que les fissures existant entre deux roches ou entre une roche et un massif sédimentaire.

Un bon exemple de filon au contact de deux roches est le fameux *Comstock lode*, au moins sur la partie moyenne de son parcours. Aux environs de Virginia City, il se développe entre une propylite et une syénite, tandis que, près de Gold Hill, il pénètre dans la propylite.

Près de *Zwickau*, des veines ferrifères se présentent sur une certaine distance, au contact de la diabase et des grauwackes. Dans le Nassau, l'hématite rouge existe aussi dans des conditions analogues.

Filons couches. — Lorsque la fissure est parallèle aux strates, on arrive aux filons couches dont certains types quartzeux sont fréquents en Californie, au Canada et dans les Alleghany Mountains. L'or s'y rencontre ainsi que la pyrite, la blende et la galène. Ces veines se comportent souvent comme de véritables strates et présentent une allure lenticulaire, passant même quelquefois à la structure en chapelet.

Aux Indes, les mines de *Dhunpoore* ont montré une concentration de chalcopyrite aux intersections des joints d'un schiste argilo-calcaire. Les colonnes métalliques coïncident avec le plongement de la couche.

M. J.-A. Phillips les a classées dans le présent groupe.

Filons irréguliers. — *Stockwerks*. — On appelle stockwerks les roches que traversent des fractures enchevêtrées et ultérieurement minéralisées. Les gîtes stannifères d'*Altenberg* dans l'Erzgebirge saxon sont un bon exemple de cette classe.

Plicatures. — Nous verrons plus loin que les plissements auxquels sont soumis les terrains engendrent dans ces derniers des déformations parmi lesquelles on compte les fractures. Quelquefois, il y a simplement décollement ou arrachement des feuillets sédimentaires; dans d'autres cas, des écrasements ou des plissements prennent place, etc., etc. Nous avons groupé ensemble les gîtes provenant du remplissage de semblables accidents.

Gash-veins. — Les gash-veins sont des fractures limitées, existant dans des calcaires et élargies par des actions érosives subséquentes. Le type le plus complet de l'espèce est celui des mines de plomb du Mississipi. Le nom est appliqué dans certaines contrées aux gerçures sillonnant les roches.

Les fissures, toujours courtes, semblent suivre les joints du calcaire qui interfèrent à angles sensiblement droits. En raison de cette disposition, deux fissures parallèles sont quelquefois reliées par une veine perpendiculaire, si bien que l'ensemble peut présenter une disposition en zigzag ou en escalier, avec projection de lentilles dans le sens de la stratification. La galène est associée à la calcite et quelquefois à la barytine (fig. 3).

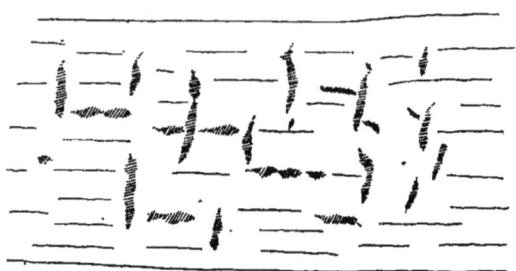

Fig. 3. — Représentation théorique des Gash-Veins.

Imprégnations. — Les filons à imprégnations sont ceux dont les épontes ont subi jusqu'à une certaine profondeur l'action minéralisatrice des agents générateurs ; le fait se produit fréquemment d'une façon limitée, mais prend une certaine extension dans les mines d'étain. Dans le Cornwall, à *East Huel Lovell*, le granite est saturé d'étain tantôt sur un côté, tantôt sur les deux côtés de la veine, et cela en quantité suffisante pour que l'abatage ait pu être productif.

Poches, chambres et amas. — Ce groupe se relie intimement au suivant et n'en diffère souvent que par la forme extérieure. A *Leadville* (Colorado), le minerai est concentré dans le calcaire carbonifère où il se développe dans le sens de la stratification. Les sulfures complexes, chargés de métaux précieux, affectent la forme de lentilles étirées et déchiquetées dont l'épaisseur est parfois considérable. Ces dépôts ont été fréquemment considérés comme engendrés par substitution.

Un autre type, fréquent aux Etats-Unis, est celui dit des « Caves » qu'on trouve à l'*Eureka consolidated* et *Richmond* en Nevada, ainsi qu'à *Emma* et *Kessler Cave Mine* dans l'Utah.

Gîtes de substitution. — Autour de ce type se groupent des gisements irréguliers, d'allure analogue à celle des précédents. Certains d'entre eux sont en relation avec des fentes qui subissent un élargissement considérable à la traversée d'une assise particulière.

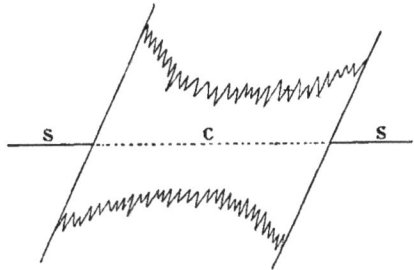

Fig. 4. — Gîte de Dickenbusch.

Ce résultat provient généralement d'une corrosion de la roche, et cette disposition, fréquente dans les gîtes de zinc, a fait donner à cette variété le nom de *calaminaire*. La figure n° 4 est, en plan, une représentation du filon de *Dickenbusch*. La fracture traverse un massif calcaire C compris entre deux bancs schis-

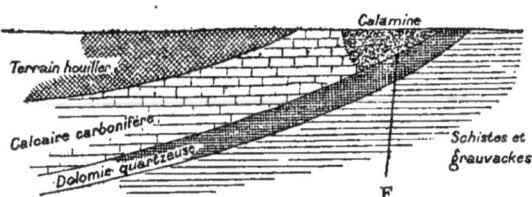

Fig. 5. — Gîte de Moresnet.

teux SS, où elle n'a qu'une faible épaisseur, indiquée par une ligne dans notre croquis. Le contour ondulé représente les limites du filon dans le calcaire.

La figure 5 est une coupe verticale théorique du gîte de *Moresnet*. Le filon recoupe des grauwackes et des schistes, puis une dolomie quartzeuse et le calcaire carbonifère. Ce dernier banc est rongé de telle façon que la veine se change en un véritable amas.

Au *Laurium*, il existe une alternance de bancs schisteux et calcaires ; le gîte est normal dans les premiers et considérablement élargi dans les seconds.

Variations du remplissage. — Tout en réservant pour plus tard la question du remplissage, nous devons dire que l'homogénéité des dépôts métallifères est une chose qui n'existe pas. Dans la plupart des cas, une différence assez grande se produit entre la partie supérieure et les profondeurs d'un filon. La zone épigénique est souvent altérée et l'apparition du chapeau de fer (*Eisen Hut* des Allemands et *Gossan* du Cornwall [1]) ne permet pas de deviner la nature de l'avalpendage. De plus, le remplissage homogène est rare, excepté dans certaines couches et quelques filons, presque uniquement quartzeux. Ordinairement les associations minérales comportent deux, trois espèces, ou même plus. Ces mélanges s'accomplissent en raison de sympathies inconnues. C'est ainsi qu'on trouve ensemble la galène et la blende, la pyrite et la chalcopyrite, l'or et le quartz... Dans le cas d'un groupement ternaire, on aura la galène, la blende et la pyrite ; l'or, le quartz et la pyrite ; l'étain, le quartz et le wolfram, etc., etc... Des mélanges plus complexes se rencontrent souvent, et nous en réservons l'analyse pour plus tard.

L'existence du chapeau de fer et la variation de composition constatée entre les parties épigéniques et le filon lui-même sont dues à des actions subséquentes. D'autres modifications sont inhérentes à la nature du gîte. La disparition de l'or et son remplacement par des métaux moins nobles sont des faits communs dans certains filons des Carolines. De même la substitution de l'étain au cuivre, au fur et à mesure de l'approfondissement des travaux, s'est présentée plusieurs fois dans les mines du Cornwall.

Age des gîtes. — La roche encaissante exerce souvent une

---

[1] Dans le pays de Galles la présence du chapeau de fer est considérée comme favorable; cette croyance est exprimée par le dicton populaire : *Gossan rides a good horse.*

influence décisive. Si l'on se reporte à ce que nous avons dit au sujet des variations de l'énergie interne, on peut voir que les fractures ont surtout pris naissance soit avant la période jurassique, soit après la période crétacée. Cela ne veut pas dire qu'il ne s'en soit pas produit durant les périodes de tranquillité relative. L'écorce terrestre, tiraillée par mille forces diverses, n'a jamais été en repos absolu et les causes de dislocation ont toujours plus ou moins existé. Pourtant, dans l'ensemble, il est possible de procéder à cette séparation en deux groupes, l'un comprenant les fractures anciennes et l'autre embrassant les cassures relativement modernes.

Les assises les plus anciennes de notre globe que l'on a désignées sous le nom de formations archéennes sont riches en produits métallifères ; de même les horizons cambriens, siluriens et dévoniens. Le fer s'y trouve, on peut le dire, sous toutes ses formes : fer spathique, hématite et pyrites, sans compter un grand nombre d'espèces moins importantes. Les terrains laurentien et huronien de l'Amérique du Nord sont criblés de couches et d'amas dont la présence prouve l'intensité des actions métallisantes au début de l'ère géologique. Cette activité s'est exercée à tous les âges : les blackbands du carbonifère en font foi aussi bien que les gîtes du trias, du jurassique et les dépôts plus modernes.

Le cuivre apparaît d'une façon également continue. En Suède, *Fahlun* nous montre ce métal à la base des formations sédimentaires. Au *Rammelsberg*, le dévonien englobe la grande lentille métallifère, et c'est dans le Zechstein du permien qu'on exploite les schistes du *Mansfeld*. Les fameux amas de *Rio-Tinto* remontent à l'époque précarbonifère. La chalcopyrite est presque universelle et il n'y a guère de niveau où on ne puisse en constater la présence.

Quant au plomb, on peut en dire la même chose. Il apparaît de bonne heure et ses dépôts sont persistants. Aux États-Unis l'étage de Trenton contient des gîtes importants. De même le dévonien, le permien et le trias au milieu duquel on trouve les couches de *Commern* et de *Mechernich*.

On ne peut guère séparer le zinc du plomb, car la galène et la blende semblent avoir l'une pour l'autre des affinités spéciales. Aussi voyons-nous ces métaux associés dès le début, à la base du silurien, dans l'étage de Trenton, et à *Ameberg*, en Suède, bien que l'épanouissement du zinc ait lieu dans des assises plus récentes.

Dans les vieilles strates, on trouve encore des gîtes caractéristiques de métaux autres que ceux que nous venons de nommer. Aux États-Unis, on a exploité, dans les terrains primaires, des amas lenticulaires de quartz aurifère; en Suède, les fahlbandes, qu'on range dans les terrains cristallins, sont argentifères. Le mercure imprègne des grès siluriens et le culm s'est quelquefois montré chargé d'antimoine.

Lorsqu'il s'agit de rapporter la naissance d'un filon à une époque géologique, la question se présente hérissée de difficultés. D'abord l'âge absolu de la fracture est bien souvent impossible à déterminer, puis on n'a guère de données sur la date à laquelle est venu le remplissage.

Si les preuves directes manquent, une étude de la contrée peut, dans beaucoup de cas, conduire à de fortes présomptions. Souvent l'examen des roches est d'un grand secours et aide à fixer les incertitudes chronologiques. Tout intéressants que soient ces problèmes, on ne doit pas perdre de vue le but pratique, et s'il est bon d'approfondir le côté scientifique de la question, il faut bien se garder d'entrer dans des spéculations sans rapport avec l'exploitation.

§ IV. — ALLURE DES GITES

Direction. — Un gîte est rapporté à un plan vertical et à un plan horizontal. Son intersection avec ce dernier est appelée sa direction; ce sera une ligne droite, courbe ou ondulée pour un filon ou une couche mince inclinée ; pour un amas, cette intersection affectera la forme d'une surface limitée par deux lignes irrégulières. Dans le premier cas on déterminera l'orientation de la ligne ou de chaque portion de la ligne ; dans le second, on pourra relever les contours ou établir une direction moyenne.

On évalue la direction soit en degrés, soit en heures de la boussole, une heure valant 15 degrés. Un filon heure VII signifiera un filon compris entre 90 et 105° en comptant toujours dans le sens des aiguilles d'une montre.

Si la direction est de 60° à l'est du méridien magnétique, on notera N 60° E ou seulement 60°, si l'on convient de prendre toutes les mesures de 0 à 180° en comptant toujours vers l'est l'angle que fait l'horizontale avec le méridien magnétique. La direction sera dite *vraie* si elle est rapportée au méridien astronomique.

Ces mesures n'ont de valeur qu'autant qu'elles sont prises sur une zone assez étendue. Ordinairement l'intersection par un plan horizontal est une ligne courbe, sinueuse. Chaque sinuosité aura une valeur moyenne et la moyenne générale représentera la vraie direction du filon.

Remarquons en passant que la vraie direction signifie la direction exacte, tandis que l'expression « direction vraie » s'emploie lorsque les mesures sont rapportées au méridien astronomique.

Plongement. — L'inclinaison ou plongement s'appréciera par l'angle des parois avec la verticale, ou bien s'exprimera en centièmes. Cet élément se détermine au moyen du *clinomètre*. Les mêmes précautions doivent être prises pour l'évaluation de la valeur moyenne.

Aux États-Unis la direction est appelée *strike* et l'inclinaison ou pendage porte le nom de *dip*.

Puissance. — On appelle *puissance* l'épaisseur du gîte

comptée suivant une perpendiculaire aux parois. Dans le cas d'une lentille la perpendiculaire doit être élevée sur le plan moyen.

Quant aux inégalités, elles sont grandes et ne permettent pas toujours des mesures faciles.

Epontes. — Les parois portent le nom d'*épontes* et n'ont pas de noms spéciaux si le gîte est vertical. Toutefois, s'il s'incline, la paroi inférieure devient le *mur*, tandis que l'autre prend le nom de *toit*. Dans le cas où des plissements produisent des *renversements*, les dénominations se font naturellement d'après l'allure moyenne. Les parties latérales d'un filon, immédiatement en contact avec les épontes, sont souvent altérées et alors appelées *salbandes*.

Affleurements. — Les *affleurements*, visibles à la surface du sol, représentent l'intersection de cette surface et du gîte. Ils peuvent former des lignes capricieuses dont l'orientation ne sera pas constante et dont les côtés varieront également.

Plans. — La représentation d'un gîte s'établit au moyen de deux projections : l'une sur un plan horizontal et l'autre sur un plan vertical parallèle à la direction moyenne. Dans beaucoup de cas, il faut adjoindre des coupes par des plans verticaux perpendiculaires au premier, de façon à se rendre un compte exact de la forme et de l'allure. La tenue des plans est d'une importance capitale à tous les points de vue, et il n'existe pas d'exploitation où cette préoccupation doive être abandonnée un seul instant.

CHAPITRE II

FORMATION DES FRACTURES ET CAVITÉS

Nature des filons. Importance des filons. Origine des filons. Complexité de la question. Classification des causes. — *Causes qui ont occasionné les fractures.* Des causes en général. Rupture brusque de l'équilibre moléculaire. Dessiccation. Contraction et refroidissement. Contraction de l'écorce terrestre. Soulèvements et affaissements. Plissements. Pression et écrasement. Torsion. Efforts divers. Systèmes et groupes de fractures. — *Fracture dans une formation unique.* Nature de la force produisant la cassure. Influence des forces latérales. Relations de la faille et de la couche. Formes des fractures. — *Cassures traversant des terrains divers.* Variation des éléments. Relation de la faille et de deux couches successives. Singularités provenant du passage d'une couche à une autre. Gites de contact et filons couches. — *Modifications subséquentes des fractures.* — *Rejets.* Définitions. Effets produits par les rejets. Cas singuliers. Eléments du rejet. Cas particuliers. Rejet ouvert. — *Systèmes filoniens.* Systèmes et groupes. Age des fractures. — *Formation des cavités.*

§ I. — NATURE DES FILONS

Les filons ne sont dans l'écorce terrestre que des accidents relativement rares. Un géologue donne ce nom à toute fracture qu'un remplissage subséquent est venu fermer, quelle que soit la nature des éléments : roche éruptive ou imprégnations métallifères. L'industriel appliquera cette appellation aux cassures exploitables, réservant le nom de faille pour celles qu'il considère comme stériles.

Dans ce chapitre, nous ne ferons aucune distinction entre les filons et les failles. Nous en étudierons la genèse et examinerons plus tard les distinctions à établir.

Importance des filons. — La continuité des fractures est un élément des plus variables. Quelquefois, on rencontre de simples fissures qui se maintiennent à peine et ne se poursuivent ni en direction ni en profondeur. C'est un peu le cas des « gash Veins » et c'est aussi celui d'un grand nombre de craquelures, comme nous le verrons par la suite.

Certains gîtes affectent une allure plus ferme dans l'ensemble, quoique irrégulière dans les détails ; ils se montrent sous la forme de faisceaux formés de cassures courtes et parallèles ou distribuées suivant une loi déterminée. D'autres enfin présentent des alignements bien définis et atteignent des dimensions considérables.

En Hongrie, à Schemnitz, le *Spitaler* a été relevé sur plus de 8 kilomètres. Dans l'Oberhartz, un filon se développe sur environ 16 kilomètres.

L'exemple de continuité le plus frappant existe en Californie, où la grande fracture appelée *Mother lode* a été suivie sur une distance dépassant 100 kilomètres.

La persistance des veines en profondeur dépend absolument de leur nature. Les unes sont limitées, suivant le pendage aussi bien qu'en direction, tandis que d'autres semblent s'enfoncer indéfiniment au-dessous de la surface. En Amérique, au Nevada par exemple, on est descendu à une profondeur de 900 mètres et en Bohême, à *Przibram*, on a dépassé 1 100 mètres.

La puissance d'un gîte est un autre élément intéressant. Certains filets métallifères ne présentent, pour ainsi dire, pas d'épaisseur, tandis que l'on trouve des filons larges de plusieurs mètres. La puissance du célèbre *Comstock lode* à 500 mètres de profondeur dépassait 20 mètres, tandis que, près de la surface, en raison d'un épanouissement de la cassure, elle atteignait environ 300 mètres.

Aucune règle générale ne peut être formulée relativement au régime des fractures. Une étude spéciale doit être faite dans chaque cas particulier.

Origine des filons. — Bien des fois, sur le terrain, les recherches ont mis en évidence des faits que notre esprit était impuissant à expliquer. Aussi les suppositions bizarres n'ont point manqué, et le roman trouvait sa place à côté de la vérité. Aujourd'hui un examen minutieux des détails a permis de recueillir un grand nombre de données, de les systématiser, et, de plus, des expériences ont été faites qui jettent un jour nouveau sur la question.

Sir James Hall le premier entra dans cette voie[1]. Il empila les uns sur les autres des morceaux d'étoffes qu'il maintint au moyen d'une plaque métallique fortement surchargée, puis soumettant l'ensemble à une compression latérale, il produisit dans la masse des plissements imitant ceux qu'il avait constatés dans les strates siluriennes du Berwickshire.

M. Tresca a démontré que la solidité des corps n'excluait pas une certaine plasticité et que cet élément était à la fois fonction des parois et de la pression exercée. Il a pu déterminer l'*écoulement* de substances, telles que la glace, le plomb, la fonte...

Sir Richard Lyell, De la Bêche et Elie de Baumont firent progresser la question à pas de géant, et leurs inductions ont été confirmées par les expériences de MM. Favre, de Chancourtois, etc., et surtout par les travaux remarquables de M. Daubrée. On doit encore à ce sujet citer les noms de MM. Rivot, Moissenet, Von Cotta, Sandberger, Von Groddeck, Murchison, W. Wallace, Henwood, C. King, Becker, etc.

Ces études diverses nous ont appris que les procédés de la nature étaient analogues aux agents modernes bien que différents en conditions et en intensité. Il fut alors permis de se demander comment naquirent les filons et aujourd'hui la réponse est possible dans un certain nombre de cas.

Complexité de la question. — Malgré notre désir d'arriver

---

[1] Les expériences entreprises par sir J. Hall remontent à l'année 1813.

à connaître la vérité, nous devons nous garder des conclusions trop hâtives et nous défier des généralisations. Dans nos laboratoires nous ne pouvons imiter la nature ; nous n'en reproduisons que l'ombre. L'influence de l'espace et des masses en jeu ne peut être appréciée, puisque nos études ne portent que sur des quantités limitées. Aussi faut-il regarder les résultats obtenus comme des indices précieux et non pas toujours comme une réponse définitive aux questions posées.

Si, prenant les choses à l'origine, on était tenté d'étudier les modifications de l'écorce terrestre au point de vue mécanique, on arriverait à des conclusions fausses. Ni les formules de la résistance des matériaux, ni les théories mathématiques de l'élasticité ne seraient applicables. Le défaut d'homogénéité d'une zone considérée ne permet pas de l'envisager avec cette rigueur scientifique. Mille causes viendraient altérer les résultats du calcul, mille causes dont nous ne pouvons tenir compte, soit parce que nous les ignorons, soit parce que nos méthodes sont insuffisantes.

Le défaut d'homogénéité a une influence capitale et devient surtout évident quand on se trouve en présence d'une succession de strates différentes. Si la couche est élastique, la fracture peut ne pas se propager ; un lit trop dur peut résister à l'arrachement ; un terrain ébouleux s'émiettera peut-être et ses débris viendront combler la cavité ouverte. Un fait aujourd'hui avéré est que les cassures se forment et se maintiennent mieux dans les *couches de dureté moyenne*. M. Moissenet dans son ouvrage sur les filons de Cornwall a particulièrement insisté sur ce point.

Classification des causes. — Etudiant les causes qui ont présidé à la naissance des filons, M. Von Groddeck les divise de la façon suivante :

Contractions provenant de { refroidissement. dessiccation.

Dislocations provenant de { affaissement et soulèvement. pression. plissements.

Ces divisions absolument justes n'embrassent pas la totalité du problème.

Nous ne croyons pas du reste qu'il y ait lieu de procéder ici à une classification qui serait peut-être insuffisante et à coup sûr trop précise, car, dans bien des cas, une fracture s'est produite sous des influences complexes.

§ II. — CAUSES QUI ONT OCCASIONNÉ LES FRACTURES

Des causes en général. — Les fractures de l'écorce terrestre diffèrent non seulement quant à l'allure, mais aussi quant à l'origine et la recherche des causes qui les ont produites est un des problèmes les plus intéressants de la géologie.

Les principales forces mises en jeu ne sont pas toujours faciles à définir, à priori. L'expérience est venue au secours de l'observation ; c'est par la critique des résultats obtenus dans le laboratoire et par leur comparaison avec les relevés géologiques que l'on a pu induire une similitude de cause d'après l'analogie des effets.

Les ruptures d'équilibre moléculaire peuvent, aussi bien que le refroidissement ou la dessiccation, produire des fissures. La pression peut agir dans le même sens et modifier les assises sur lesquelles elle s'exerce.

Les mouvements généraux ou locaux de l'écorce terrestre ont provoqué des plissements, des contournements, engendré mille effets divers, parmi lesquels il faut citer des compressions, des torsions, des étirements, etc... Toutes ces causes, agissant isolément ou simultanément, ont donné naissance à des fractures régulières ou irrégulières, isolées ou multiples, que nous allons essayer de définir plus exactement.

Rupture brusque de l'équilibre moléculaire. — Lorsque, dans l'intérieur d'un massif rocheux, on creuse une excavation quelconque, il n'est pas rare d'entendre des détonations et, dans certaines carrières, ces détonations ont été suivies de fissuration. Quelquefois même des projections de cailloux peu volumineux ont accompagné ces phénomènes (A. Geikie) [1]. Ces manifestations sont évidemment dues à la rupture de l'équilibre moléculaire. Les tensions inégales des forces internes se trouvent quelquefois à un état limite qu'une modification légère vient troubler. La rupture d'équilibre se produisant, les éléments dynamiques entrent en jeu, développant un travail qui se résume souvent en une fissuration de la roche, avec ou sans déplacement des parties séparées les unes par rapport aux autres.

Des variations de température ou des altérations dans l'état physique d'un massif voisin peuvent conduire à des résultats identiques. Les craquelures qui se produisent dans le verre, sans cause apparente, rentrent dans la catégorie des effets précédents.

Dessiccation. — La dessiccation d'une assise produit généralement dans la masse une série de fendillements. Nous en avons sous les yeux des exemples dans les marais que l'eau abandonne peu à peu ; la surface craquelée du sol présente un aspect caractéristique. Bien que ces actions se soient évidemment exercées à peu près à tous les âges, elles n'ont pour nous qu'un intérêt secondaire et les fentes métallifères engendrées par la dessiccation sont au nombre des plus rares.

Contraction et refroidissement. — Une masse éruptive, venant au jour, subit, à la surface d'abord, puis le long des parois de son logement, et enfin graduellement dans toute sa masse, un refroidissement qui détermine une modification dans son état moléculaire. L'exemple des basaltes est bien connu et leur découpage géométrique est le résultat de l'abaissement de leur température.

[1] *Text-Book of Geology*, par A. Geikie. Book III, p. 287. *Minor ruptures and noises.*

Les roches ne sont pas des produits absolument homogènes et ce défaut d'homogénéité engendrera fréquemment des craquelures. De plus, dans la nature, les conditions locales aident à cette division. En effet, la masse fondue est forcée dans une cavité dont la température est celle du terrain ambiant, peu influencé, en raison de sa mauvaise conductibilité, abstraction faite des réactions et des modifications sur les parois. Il en résulte que si le volume de cette cavité est V au moment de la solidification du remplissage, ce volume variera peu lorsque la masse se refroidira, sauf les ruptures d'équilibre moléculaire dans la zone immédiatement en contact. La roche au contraire, si elle pouvait se refroidir librement, prendrait un volume V' notablement inférieur à V. Comme il y a généralement adhérence le long des parois, on voit qu'il y a là une nouvelle cause venant accentuer la fissuration. Les exemples de fractures dues au refroidissement sont nombreux. Les montagnes Rocheuses aux Etats-Unis, et la Sierra Madre au Mexique abondent en filons évidemment dus à des retraits dans le trachyte.

Quelquefois la cohésion interne de l'élément adventif est plus grande que l'adhérence au terrain voisin. Dans ce cas, le remplissage peut se séparer de la paroi en se contractant sur lui-même : une *fissure de contact* apparaîtra.

Beaucoup de Stockwerks ont une origine analogue et les veinules, souvent remplies d'éléments empruntés à la roche, forment un réseau compliqué dont les lois sont difficiles à saisir.

Les « joints » qui sillonnent les assises sédimentaires ont, d'après plusieurs auteurs, une origine similaire. Le sujet a été traité remarquablement par A. Geikie qui leur assigne les causes suivantes [1] : contraction, torsion, compression, actions cristallines ou magnétiques.

Beaucoup de « gash veins » ne sont que des joints élargis et ultérieurement remplis de minéraux utiles.

---

[1] *Text-Book of Geology*, pp. 288 à 293. *Jointing and Dislocation*.

M. Daubrée, en étudiant ces joints, a été frappé de la bizarrerie du nom qui s'applique ici à une solution de continuité. Ce mot a été emprunté à la stéréotomie, mais là il signifie : réunion de deux surfaces. Aussi l'éminent expérimentateur a-t-il proposé de désigner toutes les fractures sous le nom de *lithoclases*, réservant celui de *diaclases* pour les fissures, et appliquant celui de *paraclases* aux *failles*, c'est-à-dire aux cassures avec déplacement d'une paroi par rapport à l'autre. Sous le nom de *leptoclases* sont comprises les gerçures peu importantes, divisées en *synclases* si elles sont nées sous l'action d'une force interne, ou en *piésoclases* si leur origine doit être cherchée dans une cause externe [1].

Contraction de l'écorce terrestre. — Le refroidissement du noyau liquide interne a, depuis l'origine, été constant malgré sa lenteur. Nous laissons aux traités de géologie le soin d'expliquer cet abaissement de température et les dislocations qui en sont résultées. Nous ne retiendrons que le fait lui-même et en examinerons les conséquences.

Des expériences ont été faites à ce sujet, et malgré la disproportion des moyens mis en œuvre, elles sont assez intéressantes pour mériter d'être citées.

M. Favre, professeur à Genève, a, sur une bande de caoutchouc tendu, disposé une série de petites couches argileuses qu'il rendit aussi adhérentes que possible. En diminuant la tension du caoutchouc, il en détermina le raccourcissement, et les bandelettes d'argile se transformèrent, affectant des plissements, des chevauchements, des dislocations, représentant en petit une région montagneuse.

M. B. de Chancourtois est arrivé au même résultat en enduisant d'une mince couche de cire un ballon en caoutchouc gonflé d'air, puis laissant l'air s'échapper, il provoqua la con-

---

[1] *Etudes synthétiques de géologie expérimentale.*

traction du ballon et vit apparaître les mêmes chevauchements et plicatures que dans l'expérience de M. Favre. De plus, la forme géométrique des plissements rappelait la distribution des chaînes de montagnes à la surface du globe.

M. Daubrée, poussant plus loin l'analyse, a étudié l'apparition et l'orientation des rides, en faisant varier la disposition des substances à la surface du ballon en caoutchouc.

Tout porte à croire que, dans la nature, les forces mises en jeu, quoique possédant une intensité incomparablement plus grande, ont agi d'une manière analogue. De là des mouvements complexes impossibles à suivre en détail, mais dont on peut mettre en évidence les traits principaux en même temps que quelques manifestations particulières.

De plus les dissolutions, les gonflements, les modifications métamorphiques de certains lits n'ont pas été sans produire des déplacements qui pour être moins amples que les précédents, n'en ont pas moins souvent une influence locale importante.

Soulèvements et affaissements. — L'ensemble des variations de la croûte terrestre correspond à une contraction, mais dans une région déterminée les mouvements d'une zone par rapport à une autre comportent à la fois des soulèvements et des affaissements. Du reste, le soulèvement peut-être réel, c'est-à-dire que les dislocations peuvent porter une assise déterminée à un niveau réellement plus élevé, considération qui, dans le cas qui nous occupe, est absolument sans importance.

Si nous considérons un axe de soulèvement granitique, la roche tendra à former un dôme. La figure 6 représente une section perpendiculaire à l'axe de la région affectée. G est le granite et T un lambeau de terrain sédimentaire. Soit $\alpha\beta$ la limite de la zone perturbée. La production des failles aura lieu suivant une succession remarquablement analysée par M. Moissenet[1].

---

[1] Parties riches des filons par L. Moissenet.

La surface des terrains relevés tendra à prendre la position abc.

Vers le pied du talus, la pesanteur des couches et leur rigidité interviendront pour déterminer des fractures F,F,F plongeant vers l'extérieur du soulèvement. Pour chacune de ces solutions de continuité F, sous l'action lente de la poussée

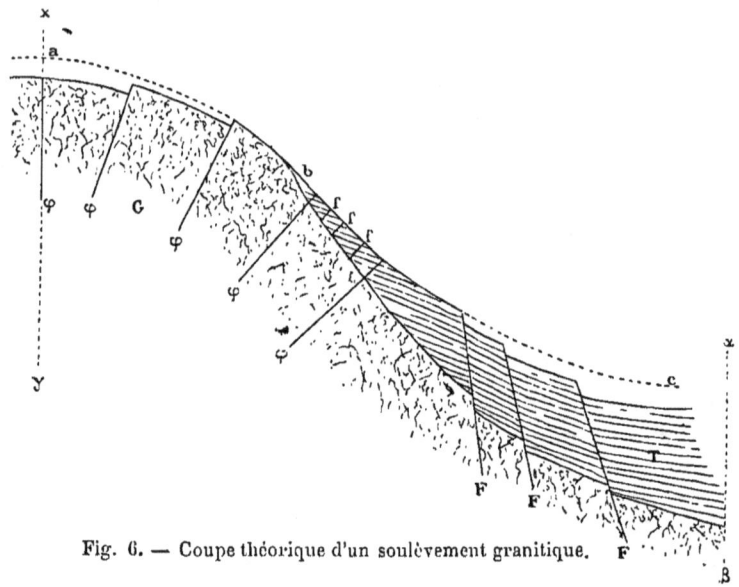

Fig. 6. — Coupe théorique d'un soulèvement granitique.

interne, il y a une tendance d'entraînement vers la gauche de la figure ; d'autre part, en vertu de son poids, la portion de droite tend à rester en arrière du mouvement, c'est-à-dire que le *toit descendra sur le mur*.

Par suite du lent mouvement du granite le long des sédiments, le frottement tend à produire des brisures perpendiculaires au sens du déplacement. Le maximum de vitesse ayant lieu dans la direction xy, ces effets seront surtout sensibles dans les parties voisines de l'axe, c'est-à-dire dans la zone ab. L'effort est analogue à celui qui produit les crevasses marginales d'un glacier. On doit donc, durant la période d'ascension, trouver en ab des fractures plus ou moins normales à la surface de contact et plongeant vers l'intérieur du soulèvement.

Quant à la limite de ces failles *fff*, elle est, comme celles des accidents FFF..., indéterminée et variera dans chaque cas particulier. Deux facteurs importants sont l'épaisseur des couches relevées et la hauteur du mamelon.

L'épanouissement de la roche déterminera en outre un éclatement rayonnant et engendrera un système φφφ plongeant vers l'axe *xy*.

Le refroidissement amènera une période de contraction durant laquelle les fractures FFF... seront peu influencées tandis que les systèmes *fff*... et φφφ joueront pendant le retrait en produisant la *descente du toit sur le mur*.

Il va sans dire que cette dislocation de la roche entraîne une série de mouvements dont chacun peut déterminer des cassures secondaires ; les fractures produites correspondent plus ou moins à des plans tous perpendiculaires à celui de la figure, c'est-à-dire parallèle à une droite qui sera la perpendiculaire à notre coupe.

Plissements. — Dans les mouvements de l'écorce terrestre, les pressions sont transmises à des distances très grandes et les ondulations des terrains en font foi. Les expériences de Hall demeurées célèbres ont été reprises par M. Daubrée. Ce savant a cherché à déterminer les formes que peut prendre une couche soumise à une compression latérale, dans des conditions variables de pression à la surface et d'épaisseur en divers points ; les résultats obtenus ont été les suivants :

1° Une lame homogène, horizontale, d'épaisseur régulière et régulièrement chargée, prend, sous l'influence d'une pression exercée suivant son axe, une forme courbe régulière ; si la pression augmente, elle se plisse, et les plis, à peu près uniformes, deviennent de plus en plus nombreux. Cela est du reste parfaitement en accord avec la théorie mathématique de l'élasticité.

2° Avec une charge irrégulière, la pression horizontale

détermine une courbe dissymétrique qui présente des plissements plus accentués dans la zone de moindre pression.

3° Si la lame présente une partie mince, les ondulations se multiplient dans la zone affaiblie. Nous renvoyons pour plus de détails aux *Etudes synthétiques de géologie expérimentale* de M. Daubrée, qui dans le chapitre : *Ploiements par actions exercées en plusieurs sens*, établit la similitude entre les formes précédentes et les allures tourmentées de beaucoup d'assises géologiques.

Considérons une couche ayant subi des ondulations sous une influence quelconque. Nous supposerons que le terrain d'abord horizontal a subi un refoulement latéral ; la figure 7 sera une coupe parallèle à l'effort. Appelons βγ la trace du

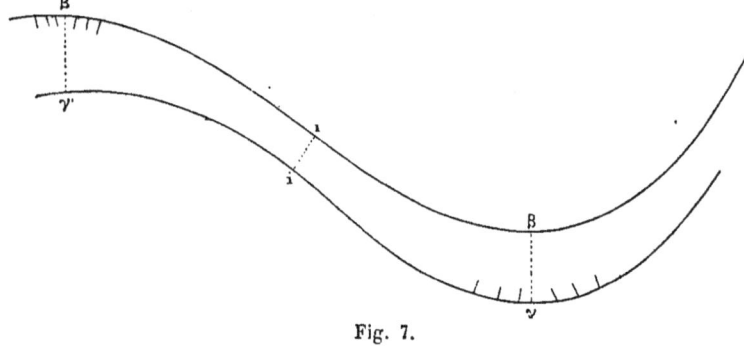

Fig. 7.

plan vertical perpendiculaire à la figure et correspondant au point le plus bas d'un fond ; β'γ' aura la même signification pour un sommet voisin.

En γ et β' il y a étirement de la couche et tendance à la formation de fractures plus ou moins voisines de la normale à la surface. En β et γ' au contraire, une compression s'exercera, et les assises écrasées ne donneront pas une fissuration aussi nette que vers les convexités.

Si, en dehors de la poussée horizontale, la formation est soumise à des pressions variables s'exerçant à sa surface, il est évident que ces actions entrent en jeu et que les éclatements, au lieu d'être normaux à la couche, prendront une obliquité variable dans chacun des cas. Le poids des terrains surmontant la zone de rupture pourra puissamment aider à ces effets.

La zone d'inflexion $i\,i'$ est le siège d'efforts particuliers :

1° Elle tend à subir un allongement provoquant l'amincissement de l'assise.

2° Si cet amincissement se produit, on se trouve dans le cas d'une lame inégale, examiné par M. Daubrée ; vers la portion affaiblie le plissement tend à s'accentuer.

Ces actions combinées, jointes à l'obliquité fréquente de la poussée, engendrent des torsions difficiles à définir, mais indéniables dans la plupart des cas. En examinant la figure 7, on voit que les fractures sont perpendiculaires au plan de la force que nous avons supposé être celui du croquis. Il en résulte donc que leurs plans moyens sont parallèles à une droite perpendiculaire à la figure, laquelle est parallèle aux axes des fonds et des selles.

Pression et écrasement. — Ici encore nous renvoyons le lecteur aux « *Essais synthétiques de géologie expérimentale* » de M. Daubrée. L'intervention de la pression peut expliquer la formation de certains *joints*, comme nous l'avons dit plus haut. Quelquefois il se produira des cassures et des glissements.

Un parallélipipède calcaire, soumis à une pression régulière, s'est transformé en une série de prismes allongés et de plaques minces avec faces parallèles au sens de la pression.

Un prisme en mastic à mouler soumis à l'action de la presse hydraulique a présenté les phénomènes suivants :

1° Apparition de fractures orientées à 45° sur la verticale et déterminant des prismes triangulaires qui se sont déplacés suivant le plan de fracture ;

2° Fissuration des faces du prisme se bombant sous l'action exercée ;

3° Naissance de gerçures secondaires dues à la déformation ;
4° Formation de rides normalement à l'effort produit.

Les fissures paraissent se grouper en deux systèmes parallèles, chacun d'eux étant sensiblement perpendiculaire à l'autre. L'ensemble de ces plans de fractures est donc parallèle à l'intersection des deux systèmes.

Torsion. — Il n'est pas douteux que des efforts de torsion ne se soient exercés lors des mouvements subis par l'écorce terrestre. C'est l'avis de Lamé qui a fait une application de la théorie mathématique de l'élasticité aux déplacements de la croûte de notre globe. M. Daubrée, dont les travaux sont à la fois si remarquables et si complets, a mis ce fait en évidence au moyen d'expériences ingénieuses.

La torsion fait naître, dans le milieu sur lequel elle s'exerce, une série de fractures qui peuvent se grouper autour de deux directions, inclinées l'une sur l'autre et quelquefois rectangulaires. Souvent les fissures d'un même groupe se disposent en faisceaux et s'étalent en éventail ; de plus, leur plongement n'est pas constant et beaucoup d'entre elles semblent affecter la forme de surfaces gauches.

En examinant les plaques soumises à l'expérience, on est frappé de voir que les fractures semblent se répartir suivant des plans parallèles à une droite, parallèle elle-même au plan du couple de torsion.

Efforts divers. — La complexité des actions exercées durant les périodes de dislocation est telle qu'il est presque impossible d'y rien démêler. Aussi l'examen de la question ne peut pas être une véritable analyse.

Les mouvements produits se sont propagés de mille manières différentes et ont engendré des tractions dont nous avons déjà signalé ou admis implicitement l'existence.

D'une manière générale, toute traction tendra, dans un terrain homogène, à produire des ruptures dont les plans seront perpendiculaires à l'effort exercé, c'est-à-dire parallèles entre eux. Mais les conditions physiques de la couche influencée peuvent modifier ces tendances. Tandis que certaines strates donneront naissance à des ruptures nettes, d'autres, plus plastiques, se prêteront à un étirement; certains lits subiront de véritables déchirures et présenteront des solutions de continuité absolument confuses. Des substances feuilletées se décolleront; leurs feuillets s'entre-bâilleront et présenteront l'aspect d'une masse fortement laminée. Du reste, les effets produits varieront considérablement suivant l'orientation de la force par rapport aux lignes de résistance du milieu sur lequel elle agit.

MM. Piobert et Morin ont, dans des expériences relatives à la pénétration des plaques de blindage par les projectiles, mis en évidence la disposition des molécules en zones concentriques, avec fendillement et glissement des couches les unes sur les autres autour du point frappé. On en a induit que des pressions fortes et prolongées, se substituant à l'instantanéité du choc, pouvaient produire des résultats analogues. La questions est toutefois trop peu avancée pour que l'on puisse formuler aucune conclusion.

Systèmes et groupes de fractures. — Quand un terrain se fissure sous une influence déterminée, les fractures ne sont pas orientées au hasard ; l'examen que nous venons d'esquisser nous a montré qu'il était possible de relever certaines tendances, sinon de formuler certaines lois.

Dans chacun des cas précédents (soulèvement, plissement, pression et écrasement, torsion, traction), l'ensemble des fractures est généralement parallèle à une droite. Nous sommes en droit de considérer comme « un système » de fractures toutes celles qui se produiront pendant la durée du phénomène et qui présenteront cette caractéristique d'avoir une directrice commune. Le système se divisera en groupes dont les éléments seront parallèles entre eux. Nous verrons plus loin comment on doit entendre ces définitions et quelles sont les précautions à prendre en les appliquant.

§ III. — FRACTURES DANS UNE FORMATION UNIQUE

Nature de la force produisant la cassure. — Nous avons plus haut établi les quelques cas principaux dans lesquels se produisent les dislocations. Sans entrer dans l'analyse du phénomène, nous remarquerons que les diverses molécules sont sollicitées par une série de forces d'orientation variable, mais qui, en un point donné, auront une résultante déterminée.

Si autour du point m, sollicité par une force, nous faisons tourner un plan, et si sur une perpendiculaire à ce plan nous portons une longueur m M égale à la résistance correspondant à l'orientation du plan, le lieu des points M sera une surface

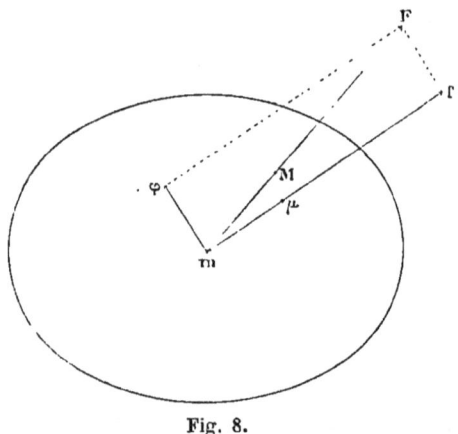

Fig. 8.

qui ne sera pas susceptible dans la plupart des cas d'une définition géométrique, en raison du défaut d'homogénéité. Soit (fig. 8) m F la force en question. Elle perce la surface que nous venons de définir en M et m M représente la résistance à l'arrachement suivant le plan perpendiculaire à m M. La rupture a donc eu lieu en vertu de la différence MF. Mais l'arrachement aura-t-il lieu suivant le plan perpendiculaire à MF?. Pas nécessairement.

En effet, soit mf une direction quelconque rencontrant la surface en μ. Dans le plan $Fm\mu$, F peut être décomposée en deux forces mf et $m\varphi$. Par suite de l'irrégularité de la surface considérée, la valeur $f\mu$ peut être beaucoup plus grande que MF, quoique mf soit plus petit que mF. La rupture peut se produire dans le plan perpendiculaire à mf et $m\varphi$ intervenant, un déplacement peut se produire suivant ce plan. Lorsqu'une couche est soumise à des actions telles qu'on puisse considérer tous les points comme sollicités par des forces égales et parallèles, quelle est la conclusion à laquelle on arrivera?

Dans un milieu uniformément homogène le lieu des points M se réduit à une sphère et le maximum de $\mu.F$ a lieu pour la position mF, c'est-à-dire que, pour chaque point, la séparation aura lieu suivant le plan perpendiculaire à la direction des forces F, F, F. On aura donc une cassure plane.

Dans une masse hétérogène la surface des points M sera variable pour chaque molécule considérée; il en résulte que la position de mf pour laquelle μf passe par un maximum varie à chaque instant. L'élément de cassure affectera une forme courbe et sera tangent en m au plan perpendiculaire à mf.

Dans beaucoup de cas, des défauts d'homogénéité de la masse correspondront à des points singuliers dans la surface des points M et se traduiront par des irrégularités dans l'allure de la faille.

Nous trouvons là l'origine des cassures conchoïdales et ondulées dont l'allure générale conserve cependant une relation fixe avec l'orientation des actions agissantes.

Influence des forces latérales. — Lorsque la composante f détermine la rupture suivant un plan perpendiculaire à sa direction, il existe une autre composante φ que nous avons déjà définie. Cette composante intervient pour produire un déplacement, lequel engendre du travail. Les déplacements latéraux auront une tendance d'autant plus forte à se produire que l'angle F m f sera plus ouvert et donnera par suite à φ une valeur plus considérable.

Soit (fig. 9) une fracture a b, de forme irrégulière. Sous l'action d'efforts secondaires, les deux lèvres peuvent se déplacer l'une par rapport à l'autre et prendre les positions $a_1 b_1 — a_2 b_2$ (fig. 10). Les parois, après le mouvement, n'adhéreront plus que par quelques points et comprendront entre elles des cavités irrégulières correspondant aux élargissements et étranglements des filons.

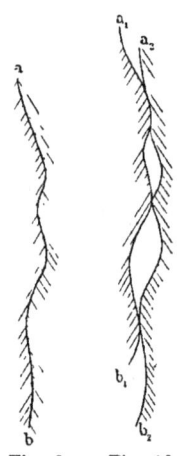

Fig. 9. Fig. 10.

Ce fait a été mis en évidence par H. de la Bêche et peut se produire aussi bien sous l'influence d'actions postérieures à la naissance de la fissure que sous celle des composantes latérales mentionnées plus haut.

Relations de la faille et de la couche. — Considérons deux plans de projection, l'un perpendiculaire à la couche et parallèle en même temps à la ligne de plus grande pente, l'autre perpendiculaire au premier (fig. 11). Nous prendrons ce dernier pour plan horizontal, et un plan parallèle à la couche aura les traces PαQ; la ligne de terre est xy. L'angle Qαy est l'angle de la couche avec l'horizon. Quant à sa direction, c'est Pα perpendiculaire à xy.

Si la faille et la couche sont orthogonales, c'est-à-dire perpendiculaires entre elles, la première aura pour trace MβN et βN sera perpendiculaire à αQ. Si elles sont isogonales, c'est-à-dire de direction commune, la trace du plan de la faille sera RγS et la trace horizontale γR sera perpendiculaire à xy. Tout autre plan TδV, dont la trace horizontale ne sera pas parallèle à $_\alpha$P et dont la trace verticale ne sera pas perpendiculaire à $_\alpha$Q représentera une faille oblique.

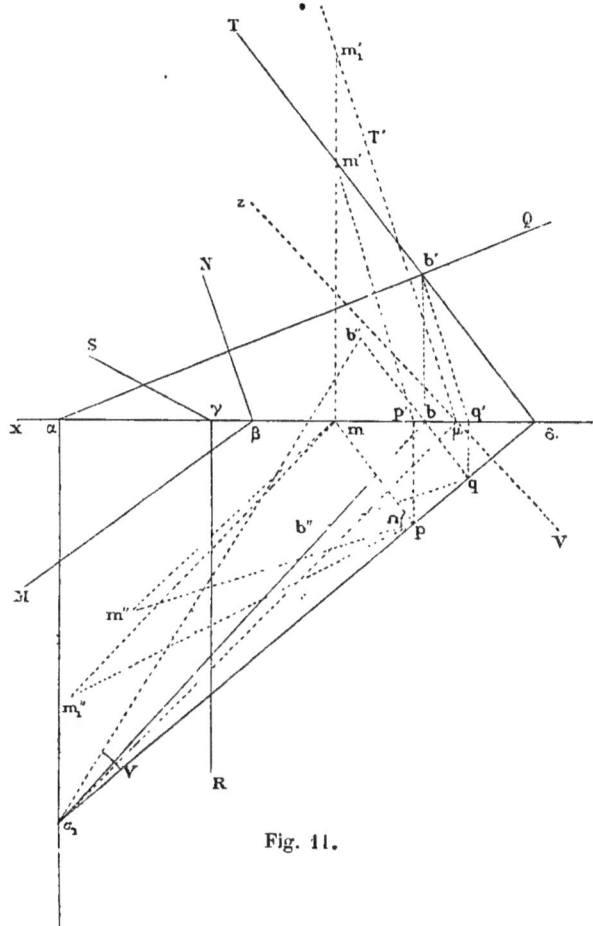

Fig. 11.

La couche et la faille sont souvent dites synclinales ou anticlinales. Elles seront synclinales si leurs deux traces horizontales sont du même côté par rapport à la trace horizontale du plan vertical passant par leur intersection. Elles seront anticlinales dans le cas contraire.

On peut encore dire que si en un point de l'intersection on considère les portions *plongeantes* des lignes de plus grande pente, leurs projections horizontales forment un angle aigu dans le premier cas, et un angle obtus dans le second.

Quant à l'angle que fait l'intersection de la couche et de la faille avec la direction de la faille Vδ, il est connu sous le nom d'angle de la faille.

La couche étant définie comme nous l'avons dit par rapport aux plans de projection, et la faille étant donnée par ses traces VδT, cherchons-en les principaux éléments.

D'abord sa direction est la droite Vδ elle-même.

Coupons par un plan vertical pmm' perpendiculaire à la direction Vδ. Il intersecte avec la faille suivant mp-$m'p'$. En rabattant en $m\ m''p$ le triangle pmm', on a l'angle i en $\widetilde{mpm''}$. C'est l'angle de plongement de la faille.

L'intersection des deux plans est a_1b-ab'; en rabattant la faille sur le plan horizontal, le point bb' vient en b'', sur la perpendiculaire bq, à une distance qb'' égale à l'hypothénuse d'un triangle rectangle dont bq et bb' sont les côtés droits ; $\widetilde{\delta a_1 b''}$ est l'angle de la faille.

Quant à l'angle des deux plans, on l'obtient en coupant par un plan perpendiculaire à l'intersection et en rabattant autour de la trace horizontale le triangle d'intersection.

On peut encore rabattre le plan PaQ sur le plan horizontal. b vient en μ et l'intersection prend la position $a_1\mu$. Quant à la droite b'T, si elle suit le mouvement, elle se dirige suivant μT', de façon que $\widetilde{ab'T} = \widetilde{a\mu T'}$. Il suffit alors de chercher l'angle du plan $a_1\mu$T' avec le plan horizontal. On y arrive en coupant par un plan vertical pmm'_1, et on rabat le triangle en vraie grandeur suivant mpm''_1. L'angle mpm''_1 est l'angle cherché.

Formes des fractures. — Les résultats produits lors de la mise en jeu des forces internes font que les gîtes filoniens diffèrent les uns des autres aussi bien par leur nature que par leur aspect. Nous ne considérons ici que la cassure, indépendamment de son remplissage. Enfin, remontant au phénomène primitif, on doit comprendre qu'il n'est question que de la *forme première*, quelles que soient les modifications ultérieurement subies.

Le type ordinaire du filon traversant un massif sédimentaire est une surface plus ou moins gauche dont l'allure générale est celle d'un plan. Dans certaines assises, le décollement des couches se produit, et la fente est alors interstratifiée.

Lorsqu'une fracture se propage dans un milieu, suivant un plan de moindre résistance, il peut arriver qu'à tel point singulier il y ait bifurcation, et qu'à une fente unique succèdent deux cassures divergentes. Il n'y a qu'à examiner la nature et à se reporter aux expériences de M. Daubrée pour voir qu'il y a là un fait extrêmement fréquent. Ces *ramifications* se produisent soit en pendage, soit en direction ; la cause en est due soit à une modification dans la cohésion de la roche, soit au passage d'une assise à la suivante. On pourrait se demander si une faille a bifurqué ou si deux fractures se sont réunies, mais la question posée n'est pas toujours susceptible de réponse.

Quelquefois un filon recoupant un massif sédimentaire est en relation avec des décollements de strates, qui paraissent être nées en même temps que la fracture principale. On ne peut pas dire qu'il y ait à proprement parler *ramification*, et il convient de faire une distinction entre ce cas et le précédent.

La figure 10, d'après de la Bêche, montre que les filons sont rarement compris entre deux plans parallèles. Le déplacement des lèvres de la fente, l'une par rapport à l'autre, détermine une cavité de contour capricieux dont l'allure se résout parfois en une série de lentilles formant plus ou moins chapelet.

Quant aux crevasses, aux joints et aux gîtes du type « gash-veins », ce ne sont que des cas particuliers qui ne méritent pas d'attirer spécialement l'attention.

Souvent la rupture ne se produit qu'après une certaine déformation attestée par le relèvement fréquent des couches le long de la ligne de dislocation.

§ IV. — CASSURES TRAVERSANT DES TERRAINS DIVERS

Variation des éléments. — Lorsqu'une fracture se propage dans une couche, les variations de résistance provenant du défaut d'homogénéité en altèrent l'allure. Mais si le terrain vient à changer, les éléments se modifient naturellement. La dureté augmente ou diminue, la fissilité n'est plus la même, les lignes de moindre résistance ont une orientation différente. Les conditions changent avec les strates et la faille subit une inflexion au contact des deux assises.

Lorsque l'on considère l'ensemble des formations composant notre globe, il est une remarque que l'on ne doit pas oublier de faire.

L'écorce terrestre est limitée par deux surfaces de sphère, l'une à la base des terrains, l'autre à leur sommet, abstraction faite des irrégularités. En supposant la masse parfaitement homogène, la ligne de moindre résistance correspondra au chemin le plus court, représenté par la portion de *verticale* interceptée entre les deux sphères. Il y aura donc une tendance à la verticalité des fractures [1]. Or, dans la pratique, cette « tendance » est satisfaite, et il n'est pas rare de trouver des filons d'allure générale verticale, alors que sur certaines portions de leur parcours ils présentent des tronçons normaux à la strate recoupée.

On constate fréquemment des dispositions en escalier dont les gradins varient au contact de couches différentes ; parfois cette disposition est reproduite dans une formation unique. Dans ce dernier cas, l'arrachement semble s'être fait en vertu d'une certaine schistosité dont les plans sont plus ou moins parallèles à l'une des faces des gradins. Il est possible,

---

[1] Ceci ne s'applique bien entendu qu'aux mouvements généraux affectant la totalité de l'écorce terrestre et non pas aux accidents locaux survenant en vertu d'actions restreintes dont la direction peut être quelconque.

en réalité, de décomposer le lit principal en une série de feuillets et d'examiner le rôle de chacun d'eux ainsi que l'influence de leur contact.

Relation de la faille et de deux couches successives. — Nous considérerons deux couches contiguës et nous les rapporterons à deux plans de projection. Nous prendrons pour plan vertical un plan passant par la verticale du lieu et perpendiculaire à la surface (plane) de contact des deux couches. Le plan horizontal (fig. 12) sera perpendiculaire au précédent.

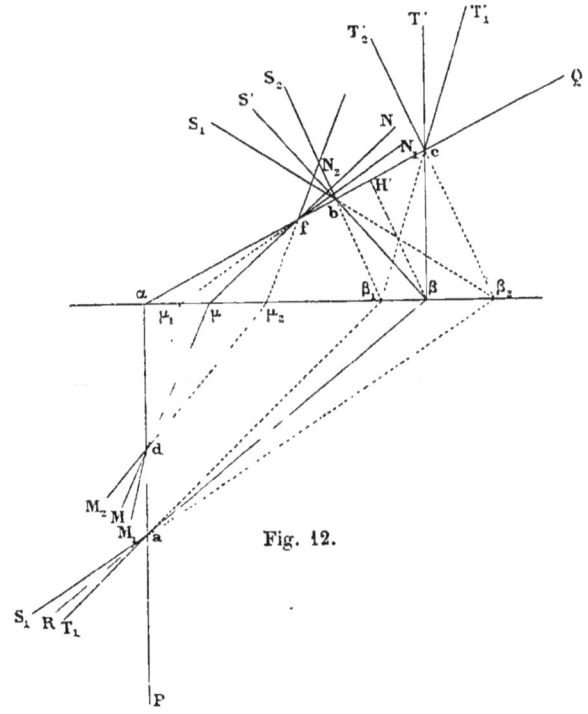

Fig. 12.

Appelons PαQ la trace du plan de contact. αP perpendiculaire à la ligne de terre est la « direction » du plan de contact des couches. Prenons une faille synclinale MμN. Les traces verticales αQ et μN se coupent en f. Si pénétrant dans la couche de gauche la fracture est déviée *en s'éloignant de la verticale*, elle prendra la direction $f\mathrm{N}_1$, et la trace verticale du plan dévié sera $\mu_1 \mathrm{N}_1$ (on obtient μ_1 en prolongeant $\mathrm{N}_1 f$). Quant à la trace horizontale, elle passera par l'intersection de $\alpha\mathrm{P}$ et $\mu\mathrm{M}$. Donc $\mu_1 \mathrm{M}_1$ tend à se rapprocher de $\alpha\mathrm{P}$. Si la déviation en f a lieu vers la verticale, le résultat sur le plan horizontal sera visiblement inverse ($\mathrm{N}_2 \mu_2 \mathrm{M}_2$).

Donc : *Lorsqu'une faille synclinale passe d'une couche à une autre, toute variation de l'orientation par rapport à la verticale se traduit par une variation inverse de la direction de la faille par rapport à celle de la stratification.*

Si nous désignons par $\mathrm{R}\beta\mathrm{S}$ un plan anticlinal et si nous répétons les mêmes constructions, nous voyons que l'on peut formuler l'énoncé suivant :

Lorsqu'une faille anticlinale passe d'une couche à une autre, toute variation de l'orientation, par rapport à la verticale, se traduit par une variation semblable de la direction de la faille par rapport à celle de stratification.

Enfin ces deux lois peuvent se résumer sous la forme suivante :

Lorsqu'une faille passe d'une couche à une autre, toute variation de l'orientation par rapport à la verticale se traduit par une variation de la direction de la faille par rapport à celle de la stratification. Cette variation est semblable pour une faille anticlinale et inverse pour une faille synclinale.

Ces faits ont été signalés par M. Moissenet et lui ont fourni des éléments précieux pour l'étude des parties riches.

Nous considérerons enfin un cas limite. Prenons le plan vertical $\mathrm{R}\beta\mathrm{T}'$. Toute déviation de la trace verticale vers la gauche (au point c) produit un plan anticlinal, toute déviation vers la droite engendre un plan synclinal. Or il est possible que pour une position voisine de $\mathrm{R}\beta\mathrm{T}'$ une faille synclinale se transforme en fracture anticlinale ou réciproquement.

La construction montre que dans le premier cas la direction de la faille se rapproche de celle de la stratification. Dans le second cas, l'inverse a naturellement lieu.

Si PαQ est le contact des deux couches en stratification discordante ou celui d'une couche avec une nappe rocheuse, notre construction, qui est absolument générale, conduit aux mêmes conclusions. Seulement l'expression *direction de la stratification* s'applique non plus à l'ensemble du massif, mais seulement à l'orientation de la ligne αP caractéristique du plan de contact. Nous supposons implicitement que la cassure reste plane.

Quant aux nouveaux éléments, on les trouverait en refaisant la même épure que précédemment. Le type en est donné figure 11.

Analytiquement le problème est des plus simples. Nous prendrons les notations suivantes :

I = angle de plongement de la couche.
Ω = angle de plongement de la faille.
A = angle de la couche et de la faille.
i = angle de l'intersection avec la direction de la couche.
ω = angle de l'intersection avec la direction de la faille. C'est l'angle de la faille.
δ = angle des directions de la couche et de la faille.

Les éléments I, Ω et δ sont des données définissant la couche et la faille, l'une par rapport à l'autre. La trigonométrie sphérique donne :

$$\cos A = - \cos I \cos \Omega + \sin I \sin \Omega \cos \delta$$

A étant calculé, on déduit i et ω des formules suivantes.

$$\frac{\sin \delta}{\sin A} = \frac{\sin i}{\sin \Omega} = \frac{\sin \omega}{\sin I}$$

Quant aux nouveaux éléments ils seront Ω', A', i', ω' et δ'.

Nous considérerons δ' comme donné. En effet c'est sur cet élément que porte l'observation directe et les travaux d'un filon, en passant d'une couche dans une autre, en permettent le relevé immédiat. Toutefois δ' ne suffit pas pour définir la faille et la connaissance de Ω' est nécessaire.

L'intersection de la faille et du plan de contact des couches reste la même ; donc les angles i et i' auront la même valeur ;

l'angle de plongement de la couche I est constant d'après la nature même du problème. On connaît donc δ', I et i.

Par suite on a, puisque i est donné dans les calculs précédents :

$$\cos \omega' = \cos \delta' \cos i + \sin \delta' \sin i \cos I$$

Quant à A' et Ω' on les tire des formules :

$$\frac{\sin A'}{\sin \delta'} = \frac{\sin I}{\sin \omega'} = \frac{\sin \Omega'}{\sin i}$$

Les plans de la fracture primitive et de la fracture dérivée, ainsi que le plan de contact des strates, passent par une même droite et les angles A et A' sont mesurés dans un plan perpendiculaire à cette droite. Il en résulte que la *déviation de la faille* est précisément la différence de ces angles, c'est-à-dire la valeur A — A.

Singularités provenant du passage d'une couche à une autre. — Un des effets les plus apparents des perturbations que subissent les failles en changeant de strates, à la surface du sol, est la déviation que peuvent présenter les affleurements. Une cassure, s'étant propagée à travers le massif terrestre, trace sur le terrain son intersection avec la surface topographique. Si donc une modification vient à se produire dans la formation géologique et si le contact a produit une déviation de la faille, cette déviation se manifestera par un point singulier dans l'affleurement.

Dans une succession de lits parallèles la cassure peut rencontrer une couche intermédiaire, d'élasticité telle qu'elle ne se propage pas dans ce milieu, pour réapparaître de l'autre côté de cette formation.

Gîtes de contact et filons couches. — A côté de la traversée des strates par une faille, il convient de mentionner le cas limite ou plutôt les cas limites, car il y en a deux.

L'un est celui où la fracture vient disjoindre deux strates pour former un filon couche à leur contact. L'autre est celui où la faille existe entre une formation sédimentaire et une roche ou entre deux roches différentes.

Deux assises sédimentaires successives peuvent présenter peu d'adhérence entre elles. Une roche en se refroidissant a pu subir un retrait suffisant pour créer une solution de continuité le long de la paroi encaissante, etc., etc.

La fracturation ne se produit pas alors dans les conditions où nous nous étions placé. Il n'y a pas à proprement parler propagation de rupture. Les surfaces de contact représentent des zones de moindre résistance que les cassures peuvent suivre au moins temporairement.

§ V. — MODIFICATIONS SUBSÉQUENTES DES FRACTURES

Nous avons vu que souvent il existait une composante latérale, susceptible de déterminer le déplacement d'une paroi par rapport à l'autre. La figure 10 montre le résultat produit. De plus, lorsqu'une fissure existe, elle est prête à jouer sous la moindre action et tout ébranlement du massif peut se traduire par un mouvement relatif des épontes.

Le glissement des surfaces l'une sur l'autre est fréquent, non seulement au moment de la naissance de la faille, mais aussi ultérieurement. Les parois, soumises à une friction violente, se désagrègent et montrent des *miroirs* ou *slickensides* qui annoncent l'intensité des forces mises en jeu. Quant à l'importance du déplacement, elle varie depuis quelques centimètres jusqu'à plusieurs centaines de mètres ; c'est un fait d'observation que les rejets suivant la verticale sont les plus considérables.

La faille peut aussi *s'élargir* ou se *serrer*, soit au moment de la dislocation, par exemple au sommet d'un plissement, soit ultérieurement, par la mise en jeu d'actions dynamiques indépendantes.

Dans les fractures suffisamment inclinées ou dans des régions profondément disloquées, des éboulements se produisent dans la région supérieure, et alors la forme de la cavité rappelle celle de la lettre Y. C'était le cas du fameux Comstock lode au Nevada.

Lorsqu'un filon traverse plusieurs strates, sa section peut se présenter sous la forme d'une ligne brisée $a\,b\,c\,d e\,f\,g\,h$ (fig. 12 *bis*). Si un mouvement se produit suivant les plans ab

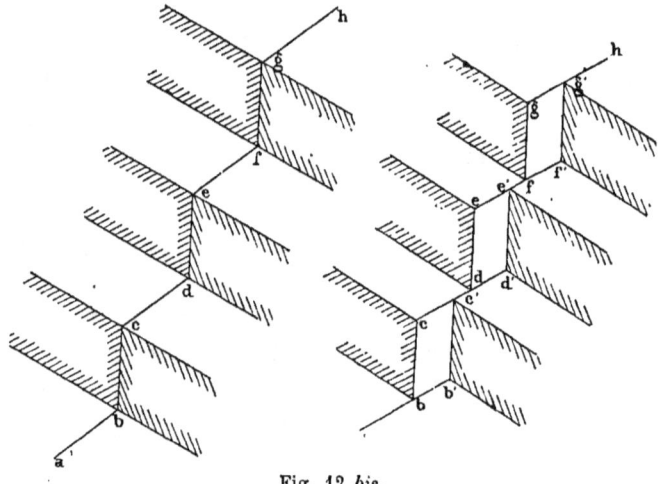

Fig. 12 *bis*.

$cd\ ef\,gh$, les portions $bc\ de\ fg$, s'ouvriront de façon à former les espaces $bcb'c'$-$ded'é$-$fgf'g'$. On aura alors une série de parties minces et élargies présentant une succession régulière.

Un autre genre de modification résulte d'actions chimiques, actions surtout puissantes dans les plages calcaires. La circulation des eaux, plus ou moins chargées d'acide carbonique, a produit des élargissements remarquables et augmenté le volume des cavités déjà prêtes à recevoir les matières métallifères.

Les agents minéralisateurs eux-mêmes ont agi sur la roche encaissante pour en modifier le profil. Il est difficile aujourd'hui de déterminer les conditions de ces phénomènes et il nous suffit de mentionner un fait dont l'étude devra être poursuivie dans chaque cas particulier.

§ VI. — REJETS

Définitions. — Lorsque les épontes d'une faille se déplacent l'une par rapport à l'autre, les éléments de chacune d'elles ne se correspondent plus ; on dit qu'il y a *rejet*. Dans un milieu homogène, par exemple s'il s'agit d'une fracture tout entière dans le trachyte, il est difficile de déterminer le « rejet ». La similitude entre les deux parois ne permet pas de savoir s'il y a eu mouvement[1] et quelle en a été l'importance. Dans une formation sédimentaire au contraire, où la succession des termes différents crée des points de repère, les conclusions sont plus faciles à formuler.

Il va sans dire que si une cassure traverse un terrain et si l'ensemble du massif vient à être recoupé par une faille, la fracture primitive sera affectée comme le reste de la formation.

Reportons-nous aux épures de la figure 12. Les plans R β S et P α Q peuvent être considérés comme ceux de deux fractures. Il en résulte qu'une faille sera isogonale, oblique, synclinale, ou anticlinale par rapport à une autre, comme elle l'était par rapport à une couche.

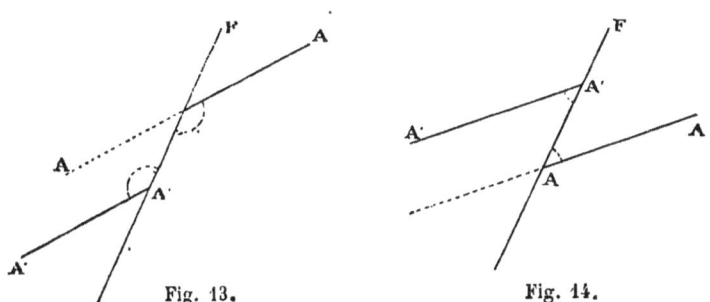

Fig. 13.   Fig. 14.

Le mouvement se produit généralement de façon à ce que

---

[1] A moins que le mouvement n'ait laissé sur les parois des indices qu'une observation attentive permet de relever.

le toit descende sur le mur comme dans le soulèvement représenté par la figure 6. Une formation A (faille ou couche) est rencontrée par la faille F. Si le toit descend sur le mur, AA prendre la position A'A' vers la gauche de la figure (fig. 13).

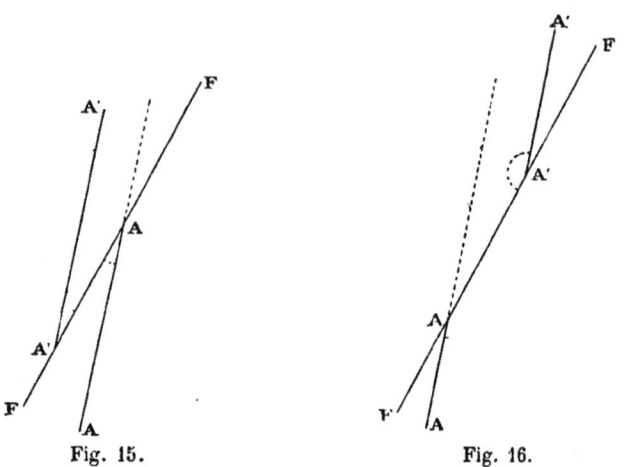

Fig. 15.   Fig. 16.

Si au contraire le toit remonte sur le mur, on aura la disposition de la figure 14; AA' se trouvera plus haut que AA.

Les figures 13 et 14 montrent des failles synclinales de

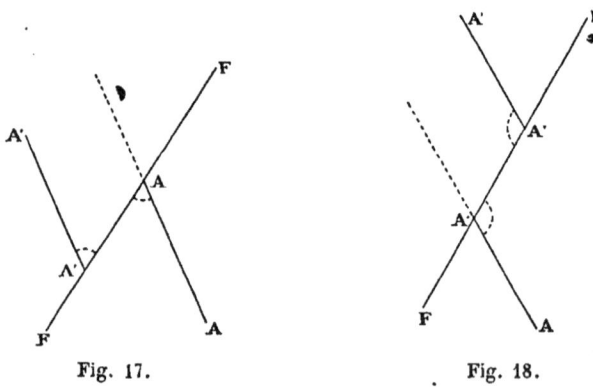

Fig. 17.   Fig. 18.

même les figures 15 et 16. Quant aux figures 17, 18, 19 et 20, elles s'appliquent à des failles anticlinales.

Les cas 13, 15, 17, 19 correspondent à une descente du toit

sur le mur ; les figures 14, 16, 18 et 20 représentent le cas inverse.

Si, arrivant par A vers F, on veut cheminer dans la faille pour

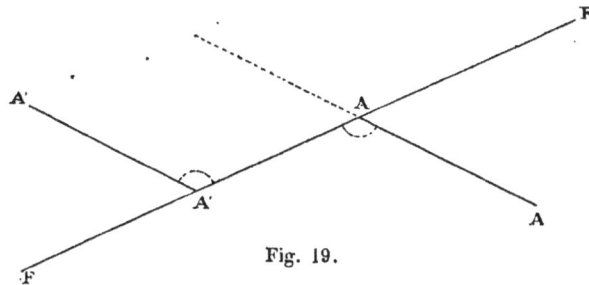

Fig. 19.

retrouver A', on voit qu'il faudra se diriger tantôt du côté de l'angle obtus (fig. 13, 16, 18 et 19), tantôt par l'angle aigu (fig. 14, 15, 17 et 20). La vieille règle de Schmidt qui prescrit de cheminer dans la faille du côté de l'angle obtus peut donc être en

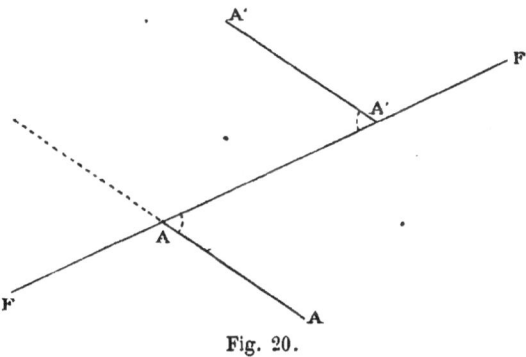

Fig. 20.

défaut. Toutefois l'expérience montre qu'elle est juste dans la majorité des cas.

On appelle *rejet normal* celui dans lequel le toit descend sur le mur et *rejet anormal* celui pour lequel le mouvement relatif inverse a lieu.

Les expériences de M. Daubrée ont montré qu'un plissement avec renversement pouvait déterminer une rupture suivie d'un rejet anormal. La figure 21 met clairement ce fait en évidence.

Le déplacement ne se produit pas nécessairement suivant la ligne de plus grande pente de la faille. En général la descente est oblique et il y a à la fois « rejet latéral et rejet vertical ».

Outre le glissement d'une paroi sur l'autre, il peut y avoir aussi rotation du toit par rapport à un axe perpendiculaire au plan de fracture. On dit alors que le *rejet s'ouvre*.

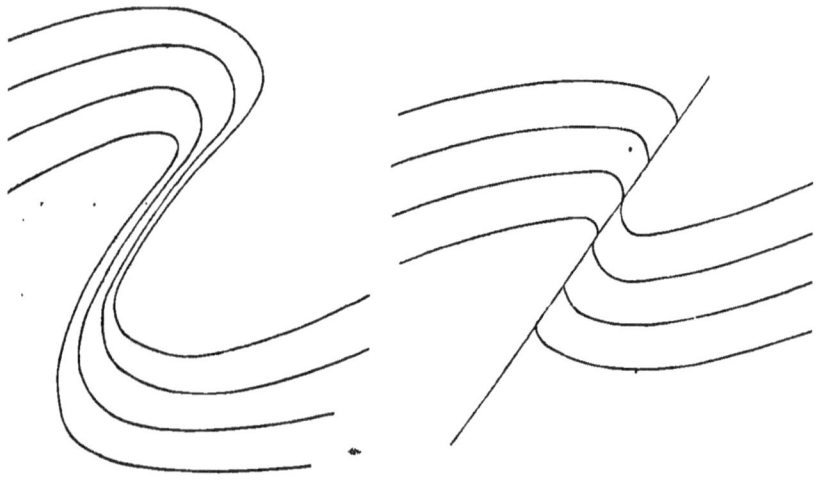

Fig. 21.

Lorsqu'une faille recoupe une roche surmontée d'une couche, le déplacement peut amener celle-ci en face de la première. Un examen rapide des épontes dans cette zone pourrait faire croire à l'existence d'un filon de contact, alors qu'il n'en est rien, et qu'on se trouve en présence d'un rejet ordinaire.

L'angle de la faille est l'angle que fait la ligne d'intersection de la couche (ou filon) et de la faille, avec la *direction* de cette dernière.

Pour un *rejet ouvert*, cet angle aura deux valeurs différentes, l'une pour le toit et l'autre pour le mur.

Dans les plages où la faille présente une courbure accentuée, la ligne d'intersection se transforme en une courbe, et l'angle de la faille en un point considéré devient l'angle que fait la tangente à cette courbe avec la tangente horizontale à la surface de la faille.

Effets produits par les rejets. — Les figures 13, 14, 20, qui nous ont servi pour nos définitions, montrent les résultats produits, si simples qu'il est inutile d'y revenir. Ces croquis s'appliquent tout aussi bien aux mouvements horizontaux ; il n'y a qu'à les regarder pour s'en convaincre.

Il est un cas assez curieux signalé par de la Bêche, où un rejet absolument vertical peut faire croire à un déplacement horizontal, du moins au premier instant.

Soient cinq filons de traces horizontales A, B, C, D, E à la surface du sol et supposons une faille FF. La partie supérieure de notre dessin montre une coupe du terrain par la faille ; xy est la ligne de surface et les filons sont $A'A'$, $B'B'$, $C'C'$, $D'D'$, $E'E'$. Si le toit descend sur le mur, c'est comme si le mur remontait de xy en $x'y'$. Les filons seront $a\,A_1'$, $b\,B_1'$... $e\,E_1'$. Des érosions venant niveler le pays, le niveau sera ramené en xy et les filons continueront à avoir pour traces sur le toit $A'A'$, $B'B'$... $E'E'$ tandis que leurs traces sur le mur suivront $A_1'A_1'$, $B_1'B_1'$... $E_1'E_1'$.

En cheminant horizontalement dans la faille, on rencontrera des rejets horizontaux dont l'ensemble ne peut être concordant que pour des filons parallèles. Dans ce cas, en effet, les déviations apparentes seraient égales et de même sens.

L'examen de la figure 22 montre ce que deviennent les situations relatives des divers filons.

Dans le cas d'un rejet oblique, il y aurait une portion du déplacement dû à un véritable mouvement horizontal et ce que nous venons de dire ne s'appliquerait qu'à l'effet dû à la composante verticale. En somme, on rentrerait dans le cas précédent, à une constante près, et cette constante serait précisément la valeur du rejet horizontal.

Cas singuliers. — Lorsqu'une faille en rencontre une autre.

et se réunit à elle temporairement, pour s'en écarter ensuite, il y a *rencontre* et *bifurcation*. A cet égard, nous renvoyons à ce que nous avons dit touchant les origines des filons.

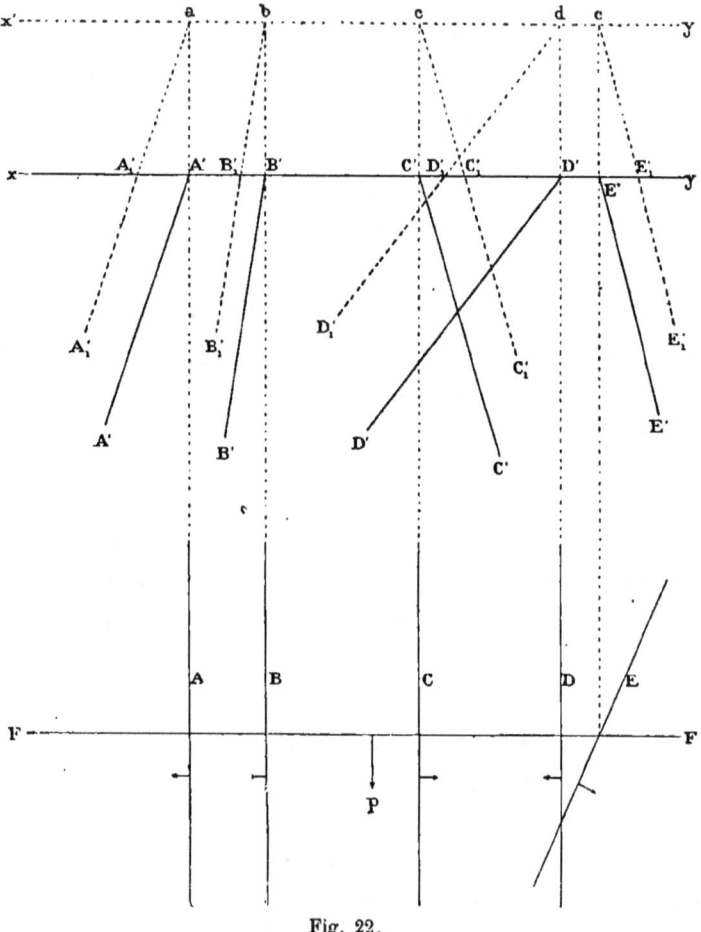

Fig. 22.

Quelquefois (fig. 23) la faille FF est postérieure à la cassure AA ; la fracture ne traverse pas immédiatement le filon primitif et suit pour quelque temps le même plan, très couché sur sa propre direction. Au premier coup d'œil, la faille FF paraît rejetée par le filon A, alors qu'un examen attentif montre qu'elle est la plus récente des deux.

Un autre *cas singulier* est celui des réouvertures. Voici en quoi il consiste.

Soit une cassure A qu'un remplissage quelconque mais imparfait vient en partie fermer. Une faille FF rejette A*a* en A′*a*′. Si, ultérieurement, des actions similaires à celles qui ont engendré AA viennent à se manifester, la fente A *a a*′ A′, imparfaitement soudée, présentera une ligne de moindre résistance et pourra s'ouvrir à nouveau, les deux tronçons A*a* et *a*′ A′

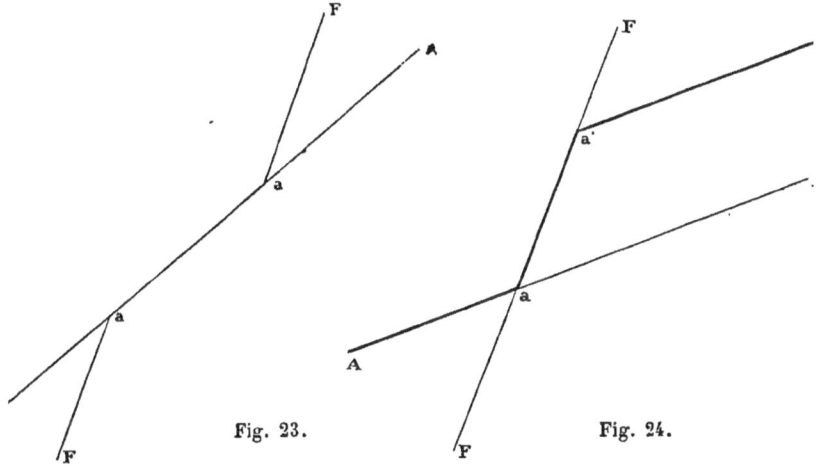

Fig. 23.   Fig. 24.

étant reliés par la portion *a a*′ de la faille. Qu'un remplissage postérieur survienne, en rapport avec la direction A*a* et *a*′A′, il affectera aussi la zone *aa*′ et la ligne A*aa*′A′ formera une série ininterrompue.

Plusieurs failles peuvent modifier une région en agissant soit simultanément soit successivement. Des fractures parallèles transformeront en gradins une formation donnée. Des dislocations appartenant à des systèmes différents recouperont obliquement les premières. Au point de vue géométrique, ces perturbations sont causées par la répétition d'un accident toujours le même.

Eléments du rejet. — Rapportons la zone à étudier à deux plans de projection (fig. 25) qui seront un plan vertical, perpendiculaire à la direction de la faille, et un plan horizontal contenant la direction en question. RβS représentera le plan de la faille. La couche (ou le filon) sera PαQ. Supposons d'abord un rejet parallèle. Rabattons sur le plan horizontal le plan de

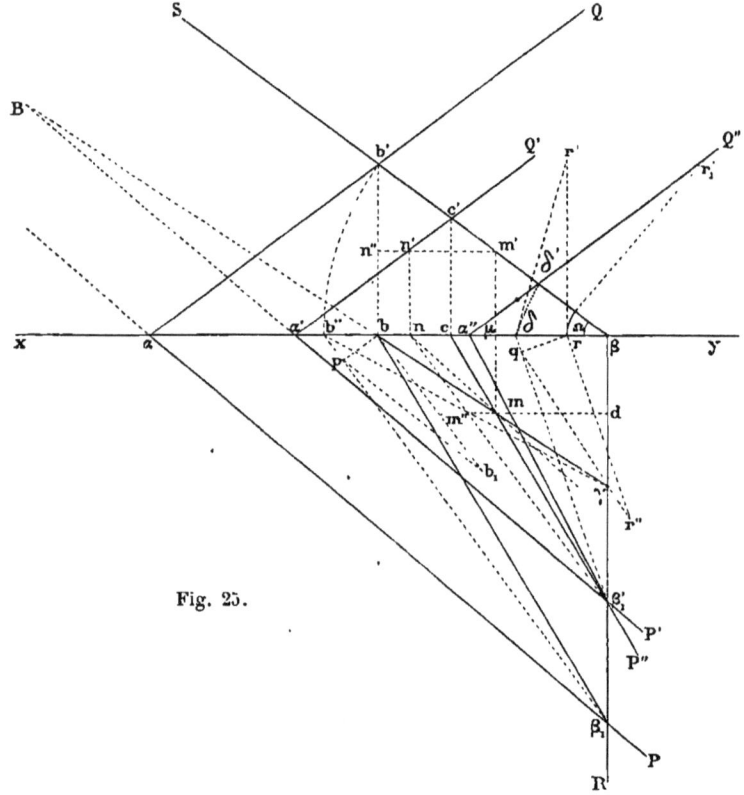

Fig. 25.

la faille ; la rotation a lieu autour βR et b' vient en b''. Supposons le mouvement du rejet défini et soit $b\gamma$ la direction suivant laquelle il s'opère ; cette direction fait un angle déterminé avec la direction βR ; dans le rabattement elle viendra en $b''\gamma$ et l'angle $b''\gamma\beta$ sera l'angle en question, ou *angle du rejet*. Soit de plus $b''\ m''$ la vraie longueur du déplacement qui correspond à bm en vraie position : $b'm'$ est la projection verticale. Si par $m\ m'$ on mène dans la couche une horizontale (le plan de la couche reste parallèle à lui-même), sa direction est parallèle à P et sa trace verticale est n'. Par ce point n' menant une parallèle à αQ, on obtient la trace verticale du nouveau plan qui rencontre la ligne de terre en α'. La droite $\alpha'P'$, parallèle à αP, est la trace horizontale. Donc $P\alpha Q$ est le plan de la couche primitive et $P'\alpha'Q'$ est le plan de cette même couche après le rejet.

Si nous désignons par ρ l'angle du rejet ($b''\gamma\beta$) et par l la longueur $b''m''$, nous chercherons les éléments du déplacement, c'est-à-dire les composantes suivant différentes directions.

Le déplacement suivant $R\beta$ est égal à $d\beta$ et a pour valeur :
$$l \cos \rho$$
D'autre part :
$$b\beta = b'\beta \cos \Omega \text{ ou } b'\beta = \frac{b\beta}{\cos \Omega}$$

Désignons l'angle $b\gamma\beta$ par γ. Dans le triangle $b\beta\gamma$:
$$b\beta = \beta\gamma \operatorname{tg} \gamma$$
Dans le triangle $b''\beta\gamma$, $b''\beta$ est égal à $b'\beta$
$$b''\beta = \beta\gamma \operatorname{tg} \rho$$
$$\text{ou } b''\beta = b'\beta = \frac{b\beta}{\cos \Omega} = \beta\gamma \operatorname{tg} \rho$$
$$b\beta = \beta\gamma \operatorname{tg} \rho \cos \Omega$$

Ou en égalant les valeurs de $b\beta$:
$$\operatorname{tg} \gamma = \operatorname{tg} \rho \cos \Omega$$

Nous considérerons donc γ comme connu :
Or on a
$$\beta d = b''m'' \cos \rho$$
$$\text{et } \beta d = lm \cos \gamma$$

Si $b'' m'' = l$, il vient, en égalant les valeurs de βd :
$$bm = \frac{l \cos \rho}{\cos \gamma}$$

C'est la valeur du rejet compté horizontalement suivant la direction de glissement.

Le rejet suivant xy est égale à $b\mu$. Or :
$$b\mu = bm \sin \gamma$$

Par suite :
$$b\mu = l \cos \rho \,\text{tg}\, \gamma$$

Suivant la ligne de plus grande pente le rejet a pour valeur $b'm'$. Or :
$$b'm' = \frac{b\mu}{\cos \omega}$$

En substituant, il vient :
$$b'm' = l \sin \rho$$
car $\text{tg}\, \gamma = \text{tg}\, \rho \cos \Omega$.

Le déplacement vertical est $b'n''$. Or dans $n''b'm'$ on a :
$$b'n'' = b'm' \sin \Omega$$

En substituant la valeur de $b'm'$ il vient :
$$b'n'' = l \sin \rho \sin \Omega$$

Après avoir évalué les composantes du rejet par rapport aux caractéristiques de la faille, nous pouvons faire le même calcul pour les déplacements correspondants rapportés à la couche.

Tout d'abord, il est évident que le déplacement suivant la ligne de plus grande pente de PαQ est l'hypothénuse d'un triangle rectangle dont $b'n''$ est un côté de l'angle droit et I l'angle opposé à ce côté ; par suite la valeur cherchée est : $b'n'' \sin \mathrm{I}$.

Substituant $b'n''$ il vient :
$$l \sin \rho \sin \Omega \sin \mathrm{I}$$

Si nous prolongeons $b\gamma$ jusqu'à son intersection B avec α'P', on a un triangle B$\gamma\beta_1'$, dans lequel l'angle B$\beta_1'\gamma$ est égal à δ et l'angle B$\gamma\beta_1'$ égal à $180° - \gamma$; par suite l'angle β_1'Bγ a pour valeur $\gamma - \delta$.

Or la longueur du rejet, mesurée parallèlement à la direction αP' est
$$bm \cos (\gamma - \delta)$$

ou, remplaçant $b\,m$ par sa valeur :
$$l \cos \rho \, \frac{\cos (\gamma - \delta)}{\cos \gamma}$$

Suivant la direction perpendiculaire à α' P', on a évidemment :
$$l \cos \rho \, \frac{\sin (\gamma - \delta)}{\cos \gamma}$$

On peut encore se demander quelle est la valeur de la normale commune interceptée entre les deux plans.

Si de $m\ m'$ on mène la normale à PαQ, on détermine un triangle rectangle dans lequel un des côtés de l'angle droit est la valeur cherchée ; l'angle opposé est I et l'hypothénuse est :

$$l \cos \rho \, \frac{\sin (\gamma - \delta)}{\cos \gamma}$$

expression représentant la valeur du rejet suivant une droite horizontale perpendiculaire à αP. On arrive donc à la valeur

$$l \cos \rho \, \frac{\sin (\gamma - \delta)}{\cos \gamma} \sin I.$$

Nous grouperons ces diverses valeurs dans un tableau en adoptant les notations suivantes :

$R = l = b''m''$ longueur vraie du rejet.
$R_H = bm$ valeur horizontale du rejet.
$R_V = b'n''$ valeur verticale du rejet.
$R_p = b'm'$ longueur du rejet suivant la ligne de plus grande pente de la faille.
$R_D = \beta d$ longueur du rejet suivant la direction de la faille.
$R_M = b\mu$ longueur du rejet suivant la perpendiculaire horizontale à la direction de la faille.
R_p, R_d et R_m auront les mêmes significations par rapport au plan PαQ.
R_N sera le déplacement du plan de la couche suivant la normale à ce plan.

Si on se rappelle que $\operatorname{tg} \gamma = \operatorname{tg} \rho \cos \Omega$. Nous aurons :

$R = l.$
$R_H = l \dfrac{\cos \rho}{\cos \gamma}$
$R_V = l \sin \rho . \sin \Omega .$
$R_p = l \sin \rho .$
$R_D = l \cos \rho .$
$R_M = l \cos \rho \operatorname{tg} \gamma = l \sin \rho \cos \Omega .$
$R_p = l \sin \rho \sin \Omega \sin I.$
$R_d = l \dfrac{\cos \rho \cos (\gamma - \delta)}{\cos \gamma}$
$R_m = l \dfrac{\cos \rho \sin (\gamma - \delta)}{\cos \gamma}$
$R_N = l \dfrac{\cos \rho \sin (\gamma - \delta)}{\cos \gamma} \sin I.$

De plus on a :

$$\frac{\sin \delta}{\sin A} = \frac{\sin i}{\sin \Omega} = \frac{\sin \omega}{\sin I}$$

$\cos A = -\cos \Omega \cos I + \sin \Omega \sin I \cos \delta$ et les analogues.
$\cos \delta = \cos i \cos \omega + \sin i \sin \omega \cos A$ et les analogues.

Cas particuliers. — Les formules précédentes s'appliquent à deux plans obliques l'un par rapport à l'autre, RβS étant celui de la faille et PαQ représentant une couche ou un filon.

Examinons maintenant quelques cas particuliers.

1° *Couche et faille orthogonales.* — Dans ce cas $A = 90°$, cela n'introduit pas de modifications sensibles dans nos formules. Les calculs sont seulement simplifiés.

2° *Couche et faille isogonales.* — Les traces horizontales étant parallèles, leur point d'intersection va à l'infini; par suite $\delta = 0$; il en résulte $i = 0$ et $\omega = 0$. Dans ces conditions on voit que :

$$R_d = R_D = l \cos \rho$$
$$R_m = R_M = l \sin \rho \cos \Omega$$

Quant au déplacement normal, il devient :

$$R_N = l \cos \rho \, \text{tg} \, \gamma . \sin I = l \sin \rho . \sin I \cos \Omega$$

3° *Couche oblique, faille verticale.* — Alors $\Omega = 90°$ et on a $\gamma = 0$ puisque

$$\text{tg} \, \gamma = \text{tg} \, \rho \cos \Omega$$

Il vient alors :

$$R = l$$
$$R_H = l \cos \rho$$
$$R_V = l \sin \rho$$

Remarquant que :

$$\frac{\text{tg} \, \gamma}{\cos \Omega} = \text{tg} \, \rho.$$

$$R_P = l \cos \rho \, \text{tg} \, \rho = l \sin \rho = R_V$$
$$R_D = l \cos \rho = R_H$$
$$R_M = 0$$
$$R_p = l \sin \rho \, \sin I$$
$$R_p = l \cos \rho \cos \delta$$
$$R_m = l \cos \rho \sin \delta$$
$$R_N = l \cos \rho \sin \delta \sin I.$$

4° *Couche verticale et faille oblique.* — Dans ce cas $I = 90°$. Il en résulte $\sin I = 1$.

Les valeurs R_p et R_N sont seules modifiées.

On pourrait encore donner à Ω et I des valeurs nulles, ce qui reviendrait à prendre les plans PαQ et RβS horizontaux. Nous n'insisterons pas sur ces points faciles à mettre en lumière.

Rejet ouvert. — La question se complique un peu quand le déplacement correspond à un glissement suivant le plan de la faille puis à une rotation autour d'une perpendiculaire à ce plan, l'angle de la faille et de la couche restant constant.

Nous venons d'étudier la première phase de ce mouvement. La seconde correspond à une variation de l'angle de la faille : ω deviendra ω'.

Le plan de la couche PαQ étant venu en P'α'Q' (fig. 25), β_1' est l'intersection des traces horizontales. Par β_1' menons $\beta_1'\delta$ faisant le nouvel angle ω' avec Rβ. Coupons par un plan vertical $r'rq$ et rabattons ce plan sur le plan horizontal, autour de sa trace rq. Si nous considérons son intersection avec le plan de la couche, cette intersection se rabattra suivant $q\,r''$ qui fait avec $q\,r$ un angle égal à A, angle de la faille et de la couche, qui reste constant. Donc r'' sera l'intersection de cette direction et de la perpendiculaire en r à qr. De plus $r\,r''$ est égal à rr' et r' est un point de la trace verticale du plan de la couche ; la trace verticale de ce plan est $\delta r'$.

Relevons maintenant le plan horizontal autour de βR de façon à le faire coïncider avec le plan de la faille ; $\delta r'$ vient en $\delta' r_1'$ et le prolongement de cette trace coupe xy en α''. Quant au point β_1', il est resté immobile et la trace horizontale du nouveau plan est visiblement $\alpha''\beta_1'$

Reprenons les éléments du calcul analytique. Ce sont :

Ω angle de plongement de la faille.
ω' angle nouveau de la faille.
A angle de la couche et de la faille.

qui sont connus.

Les inconnues sont :

I le nouvel angle de plongement de la couche.
δ' le nouvel angle des directions.
i' le nouvel angle de l'intersection avec l'horizontale de la couche.

Remarquons que l'angle ω' est compris entre les dièdres Ω et A. Donc :

$$\cos I = - \cos \Omega \cos A + \sin \Omega \sin A \cos \omega'$$

δ' et i' sont donnés par les formules :

$$\frac{\sin \omega'}{\sin I} = \frac{\sin \delta'}{\sin A} = \frac{\sin i'}{\sin \Omega}.$$

Quant aux valeurs du déplacement suivant une direction ou une autre, elles n'ont plus l'importance qu'elles avaient dans le cas précédent, car elles sont variables pour chaque point de l'intersection.

§ VII. — SYSTÈMES FILONIENS

Systèmes et groupes. — Nous avons déjà désigné sous le nom de *système de fractures* l'ensemble des fractures *contemporaines* parallèles à une droite. Dans un système nous avons distingué des *groupes* formés de cassures parallèles.

Les dislocations de l'écorce terrestre et les mouvements dont elle est animée ont fréquemment modifié les orientations primitives. Il en résulte que la *direction* et le *plongement*, qui définissent le plan dans l'espace, n'ont plus rien de commun avec le plongement et la direction d'origine.

Deux plans ne suffisent pas pour définir un système ni même un groupe.

En effet :

1° Deux plans quelconques non parallèles sont parallèles à leur intersection ;

2° Deux plans appartenant à deux systèmes différents peuvent être accidentellement parallèles.

Si, dans un ensemble de filons parallèles, on parvenait à établir une distinction entre deux groupes, nés à des époques très différentes, il va sans dire qu'on devrait séparer ces deux groupes qui peuvent n'avoir rien de commun quant à l'origine et dont le parallélisme peut être considéré comme accidentel, par suite de la prédominance d'une direction de moindre résistance. Il y a donc lieu de faire certaines réserves provenant de l'origine des fractures, quand il s'agit de les classer en *systèmes*. Il ne faut pas se laisser entraîner par les conséquences peut-être trop rigoureuses de la géométrie.

Si trois plans appartiennent à un même système, trois plans parallèles menés par un point doivent avoir la même intersection.

Par rapport à deux plans de projection, les projections des intersections des plans deux à deux doivent se confondre. Naturellement les observations n'ayant pas une rigueur mathématique, les constructions ne peuvent conduire à une justesse absolue. On devra se contenter d'une certaine approximation.

Analytiquement nous définirons une fracture par l'angle δ que sa direction fera avec une direction déterminée et l'angle I avec le plan horizontal.

Prenant une origine quelconque, le plan parallèle aura pour équation :

$$x \sin \delta - y \cos \delta + z \cotg I = 0.$$

en prenant trois axes de coordonnées OX, OY, OZ.

Deux autres plans auront pour équations :

$$x \sin \delta' - y \cos \delta' + z \cotg I' = 0$$
$$x \sin \delta'' - y \cos \delta'' + z \cotg I'' = 0.$$

δ' et I' définissent le second plan et δ'' et I'' le troisième.

L'ensemble des deux premières équations détermine l'intersection des deux premiers plans dont la projection sur le plan horizontal s'obtiendra en éliminant z. Il vient :

$$\frac{x \sin \delta - y \cos \delta}{x \sin \delta' - y \cos \delta'} = \frac{\cotg I}{\cotg I'}.$$

La tangente de l'angle de cette droite avec l'axe de x est :

$$\frac{\sin \delta \cotg I' - \sin \delta' \cotg I}{\cos \delta \cotg I' - \cos \delta' \cotg I}$$

Pour l'intersection du troisième plan avec le premier on aura pour la valeur de la tangente de l'angle correspondant

$$\frac{\sin \delta \cotg I'' - \sin \delta'' \cotg I}{\cos \delta \cotg I'' - \cos \delta'' \cotg I}$$

Les intersections étant des droites du premier plan, il suffira que leurs projections coïncident, c'est-à-dire que

$$\frac{\sin \delta \cotg I' - \sin \delta' \cotg I}{\cos \delta \cotg I' - \cos \delta' \cotg I} = \frac{\sin \delta \cotg I'' - \sin \delta'' \cotg I}{\cos \delta \cotg I'' - \cos \delta'' \cotg I}$$

Cette expression transformée devient

$$\frac{\sin (\delta' - \delta)}{\tg I''} + \frac{\sin (\delta'' - \delta')}{\tg I} + \frac{\sin (\delta - \delta'')}{\tg I'} = 0$$

Les plans d'un « même groupe » étant parallèles seront définis par une direction commune et des plongements égaux.

Age des fractures. — Le fait qu'une cassure est plus récente que le terrain traversé nous donne une limite supérieure de son âge, mais n'est pas suffisant pour nous fixer sur la date de sa naissance ; en effet, des fractures récentes peuvent recouper des terrains anciens sans qu'il soit possible de formuler des conclusions, faute de termes plus modernes fournissant des repères.

Lorsqu'une faille en rejette une autre, elle est la dernière ouverte, pourvu que le rejet soit bien réel.

Enfin, l'étude des directions des filons et des soulèvements peut permettre d'établir une relation de cause à effet ; mais il faut se garder de trop systématiser et de conclure à une parenté entre des directions (ou une directrice) et des axes de soulèvement se rapportant à des épanchements trop éloignés pour avoir pu affecter la contrée. Dans un champ de fractures, il faut voir la manifestation ou le contre-coup d'une ou plusieurs dislocations, et il y a toujours un intérêt de premier ordre à comparer les cassures avec les alignements montagneux les plus voisins. D'après ce que nous avons vu, le parallélisme entre ces alignements et la « directrice » d'un système de filons est une très forte présomption, sinon une preuve, en faveur de leur contemporanéité.

Nous résumerons dans le tableau suivant la liste des soulèvements, ainsi que leur âge, qui correspond à celui de la majorité des fractures :

ASSISES RECOUPÉES	NOM DU SYSTÈME	ASSISES NON DÉRANGÉES
Terrains primitifs....	Vendée et Finistère......	Terrain cambrien.
Terrain cambrien ...	Longmynd et Morbihan....	— silurien.
Terrain silurien....	Hundsrück et Westmoreland.	— dévonien.
Couches anthracifères de la Basse-Seine..	Système des ballons et des collines du Bocage.... Land's end.........	— houiller.
Grauwacke anthracifère.	Forez............	— houiller.
Terrain houiller....	Nord-Angleterre.......	Grès rouges.
Zechstein.......	Pays-Bas et Sud du Pays de Galles..........	Trias.
Base du Trias.....	Rhin.............	Trias moyen.
Trias..........	Thüringerwald........	Jurassique.
Lias...........	Mont Seny..........	Oolithe.
Jurassique.......	Erzgebirge..........	Crétacé.
Infra crétacé......	Viso et Pinde........	Crétacé.
Eocène........	Pyrénées...........	Miocène.
Base de l'oligocène..	Corse et Sardaigne..... Tatra et Hémus.......	Oligocène supérieur.
Aquitanien (oligocène)	Vercors... Erymanthe......... Sancerrois.........	Mollasse.
Oligocène......	Alpes Occidentales.....	Miocène.
Pliocène.......	Mont Serrat.........	Pliocène.
	Alpes principales....... Etna-Mauna Loa....... Andes............	

Citons à cet égard M. de Lapparent :

« ... Il n'y a eu qu'un petit nombre de périodes de dislo-
« cations énergiques. Deux surtout méritent d'être mention-
« nées à cause de leur généralité. La première est celle du
« *ridement du Hainaut*, époque de refoulements d'une rare puis-
« sance, qui ont affecté le terrain houiller inférieur, non seule-

« ment en Europe, mais encore en Amérique, et créé dans les
« massifs anciens les dépressions où devaient se former les
« dépôts du terrain houiller supérieur. Cette époque de maxi-
« mum avait été précédée et annoncée par les premiers ride-
« ments de l'*Armorique* et de l'*Ardenne*, et on peut lui rap-
« porter, comme dernier écho, les dislocations d'âge permien
« supérieur, qui ont bouleversé la stratification des bassins
« houillers du plateau central...

« La seconde époque s'étend de la fin de l'éocène au début
« du pliocène ; c'est alors que se sont formées d'abord les
« chaînes des *Pyrénées* et des *Apennins*, puis celles des *Alpes*,
« du *Jura*, des *Carpathes*, de l'*Himalaya*, etc. Elle paraît
« devoir être partagée en deux phases de grande activité, l'une
« initiale, coïncidant avec le commencement de l'oligocène,
« l'autre, finale, clôturant l'époque helvétienne, avec un inter-
« valle de repos durant les époques aquitanienne et langhienne.

« En dehors de ces deux grandes époques, l'éocène terrestre
« paraît n'avoir éprouvé que des mouvements d'ordre secon-
« daire[1]. »

Toutes ces dislocations n'ont pas été instantanées. Si quelques-unes ont pu se produire brusquement par suite d'une rupture d'équilibre, la plupart d'entre elles se sont manifestées d'une façon plus ou moins lente. Certaines régions n'ont pas seulement été affectées par un plissement unique, mais ont été soumises à des efforts multiples. De là sont nées des formations compliquées, des réseaux de cassures inextricables à première vue, et les assises ainsi sillonnées constituent les *champs de fracture* ou les *Mineral belts*.

[1] Les classifications et groupements ci-dessus ont le défaut d'être exclusivement européens et le système des Andes intervient seul comme représentant des dislocations réparties sur le reste du globe. S'il est permis de réserver la question de l'Himalaya jusqu'à plus ample informé, on n'est pas tenu à la même prudence lorsqu'il s'agit des Montagnes Rocheuses dont la genèse a été soigneusement étudiée. Il est regrettable qu'on s'en tienne à un cadre trop exclusif. Sans doute il ne faut innover qu'à bon escient, mais ce serait en toute sécurité qu'on pourrait le faire, en introduisant des types américains, après les travaux des Whitney, des Powell, des Dana, etc.

§ VIII. — FORMATION DES CAVITÉS

En dehors des actions dynamiques, d'autres causes sont intervenues pour évider des cavités dans l'épaisseur de l'écorce de notre globe. Une classe intéressante est celle qui est constituée par les *poches, chambres, caves,* etc. De nos jours leur formation se poursuit et nous pouvons en quelque sorte surprendre la nature sur le fait. Les grottes de Han, d'Adelsberg, de Mammoth, etc., nous prouvent quelle intensité peuvent acquérir les phénomènes et quelle ampleur les résultats peuvent atteindre. L'examen attentif des dépôts métallifères nous montre que quelques-uns d'entre eux occupent des espaces dont l'origine est identique à celle des cavernes récentes.

Nous ne voulons pas nous appesantir sur la description des facteurs qui ont creusé les assises solides; l'examen de leur mode d'action se trouve dans tous les traités de Géologie et principalement dans ceux de MM. de Lapparent et A. Geikie.

Ce sont les eaux souterraines qui, sur leur passage, ont érodé les rochers et elles ont exercé une triple action. Elles ont agi par leur masse, par leur pouvoir dissolvant et de plus ont servi de véhicule à des réactifs chimiques.

La circulation des eaux au travers de la croûte terrestre est un fait mis aujourd'hui hors de doute et il nous suffit de le mentionner. Cette circulation étant admise, quoi de plus rationnel que de supposer, au-dessous de la surface topographique, un travail analogue à celui qui s'accomplit sous nos yeux? Les procédés de désagrégation que nous voyons à l'œuvre se poursuivent au sein des assises anciennes et modernes et se sont exercés à toutes les époques. L'élargissement des canaux souterrains a donc déterminé des cavités dont l'irrégularité et la succession étaient fonctions de la résistance et l'hétérogénéité des terrains aussi bien que de l'orientation des directions de moindre résistance.

En présence des liquides provenant de la surface, les éléments solubles ont pu disparaître (le sel marin, par exemple), et cette disparition laissait vide l'espace précédemment occupé par les matières lessivées.

La présence dans les eaux de l'acide carbonique, de certains chlorures, ou même d'autres substances dont nous analyserons plus tard la nature, venait imprimer aux causes d'attaque une activité nouvelle. Certaines formations, parmi lesquelles les calcaires au premier rang, se dissolvaient plus ou moins rapidement et les excavations créées se distribuaient capricieusesement suivant la nature du banc rongé et la richesse des solutions en principes actifs.

Tantôt les cavités restaient béantes, tantôt elles étaient à demi obstruées par les éléments insolubles ou inattaqués qui restaient en place et s'accumulaient sur le sol des grottes ainsi formées ; tantôt il se produisait un échange, il se formait une sorte de précipitation venant contre-balancer la corrosion et il y avait substitution d'une matière à une autre.

De tout ceci, pour le moment, nous n'avons qu'un fait à retenir; c'est que les eaux souterraines ont, par leur circulation, évidé des espaces qui, immédiatement ou ultérieurement, ont pu être remplis par des dépôts métallifères. Les grottes, chambres, poches, etc., correspondent à une catégorie de gîtes irréguliers et capricieux; mais quelques-uns d'entre eux ont atteint des dimensions considérables et l'accumulation sur un même point des éléments minéralisés leur donnait au point de vue industriel un intérêt de premier ordre.

CHAPITRE III

REMPLISSAGE DES GITES

Remplissage rocheux. Remplissage métallifère. Structure du remplissage. — *Causes du remplissage.* Causes principales et secondaires. Injection. Gites de départ. Sublimation. Phénomènes solfatariens. Circulations hydrothermales. — *Dépôt du remplissage.* Influence du fluor et du chlore. Actions des gaz et vapeurs agissant à des températures élevées. Influence du refroidissement sur les matières fondues. Dissolution des minéraux. Dépôt des minéraux dans les cavités. Variations de pression et de température. Courants électriques. Influence des parois. Actions épigéniques. Age du remplissage. Opinions diverses relatives à la genèse des filons. Venue des métaux. — *Parties riches.* Plages variables. Associations minérales. Variation des espèces minérales en profondeur. Lois de Henwood et de Moissenet.

Remplissage rocheux. — Les fractures une fois produites, les épontes ont fréquemment subi l'une par rapport à l'autre des mouvements relatifs qui n'ont pas été sans action sur les roches encaissantes. La faille, plane dans son ensemble, est composée d'éléments courbes.

Il en résulte des frottements considérables, des efforts violents qui se traduisent par un travail de déformation. Certaines zones ondulées deviendront parfaitement planes ; les bosses disparaîtront ; les portions les plus tendres seront les plus éprouvées, sans mentionner les modifications qui peuvent résulter du dégagement de chaleur.

Quant aux produits arrachés aux parois, ils se répartiront dans le filon ; ils en combleront les cavités, tantôt sous forme de blocs ou de cailloux, tantôt broyés très fin, transformés en une couche argileuse et tenace attestant l'énergie de l'effort.

De plus, mille causes peuvent provoquer des éboulements, des dislocations des éponles, et les substances ainsi détachées viendront s'ajouter au remplissage rocheux résultant, soit de la naissance, soit du jeu ultérieur de la fracture.

Remplissage métallifère. — En dehors des causes dynamiques ayant apporté dans la cavité une quantité importante de matières, il en existe d'autres, plus intimement liées avec la valeur métallifère des gîtes, et ce sont celles-là que nous nous proposons d'étudier. M. de Lapparent reconnaît trois classes d'actions : *l'injection directe*, la *sublimation*, et la *circulation d'eaux minérales*.

J.-D. Dana définit trois classes d'agents minéralisateurs : les premiers se sont exercés en dehors de toute action éruptive et ont produit les veines dites de *ségrégation* (sécrétion latérale) ainsi que certains gîtes isolés (*local ore deposits*), généralement au milieu des assises calcaires. La seconde classe comprend les actions violentes ayant amené au jour une matière plastique (*dike-like veins*). Dans le troisième groupe sont rangées les influences exercées au voisinage des roches éruptives, ce qui correspond aux filons de contact.

M. J.-A. Philipps admet à des degrés divers l'influence des *actions contemporaines*, de l'*injection*, des *courants électriques*, des *eaux superficielles*, de la *sublimation*, de la *sécrétion latérale*, et enfin de l'*ascension*.

M. Von Groddeck admet les termes suivants :

Sécrétion latérale.
Filons sédimentaires, remplis par en haut.
Remplissage par le bas { par injection.
— sublimation.
— infiltration.

Structure du remplissage. — Quelle que soit la nature des agents minéralisateurs, le résultat est la veine qu'exploite le mineur. Nous avons déjà vu quelles classifications il est possible d'introduire et l'une d'entre elles est basée sur la nature et l'aspect de la structure.

M. A. Geikie, se plaçant à ce point de vue, reconnaît les variétés principales suivantes :

1° *Massive*. — Ne montrant aucune répartition spéciale et caractérisant surtout les filons à élément unique (calcite, quartz, baryte, par exemple). Dans cette catégorie rentrent certains gîtes de limonite ou de pyrite, ainsi que beaucoup de quartz aurifères ;

2° *Rubannée*. — C'est le cas de la figure 1. Les différentes substances tapissent plus ou moins régulièrement les parois de la fracture ;

3° *Bréchoïde*. — Des fragments de la roche encaissante se montrent dans le remplissage ultérieur ;

4° *Caverneuse*. — Présentant des druses tapissées de minéraux cristallisés. Il existe quelquefois un axe géodique surtout lorsque le dépôt s'est opéré lentement, s'avançant peu à peu des parois vers le centre ;

5° *Filamenteuse*. — Résultant d'un enchevêtrement des espèces en filets plus ou moins réguliers.

Dans le chapitre Ier nous avons cité la classification de M. Von Groddeck, plus complète que celle de M. Geikie. Nous y renvoyons le lecteur.

§ I. — CAUSES DU REMPLISSAGE

Les causes qui ont présidé à la naissance des filons sont encore mal définies. Dans très peu de cas l'accord s'est fait d'une manière complète entre les géologues, et peu de gîtes sont suffisamment caractérisés pour qu'il n'y ait pas le moindre doute au sujet de leur genèse.

Bien des suppositions ont été faites, bien des opinions ont été mises en avant, présentant quelque vraisemblance, mais aucune ne fournit une solution rigoureuse de la question. Il est très probable que les actions invoquées par différents savants se sont exercées à des degrés divers, et que chacune d'elles a joué un rôle plus ou moins important. On ne doit pas être exclusif en la matière, et il faut souvent admettre des influences multiples.

Causes principales et secondaires. — Par analogie avec la nature des épanchements rocheux, venus au jour à l'état plastique, on a prématurément conclu que les formations filoniennes appartiennent au même ordre de faits. De là la théorie de l'*injection*. Plus tard, on a vu que la venue au jour des matières éruptives a été suivie de certains phénomènes de *départ*. L'examen des actions volcaniques a permis d'invoquer d'autres causes, et, de ces recherches, sont nées les théories de la *sublimation* et du *dépôt par les eaux* provenant, soit de la surface, soit des régions profondes du globe.

De plus, étant entré dans cette voie, on a été amené à considérer les réactions que les divers éléments en jeu pouvaient exercer les uns sur les autres, ou sur les parois encaissantes. On a été conduit à observer la nature et à expérimenter dans le laboratoire.

La série des actions possibles étant déterminée, il convient de savoir si ces actions se sont exercées d'une façon toujours identique dans des circonstances variables, car rien n'est fixe dans les conditions qui ont accompagné la naissance des filons.

Il ne faut pas oublier que certaines fractures se prolongent à plusieurs kilomètres au-dessous de la surface ; qu'à cette distance la pression et la température, dans une cavité béante, au sein d'un pays tourmenté, sont très différentes de ce qu'elles sont au niveau du sol. Les fluides, animés d'un mouvement de circulation, éprouvent à chaque instant des variations physiques. De plus, des actions électriques interviennent, et, au moins dans les parties supérieures, les agents minéralisateurs sont accessibles aux influences atmosphériques.

Sans nous occuper des gîtes sédimentaires, que nous étudierons dans un chapitre spécial, nous résumerons ainsi les causes qui ont présidé à la naissance des filons.

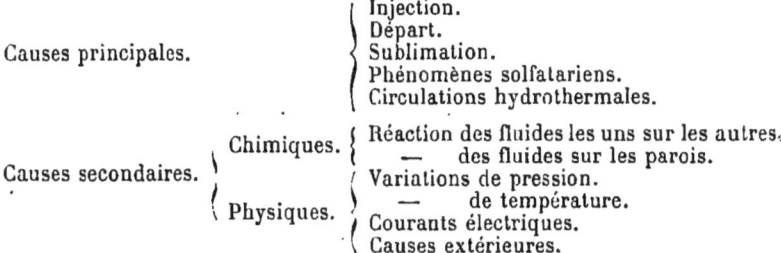

Nous examinerons successivement chacun des termes précédents.

Injection. — L'injection directe, postérieure à la fracture ou la déterminant, n'a pas créé, à proprement parler, de gîtes métallifères, ayant conservé la composition et la structure primitives. Pour rentrer dans ce groupe, les roches doivent contenir les métaux comme éléments constituants. Les *gîtes d'injection* n'ont de valeur qu'au point de vue géologique. Nous ne les mentionnons que pour mémoire et dans le but de présenter un tableau complet.

Gîtes de départ. — Pour se rendre bien compte des phénomènes qui ont présidé à leur naissance, il convient d'avoir présente à l'esprit la série des circonstances qui ont accompagné les mouvements éruptifs.

Tout d'abord, la grande cause des expansions rocheuses a été la contraction de l'écorce terrestre, suivie de déchirures et de plissements, déterminée par le rayonnement dans l'espace d'une assez forte quantité de chaleur, ce qui a eu pour résultat un abaissement de température de l'ensemble,

Comment se répartit ce refroidissement ? nous l'ignorons ou à peu près. Nous supposons qu'au-dessous de la portion solide, dont la température augmente avec la distance à la surface, existent des matières en fusion, dont les couches concentriques ont une densité croissante vers l'intérieur. Il est probable que la séparation entre la zone solide et la portion liquide n'est pas nettement tranchée, mais qu'il existe une plage intermédiaire de plasticité variable. Certains produits gazeux doivent s'accumuler à la base de l'écorce, surnageant les matières fluides, et venant solliciter par leur pression la rupture des assises supérieures.

Enfin, il est permis de supposer que sous l'influence de réactions internes, certains courants de matières viennent, soit à l'état liquide, soit à l'état gazeux, injecter la périphérie de ce noyau central.

De ces substances nous ne connaissons rien ; leur mode d'action, nous l'ignorons. Tout ce que nous pouvons induire est une circulation constante au sein de notre globe entre des couches concentriques de densités diverses.

Dans son ensemble, la surface délimitant la base de l'écorce solide est voisine d'une sphère, c'est-à-dire que le volume circonscrit par cette surface est voisin du maximum.

Il en résulte que toute déformation de la croûte produira une diminution de ce volume. Ceci arrivera particulièrement aux époques de grandes perturbations. La pression augmentera, au moins sur certains points, et si des dislocations ouvrent dans les assises supérieures des fractures, les matières visqueuses, sous l'influence de la pression interne, trouveront vers la surface une issue dont elles profiteront.

Les causes déterminantes de ce mouvement sont multiples ; c'est d'abord la pression des gaz internes : chlorures, fluorures, sulfures, etc., vapeur d'eau peut-être. Ensuite, par des chemins récemment ouverts, les eaux superficielles se précipitant vers l'intérieur du globe, sont, sous l'influence d'une température de 2 000 degrés, réduites en vapeur et acquièrent une tension énorme. A cela il faut ajouter les ruptures d'équilibre produites et le poids de portions considérables d'assises solidifiées, mal supportées par leurs voisines, à la suite des dislocations.

Une ascension de la matière liquide ou plastique prendra naissance et l'épanchement s'arrêtera à une hauteur qui sera fonction des pressions exercées et des résistances éprouvées. La nature des *venues* variera avec l'âge du globe, l'épaisseur de l'écorce, et aussi avec l'intensité du phénomène qui produira des bouleversements plus ou moins grands, à la suite desquels des zones plus ou moins profondes (et par suite différentes) pourront être affectées.

Dans une masse éruptive, il convient de distinguer entre les principes constituants et les substances adventives. Les premiers forment la base de la roche, qui dans toutes ses parties se retrouve homogène par suite du groupement exactement identique de ses molécules. Les secondes, au contraire, sont variables et doivent être considérées comme le résultat des *imprégnations* subies dans le foyer interne. De plus, n'existant pas à l'état de dissolution, mais bien sous forme d'inclusions, elles ont formé un dépôt au sein de la roche elle-même. Tantôt ce dépôt est à l'état microscopique, et il faut employer les procédés les plus délicats pour en constater la présence, tantôt, au contraire, les noyaux s'élargissent, les produits se concentrent et le gîte devient susceptible d'exploitation.

La venue des roches a eu lieu à une haute température. Dans ces circonstances, beaucoup de composés que nous connaissons se dissocient pour se résoudre en leurs éléments primitifs. Mais la demi-fluidité des roches détermine une augmentation de pression, fonction de la profondeur, tandis que la température de la masse reste d'abord sensiblement constante. Donc, les produits, dissociés à une température de 2 000°, au voisinage de la superficie, peuvent exister à l'état de combinaisons dans les zones de forte pression. Un autre fait important à signaler est la différence des points de solidification. Bien que de faibles proportions d'eau au sein des roches éruptives (Scheerer, Elie de Beaumont, Daubrée) puissent retarder leur solidification, on peut admettre que celles-ci se sont consolidées avant leurs inclusions.

Certains produits gazeux déterminent dans la masse des cavités. La contraction de la roche engendre une fissuration. Les substances, encore liquides au moment de la solidification, ont une tendance à abandonner les matières qui les ont apportées, pour s'y réunir et former des globules, lorsque les conditions le permettent.

Cette séparation *(ce départ)* aura lieu pour tous les éléments ne faisant pas partie intégrante de la roche, et elle donnera naissance à des plages d'enrichissement généralement irrégulières.

Sublimation. — Les phénomènes qui accompagnent les paroxysmes volcaniques ont, depuis longtemps déjà, attiré l'attention de ceux que préoccupe la genèse des gîtes métallifères. C'est au voisinage des volcans que nous trouvons une image affaiblie de ce qui s'est passé durant les périodes de soulèvement. Là, en effet, le sol est fracturé, à proximité d'une masse fondue en rapport avec le noyau central, là s'exercent journellement des réactions entre les parois encaissantes et les produits dégagés par les laves.

Établissant une analogie entre les faits actuels et les forces plutoniques d'un autre âge, on a tout d'abord pensé que les vapeurs métalliques se sont dégagées du *magma* interne, comme la vapeur s'échappe par les orifices d'une chaudière. Les fractures étaient les conduites par lesquelles se faisait ce dégagement et leurs parois exerçant une influence réfrigérante condensaient les substances métalliques qui remplissaient peu à peu le filon.

Cette explication paraît satisfaisante en principe, mais elle entraîne certaines conséquences en désaccord avec les faits observés. La nature cristalline des éléments déposés est une grave objection contre l'adoption de cette théorie. En effet, si certains corps peuvent passer de l'état gazeux à l'état solide, en vertu d'une *sublimation*, la grande majorité admet un état intermédiaire, une liquidité plus ou moins grande. Le refroidissement de ces matières fondues produit une solidification; quelques-unes peuvent affecter la forme cristalline, mais cette allure est généralement peu perceptible ; d'autres, au contraire, montrent nettement des traces de fusion. Or, cet aspect caractéristique n'a pas été rencontré dans les gîtes, et il est admis aujourd'hui que la présence de l'eau ou de la vapeur d'eau a présidé à la naissance des dépôts métallifères.

Phénomènes solfatariens. — Lorsque l'on examine les dégagements qui se produisent au milieu des laves émises par un volcan, on voit que tout d'abord, vers la température d'environ 500°, on a des *fumerolles sèches* avec prédominance du chlorure de sodium. « Le caractère fondamental de ces fume-
« rolles, dit M. de Lapparent, est celui d'une émanation
« gazeuse, se produisant par *évaporation superficielle*, à une
« température qui permet l'existence du chlorure de sodium à
« l'état de vapeur. » Puis, parlant du point d'émission des laves, il ajoute : « La fente ne dégage jamais de fumerolles sèches. »

Vers 300 ou 400°, les laves émettent les *fumerolles acides* tenant une énorme quantité de vapeur d'eau, avec acide chlorhydrique et acide sulfureux. Le premier de ces acides entre dans l'ensemble pour une proportion de $\frac{1}{1\,000}$ et le second atteint à peine $\frac{1}{10\,000}$. Au fur et à mesure que la température de la coulée s'abaisse, la nature des dégagements change. Un peu au-dessus de 100°, ils contiennent des sels ammoniacaux et particulièrement du chlorhydrate avec adjonction d'hydrogène sulfuré (*fumerolles alcalines*).

Au-dessous de 100°, les produits ammoniacaux disparaissent.

La vapeur d'eau forme 95 p. 100 de l'ensemble, le complément consistant surtout en acide carbonique avec traces d'hydrogène sulfuré (*fumerolles froides*).

Enfin, à une température encore plus basse, les *mofettes* se produisent seules (dégagement d'acide carbonique).

L'ensemble de ces actions a été généralisé, et on a admis qu'aux époques primitives les dégagements gazeux, provenant des roches, suivaient une marche analogue, quoique avec des intensités et des compositions différentes.

Dans cette théorie, les produits métalliques proviennent directement, à l'état de vapeurs ou de composés gazeux, d'une masse éruptive, en communication plus ou moins directe avec le foyer central. L'eau, ou plutôt la vapeur d'eau, *quelle que soit son origine*, se dégage également en abondance des matières soumises au refroidissement. Pour notre part, nous croyons très sincèrement que ces actions n'ont pas été sans influence sur la genèse des filons. Bien que cette théorie ne puisse pas être généralisée, il existe des cas où elle rend assez bien compte de la naissance des gîtes.

Circulations hydrothermales. — Lorsque l'on s'est demandé si l'eau existait naturellement au sein de notre globe, les réponses ont été variables. Les uns se sont prononcés dans le sens de l'affirmative, les autres ont prétendu qu'on se trouvait en présence d'infiltrations venues de la surface, réduites à l'état de vapeur et imprégnant le *magma* pâteux.

Après en être arrivé à l'idée d'une circulation des eaux au milieu des assises géologiques, certains esprits ont été frappés des actions qu'elles pouvaient exercer sur les particules métalliques diffusées dans l'écorce terrestre. De là à la théorie de la ségrégation, il n'y avait qu'un pas et il fut vite franchi.

Les matières filoniennes sont supposées être amenées dans des cavités par des eaux, provenant de la surface et ayant dissous sur leur passage les éléments qu'elles abandonnent. Il y a transport par un véhicule liquide, tandis que, dans le cas précédent, les principes métallifères existaient indépendamment des vapeurs hydrothermales.

Un autre point caractéristique qui différencie les deux théories est l'origine des éléments métalliques. Les partisans de l'*émanation* supposent qu'ils viennent des roches fondues qui les émettent à l'état de vapeurs. Les défenseurs de la *ségrégation* affirment qu'ils ont été pris à des formations solidifiées.

Sandberger en Allemagne, Emmons et Becker en Amérique, ont montré que les roches, ou tout au moins certains minéraux des roches, contiennent des traces de métaux suffisantes pour légitimer les idées d'après lesquelles on voit là l'origine des produits filoniens.

La silice, l'alumine, la chaux, la potasse, la soude, la magnésie, le fer..., s'y trouvent, tout le monde le sait, en quantités fort appréciables. Sandberger a constaté des traces de cuivre, de plomb, de nickel, de cobalt, d'argent, d'arsenic, d'antimoine, d'étain... dans plusieurs espèces minérales, particulièrement dans le mica, l'augite, la hornblende et l'olivine. Quelques diabases ont fourni un résultat analogue ; de même, certaines andésites de l'Amérique centrale. Pour peu que les études soient suffisamment minutieuses, il est rare que la présence des métaux ne soit pas prouvée dans les roches et les terrains primitifs, bien qu'en quantités trop faibles pour être dosées.

Aux environs du *Comstock lode*, les augites de la contrée, étudiées par M. Becker, renferment des traces d'argent et d'or.

En résumé, si l'on tient compte du peu de volume des filons par rapport à celui des formations encaissantes, il est aisé de les concevoir comme une concentration de molécules primitivement disséminées.

Les eaux froides qui courent à la surface de notre globe semblent avoir un faible pouvoir dissolvant, et pourtant des observations convenablement faites montrent qu'à la longue elles finissent par exercer une action appréciable.

M. Daubrée nous apprend que : « le feldspath en fragments,
« soumis à une longue trituration, en présence de l'eau distillée,
« et dans des cylindres de grès, subit une décomposition notable,
« qui est accusée dans l'eau par la présence du silicate de potasse
« qui la rend alcaline. »

A la fin d'une opération portant sur 3 kilogrammes de feldspath et 5 litres d'eau tournés ensemble pendant cent quatre-vingt-douze heures, on a trouvé que l'eau contenait par litre :

Potasse	2^{gr},52
Alumine.	0 03
Silice	0 02
	2^{gr},57

Avec une eau chargée de chlorure de sodium, la dissolution est moins rapide, tandis que la présence de l'acide carbonique aide puissamment à la décomposition du feldspath.

Dans les fabriques de porcelaine, il n'est pas rare de constater que les eaux en présence desquelles on broie le kaolin ont une réaction nettement alcaline.

En Allemagne, M. Haushofer a entrepris une série d'expériences dont les conclusions ont été d'accord avec celles de M. Daubrée.

Puisque ces actions sont susceptibles de s'exercer à la surface, elles devront être intensifiées à l'intérieur des assises terrestres.

Tout d'abord nous voyons que la température de notre globe augmente rapidement et régulièrement au fur et à mesure qu'on s'enfonce au-dessous de la surface. A 5 000 mètres de profondeur, elle dépasse 100 degrés.

Ajoutons que dans les terrains fissurés et tourmentés, où les dislocations ont produit de puissants contournements, la température croît beaucoup plus vite que nous ne le supposons.

Sir Robert Mallet, après avoir procédé à des expériences dans lesquelles il a déterminé des coefficients numériques, est arrivé à la conclusion que la chaleur dégagée dans l'écrasement d'un mètre cube de roche suffit pour fondre 300 kilogrammes de glace, c'est-à-dire développer près de 24 000 calories. Les terrains bouleversés présenteront donc des zones de grand échauffement ; or, ils sont généralement très fissurés et éminemment propres à la circulation des eaux, qui, en descendant, trouveront des couches surchauffées, auxquelles elles emprunteront de la chaleur, pour se mettre en équilibre thermique, et verront de ce chef leurs affinités exaltées.

Dans ces conditions, la perméabilité des roches doit être fort grande. Poiseuille a montré qu'à 45° C la quantité de liquide pouvant traverser une roche est sensiblement triple de ce qu'elle est à 0°.

Sur leur passage, ces eaux se chargeront d'éléments divers. Tout d'abord, plus ou moins riches en acide carbonique, elles attaqueront les feldspaths, deviendront probablement alcalines, et acquéreront un nouveau pouvoir dissolvant. Les remarquables observations de M. Daubrée, à Plombières et à Bourbonne-les-Bains, prouvent que des minéraux, tels que la phillipsite, la chalcosine, etc., ont pris naissance au contact de liqueurs alcalines et de médailles de bronze.

Quant à la circulation, elle ne peut être définie. Tantôt, les eaux couleront directement dans la faille [1], ou y arriveront après un court trajet ; tantôt, au contraire, elles suivront un chemin compliqué et aborderont la fracture à une grande distance de la surface, après s'être surchauffées et chargées de produits métalliques.

Sans vouloir imposer cette théorie comme universelle, on doit en reconnaître la possibilité, surtout si on veut bien la combiner dans une certaine mesure avec les phénomènes solfatariens.

---

[1] Lorsque les eaux débouchent dans la faille par les épontes, après avoir lessivé les roches sur leur passage, et déposent dans la cavité les produits métalliques dont elles sont chargées, on dit qu'il y a *sécrétion latérale*. Ceci n'est qu'un cas particulier du phénomène plus général de ségrégation.

§ II. — DÉPOT DU REMPLISSAGE

Nous venons de voir que les agents créateurs des gîtes métallifères sont de deux sortes : les uns, gazeux, proviennent des roches épanchées par le foyer interne. Les autres sont empruntés aux assises solidifiées, par des eaux devenues thermales.

On peut se demander dans quelles mesures ces diverses influences se sont exercées, et comment se sont effectués les dépôts. La question n'est pas facile à élucider, et on ne peut guère procéder que par analogie et induction, si on veut se tenir à l'abri des exagérations et des généralisations trop rapides des diverses écoles. Il faut recourir à l'expérience, en contrôler les résultats, et alors il est permis d'en inférer que *probablement* des réactions semblables ont eu lieu dans la nature.

Influence du fluor et du chlore. — En examinant le mode d'action des corps gazeux en présence de la vapeur d'eau, on arrive à cette conclusion que le produit volatil, en se décomposant, a dû laisser des traces du second élément.

M. Daubrée fut frappé de rencontrer le fluor d'une façon à peu près constante dans les dépôts stannifères, en combinaison dans l'apatite, la topaze, etc. Il fut conduit à étudier l'influence de la vapeur d'eau sur le fluorure de silicium, et, par analogie, sur le chlorure de silicium, ce dernier corps étant beaucoup plus facile à préparer. Les produits furent de l'acide fluorhydrique ou chlorhydrique et de la cassitérite en grains nettement cristallisés et parfaitement adhérents à la paroi, bien qu'ils eussent pris naissance à une température d'environ 300°, c'est-à-dire notablement inférieure à leur point de fusion. En faisant agir du perchlorure de phosphore sur de la chaux caustique, M. Daubrée a obtenu de l'apatite. Il réussit à produire également une sorte de topaze en attaquant de l'alumine par du fluorure de silicium.

Sa conclusion est celle-ci : « Le fluorure d'étain étant une « combinaison stable à des températures élevées, le métal « serait arrivé des profondeurs où se trouve sans doute le « réservoir général des métaux, au moins en partie à l'état « de « fluorure [1]. »

Elie de Beaumont dans son travail sur les *Émanations volcaniques et métallifères* dit :

« Comme complément de l'idée lumineuse de M. Daubrée, je « serais porté à conclure que le composé volatil renfermé dans « le granite, avant sa consolidation, contenait non seulement « de l'eau, du chlore, du soufre, comme la matière qui se « dégage des laves, lorsqu'elles se refroidissent, mais encore « du fluor, du phosphore et du bore. »

Actions des gaz et vapeurs agissant à des températures élevées. — Durocher a mis en évidence certains faits qui servent à expliquer la naissance de quelques espèces minérales. Il a fait réagir l'hydrogène sulfuré sur divers chlorures métalliques et obtenu de la chalcosine, de l'argyrose, de la blende, de la stibine, etc. Il a même réussi à produire de l'argent rouge et du cuivre gris, en mélangeant les chlorures métalliques dans des proportions convenables.

Les travaux de : Ebelmen, Hautefeuille, Sénarmont, Sainte-

---

[1] Il est curieux de citer, en regard de l'opinion de M. Daubrée, les lignes suivantes empruntées au traité des *Gîtes métallifères* de Von Groddeck (p. 461) : « On a trouvé « dans les mines d'étain du Cornwall des cristaux de feldspath transformés par « pseudomorphose en un mélange de cassitérite et de quartz. G. Bischof en a expliqué « la production en démontrant la solubilité de la cassitérite dans l'eau chargée de « carbonates alcalins. Lorsqu'une roche feldspathique qui contient de fines inclusions « de cassitérite vient à se décomposer, la silice et les carbonates alcalins entrent en « dissolution et ceux-ci sont en état de dissoudre à leur tour la cassitérite. Le liquide « ainsi formé contenant de la silice et de l'acide stannique peut, en agissant sur le « feldspath, le dissoudre et le remplacer par de la cassitérite et du quartz. Le phé- « nomène que nous venons de décrire semble s'être produit sur une grande échelle « dans la formation de beaucoup de stockwerks stannifères ; c'est au moins ce qu'in- « diquent très clairement les observations faites sur le stockwerk d'Altenberg dans « l'Erzgebirge saxon. »

Claire Deville, Caron, Fremy et Feil sont aujourd'hui classiques.

Plusieurs composés métalliques chlorurés, traités au rouge par la vapeur d'eau, fournissent des oxydes, comme nous venons de le voir dans le paragraphe précédent.

On ne s'est pas borné à étudier les réactions que les vapeurs pouvaient exercer entre elles. On est allé plus loin, et on a voulu se rendre compte des effets produits sur des corps fortement surchauffés.

Les résultats ont été les suivants :

Certains oxydes se transforment en sulfures dans un courant d'hydrogène sulfuré.

Certains métaux s'oxydent dans un courant de vapeur d'eau.

Les carbures d'hydrogène réduisent certains oxydes.

Certains chlorures ou fluorures volatils fournissent des oxydes en réagissant sur des bases fixes.

Influence du refroidissement sur les matières fondues. — En ce qui concerne les gîtes que nous avons appelés de « départ », l'influence du refroidissement est absolument prédominante. Elle s'exerce sur des matières qui n'ont aucune affinité chimique les unes pour les autres et qui tendent à se séparer. Il se produit une sorte de liquation. Les espèces minérales, dont le point de fusion est inférieur, en général, à celui des roches, conservent une fluidité plus grande, et sont par suite disposées à remplir les cavités qui se forment au sein de la masse plastique en voie de solidification.

Au sujet des expériences relatives à ce mode de formation, voici ce que dit M. Von Groddeck dans son ouvrage sur les *Gîtes métallifères*.

« La fusion des sulfures et leur cristallisation par refroidis-
« sement lent s'observent tous les jours dans les usines métal-
« lurgiques. Du sulfure de cuivre, de composition identique à
« celle de la chalcosine, cristallise ainsi en octaèdres réguliers.

« Scheerer a observé aussi la forme rhombique dans des cris-
« taux disséminés d'une galène artificielle rencontrée dans la
« sole d'un four à réverbère de Freiberg. En faisant fondre
« les éléments nécessaires, soit à l'air, soit sous une couverte
« (borax, sel marin) destinée à prévenir l'action de l'atmos-
« phère, mais ne dissolvant pas les corps étudiés, Fournet, de
« Marigny, Schüler et d'autres ont obtenu des masses cristal-
« lines et en partie cristallisées de galène, stibine, bismuthine,
« argent rouge, zinkénite, pyrite magnétique, phillipsite, gree-
« nockite et wurtzite, semblables ou tout au moins ressemblant
« beaucoup aux minéraux naturels. »

Dissolution des minéraux. — Les eaux superficielles, entraînant une certaine proportion d'acide carbonique, sont d'actifs dissolvants, dont l'action est d'autant plus intense qu'elles deviennent de plus en plus chaudes à mesure qu'elles gagnent les régions profondes. Elles se chargent facilement, comme l'a montré M. Daubrée, d'alcalis, d'alumine et de silice. Par conséquent il faut examiner, non plus les réactions de l'eau pure, mais bien celles de liquides alcalins.

C'est un fait connu que des substances inattaquables aux acides, telles que certains silicates, mis en digestion avec une solution de carbonate de potasse bouillante, pendant un temps suffisamment long, subissent une transformation au moins partielle. Il en résulte qu'à des profondeurs suffisantes, correspondant à des températures élevées et à un contact prolongé, les divers silicates auront cédé une portion de leurs éléments. L'alumine est facilement dissoute en présence des alcalis aussi bien que la silice.

Il ne faut pas oublier que les eaux superficielles sont plus ou moins chargées d'oxygène, et qu'il se développe une circulation capillaire, susceptible de jouer un rôle analogue à celui de la mousse de platine qui provoque la combinaison de certains gaz.

Les métaux existant disséminés dans la masse à l'état de

sulfures, peuvent passer à l'état de sulfates puis être entraînés en dissolution. Les sulfates alcalins ne tarderont pas à prendre naissance, et leur réduction par des matières organiques, ou des corps oxydables, dans ces conditions peu connues, engendrera des sulfures. Les liquides, tout d'abord oxydants, posséderont alors un fort pouvoir réducteur dû à la naissance d'affinités nouvelles.

Les sulfates de fer, provenant des pyrites, se décomposeront peut-être, à une profondeur de plusieurs milliers de mètres, sous l'influence de la chaleur, comme dans la fabrication de l'acide de Nordhausen. L'acide sulfurique, à l'état libre, peut donc exister à un certain moment dans ces eaux.

Le chlorure de sodium imprégnant beaucoup d'assises, quoique souvent en faibles quantités, pourra entrer en dissolution et, en présence de l'acide sulfurique, l'acide chlorhydrique sera rendu libre. Par suite, des chlorures prendront naissance.

La présence simultanée de ces principes acides et des sulfures engendrera l'hydrogène sulfuré. La transformation de ce corps peut donner naissance à de l'acide sulfureux. De même les carbonates peuvent abandonner de l'acide carbonique.

J.-D. Dana, examinant ce point intéressant, dit : « Dans l'oxy-
« dation de la pyrite par décomposition de l'eau, l'hydrogène
« de celle-ci fournit de l'acide sulfhydrique, d'où l'origine de
« quelques « *sources sulfurées*. » Sous une influence oxydante le soufre peut passer à l'état d'acide sulfurique qui possède d'énergiques affinités et reste rarement à l'état libre.

En résumé, on voit que les eaux sont susceptibles de tenir en solution :

Des oxydes tels que
$\begin{cases} \text{soude,} \\ \text{potasse,} \\ \text{chaux,,} \\ \text{alumine,} \\ \text{etc....} \end{cases}$

Des sulfures alcalins et sulfures métalliques.
Des chlorures divers.
Des acides sulfureux, sulfurique et chlorhydrique.
De l'acide sulfhydrique.
De l'acide carbonique.

Nous retrouvons ici tous les produits d'émanation ordinairement rencontrés dans les fumerolles.

Enfin, ajoutons que l'acide sulfurique, au contact d'un fluorure, dégagera de l'acide fluorhydrique et par conséquent, dans l'ensemble, il faut tenir compte de l'existence possible du fluor qui jouera un rôle analogue à celui du chlore, mais beaucoup plus énergique.

Il est curieux de constater que le simple voyage des eaux dans l'intérieur de l'écorce terrestre puisse, par des actions lentes, arriver à libérer les mêmes éléments que ceux qui se dégagent des laves au moment de leur solidification.

Dépôt des minéraux dans les cavités. — De nos jours dans les régions volcaniques, sous l'influence des fumerolles et d'un véhicule aqueux, on voit naître de l'acide borique, du réalgar et de l'orpiment, du chlorure de plomb et du fer oligiste. Ce dernier minéral provient de la réaction du chlorure de fer sur la vapeur d'eau, et, lorsque le dégagement gazeux est abondant, affecte des formes cristallisées très caractéristiques.

Les constatations faites autour des geysers sont des plus intéressantes. En Islande on a reconnu (Damour) que les eaux du grand geyser contiennent un gramme un quart de résidu solide par litre et la moitié de ce résidu est constituée par de la silice. De plus, le rapport du poids de l'oxygène de l'acide à celui du poids de l'oxygène des bases est une constante, ce qui a permis de conclure à la présence des silicates. Les dépôts effectués autour de l'orifice sont riches en silice hydratée, substance désignée sous le nom de *geysérite*.

Aux Açores et en Nouvelle-Zélande, des données ont été recueillies sur des phénomènes analogues; mais c'est surtout aux États-Unis, dans le N.-O. du Wyoming, au *Yellowstone National Park*, que les études ont fourni les résultats les plus complets. Là, en effet, les sources geysériennes sont nombreuses et situées à une altitude pour laquelle l'eau bout à 93° environ.

Hayden, dans son célèbre travail, a classifié ces sources, dont la température varie entre 70 et 94°. Les unes sont siliceuses comme le *Géant*, l'*Architectural*, la *Ruche d'abeille*, etc... et d'autres calcaires comme celles qui se trouvent sur les bords du Gardiner River. Pour qui a observé ces geysers, il y a une analogie frappante entre leur mode d'action et ce qui a dû se passer au moment de l'irruption des eaux surchauffées dans les cavités filoniennes.

Certaines venues ont été limitées aux périodes anciennes, mais d'autres sont beaucoup plus modernes et, d'après la série des observations faites dans la Sierra Nevada (États-Unis), on peut dire que des filons sont encore aujourd'hui en formation.

L'exemple le plus extraordinaire est probablement celui de *Steamboat Springs* dans le Nevada (États-Unis), à une faible distance du fameux Comstock lode. Sur une longueur d'environ un kilomètre, existe un groupe de cinq fissures parallèles d'où s'échappent de la vapeur, des gaz et de l'eau bouillante qui contient du carbonate, du sulfate et du chlorure de sodium. L'acide carbonique est abondant et l'hydrogène sulfuré se dégage avec dépôt de soufre. Les parois sont incrustées de silice et forment une série de cavités irrégulières qui ne conservent pas une forme constante, en raison des mouvements du terrain. Les dépôts, parsemés d'hydrate d'oxyde de fer et d'un peu de pyrite, affectent une structure zonée qui rappelle absolument celle de certains filons.

Au « Sulphur Bank » (Lake County, Californie), on a recueilli des observations analogues. Les parois des fissures sont tapissées avec un manteau de quartz cristallin recouvert d'une couche de chalcédoine sur laquelle se concrétionne la silice gélatineuse actuelle. Dans les dépôts de soufre avoisinants, on a constaté la présence du cinabre.

A Plombières et à Bourbonne-les-Bains, M. Daubrée a pu étudier les phénomènes qui ont suivi l'attaque par les eaux thermales de monnaies romaines tombées dans le puisard des sources. Celles-ci tenaient en dissolution des chlorures et des sulfates à base d'alcalis, de chaux et de magnésie, accompagnés de bromures et de carbonates de chaux et de fer, de silicates alcalins et de traces d'arsenic et de manganèse ; leur température était d'environ 60°. Les substances métalliques étaient le plomb des tuyaux, puis l'or, l'argent et surtout le bronze provenant des monnaies anciennes.

Les produits d'attaque et de décomposition comprenaient :

1° De la cuprite, de la chalcosine, de la chalcopyrite, de la phillipsite, de la tétraédrite, de l'atacamite, de la chrysocale (minerais de cuivre) ;

2° De la galène, de la litharge, de la phosgénite, de l'anglésite (minerais de plomb) ;

3° De la pyrite de fer, du carbonate de fer, de la vivianite, de l'oxyde (minerais de fer).

« Pour expliquer, dit M. Daubrée, la formation des miné-
« raux sulfurés, au milieu de la boue, sous l'influence de l'eau
« minérale qui la traverse sans cesse, on est amené à admettre
« que les sulfates en dissolution, sous l'influence des matières
« végétales qui étaient en présence, se sont en partie réduits
« à l'état de sulfures. Cette sorte de réduction, dont on connaît
« bien d'autres exemples, paraît être aidée, conformément à la
« loi de Berthollet, par la nature insoluble des sulfures métal-
« liques qui en sont le produit. »

Si l'on se reporte à ce que nous avons dit plus haut au sujet de l'attaque des roches par les eaux de circulation, et si l'on tient compte de la nature des éléments dissous, on voit combien est aisée à expliquer la naissance des espèces minérales. En parlant des divers corps qui peuvent exister à l'état de dissolution, nous ne voulons pas dire qu'ils se trouveront simultanément dans un même courant. Au contraire, il est probable que divers afflux se produiront vers une même cavité, chacun d'eux étant chargé de principes différents. Cette diversité de nature proviendra, soit de la variété des chemins suivis, soit des hasards de la route [1].

Au moment où les diverses dissolutions se mélangeront dans la fracture, il se produira des doubles décompositions et des résidus solides viendront tapisser les parois. Ces précipités seront identiques en composition à ceux de nos laboratoires, mais, nés dans des conditions de pression et de température élevées, ils affecteront des caractères extérieurs différents et passeront aux espèces minéralogiques [2].

Il est important de remarquer que les réactions prenant place auront des caractères essentiellement différents suivant la zone où elles s'exerceront.

Nous ne devons pas perdre de vue que, par suite des infiltrations superficielles, l'eau existe d'une façon permanente au-dessous d'un certain niveau constituant une zone de démarcation importante dans le cas qui nous occupe.

Au-dessus de cette surface de séparation, la présence de l'atmosphère, ou tout au moins son voisinage, joue un rôle prépondérant, tandis que plus bas cet effet est considérablement atténué et disparaît même complètement. Le sujet a été remarquablement traité par F. Pozepny dans un mémoire qui a été traduit en anglais et publié dans les bulletins de la Société des ingénieurs des mines de New-York.

Ces actions chimiques seront aidées ou provoquées par

---

[1] La production des sulfures qui semblent former la caractéristique des gites filoniens est facile à expliquer. Tout d'abord, les sulfures alcalins en dissolution peuvent entraîner des sulfures métalliques venant se déposer dans les cavités pour les mêmes raisons qui font que, sur son passage, une liqueur saline dépose une partie des éléments qu'elle contient. Ensuite les métaux, arrivant à l'état de sels solubles, peuvent être précipités, soit sous l'influence d'hydrogène sulfuré, soit au contact d'un afflux, chargé de sulfures alcalins ; ils peuvent en outre, s'ils sont à l'état de sulfates, subir une réduction et passer à l'état de sulfures.

[2] Bien que l'observation semble indiquer la quasi-universalité des dépôts sulfurés dans les filons, on ne peut nier systématiquement la naissance des produits oxydés. Le phénomène a pu se produire, bien qu'il semble fort rare, par suite de l'action de solutions alcalines sur les afflux contenant les sels métallifères solubles. Le lessivage des roches feldspathiques permet de concevoir l'existence de ces principes alcalins.

certaines influences physiques dont nous allons considérer les principales.

Variations de pression et de température. — Les eaux circulant dans les roches, soit suivant des fissures minces, soit à travers la masse poreuse, un moment viendra où elles rencontreront une faille dans laquelle elles s'épancheront. Supposons cette faille en communication avec l'atmosphère ; elle sera représentée (fig. 26) en coupe verticale en *xaby*, *ab* étant la surface du sol.

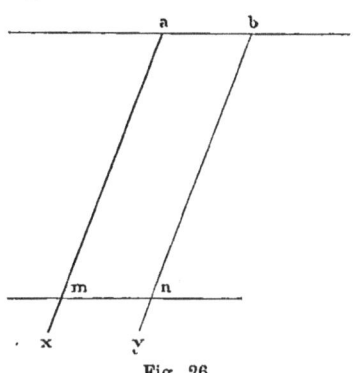

Fig. 26.

Les eaux, débouchant en *mn*, auront la température de la tranche *mn*, qui à une certaine profondeur est fort élevée, en raison des perturbations subies. Elles auront donc une tension de vapeur considérable.

Il faut même admettre qu'il y aura quelquefois un véritable écoulement vers la faille, et peut-être un commencement d'expansion dans les épontes, ce qui expliquerait, dans une certaine mesure, la décomposition des roches au contact du filon.

La fracture *m a b n* peut être vide, mais on est en droit de penser que, dans le cas le plus général, elle sera entièrement remplie d'eau. On conçoit mal, en effet, une circulation au sein des roches coïncidant avec l'existence de cavités non noyées, et il est probable que les afflux métallifères ont débouché dans un espace entièrement rempli d'eau. Il va sans dire que l'*écoulement* n'est possible qu'autant que la pression dans la fissure est moindre que celle qui pousse en avant les molécules liquides [1].

---

[1] Voir à cet égard les travaux de Daubrée. — *Études synthétiques de géologie expérimentale.*

Dans les cas où l'écoulement n'a pas lieu, on peut encore concevoir une certaine circulation, un certain mélange de l'eau remplissant la fracture et des dissolutions salines saturant les épontes.

En tout état de cause, il est facile d'imaginer la naissance de courants dans la faille, et par suite le transport des principes métalliques dont le dépôt et la répartition seront naturellement fonctions du régime établi.

Les fractures resteront toujours des chemins de moindre résistance, des sortes d'évents naturels et l'écoulement se fera par leur intermédiaire.

Au fur et à mesure que l'ascension se produit, la pression diminue et l'instabilité de certaines compositions peut intervenir, pour déterminer des dépôts, du chef de cette modification.

Les causes de variation de température sont multiples dans la marche « *per ascensum* » et, pour les gaz, une des principales est l'expansion correspondant à une diminution de pression. En outre les épontes encaissantes ne sont pas sans influence. Les zones moins chaudes agissent comme réfrigérants. Enfin les irrégularités même de la cassure sont autant d'accidents qui viennent compliquer le phénomène.

Ce changement de température a pu résulter, comme le fait remarquer M. Moissenet, « de l'accroissement des dépôts qui « s'opposaient parfois à la libre circulation des fluides ; en « sorte que le point considéré se trouvait momentanément « dans une sorte de laboratoire ou vase clos. »

Ajoutons à cela les dégagements ou absorptions de chaleur résultant des actions chimiques et du jeu des forces dynamiques.

Courants électriques. — L'influence électrique a depuis longtemps été signalée comme possible et des études ont été faites au Comstock lode, par M. Carl Barus, sous la direction de

Becker. On a constaté des circulations électriques très faibles. Toutefois nous ne tenons pas ces résultats pour concluants.

En suivant de près l'analyse que nous venons de développer, on voit, qu'au moment du dépôt, la présence simultanée de corps possédant des degrés différents d'oxydabilité, au sein de solutions plus ou moins chargées de principes métalliques, peut déterminer un couple voltaïque. Or, les premières précipitations ayant eu lieu, les tendances subséquentes à la séparation seront peut-être affinées par la mise en œuvre de ce nouvel élément.

Influence des parois. — Le travail de décomposition, commencé par les eaux au sein des massifs rocheux, se continue parfois dans la faille, et les épontes sont rongées par les dissolvants. Ce fait rentre dans la catégorie de ceux que nous avons signalés.

Dans les assises calcaires, la dissolution métallifère réagit sur la formation et il se fait un échange entre les éléments. Alors il n'y a plus remplissage d'une cavité préexistante ; celle-ci se forme au fur et à mesure que le dépôt se produit. On arrive de la sorte aux *gîtes de substitution*. C'est particulièrement le cas du *type calaminaire*.

La réaction d'un liquide chargé de chlorure de zinc sur un calcaire est facile à imaginer ; il se formera du chlorure de calcium qui sera entraîné par les eaux, et le carbonate de zinc se *substituera* aux molécules primitives.

Dans le même ordre d'idées, on voit quel peut être sur un silicate alcalin le résultat du contact prolongé de la même solution. La naissance des calamines est des plus simples à expliquer.

D'autres fois, la formation calcaire est simplement rongée par les eaux acides, et des cavités se creusent, prêtes à recevoir les dépôts.

Les gîtes de Leadville (Colorado) présentent un exemple

célèbre de ce genre de formation. De même ceux du Wisconsin et du Missouri (Whitney).

Les imprégnations des parois, que l'on rencontre fréquemment, ont été mises en avant pour combattre la théorie de la sécrétion latérale, comme résultant d'une pénétration des émanations. A cela on répond que cette imprégnation ne préjuge en rien de la façon dont les eaux se sont antérieurement chargées de principes métallifères. Elle prouve uniquement une certaine pénétration de la paroi par les liquides actifs.

Actions épigéniques. — Si, dans les parties hautes d'un filon, l'atmosphère a pu exercer une action, grâce à sa proximité, le fait en lui-même a dû être rare, à cause du dégagement se produisant par la fissure et déterminant un courant ascendant. Du reste cette possibilité n'introduit pas dans le problème d'éléments nouveaux.

Parmi les actions épigéniques, il convient de classer les érosions superficielles qui ont dénudé les terrains supérieurs et emporté au loin, miette à miette, les anciens affleurements et leur encaissement probablement imprégné de silice et de substances minérales [1].

Quelques failles ont en outre été remplies par le haut, par l'accumulation de débris provenant de la surface. Ce sont les *veines sédimentaires*.

Enfin, les eaux ont continué leur voyage après la création du gîte. Elles l'ont peu à peu pénétré, et, jusqu'à une certaine profondeur, ont fait sentir une influence oxydante. Dans les parties supérieures, facilement accessibles à l'oxygène de l'air entraîné dans l'eau, des remaniements se sont produits. Certaines espèces, reprises en dissolution, refont en sens inverse le chemin déjà parcouru. C'est ainsi qu'il faut expli-

---

[1] Avant la manifestation de ces actions érosives, les parties, aujourd'hui épigéniques, constituaient peut-être, au moment de la création du gîte, des zones relativement profondes.

quer la formation des stalactites de calamine. Dans les gîtes de galène on trouve à la partie supérieure des phosphates, des carbonates et des sulfates de plomb.

Les parties hautes des mines d'argent montrent souvent des espèces chlorurées et bromurées, ainsi que le métal à l'état natif.

Les filons de cuivre présentent parfois un phénomène assez curieux. La partie cuivreuse de la portion immédiatement voisine de l'affleurement disparaît peu à peu, entraînée par les eaux, pour se déposer dans la tranche immédiatement inférieure. Il en résulte, qu'au début, on pourra noter une zone d'enrichissement progressif, pour retomber à une teneur intermédiaire entre celle de cette plage et celle des travaux de début. Il y a là un point très délicat dont il faut bien tenir compte dans la prospection des filons cuprifères.

On sait qu'à une certaine distance au-dessous du sol existe un niveau hydrostatique de forme irrégulière mais en relation avec la texture orographique et le système hydrographique de notre planète. Dans les terrains poreux ou fissurés des courants peuvent naître au sein de la masse liquide; mais, dans les parties noyées, l'action de l'atmosphère est à peu près nulle.

Dans la zone supérieure dominant le niveau hydrostatique, il n'en est pas de même. Là, les eaux ne saturent pas la masse solide et il y a, au moins sur certains points, admission d'air. Aussi se trouve-t-on en présence d'une série de phénomènes entièrement différents de ceux qui s'exercent dans les régions profondes. Du reste il suffit de mentionner le fait pour en comprendre toute l'importance. C'est dans le même ordre d'idées qu'il faut ranger les causes en vertu desquelles le bois se conserve mieux sous l'eau que dans les endroits où il est alternativement exposé à son action et à celle de l'air. De même, dans un tuyau de distribution, la disposition des dépôts qui se produisent à la longue varie suivant que le tuyau est constamment rempli ou non.

Cette analyse a été poussée assez loin par F. Pozepny qui a introduit dans la classification des gîtes le groupe des hystérogénites.

Nous pensons qu'il est inutile de créer une division spéciale pour ces dépôts remaniés que nous préférons considérer comme des dérivés ou des variétés des types primitifs.

Si, en effet, une partie du gîte seulement est modifiée, il est assez difficile d'en classer une moitié dans une section et l'autre moitié dans une autre.

Dans le cas de dépôts entièrement transformés, ou bien on peut en constater l'altération et par conséquent les classer d'après leur genèse, ou bien cette identification est impossible et la distinction mentionnée devient complètement illusoire.

Le fait à retenir est que les altérations subséquentes présentent leur maximum d'intensité dans la région accessible à la fois aux eaux superficielles et à l'air atmosphérique.

Cette zone varie dans chaque cas particulier et, de plus, les modifications progressives du régime souterrain en ont fait varier l'étendue pour chaque gisement déterminé.

Enfin pour une région donnée, des lignes de fracture peuvent correspondre à un grand débit aquifère provoquant des altérations importantes même au-dessous du niveau hydrostatique.

Dans ce cas, par suite de l'importance de l'afflux, les substances directes (les gaz de l'air entre autres) finissent par agir à la longue. C'est de cette façon que nous expliquons la présence des carbonates de plomb à une grande profondeur dans certaines mines espagnoles (El Horcajo, Linarès, etc.)...

Age du remplissage. — « Quant au remplissage, dit M. de
« Lapparent, si le filon n'a subi ni croisements, ni réouvertures,
« on admet qu'il a immédiatement suivi la formation de la fente,
« mais l'action peut avoir été lente et s'être prolongée beaucoup
« après ce moment. S'il y a croisement et que, aux points de
« rencontre, le remplissage soit de même nature que le croi-

« seur, c'est l'âge de ce dernier qui détermine l'époque de la
« nouvelle venue... On ne peut acquérir de certitude que
« quand, à côté du filon, les matières du remplissage se sont
« épanchées au milieu de terrains stratifiés d'âge connu, comme
« le cuivre dans le permien du Mansfeld et de la Russie, la
« galène dans le lias du Morvan, etc. »

- Un fait de statistique montre que les anciennes couches contiennent plus de gîtes que les jeunes. Faut-il en conclure que l'activité créatrice s'est ralentie ? Ou faut-il, avec Sir Ch. Lyell et M. J.-A. Phillips, en déduire que cette richesse des vieilles strates n'a rien que de normal, puisqu'elles sont restées exposées plus longtemps aux influences de dislocation et de métallisation ?

Dans les remplissages zonés, on peut non pas déterminer la date absolue d'arrivée, mais l'âge relatif des diverses venues. M. Von Groddeck dit que « dans l'ensemble, le quartz seul ou
« mélangé de sulfures, forme le premier lit ; il est recouvert
« d'une zone où les sulfures jouent un rôle prédominant et
« enfin la formation se termine par des carbonates spathiques
« et de la barytine ».

Dans le district de Freiberg, Weissenbach donnait la succession suivante pour les filons de Brand : quartz avec mouches sulfureuses argentifères, diallogite et braunspath plus métallisés, puis sidérose avec fluorine et barytine.

A Kongsberg, Rath a reconnu : d'abord une venue de quartz, ensuite une imprégnation de sulfures métalliques divers, puis un dépôt de calcite et de fluorine.

A Pribram (Bohême) on a : 1er *groupe* : blende, galène, quartz, sidérose ; 2e *groupe* : phillipsite, chalcosine, chalcopyrite, etc. ; 3e *groupe* : blende, barytine, calcite, galène, pyrite, etc.

Au Hartz le quartz plus ou moins plombifère constitue la venue la plus ancienne. Ensuite sont arrivées la blende et la galène, qu'ont suivies la calcite et la barytine.

A Vialas (Lozère), M. Rivot a déterminé la succession de six venues différentes.

Opinions diverses relatives à la genèse des filons. — Aujourd'hui encore existent des dissentiments profonds entre les savants s'occupant de la genèse des filons. Les uns, comme les Allemands, Sandberger en tête, estiment que les métaux proviennent du lessivage des assises solides. D'autres, en France plus particulièrement, semblent admettre la quasi-universalité des phénomènes solfatariens. En Amérique, on penche pour le premier système, depuis les travaux de Whitney, King, Hayden, Becker, Emmons, Newberry, etc.

En vérité, s'il est une question où l'éclectisme est de mise, c'est celle de la formation des gîtes métallifères. Bien que la théorie de la ségrégation semble rendre un compte plus exact de la marche des phénomènes, il faut se garder de trop généraliser, et une étude spéciale s'impose dans chaque cas particulier.

Venue des métaux. — Si le remplissage d'une fracture est postérieur à la formation de celle-ci, on peut se demander quel est l'âge des éléments qui le composent, c'est-à-dire : à quelle époque les principes constituants se sont-ils séparés de la masse en fusion ?

Dans la théorie de l'injection directe et de la sublimation, les produits filoniens sont supposés provenir des régions profondes du globe, et leur âge est celui de leur dépôt. Il n'en est plus ainsi dans l'hypothèse de la circulation hydrothermale.

Les matériaux déposés le long des épontes sont empruntés à des formations plus anciennes, au sein desquelles ils existaient, et *leur âge véritable est celui de leur première apparition dans la croûte terrestre*. S'ils imprègnent une couche sédimentaire, faut-il admettre la contemporanéité de formation et de venue ? Le dépôt peut être simultané comme nous le verrons prochainement, mais de même que la particule détritique provient d'un banc existant, de même la parcelle métallique a été empruntée à un horizon antérieur.

En somme, à part le rôle joué par les émanations directes, les métaux n'existent *primitivement* que dans les terrains de première consolidation et les matières éruptives. C'est là où il faut en chercher l'origine, soit qu'ils se concentrent ultérieurement en lentilles interstratifiées, soit qu'ils s'isolent dans les roches, soit qu'ils se déposent dans les filons sous des influences hydrothermales dont nous avons expliqué le mécanisme.

L'étude de la question est loin d'être terminée ; mais Fr. Sandberger lui a fait faire un énorme pas en avant, puis, après lui, Emmons, Becker, etc., ont apporté leur pierre à l'édifice. Longtemps on a cru avec Murchison que l'or était cantonné dans les terrains cristallins ; depuis, les Américains ont prouvé qu'il existait aussi à l'état de fine division dans des roches tertiaires.

L'argent a été rencontré dans des trachytes amphiboliques, des porphyres, des diorites et des granites, tandis que les roches cuprifères sont surtout celles dans la composition desquelles entrent l'augite et la hornblende.

Quant à l'étain, sa relation avec les granulites semble un fait démontré, tandis que le fer se retrouve, en plus ou moins grandes quantités, dans toute la série des produits éruptifs. Pour le nickel, le cobalt, le plomb, l'antimoine, etc., on peut dire que si leur présence n'a pas été mise aussi souvent en évidence, c'est que les recherches sont encore peu développées. Des études multiples sont nécessaires pour élucider la question.

En résumé, l'opinion prédominante est que les métaux sont empruntés à la roche ayant provoqué le soulèvement de la contrée et nous devons admettre que ceci semble être un fait assez général. Toutefois, sous des influences postérieures, des assises modernes, existant au voisinage de terrains cristallins ou de roches anciennes, peuvent être remaniées aussi bien que les strates leur servant de soubassement, ce qui produira dans la masse une série de fissures et des mouvements dégageant de la chaleur. La contrée sera favorablement disposée pour les circulations hydrothermales qui pourront emprunter leurs éléments métalliques, non pas à la venue nouvelle, mais aux terrains anciens sous-jacents. Il en résultera que des filons recoupant des bancs relativement modernes dériveront peut-être leurs principes métalliques des assises archéennes.

Ces problèmes sont encore obscurs et ne sont que rarement susceptibles d'une solution précise.

§ III. — PARTIES RICHES

Plages variables. — D'après sa nature même, un gîte métallifère n'a pas une composition homogène. Les éléments constituants ont subi une répartition inégale que nous pouvons constater, mais dont nous ignorons les lois. L'état de nos connaissances, peu avancé à cet égard, ne nous permet pas de pénétrer les mystères de la question, et nous déclarons trop souvent que les séparations se sont faites au hasard.

Un bon type d'homogénéité est un filon quartzeux aurifère. Souvent une semblable formation présente à première vue un caractère de continuité bien typique, mais l'observation ne tarde pas à montrer que si le quartz est uniformément répandu, l'or n'est pas régulièrement distribué. Il existe des zones pauvres et des plages riches dont la succession et l'alternance font la valeur ou la pauvreté de la mine.

En examinant la structure d'une cavité ultérieurement remplie, on s'aperçoit que les produits métallifères s'isolent quelquefois en grains, en lamelles, en rognons, ou en masses, sans que l'on puisse préciser le pourquoi de ce régime.

D'autres fois, la gangue est sillonnée de filets productifs, dus tantôt à une séparation des éléments, tantôt à un caprice des précipitations. Dans les phénomènes de cristallisation, les cristaux de même nature se recherchent entre eux, et, c'est en utilisant cette tendance, qu'on arrive à *nourrir un cristal* dans une dissolution appropriée. Il n'est donc pas étonnant de voir cette sélection se produire durant la genèse des métaux et le résultat est un enchevêtrement dont nous ne pouvons pas percevoir les règles. Ces filets s'isolent ou se succèdent, s'arrêtent ou continuent, se bifurquent ou se réunissent, se ramassent sur eux-mêmes pour former des noyaux, de façon à présenter une allure toujours variée et constamment imprévue.

Cette tendance à la séparation peut être favorisée par le contact ou le voisinage d'une assise de composition spéciale et dans ce voisinage s'établit un enrichissement de la masse. Il faut bien se garder de confondre ces filons enrichis au contact d'une formation quelconque avec les filons de contact que nous avons définis plus haut.

Dans certains cas, on peut concevoir des lignes de moindre résistance, obliques par rapport au filon, et établir une relation entre elles et les plages productives. Il est possible, dans l'hypothèse des circulations hydrothermales, que les sources métallifères débouchant dans les cavités se soient localisées et distribuées suivant certaines directions, dont l'orientation était en rapport avec les mouvements antérieurs de dislocation.

Enfin, un filon entièrement formé est, comme les terrains ambiants, accessible aux eaux de circulation. Des courants ont pu prendre naissance dans le plan de la fracture, dissolvant peu à peu les éléments métalliques, procédant à une redistribution et, dans ce cas, les plages riches actuelles ne seraient autre chose que les vestiges d'une formation antérieure.

Quelquefois (fig. 1 et 2) les dépôts affectent une allure plus régulière et se développent en enduits successifs le long des parois. Ils forment une série de couches minces, allant plus ou moins régulièrement de l'éponte au centre, vers lequel se constitue généralement un axe géodique. Dans le cas des réouvertures, les séries peuvent être complexes, mais on retrouve toujours ce principe de superposition ; c'est le type des *gîtes concrétionnés*.

Lorsque dans un filon irrégulier la plage productive affecte une forme allongée suivant l'horizontale, elle prend en Angleterre le nom de *course*; si cette direction s'incline, la « course » devient un *shoot*. Si on a affaire à une distribution en amas, ceux-ci prennent le nom de *bunches*.

En Amérique, dès qu'après avoir passé une zone stérile on trouve le minerai, on dit qu'on a rencontré une *chute*. La « chute » peut être un *shoot* ou une *course* aussi bien qu'une série d'amas. Au *Comstock lode*, la grande *chute* qui a fait la réputation de ce gîte merveilleux était composée de trois amas lenticulaires, dont l'un beaucoup plus grand que les deux autres.

On arriverait à figurer sur une feuille de papier (prise pour le plan du filon) les richesses en chaque point, en en représentant la valeur par une intensité de couleur proportionnelle, ou par des hachures d'autant plus serrées que la zone est plus riche. En faisant ce travail pour un certain nombre de gîtes, on verrait combien peu sont réguliers et combien les variations de teneur sont fréquentes. On constaterait que la feuille de papier serait couverte d'une série de taches d'intensités variables, quelquefois réparties au hasard comme les marbrures calcaires, quelquefois se groupant en alignements ou en *colonnes* plus ou moins définies, plus ou moins inclinées[1]. Si pour un gîte ou une contrée donnée, on parvenait à trouver la relation qui existe entre les zones pauvres et les plages riches, on enlèverait à l'art des mines le côté aléatoire tant redouté des exploitants.

[1] La distribution des plages riches, si difficile à déterminer dans la pratique, est assez facile à concevoir, au point de vue de la genèse. La distribution des divers afflux chargés de principes incrustants ou métallifères, est loin d'avoir été constante et leur venue ainsi que leur répartition a fort souvent varié. De plus, la nature des épontes a contribué aux modifications du phénomène, particulièrement leur perméabilité, en vertu de laquelle les éléments hydrothermaux pénétraient plus ou moins facilement jusqu'aux cassures recoupant les assises.

Associations minérales. — Très souvent les espèces minérales ne se présentent pas à l'état isolé et montrent les unes pour les autres des sympathies, presque toujours les mêmes, prouvant ainsi que certaines lois ont présidé à leur naissance.

Dans les groupements binaires, on trouve fréquemment ensemble : la blende et la galène ; — la pyrite de fer et la pyrite de cuivre ; — l'or et le quartz ; — le cobalt et le nickel ; — l'étain et le wolfram ; — l'or et le tellure ; — le mercure et la tétraédrite (antimonio-sulfure de cuivre) ; — la magnétite et la chlorite.

Lorsqu'au lieu de deux éléments, trois se réunissent, on a les associations suivantes :

Galène, blende, pyrite de fer;
Pyrite de fer, pyrite de cuivre, quartz;
Or, quartz, pyrite de fer;
Minerais de nickel et de cobalt avec pyrite de fer;
Cassitérite, wolfram, quartz ;
Or, tellure, tétraédrite ;
Cinabre, tétraédrite, pyrite ;
Magnétite, chlorite, grenat.

D'après M. J.-A. Phillips, les combinaisons multiples les plus fréquentes peuvent se répartir ainsi :

1° Galène, blende, pyrite de fer, quartz, fer spathique, diallogite, calcite, barytine ;

2° Pyrite de fer, pyrite de cuivre, galène, blende, fer spathique, diallogite, calcite, barytine ;

3° Or, quartz, pyrite de fer, galène, blende, quartz, fer spathique, diallogite, calcite, barytine ;

4° Cassitérite, wolfram, quartz, mica, tourmaline, topaze...

5° Or, tellurium, tétraédrite, quartz, calcite ;

6° Cinabre, tétraédrite, pyrites, quartz, fer spathique, diallogite, calcite, barytine ;

7° Magnétite, chlorite, grenat, pyroxène, hornblende, pyrites...

Ces associations sont les plus fréquentes, mais il ne faut pas les considérer comme constantes. Ainsi W.-J. Henwood a montré que dans le Cornwall les groupements varient :

1° Avec la nature de la roche : granite, greenstone, schiste ardoisier, ou elvan ;

2° Avec la position du filon par rapport aux épontes.

Ces questions ont été traitées en détail par Fr. Sandberger dans son ouvrage : *Untersuchungen über Erzgänge.*

Variation des espèces minérales en profondeur. — L'affleurement, exposé aux actions atmosphériques, a une composition tout à fait différente du reste du filon. Il constitue souvent le *chapeau de fer*, l'*eisenhut* des Allemands, le *gossan* des Gallois ; c'est alors un résidu d'altération riche en peroxyde de fer. Au-dessous, existe une zone, altérée par la circulation des eaux superficielles, où abondent les produits oxydés, et ce n'est qu'à une certaine distance de la surface que les filons prennent une allure régulière. Ces modifications sont postérieures au remplissage.

Il arrive quelquefois que la nature du minerai primitif se modifie, par exemple que certaines espèces minérales disparaissent, comme c'est le cas pour la baryte, qui fréquemment est remplacée par du quartz. A Vialas et à Pontgibaud (France), à Peñarroya (Espagne), les mines de galène deviennent plus pauvres vers 200 mètres. Les mines d'or du Venezuela, de Colombie et de Californie, se sont appauvries en profondeur. Toutefois, il est impossible de tirer de ces faits des conclusions théoriques, car ces appauvrissements marquent peut-être la limite d'une zone à laquelle pourrait en succéder une autre identique ou différente. De plus, il convient de se défier des conclusions des exploitants, qui ne jugent pas un gîte d'après sa composition absolue, mais d'après sa valeur industrielle.

Les frais d'exploitation, de préparation, d'exploration, augmentent avec la profondeur ; un filon de teneur homogène peut être rémunérateur près de la surface et devenir onéreux aux niveaux inférieurs.

Si d'un autre côté les cours de vente subissent une dépréciation, le même effet se manifestera [1].

Il y a donc lieu, en signalant les appauvrissements en profondeur, de tenir compte des observations précédentes, et d'examiner soigneusement les affirmations des industriels, généralement très pratiques, mais souvent erronées au point de vue scientifique.

D'après Lieber, dans des veines aurifères des Carolines (États-Unis), on a vu le métal précieux disparaître peu à peu. M. Phillips assure que cette disparition n'est qu'apparente ; que l'or était plus aisément discernable et séparable dans les parties décomposées supérieures.

Dans le Cornwall, l'oxyde d'étain succède souvent aux minerais de cuivre.

A ces variations primitives viennent s'ajouter des variations secondaires, résultant du remaniement exercé par les agents ultérieurs, les eaux oxydantes particulièrement. Le travail de ces agents est accentué dans les gîtes riches en pyrite dont toute la partie supérieure est facilement oxydée et constitue le « chapeau ». Nous avons déjà dit ce qui arrivait pour la pyrite de cuivre et signalé l'enrichissement temporaire qui se présente quelquefois.

L'or contenu dans les pyrites reste isolé dans la portion altérée et est souvent visible après un lavage à la batée, pratiqué sur une prise d'essai broyée.

Pour ce qui est de la nature des minéraux produits, les observations de M. Daubrée, à Bourbonne-les-Bains et à Plombières, sont concluantes. Les minerais complexes prendront naissance aux dépens des produits primitifs.

---

[1] Ceci est surtout vrai en Amérique. Pour les minerais d'argent par exemple, on les évalue souvent en dollars à la tonne sans en mentionner la teneur.

La blende et la galène se transforment en carbonates, et, dans les gîtes de plomb, on trouve quelquefois l'anglésite (sulfate de plomb) et la pyromorphite (chlorophosphate de plomb).

L'argent présente un phénomène assez singulier. Allié à des métaux très attaquables, il reste dans les produits de décomposition, tandis qu'associé à la galène, *il disparait quelquefois*, et les carbonates de plomb alors sont moins riches que les sulfures. Cette différence se comprend facilement, en admettant la présence de forces électro-chimiques, durant l'action desquelles l'argent joue un rôle tantôt positif, tantôt négatif.

: Au Mexique, les veines de sulfures d'argent sont presque constamment terminées vers le haut par une zone oxydée où se rencontrent des chlorures, des bromures, avec addition d'oxydes divers et d'argent natif. Quelques-uns de ces filons n'ont plus présenté, vers 300 mètres de profondeur, qu'un mélange pauvre de blende, de pyrites et de quartz.

Au Pérou et en Bolivie, une succession analogue se manifeste, avec substitution de galène à une certaine distance au-dessous de la surface.

Au Chili, les caractères sont à peu près les mêmes.

Enfin, certaines mines de plomb argentifère, présentant un axe géodique, contiennent des quantités notables d'argent natif que l'on trouve en filaments dans les druses. Un cas remarquable est celui de El Horcajo (Espagne).

Parmi les variations importantes, il convient de signaler celles qui résultent du changement de nature de la roche encaissante. Un appauvrissement survient quelquefois, au contact d'une roche et d'une assise sédimentaire. Le passage d'une couche à une autre détermine généralement une fluctuation dans la teneur. Les observations recueillies à cet égard sont purement locales et il ne convient pas de les généraliser.

Dans tous les centres miniers un peu importants, tels que l'Erzgebirge, le Cornwall, le Colorado, on s'est livré à des recherches qui ont permis de formuler certaines règles, utiles dans les régions où elles ont pris naissance, mais qui n'ont pas encore trouvé leur application en dehors d'un cercle restreint.

Un des exemples les plus célèbres de l'influence des terrains est celui de Kongsberg (Norvège), où les filons, recoupant les fahlbandes (sortes de roches cristallines imprégnées de sulfures minéraux), subissent, au contact de celles-ci, un enrichissement considérable. Ces faits ont été mis en avant comme une preuve de la sécrétion latérale.

Lois de Henwood et de Moissenet. — L'étude des portions riches des filons a été poussée assez loin en Angleterre, et on est arrivé à formuler des lois locales dont le caractère n'est pas aussi général qu'on a bien voulu le dire.

Les principaux observateurs ont été R.-W. Fox (*On mineral veins*), W.-J. Henwood (*Metalliferous deposits of Cornwall and Devon*), W. Wallace (*Etude des filons d'Alston Moor*) et L. Moissenet (*Parties riches des filons*).

Henwood le premier a résumé les observations des mineurs de la façon suivante :

1° *Les parties des filons dont l'inclinaison s'approche le plus de la verticale sont toujours les plus productives;*

2° *Dans les parties riches, le filon a pour terrain encaissant une roche de dureté moyenne;*

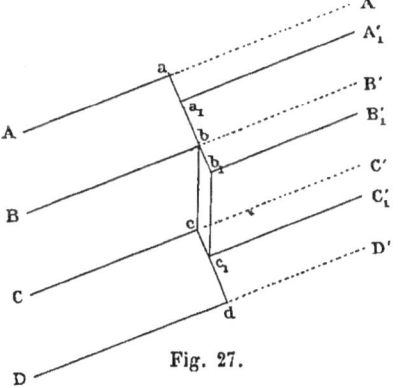

Fig. 27.

3° *Les plages métallifères plongent, en général, dans le même sens que les terrains.*

A ces règles, M. Moissenet a ajouté la suivante :

Les parties riches sont souvent orientées suivant la direction du système stratigraphique auquel se rapporte la racture finitiale du filon dans la région soumise à l'observation.

La figure 27 représente une alternance de couches perpendiculaires à la figure, et ayant pour plan de contact les plans AA′ — BB′ — CC′ — et DD′ ; *abcd* est la trace d'une fracture. Si le toit glisse sur le mur, c'est-à-dire si la portion de droite du croquis descend en glissant sur les joints *ab* et *cd*, aA', bB' et cC' occuperont les positions $a_1A'_1$, $b_1B'_1$ et $c_1C'_1$; la fente *cb* sera devenue la cavité cbc_1b_1. Cet élargissement du gîte correspond à un remplissage plus abondant, tandis que les portions telles que $a_1 b$ et $c_1 d$ correspondent à des étranglements. Au moment de l'afflux hydrothermal, ces variations de section ont déterminé des variations de vitesse. Les fluides avaient donc une tendance à se déplacer lentement dans les cavités et à les incruster, tandis que la vitesse dans les portions resserrées empêchait peut-être les dépôts de se produire.

En général, le toit descend sur le mur et les parties verticales s'ouvrent. Dans le cas de la figure 28, ce sont alors les

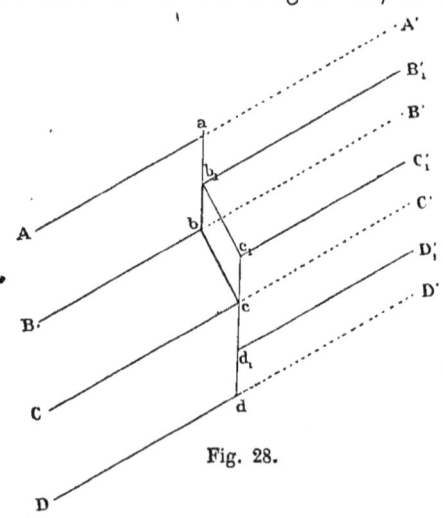

Fig. 28.

cassures verticales qui restent fermées.

Avec des épontes attaquables, les élargissements peuvent être fort irréguliers et correspondre à des enrichissements temporaires.

Nous citons ces cas pour montrer que la première règle n'a

pas de valeur absolue, bien que, empiriquement, elle corresponde à des constatations faites dans la majorité des cas.

La loi de M. Moissenet a été formulée à la suite d'observations relevées dans le Cornwall par MM. Thomas, Tregaskis, etc. Elle est basée sur ce fait que la richesse en direction varie souvent avec les inflexions de l'horizontale. Certaines orientations sont productives et certaines autres ne le sont pas. En classant les données recueillies, M. Moissenet est arrivé à la conclusion présentée. Toutefois, il faudrait se garder d'aller trop loin dans cette voie et dans les circonstances actuelles une bonne reconnaissance des gîtes, au moyen de travaux intelligemment répartis, vaut mieux que toutes les conceptions théoriques.

Il peut arriver que le minerai, dans les filons ondulés, soit distribué de façon à former une série de lentilles ou de colonnes, de plans moyens plus ou moins parallèles les uns aux autres, ou alignés suivant une certaine loi.

De plus, dans les filons parallèles du Cornwall, ce synchronisme se conserve de l'un à l'autre, et les plages riches se font vis-à-vis (*ore against ore*). Ceci ne peut être érigé en une règle dont l'application dans d'autres contrées conduirait à des déboires sérieux. L'espoir de recouper une zone productive dans un filon parallèle à un filon déjà exploité et riche en un point donné, pourrait entraîner les exploitants dans des travaux coûteux.

En réalité, dans les pays nouveaux, on doit être excessivement prudent ; ce n'est que dans les districts anciens et bien étudiés que l'on peut résumer l'expérience des premiers mineurs en des formules dont les nouveaux venus peuvent alors largement profiter.

CHAPITRE IV

GITES SÉDIMENTAIRES

Généralités. Définitions. Accidents des couches. Répartition des gîtes stratifiés. Importance des gîtes stratifiés. — *Genèse des gîtes sédimentaires*. Origine des gîtes stratifiés. Actions détritiques. Évaporation. Actions organiques. Actions chimiques. Age de la métallisation. Amas stratifiés. Gîtes stratifiés ferrifères. Minerais de cuivre. Alluvions aurifères.— *Métamorphisme*. Causes du métamorphisme. Contact d'une roche éruptive. Effets thermiques lents. Effets thermiques intenses. Pression. Influence de l'eau. Gîtes métamorphiques.

§ I. — GÉNÉRALITÉS

Définitions. — Les gîtes sédimentaires existent, comme les filons et les cavités, à l'état d'exception au milieu des assises du globe. Leurs caractères sont différents : ils sont synchrônes avec les terrains encaissants et présentent généralement une certaine concordance avec ces derniers.

On les divise en couches et en amas stratifiés.

Il faut se garder de les confondre avec les filons couches. Ceux-ci sont dus à un décollement de deux strates ou de deux feuillets d'un même lit ; ils ont pris naissance comme les cassures ordinaires, dans les périodes de dislocation, et l'orientation du plan de moindre résistance est un simple accident ; le remplissage est dû aux mêmes causes et ils ne doivent pas être séparés des gisements précédemment étudiés.

Les formations sédimentaires se montrent plus ou moins métallifères : tantôt elles forment des lentilles presque exclusivement composées d'espèces métalliques ; tantôt, au contraire, ce sont des bancs dans lesquels la matière utile n'existe qu'en faibles quantités.

Les dépôts se sont effectués suivant certaines lois bien définies. Leur partie supérieure est à peu près plane, tandis que leur surface de contact avec l'assise immédiatement inférieure varie avec la disposition de celle-ci. Dans le cas de dépressions profondes, il se formera des lambeaux sédimentaires isolés. Si les apports sont abondants, la nouvelle formation recouvrira complètement l'ancienne et les irrégularités du fond ne seront pas perceptibles à la surface, qui, elle, sera à peu près nivelée [1].

Au voisinage d'une couche présentant un redressement brusque, modifiant l'horizontalité de son plan, les nouveaux lits seront en stratification discordante avec les anciens.

Si ce redressement correspond à un pointement, les alluvions se répartiront autour de ce sommet qui, avec une hauteur suffisante, traversera la formation récente s'appuyant sur ses flancs.

La strate présentera des épaisseurs variables, tantôt des renflements, tantôt des amincissements, quelquefois même on se trouvera en présence d'un lit contenu tout entier entre deux plans parallèles.

Ces variations d'épaisseur, en s'exagérant, produisent des *serrées* ou des *réouvertures*, et même, avec une alternance régulière, donnent naissance à la structure en chapelet.

Des *nerfs*, des *bancs* existent souvent, formés par des intercalations de matières stériles. Tantôt ces lits sont continus et l'assise dans son ensemble peut être décomposée en termes élémentaires ; tantôt, au contraire, ils naissent au milieu de la couche qui alors se divise et *fait la fourchette*.

Accidents des couches. — Les sédiments n'ont point, on le

---

[1] Les dépôts arénacés se sont souvent formés dans une eau animée d'une certaine vitesse. Aussi peuvent-ils présenter une stratification inclinée, parfois même confuse ou entre-croisée. — De Lapparent. *Géologie*.

sait, gardé constamment leur position primitive. Des modifications ultérieures, parmi lesquelles il convient de citer la contraction du globe sous l'influence du refroidissement, sont venues altérer leur orientation.

Les dislocations résultant de ce chef ont engendré des plissements, des contournements, des renversements, accompagnés de compressions, d'étirements, de déchirures, etc.

De plus, les roches émises à l'état plastique, produisaient parfois sur leur passage des altérations importantes, les unes d'une nature dynamique, et les autres métamorphiques.

Quelquefois, les eaux dissolvaient une assise inférieure, et, au point où une cavité était formée, provoquaient un affaissement. D'autres fois, l'hydratation d'une strate ou des parties d'une strate, déterminait des gonflements venant affecter les couches supérieures.

Quelles que soient les causes mises en jeu, le résultat a été la naissance d'accidents dans le gîte.

Une alternance d'ondulations correspond à des *fonds de bateaux*, tournant leur concavité vers le zénith et à des *selles* présentant la disposition inverse. Si des érosions ont fait disparaître la partie supérieure d'un pli convexe, cette disposition porte le nom de *selle en l'air*.

Lorsque les axes des plis ne sont pas horizontaux, la formation est dite présenter un *ennoyage*.

Certaines actions locales ont déterminé des déformations limitées appelées *bassins* et *dômes*.

Dans le cas où les plissements s'accentuent, on voit naître des *dressants* et, dans les environs des sommets, des *brouillages*, provenant d'un écrasement ou arrachement de la couche. Une compression peut produire un *doublement*, c'est-à-dire un chevauchement de deux parties disloquées. Les *croisements* sont l'intersection de la strate et d'une roche n'ayant produit aucun dérangement.

En général, les fractures déterminent un mouvement relatif

des deux épontes l'une par rapport à l'autre et un *rejet* se produit. Nous renvoyons à ce que nous avons déjà dit à ce sujet dans le chapitre II. Notre étude a été générale et le plan (fig. 11, 12 et 25) PαQ représente une couche aussi bien qu'une fracture.

Les mêmes conclusions s'appliquent aux rejets normaux ou anormaux et la règle de Schmidt, quoique parfois en défaut, conserve son caractère d'utilité pratique.

Signalons en passant un point intéressant:

La recherche des gîtes sédimentaires s'effectue souvent au moyen de sondages. Lorsque (fig. 29) le toit descend sur le mur,

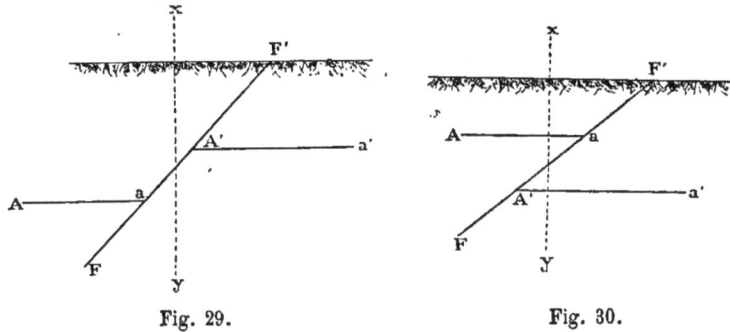

Fig. 29. Fig. 30.

un sondage xy peut passer au milieu du rejet sans rencontrer la couche. Avec un rejet anormal (fig. 30), le sondage xy rencontre deux fois l'assise. Ces occurrences sont rares, mais, si elles se présentent, on conclura dans le premier cas à l'absence de la couche et, dans le second, à la présence de deux formations.

Répartition des gîtes stratifiés. — M. J.-A. Phillips distingue :

1° *Les dépôts dont la majeure partie est métallifère et qui sont formés par précipitation de dissolutions* (carbonates des *Coal measures*, couches d'hématite et de carbonate du Lias moyen, de la grande oolithe, du Wealden, etc...);

2° *Les dépôts métamorphiques provenant d'une précipitation;*

gisements de fer de l'île d'Elbe, de Darlcarlsberg, d'Utö, de Danemora, d'Arendal, de Traverselle... en Europe, ceux de Marquette et de Pilot Knob aux États-Unis, etc...

3° *Dépôts chimiques au sein d'assises sédimentaires;* Mansfeld (cuivre) et Commern (plomb) dans la Prusse rhénane.

M. Von Groddeck établit les types suivants :

1° *Gîtes sédimentaires :*

    a. Dans le silurien, les couches de galène et de blende d'Austin (Nevada) et la formation d'Almaden (mercure);

    b. Dans le carbonifère, les couches de stibine d'Arnsberg;

    c. Dans le zechstein, les schistes cuivreux et les grès cuprifères de Silésie, Russie, Chili;

    d. Dans le trias, les couches plombifères de Commern, les grès cuprifères de Saint-Avold, Wallerfangen, Twiste, Bulach, Bundigen, et la couche de cinabre d'Idria.

2° *Amas stratifiés* parmi lesquels :

    a. Dans le silurien : Les quartz aurifères du Tyrol, les pyrites de Wicklow, le fer spathique des Alpes orientales;

    b. Dans le dévonien : les amas pyriteux du Rammelsberg;

    c. Dans le carbonifère : les amas pyriteux de Huelva et Alemtejo (Rio Tinto), et quelques amas de fer spathique;

    d. Dans le trias : certains amas ferrifères des Alpes orientales.

Importances des gîtes stratifiés. — La puissance et le développement sont naturellement des plus variables : certains dépôts n'ont que quelques centimètres d'épaisseur, tandis que près de Ducktown (Tennessee), on a trouvé des masses lenticulaires pyriteuses atteignant une puissance de 150 mètres et s'étendant en direction sur environ 500 mètres (V. Groddeck).

La couche du Mansfeld, épaisse en moyenne de $0^m,50$, a été reconnue sur une superficie de plus de 225 kilomètres carrés.

En Westphalie, un lit de fer sphatique d'une puissance analogue a été constaté sur une longueur dépassant 25 kilomètres.

Sur le versant nord des Carpathes, se trouvent des gîtes de fer présentant une remarquable succession, malgré les irrégularités de l'allure. Ils sont renfermés dans le crétacé inférieur et s'étendent depuis la Bukowine jusqu'en Moravie (au moins 600 kilomètres) (V. Groddeck).

En Bukowine, une zone pyriteuse se développe sur plus de 75 kilomètres.

Aux États-Unis, parallèlement aux Alleghanies, s'allonge un chapelet de lentilles pyriteuses, sulfurées et aurifères. Le Maryland, la Virginie et les Carolines relèvent de cet ensemble.

La succession de ces amas est naturellement variable ; tantôt ils affectent une forme régulière et tantôt au contraire ils se divisent et se ramifient à l'extrême. Ils présentent les mêmes accidents que les couches et ont parfois une tendance à se grouper en une colonne inclinée par rapport à la ligne de plus grande pente du terrain encaissant.

Les bifurcations sont fréquentes et on a établi une liaison entre leur production et les actions mécaniques auxquelles les strates ont été soumises.

§ II. — GENÈSE DES GITES SÉDIMENTAIRES

Origine des gîtes stratifiés. — Il est difficile, sinon impossible, de séparer la genèse des amas stratifiés de celle des gîtes sédimentaires. Le passage d'une espèce à l'autre peut se faire insensiblement ; la différence d'allure résulte d'une diversité de conditions physiques.

En jetant les yeux autour de nous, nous voyons la nature à l'œuvre et nous analysons ses moyens d'actions.

Au premier rang se présentent les érosions qui se sont manifestées à tous les âges, puis viennent les phénomènes d'évaporation, de concentration et de dépôt, qui correspondent à l'abandon sur le sol des matières tenues en dissolution.

Ensuite apparaissent les précipitations chimiques et l'influence des organismes.

Enfin, ces divers phénomènes, que nous avons considérés séparément, peuvent se produire simultanément, ou exercer des remaniements, soit sur des assises récentes et mal consolidées, soit sur des couches anciennes et parfaitement solidifiées.

Nous considérerons les causes suivantes :

Actions détritiques ;
Évaporation ;
Actions chimiques ;
Actions des organismes.

Nous renvoyons à ce que nous avons déjà dit relativement à l'origine et à la venue des métaux. Les sources hydrothermales puisent leurs principes, soit dans les profondeurs du globe, soit dans les couches ambiantes, et les eaux froides superficielles exercent à la surface et dans leur route souterraine une double action mécanique et chimique.

Actions détritiques. — La circulation des eaux produit des actions énergiques qui se traduisent en partie par une désagrégation superficielle. La chute des pluies, le ruissellement, l'écoulement des ruisseaux et des fleuves, les courants maritimes, le choc des vagues contre les falaises, sont autant de causes en vertu desquelles s'émiettent les portions solides de notre globe. Pour lents que soient les résultats, ils sont évidents et se traduisent par des accumulations progressives, des dépôts sans cesse croissants, des matières arrachées et transportées.

La vitesse de l'eau est fonction de la pente du terrain et sa puissance destructive suit une progression analogue. Les eaux d'amont influent également sur cet élément, en déterminant un mouvement en avant variant avec l'importance de leur masse.

Nous extrayons de l'ouvrage de M. Fayol et des tableaux de M. James Jackson les données suivantes :

MATIÈRES DÉPOSÉES	VITESSE DU COURANT
Terre végétale	$0^m,06$ par seconde.
Argile désagrégée.	0 12 —
Sable fin.	0 24 —
— grossier	0 32 —
Graviers de la grosseur d'une noisette. .	0 48 —
— — $0^m,02$.	0 70 —
Galets de la grosseur d'un œuf de poule.	0 96 —
— — $0^m,100$	1 50 —
Fragments de $0^m,20$	2 00 —
— de 1^m	5 00 —

Au fur et à mesure que les torrents descendent vers la plaine, leur lit s'élargit, la pente diminue, leur rapidité décroît; les blocs les plus gros se déposent d'abord, puis les galets, ensuite les graviers, enfin les sables et les boues. Le relief du sol intervient pour provoquer le dépôt des matières en suspension ou donner naissance à de nouvelles érosions, suivant que l'inclinaison diminue ou s'accentue.

De plus, le courant s'étale sur ses rives le long desquelles il présente moins d'intensité que vers la partie centrale.

Il se produit dans l'ensemble une sorte de préparation mécanique, une classification que viennent troubler des accidents locaux, des coudes, des remous, des élargissements, etc...

Si la séparation a lieu pour des substances de même nature suivant la taille, elle s'effectuera pour des éléments de même taille d'après la densité.

Un mélange de quartz et d'or déposera d'abord pêle-mêle des galets plus ou moins gros et des grains de métal, qui, à travers les interstices et sous l'influence des remises en suspension par suite de variations temporaires du courant, auront une tendance à gagner le fond, tandis que, plus en aval, dans une zone moins torrentueuse, le dépôt de sable et de poudre métallique formera un mélange plus régulier.

Il ne faut pas oublier que les granules existant au milieu des galets sont exposés à être triturés et usés peu à peu par le frottement. Les pépites primitivement déposées auront donc une tendance à disparaître.

Ces actions peuvent jouer un rôle capital dans la transformation d'une contrée. Les matériaux seront arrachés un peu partout sur le passage des eaux, ils proviendront des roches imprégnées ou non de particules métallifères, de têtes de filons, d'assises sédimentaires, etc., etc...

Dans les régions montagneuses, ces débris seront entraînés tantôt grain à grain, tantôt en blocs énormes lentement détachés, tantôt à la suite d'éboulements. M. Daubrée a montré par des expériences et M. Fayol a observé que l'émiettement ne tarde pas à se produire. Un chemin relativement très court suffit pour user les gros matériaux et produire une désagrégation intense.

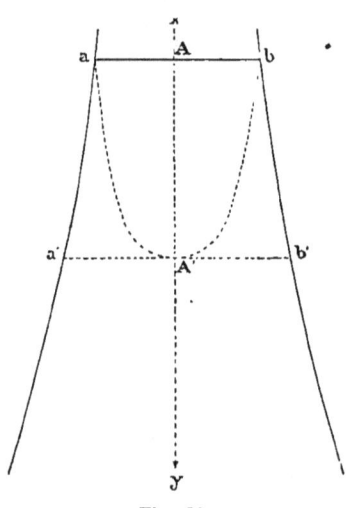

Fig. 31.

Supposons le cas idéal (fig. 31) d'une vallée s'ouvrant peu à peu et uniformément remplie par une masse d'eau. aa' et bb' représenteront les rives que nous réduisons à deux lignes droites. Désignons par ab une tranche; appelons W la vitesse en a et V la vitesse au fond en A.

Puis prenons $a'b'$ tel que la vitesse en A' (analogue de A dans la tranche ab) soit V', et supposons V' = W.

Si des matériaux, entraînés le long des rives, commencent à

se déposer en *a*, les matériaux analogues se déplaçant avec le courant AA' s'arrêteront en A'.

Les substances identiques se déposeront suivant des courbes dont la concavité sera tournée vers l'amont. Il va sans dire que dans la pratique mille causes interviennent pour détruire cette régularité.

Les ressauts du sol jouent un rôle important, car ils créent une sorte de barrage en avant duquel existe une nappe tranquille où les alluvions ont une tendance à se déposer. Si une augmentation se produit dans la vitesse du courant, des remises en suspension ont lieu ; à travers les matières légèrement soulevées, les matériaux les plus denses gagnent rapidement le fond et s'accumulent à la surface de la roche sous-jacente. Ces enrichissements locaux ont été constatés dans les placers de Californie, de Guyane..., dans les sables stannifères de Malacca, des détroits... et les alluvions diamantifères du Brésil.

Les coudes ont une influence analogue et provoquent des variations de richesse.

Les plages productives, qui paraissent *a priori* disposées au hasard, ne le sont certainement pas. Leur succession obéit à des lois qui nous échappent, faute de connaître les surfaces topographiques primitives et les oscillations ultérieures du sol.

Les placers ordinaires sont de formation récente et se présentent soit à découvert, soit surmontés d'un manteau de terre végétale. Plus rarement, ils sont revêtus d'une nappe protectrice qui les a mis à l'abri des érosions subséquentes.

Ces formations ont été souvent ravinées par les eaux; il n'en reste alors que des lambeaux, disséminés çà et là, et occupant parfois des altitudes élevées sur le flanc des collines. Ce sont en quelque sorte les témoins d'assises disparues.

Soit DABC (fig. 32) une coupe verticale suivant l'axe du courant. Supposons que dans la partie AD on ait une inclinaison faible (ou nulle) et que les dépôts s'y produisent abondamment. En A existe une modification de pente qui s'accentue de A en C. Le courant prendra donc une vitesse croissante et il arrivera un moment où le dépôt ne se maintiendra plus si la pente devient très forte. La formation détritique sera délimitée

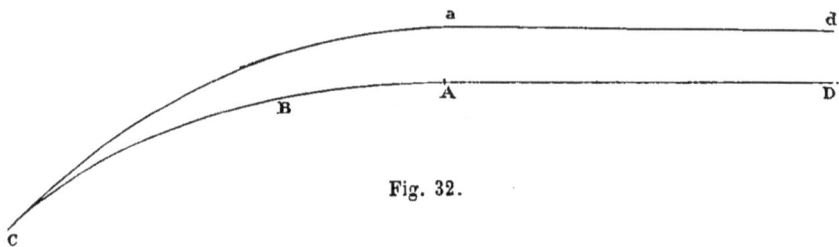

Fig. 32.

par la surface C ad. Quant au talus de a en C, il variera à chaque instant et correspondra à l'angle sous lequel peuvent se maintenir les sables sous l'influence du courant en ce point ; il deviendra de plus en plus raide en s'avançant vers C.

Si la courbure du sol s'accentue vers C, par exemple si le plateau AD s'ouvre sur une vallée à une certaine hauteur, on voit que les alluvions s'arrêteront en C. On aura un *dépôt de plateau*.

Lorsqu'un nouveau régime s'établit, il se produit des remaniements qui viennent altérer la distribution primitive. Sous l'influence d'érosions puissantes, les alluvions peuvent être emportées, tandis qu'avec des énergies moindres (à la saison des crues par exemple), une simple modification peut survenir. Les matières détritiques sont reprises et partiellement entraînées, des chenaux se creusent et des zones d'enrichissement s'établissent.

Si le courant débouche dans la mer ou dans un lac, un élément nouveau doit être introduit, c'est l'annihilation presque immédiate de la vitesse. En outre la présence du sel dans les eaux détermine une précipitation plus rapide des éléments en suspension.

Il y a lieu de tenir compte du phénomène des marées et des

courants littoraux qui exercent parfois une influence capitale et contribuent à la genèse des gîtes. A Piriac en Bretagne, des grèves stannifères sont en voie de formation. Nous renvoyons pour plus de détails aux ouvrages spéciaux de géologie (de Lapparent, Dana, Geikie, Credner).

Évaporation. — Les eaux en contact avec les assises de notre globe ne tardent pas à se charger peu à peu des éléments qu'elles sont susceptibles de dissoudre (Daubrée). Certains bassins peuvent recevoir des émanations ou des venues hydrothermales qui contribuent à leur saturation. L'Océan tient en dissolution des matières dont la nature a été l'objet d'études persistantes et minutieuses de la part de Malaguti, Durocher, Sarzeau et plus récemment de M. Dieulafait.

L'eau de mer renferme avant tout du chlorure de sodium, avec adjonction de chlorure de magnésium, puis des sulfates de potasse, de magnésie et de chaux, un peu de carbonate et de phosphate de chaux, ainsi que de la silice; enfin on y a constaté la présence du fer, du plomb, du cuivre, de l'argent, etc., en quantités infinitésimales.

Il va de soi que, dans certaines conditions favorables, celui d'un bassin presque fermé mais en communication avec l'océan, l'évaporation, sous certaines conditions, peut être intense et il y aura un afflux constant vers ce bassin. Il en résultera une concentration des eaux qui s'enrichiront et finiront par renfermer une proportion notable de substances primitivement fort diluées.

Si l'on a affaire à un lac dans lequel se déversent des eaux chargées de sels métalliques, sources hydrothermales ou ruisseaux ayant sillonné des champs métallifères, il viendra un moment où, l'*évaporation agissant*, la saturation sera telle que des dépôts commenceront à se former. Comme les corps en dissolution sont différents, les résidus seront loin d'avoir une composition uniforme. La substance qui commencera à se déposer sera celle pour laquelle le point de saturation sera le premier atteint, ce qui dépendra de son degré de solubilité et de l'abondance de l'apport. La précipitation de cette matière continuera tant que les eaux en amèneront dans le lac, mais, à un certain moment, une autre substance arrivée à concentration se déposera à son tour, et ainsi de suite pour chacun des éléments.

Dans le cas d'un bassin marin ou d'une lagune, les mêmes phénomènes se reproduisent. Le chlorure de sodium sera abondant. On aura des sels métalliques, de la silice, des silicates, des chlorures, des sulfates, etc. Ces dépôts peuvent ultérieurement être modifiés.

C'est ainsi que M. Dieulafait a expliqué la naissance des étages cuprifères du Mansfeld, de Perm, du Chili, et des grès plombifères de la Prusse Rhénane. Bien qu'il ait montré un peu d'exagération dans ses conclusions, nous devons reconnaître que l'évaporation a dû jouer un rôle capital dans un grand nombre de cas.

Actions organiques. — Les organismes qui vivent au sein des eaux empruntent parfois à celles-ci quelques-uns des éléments qu'elles tiennent en suspension. C'est le cas d'un grand nombre d'infusoires, de polypiers, de mollusques, et c'est aussi celui de diverses espèces de plantes marines.

Les matières, extrêmement diluées dans l'eau, sont fixées par ces organismes qui peuvent lentement condenser les molécules primitivement disséminées. Certains bancs résultent de l'accumulation de débris de coquilles calcaires, et des formations corallifères développées viennent attester le pouvoir de la vie à la surface du globe. Au point de vue de la genèse des gîtes sédimentaires, il nous suffira de mentionner l'action d'une petite algue (Gallionella ferruginea) à laquelle Ehrenberg a, le premier, attribué la sécrétion de certains lits ferrugineux.

Actions chimiques. — Les actions chimiques ayant donné

naissance aux couches sédimentaires métallifères sont de deux sortes. Les unes ont produit les minerais tandis que les autres sont venues les modifier après leur formation.

Certains dépôts se sont formés par voie de précipitation et ont pris naissance au sein d'un milieu liquide plus ou moins chargé d'éléments métalliques.

D'où venaient ces principes métalliques, nous l'avons déjà expliqué dans le chapitre précédent, lorsque nous avons étudié la circulation des eaux au sein des assises terrestres. Avec ou sans le concours de l'acide carbonique, certaines substances sont susceptibles de se dissoudre en quantités quelquefois notables, et l'afflux des sources dans un bassin lacustre ou marin a pour effet un enrichissement de la masse liquide par un apport constant des substances dissoutes.

Les inscrustations qui se forment autour de l'orifice des geysers nous permettent d'induire que des phénomènes analogues n'ont pas été étrangers à la formation de quelques gisements.

Dans les lagunes marines et les lacs, les eaux, soumises à une évaporation constante, ont pu, dans quelques cas, atteindre un degré de concentration favorable aux réactions chimiques.

Si l'on rencontre parfois des assises étendues et régulières, souvent les métaux se présentent en nids et en traînées. « Les « minerais sont uniformément répartis, lorsque les sels métal- « liques et leurs agents de précipitation sont partout en pré- « sence ; ils sont inégalement disséminés, lorsque les sels mé- « talliques n'arrivent qu'en petites quantités et sur certains « points et que les agents de précipitation sont sporadique- « ment répartis. » (Von Groddeck.)

La précipitation aura lieu sous des influences diverses, par exemple lorsqu'il se produira dans une solution métallifère un afflux d'acide carbonique, ou, au contraire, lorsqu'un bicarbonate soluble pourra dégager l'acide à l'état gazeux et passer à l'état de carbonate insoluble.

Les matières organiques existant dans le bassin considéré peuvent fournir d'énergiques réducteurs, déterminer la transformation de sulfates en sulfures, par exemple, et la précipitation des espèces formées, soit directement, soit à la suite d'une nouvelle réaction.

Les sources, s'épanchant par un griffon ou par des fissures, créent, dans la masse liquide, des courants plus ou moins intenses. Deux courants chargés d'éléments différents peuvent agir l'un sur l'autre, tandis que d'autres fois un afflux unique trouvera dans le milieu ambiant les causes de sa transformation.

Il peut arriver qu'une dissolution métallifère pénètre lentement une assise encore poreuse et y dépose une sorte d'imprégnation à la suite des réactions qui prennent naissance.

Age de la métallisation.

On peut se demander si les minerais ont pris naissance en même temps que la couche ou postérieurement à son dépôt.

Dans la première hypothèse, les précipitations métallifères se font pendant que s'exercent les actions engendrant l'assise et cette explication est la plus satisfaisante. Si l'on veut admettre que les actions métallifères se sont exercées postérieurement à la formation du banc sédimentaire, il convient de distinguer deux cas :

1° La strate existe mais n'est pas encore consolidée ; les dépôts métallifères peuvent se produire, soit dans la couche, après imprégnation de l'ensemble par les dissolutions, soit à sa surface, et y pénétrer plus ou moins profondément, par suite d'une remise en suspension ou même d'une circulation lente.

2° L'assise sédimentaire est complètement solide, et les liquides métallifères, en la pénétrant, y déposent les minerais, par suite d'une marche inverse de celle suivie lors des phénomènes de dissolution.

Nous devons convenir que cette dernière explication est peu

rationnelle ; ce n'est que dans des cas très rares que la métallisation pourrait, par ce procédé, dépasser des proportions infinitésimales.

Amas stratifiés. — Les amas stratifiés ne se distinguent que par leur allure des gîtes sédimentaires ordinaires. Ils sont nés à la suite d'actions plus localisées et doivent être considérés comme *plus anciens que leurs toits* [1].

Ils se trouvent répartis généralement dans les couches anciennes. A ces époques reculées, au sein des mers surchauffées, les conditions de pression et de température favorisaient sans doute leur formation. De plus ils ont fréquemment subi des actions métamorphiques ultérieures.

M. V. Groddeck établit de la manière suivante les caractères des amas stratifiés :

1° Leurs remplissages sont généralement en stratification concordante avec les couches encaissantes ;

2° Les amas stratifiés métallifères sont caractérisés par la constance d'horizon ;

3° La stratification est quelquefois visible ;

4° Les faces de la stratification ont parfois présenté des traces de vagues (Credner) ;

5° Les amas stratifiés ne présentent pas la structure rubannée symétrique.

Gîtes stratifiés ferrifères. — Quelques gîtes stratifiés méritent, à cause de leur importance, une mention particulière, et, au premier rang, se trouvent les dépôts ferrugineux, qui se divisent en deux grandes classes : les carbonates et les oxydes.

Le fer est universellement répandu et facilement altérable.

---

[1] « On peut appliquer aux amas stratifiés tout ce que l'on a dit des couches de « sécrétion, en supposant seulement une formation minérale et métallifère plus « intense et capable par suite de produire des minerais plus purs. » V. Groddeck.

Les silicates et protoxydes de fer sont attaqués par les eaux chargées d'acide carbonique, et le carbonate formé reste en dissolution en présence d'un excès d'acide carbonique. De plus, les pyrites sont, comme nous l'avons vu, susceptibles de fournir des éléments solubles (sulfates) [1].

Les gîtes carbonatés sont nés, disent Peters, Bäumler et d'autres, à la suite du dégagement de l'acide carbonique en excès, et le carbonate précipité a été préservé de l'oxydation par un manteau de matières organiques. D'après Bischof, la précipitation aurait eu lieu à l'état de limonite, avec réduction ultérieure sous l'influence de particules charbonneuses et transformation en carbonate.

Les gîtes d'oxydes de fer sont abondants et affectent parfois des dimensions considérables. De nos jours encore on les voit se former. Les *minerais de marais* ou de *prairies* naissent partout où des solutions ferrugineuses restent stagnantes, et particulièrement dans le nord de l'Europe. Dans la péninsule scandinave, des dépôts analogues ont lieu dans certains lacs et portent le nom de *minerais lacustres*. Ces gisements modernes, nés en présence d'organismes qui parfois participent à leur formation (*Gallionella ferruginea*), contiennent des traces appréciables d'acide phosphorique. On a fréquemment constaté l'existence de la *vivianite*.

Citons à ce sujet Archibald Geikie :

« Dans la formation des minerais de marais (*bog iron ore*),
« l'action de la vie végétale a une importance capitale. Dans
« les dépressions marécageuses et les lacs peu profonds, où les
« plantes décomposées fournissent abondamment les acides
« organiques, les sels de fer sont attaqués et dissous. L'expo-

---

[1] « M. Kalkouski a également fait la remarque que l'oligiste est fréquent dans les variétés gneissiques et micacées, tandis que c'est à l'état de magnétite que l'oxyde de fer se rencontre dans les amphiboloschistes. Ainsi les roches basiques du terrain primitif ont dû, comme leurs analogues de la série éruptive, se développer dans un milieu réducteur, tandis que les influences oxydantes prédominaient dans la formation des types acides. » De Lapparent. *Géologie*.

« sition à l'air détermine l'oxydation de ces solutions et la
« précipitation du fer, sous forme d'oxyde hydraté qui, mélangé
« à un composé analogue de manganèse et aussi à de la silice,
« de l'acide phosphorique, de la chaux, de l'alumine et de la
« magnésie, constitue le « bog ore », si abondant dans les
« plaines de l'Allemagne septentrionale et dans d'autres maré-
« cages de l'Europe du Nord.

« Sur la côte orientale des États-Unis, de vastes marais
« salants, situés en arrière de dunes sablonneuses et de barres,
« forment des bassins d'active précipitation. Là, comme en
« Europe, les sables et rocs ferrugineux sont lessivés sous l'in-
« fluence d'acides organiques, et le fer, ainsi extrait, s'oxyde
« et se précipite. En présence des sulfates contenus dans l'eau
« de mer et de matières organiques, le fer passe à l'état de
« sulfate, qui, par oxydation, produit le minerai des marais.

« *L'existence de lits ferrugineux au sein des assises géologiques,*
« *fournit de fortes présomptions en faveur de l'existence d'orga-*
« *nismes contemporains ayant provoqué la dissolution et la*
« *précipitation du fer*[1]. »

Souvent la texture des minerais de fer est *oolithique*, c'est-à-dire se présente sous la forme de grains plus ou moins arrondis. Cette texture doit être rapportée à une cause extérieure ayant provoqué un groupement particulier. Tantôt, comme l'a observé Knop, les matières végétales, en se décomposant, dégagent des bulles d'acide carbonique qui s'entourent d'un enduit de calcaire ferrugineux ; tantôt (Virlet d'Aoust), les œufs d'insectes, après la sortie des larves, sont susceptibles de s'incruster à l'intérieur.

Les gisements de fer provenant d'une précipitation carbo-

---

1. MM. Dawson et Sterry Hunt étendent aux périodes primitives le même mode d'action. Ils se fondent sur la présence du graphite dans les terrains archéens pour conclure à la présence d'éléments végétaux à ces époques reculées ; se basant sur certaines observations dans lesquelles on a constaté le passage de la houille au graphite, ils prétendent que les plantes devaient exister avant la période cambrienne et qu'elles ont fourni les éléments actifs nécessaires pour faire entrer le fer en dissolution.

natée ou limoniteuse se présentent souvent à l'état d'hématite, résultant d'une modification ultérieure de ces deux substances. La limonite se déshydrate ; le carbonate s'oxyde et perd son acide carbonique ; on a souvent rencontré des hématites affectant la forme extérieure de la sidérose (pseudomorphose).

La transformation des dépôts en hématite brune est facile à expliquer, tandis qu'il est moins aisé de déterminer les conditions qui ont fait apparaître l'hématite rouge. Sénarmont a établi cependant que vers 200° une dissolution de chlorure de fer peut déposer de l'oxyde anhydre, sous l'action lente du carbonate de chaux ou de soude. Bischof admet que l'hématite rouge provient toujours de l'hématite brune, tandis que Haidinger affirme qu'elle peut se produire directement dans l'altération de la sidérose.

Au sujet de l'influence des matières végétales dans les précipitations ferrugineuses, il n'est pas sans intérêt de citer la curieuse opinion du Dr Newberry :

« Partout où les solutions de sels de fer sont exposées à
« l'air et absorbent l'oxygène, le fer est converti en sesqui-
« oxyde hydraté. Dans les sources ferrugineuses, il se produit
« une ocre jaune ; dans les marais et les étangs naissent des
« pellicules irisées qui se brisent et tombent au fond. Si ces
« pellicules viennent en contact avec des matières organiques
« en fermentation, elles perdent une partie de leur oxygène, qui
« s'unit avec le carbone pour former de l'acide carbonique, qui
« se dégage en bulles. Le sel repasse à l'état de proto-sel soluble,
« absorbe d'autre oxygène et le cède de nouveau à la matière
« organique, jusqu'à ce que celle-ci soit épuisée. *Alors seule-*
« *ment se forme le précipité de limonite ou minerai des marais.* »

Minerais de cuivre. — Les gîtes sédimentaires de cuivre les plus typiques sont ceux du Mansfeld, et c'est à leur propos qu'un grand nombre d'études ont été entreprises. Ils sont contenus dans un étage du permien portant le nom de Zechstein.

On a essayé d'expliquer la métallisation par des venues hydrothermales pénétrant la couche et y déposant les éléments métalliques (cuivre et autres métaux). Cette manière de voir n'est pas admissible, à cause de la régularité de la répartition. Un semblable mode d'action eût comporté une grande variété, avec concentration aux environs des conduites d'amenée. Or il n'en est pas ainsi, et l'on a conclu à des précipitations chimiques contemporaines de la formation de l'assise.

Les imprégnations du mur et du toit, localisées dans le voisinage immédiat du banc métallifère, eussent été plus importantes dans le cas d'une circulation hydrothermale.

Les eaux chargées de sels solubles de cuivre, en quantités probablement faibles, ont exercé sur les organismes une action mortelle, et au bout d'un certain temps, le bassin cuprifère s'est trouvé chargé de substances en décomposition. L'effet réducteur n'a pas tardé à s'exercer. Les sulfates se sont changés en sulfures, soit directement, soit sous l'action de sulfures alcalins provenant eux-mêmes de sulfates, soit sous l'action de l'hydrogène sulfuré se dégageant au moment de la putréfaction.

Cette action, se produisant pendant le dépôt de la couche, a parsemé la masse de mouches métalliques et pénétré le mur. Ultérieurement, après la formation du toit, des circulations aqueuses subséquentes sont venues imprégner ce dernier.

Les produits oxydés sont nés sous l'action postérieure de l'oxygène, amené par les eaux de la surface, trouvant un chemin jusqu'à la couche. Il convient, à cet égard, de remarquer que le carbonate de cuivre peut prendre naissance dans une solution cuivreuse, sous l'influence de la présence prolongée du carbonate de soude ou de chaux. Il est naturellement impossible de fixer dans quelle mesure ces diverses actions se sont exercées, mais il suffit de les mentionner pour montrer qu'elles ont pu jouer chacune un rôle important.

Alluvions aurifères. — En dehors des actions détritiques ayant présidé à la naissance des placers, on a cherché à expliquer la présence de certains « nuggets » par des réactions chimiques. Nous citerons un paragraphe du livre de MM. Fuchs et de Launay, relatif à cette question :

« On a, à diverses reprises, avancé cette idée que l'or des
« placers californiens ne résultait pas de la simple destruction
« mécanique des filons de quartz voisins, comme on est, tout
« d'abord, disposé à le croire, mais avait été précipité en même
« temps que la silice, habituel ciment des conglomérats, par les
« eaux qui le tenaient en dissolution. Pour expliquer sa pré-
« sence dans ces eaux, les uns, comme M. Laur, ont supposé
« que les venues hydrothermales, dont la circulation dans les
« fentes avaient incrusté d'abord les filons, s'étaient ensuite
« épanchées à la surface avec leur excès d'éléments minéraux,
« de silice, etc. ; les autres, comme Lock, que l'or, préexistant
« dans les terrains, avait été chimiquement dissous par des
« eaux superficielles plus ou moins chargées de sel, et répréci-
« pité, en présence de matières organiques. Quoi qu'il en soit, il
« semble que ceux qui ont étudié de près les placers soient
« d'accord pour admettre qu'un simple phénomène de prépara-
« tion mécanique n'explique pas suffisamment certains faits,
« tels que le volume de diverses pépites, leur forme cristalline
« intacte (alors que l'eau a dû, tout autour, détruire le quartz
« dur et résistant), leur composition chimique plus pure, etc. »

Les travaux de Sonstadt, Bischof, Egleston, Lock, sont venus élucider la question. On a pu constater que l'or était soluble dans l'eau de mer, et son sulfure dans une liqueur saturée d'acide sulfhydrique. L'eau chargée de chlorure de sodium et d'un peu d'acide azotique, ou contenant un mélange d'azotate et de chlorhydrate d'ammoniaque, dissout à la longue de faibles quantités d'or, effet qui se produit également dans une solution alcaline riche en matières nitreuses. La précipitation des liqueurs aurifères par les substances organiques a aussi été réalisée et a fourni de l'or en granules analogues à de petites pépites.

De plus, certaines observations d'Egleston viennent corroborer les résultats précédents. Dans une mine du Dakota, il a constaté des dépôts d'or natif sur les bois employés dans les travaux et en contact avec des eaux chargées de principes acides.

Il peut donc fort bien se faire que les actions chimiques aient, concurremment avec les agents dynamiques, joué un rôle important dans la genèse des alluvions aurifères.

§ III. — MÉTAMORPHISME

Causes du métamorphisme. — Les géologues établissent une distinction entre le métamorphisme de juxtaposition et le métamorphisme régional, mais nous ne voulons considérer que les altérations subies par les couches sédimentaires.

Celles-ci peuvent être modifiées par la pression exercée par les assises supérieures, transformées au contact d'une roche éruptive les traversant et agissant par sa température élevée, ou bien elles seront altérées par des effets thermiques se développant, soit lentement à la suite d'une modification de régime, soit plus brusquement à la suite de plissements et de dislocations. Enfin la présence de l'eau vient donner une énergie nouvelle aux agents modificateurs.

Contact d'une roche éruptive. — Au point de vue auquel nous nous sommes placé, ce métamorphisme de juxtaposition n'a qu'une influence secondaire. Il correspond à un accident du gîte et n'en affecte que rarement l'allure générale.

La couche, dans la zone immédiatement voisine de la roche, se trouve altérée sur une profondeur variable se réduisant parfois à quelques centimètres.

De ce contact peuvent aussi naître des minéralisations nouvelles, par suite du dégagement de produits apportés par la roche ou d'incrustations provenant des eaux de circulation, empruntant à la nouvelle coulée des éléments nouveaux.

Effets thermiques lents. — Les sédiments qui se produisent au fond de l'océan à une température relativement basse, après avoir été recouverts par d'autres, ont dû, d'après MM. Daubrée et Dana, prendre une température plus élevée par suite de leur plus grand éloignement de la surface de rayonnement, surtout à une époque où les variations des isogéothermes étaient beaucoup plus rapides que de nos jours.

D'autres causes ont pu intervenir pour faire varier lentement la température des nouveaux dépôts, telles que plissements lents, pressions progressives, etc., etc., et déterminer un métamorphisme régional.

Effets thermiques intenses. — Sir Robert Mallet a mis en évidence l'échauffement produit par des actions mécaniques ; en 1872 il publia dans les *Transactions of Royal Society* un mémoire remarquable, dans lequel il établit l'augmentation de température produite sur des fragments de roches, soumis à l'écrasement. Les expériences portèrent sur du granite, de la syénite, des schistes ardoisiers, des grès, des calcaires et du marbre. Les résultats furent assez concluants pour le porter à croire que, dans les grandes dislocations du globe, la chaleur développée fut assez grande pour fondre les roches et déterminer les actions volcaniques.

Sans suivre sir R. Mallet dans ses conclusions, il faut cependant avouer qu'il y a, dans les actions mécaniques engendrées au moment des périodes de grands mouvements, une cause de développement de chaleur suffisante pour aider au métamorphisme de bien des couches.

Pression. — Il suffit, en quelque sorte, de mentionner cette cause pour en comprendre toute l'importance.

L'accumulation d'une masse énorme de matières solides au-dessus d'une formation peu consistante détermine une pression bien capable d'en modifier la texture et l'allure. On sait quelle est, dans une mine, la puissance irrésistible qui se développe par suite de la poussée au vide. Or, ces efforts se sont certainement exercés sur les couches meubles, qui ont été comprimées jusqu'au moment où leur cohésion a été suffisante pour résister à ces actions.

Les réactions qui accompagnent les circulations thermales, au sein des roches, peuvent provoquer la naissance de gaz, dont la tension vient ajouter un facteur de plus dans la série des agents que nous énumérons.

Influence de l'eau. — L'eau est présente à peu près partout, soit à l'état liquide, soit à l'état de vapeur ; son influence est universelle. Elle exerce une action tantôt dissolvante, tantôt créatrice ; sur son passage se produisent des réductions et des oxydations ; des corps disparaissent, d'autres sont apportés.

Dans le cas du métamorphisme régional, elle semble avoir joué un rôle tout particulier, aidée par la pression et la température.

Hall a montré que le carbonate de chaux, chauffé avec de l'eau dans un tube de fer bien fermé, pouvait, à une température élevée et suffisamment prolongée, se transformer en calcite.

M. Daubrée a repris la question et étudié l'influence de l'eau dans des conditions analogues ; il a obtenu des silicates hydratés, du quartz cristallisé et une sorte de pyroxène de la variété diopside.

L'influence de l'eau est aujourd'hui bien établie dans la production des zéolithes ; les célèbres observations faites à Plombières et à Bourbonne-les-Bains ont jeté un jour nouveau sur la question.

Gîtes métamorphiques. — Au voisinage des filons ou des couches, les actions minéralisatrices se sont parfois exercées, et sur une petite épaisseur ont produit des imprégnations qui ont bien réellement métamorphisé le terrain encaissant.

Dans les gîtes de fer le métamorphisme est fréquent; les produits hydratés de précipitation se sont transformés en hématite anhydre sous l'influence d'énergies ultérieures.

En examinant l'ensemble des événements géologiques, nous sommes amené à nous poser une question relative à l'existence de certaines strates imprégnées.

N'est-on pas en présence d'anciennes couches détritiques analogues aux alluvions modernes, déposées grain à grain et modifiées par métamorphisme? Dans des eaux rendues réductrices soit par suite de dégagements d'acide sulfhydrique, soit par suite de la réduction de sulfates en présence de matières organiques, des grains de sulfures ont pu se conserver, après avoir été arrachés de leur place primitive, et se mêler aux molécules rocheuses de l'ensemble. Ultérieurement, la consolidation s'est produite, d'autres couches se sont accumulées, puis, sous l'action de forces internes, des plissements sont intervenus. Sous la triple influence de la pression, de la température et de l'eau, le métamorphisme s'est enfin produit.

Les preuves d'une semblable genèse sont difficiles à fournir. En effet, on ne peut examiner les grains métalliques pour chercher à y découvrir les textures de sables roulés que nous constatons dans les alluvions modernes. Nous savons, d'après les expériences de Hall et de Daubrée, que le métamorphisme a pour résultat un changement de structure avec apparitions d'éléments cristallins.

Il y aurait plutôt lieu de s'attacher à étudier la répartition des substances métalliques dans les strates en les comparant à celles que l'on trouve dans les alluvions récentes. La similitude de distribution serait une forte présomption en faveur de la similitude des causes.

CHAPITRE V

LES MINERAIS

Caractères généraux. Formes cristallines. Propriétés optiques. Phénomènes thermiques. Phénomènes électriques et magnétiques. Cohésion. Dureté. Densité. Caractères divers. — *Caractères minéralogiques.* Or. Platine et analogues. Argent. Cuivre. Plomb. Zinc. Fer. Manganèse. Nickel. Cobalt. Chrome. Tungstène. Etain. Bismuth. Antimoine. Mercure. Aluminium. Gangues. — *Caractères chimiques.* Aluminium. Antimoine. Argent. Arsenic. Baryum. Bismuth. Brome. Calcium. Carbone. Chlore. Chrome. Cobalt. Cuivre. Etain. Fer. Fluor. Iode. Magnésium. Manganèse. Mercure. Nickel. Or. Phosphore. Platine. Plomb. Potassium. Silicium. Sodium. Soufre. Strontium. Tungstène. Zinc. — *Caractères pyrognostiques.* Alumine. Antimoine. Argent. Arsenic. Baryte. Bismuth. Chaux. Chlore. Chrome. Cobalt. Cuivre. Etain. Fer. Fluorures. Iodures. Magnésie. Manganèse. Mercure. Nickel. Plomb. Potasse. Silice. Soude. Soufre. Strontiane. Tungstène. Zinc. Coloration de la flamme. Minérais usuels.

Les substances utiles rencontrées dans les gîtes se présentent soit à l'état natif, soit à l'état de combinaisons simples ou complexes qui portent le nom de *minerais*. Ces espèces sont généralement disséminées au milieu d'une gangue et doivent être soumises à un traitement ultérieur pour qu'il soit possible d'en tirer parti. Nous condenserons dans ce chapitre quelques données importantes pour la détermination des échantillons, renvoyant pour plus de détails aux ouvrages de minéralogie de M. A. de Lapparent et de J.-D. Dana ainsi qu'aux travaux spéciaux de M. Mallard.

§ I. — CARACTÈRES GÉNÉRAUX

Formes cristallines. — Bien que les minerais ne présentent pas toujours, à première vue, des groupements moléculaires géométriques, il a été reconnu que les corps naissaient en vertu d'assemblages nettement définis. Les espèces *tendent* à revêtir une forme régulière, qui disparaît quelquefois, par suite des circonstances accompagnant la formation primitive, ou postérieures à celle-ci. Un examen attentif permet de retrouver dans ces échantillons altérés les dispositions cristallines caractéristiques.

D'après l'étude des cristaux trouvés dans la nature, il a été possible d'opérer une classification, en considérant certains solides comme dérivés d'autres, à la suite de modifications géométriques simples. Chaque système a été rapporté à une forme primitive et les formes dérivées proviennent d'un groupement symétrique de plans par rapport aux faces de la forme primitive.

Une forme cristalline est définie par M. de Lapparent : *L'ensemble de toutes les faces qui, en vertu de la symétrie du système, doivent se produire simultanément dans l'acte de la cristallisation.*

L'analyse géométrique de la question montre qu'étant donné un polyèdre appartenant à un système, si une modification se produit, toute une série de modifications devront se produire. Mais il existe des dérogations à cette loi et la plus fréquente est celle en vertu de laquelle apparaît la moitié seulement des éléments nouveaux, par suite d'un phénomène d'*hémiédrie*.

Les systèmes cristallins admis par les minéralogistes sont les suivants :

1° *Système cubique*. — La forme primitive est le cube.

2° *Système hexagonal*. — La forme primitive est un prisme droit à base hexagonale.

3° *Système quadratique*. — La forme primitive est un prisme droit à base carrée.

4° *Système rhombique*. — La forme primitive est un prisme droit à forme rhombique (losange).

5° *Système rhomboédrique*. — La forme primitive est un parallélipipède dont chaque face est un losange (rhombe).

6° *Système binaire*. — La forme primitive est un prisme rectangulaire oblique symétrique (*Monoclinique. Triclinique*).

L'orientation des faces et, par suite, la détermination des angles qu'elles font entre elles, a une importance capitale : à cet effet on utilise le *goniomètre*.

Il arrive fréquemment que les espèces minérales affectent des formes complexes résultant de l'accouplement de diverses unités. Dans certains cas, ces groupements sont manifestes et des angles rentrants, connus sous le nom de *macles*, sont facilement visibles. D'autres fois, l'individu minéralogique ressemble à une espèce unique, bien qu'il y ait entre les diverses parties une dissymétrie moléculaire. On a étudié ce cas sous le nom d'*hémitropie*.

Des substances de compositions analogues et affectant des formes cristallines très voisines peuvent cristalliser ensemble en toutes proportions (Mitscherlich). Il y a alors *isomorphisme*. C'est ce qui arrive pour les carbonates de chaux (aragonite), de strontiane (strontianite), de plomb (cérusite) et de baryte (withérite).

Une autre série isomorphe intéressante est la suivante :

Carbonate de chaux ou calcite.
— de chaux et magnésie ou dolomie.
— de manganèse ou dialogite.
— de fer ou sidérose.
— de magnésie ou giobertite.
— de zinc ou smithsonite.

Le *polymorphisme* est la propriété qu'ont certains corps de cristalliser suivant des formes incompatibles entre elles, sans que leur composition chimique soit altérée ; lorsque le nombre de ces formes se réduit à deux, on dit qu'il y a *dimorphisme*.

Les cristaux ont souvent une tendance à se diviser suivant certains plans, plus facilement que suivant certains autres. Ces orientations sont appelées des directions de *clivage*.

Quelques espèces présentent des faces courbes, cela arrive pour le diamant, la dolomie, la tourmaline, etc.

L'examen microscopique a permis de constater l'existence de fréquentes inclusions gazeuses, liquides ou même solides ; dans ce dernier cas, on leur donne le nom de *microlithes*.

On appelle *pseudomorphoses* les phénomènes par suite desquels la forme cristalline d'un corps persiste, après que sa substance a été partiellement ou complètement remplacée par une autre (A. de Lapparent).

Propriétés optiques. — L'étude des groupements molécuculaires a été réalisée en examinant les modifications subies par des faisceaux de lumière polarisée traversant des cristaux réduits en plaques minces.

Il a été possible d'établir ainsi une corrélation entre les symétries cristallines et les phénomènes optiques. Par une marche inverse, la constatation des phénomènes optiques permet d'induire la symétrie géométrique.

Nous laisserons de côté cette partie importante de la minéralogie comme intéressant davantage la science plutôt que l'industrie.

Il sera toujours avantageux d'étudier les espèces minérales exploitées, mais on pourra s'adresser à un spécialiste dont on n'aura qu'à admettre les conclusions.

La *couleur* des cristaux peut provenir soit de la coloration même des molécules constituantes, soit de l'interposition de matières étrangères. Dans certains cas, une substance solide présente une nuance différente suivant qu'on l'examine en gros fragments ou en poussière.

La lumière, agissant sur un corps par réflexion, ne le teinte pas nécessairement de la même façon qu'en le traversant. L'or a une couleur caractéristique, mais le fond d'un vase en or paraît pourpre par suite des réflexions multiples de la lumière incidente ; une feuille mince du précieux métal, interposée entre l'œil et la lumière, nous apparaît verdâtre.

Certains corps sont fluorescents, c'est-à-dire susceptibles

d'activer l'éclat d'un rayon lumineux en le colorant d'une teinte déterminée (A. de Lapparent).

La phosphorescence est la propriété qu'ont quelques substances d'emmagasiner en quelque sorte la lumière pour l'émettre ensuite dans l'obscurité.

Lorsque les corps, examinés par transparence, présentent des colorations variant avec la direction des rayons par rapport aux éléments cristallins, on dit qu'il y a *polychroïsme*. Cela arrive dans les milieux biréfringents. Les premières observations de ce genre ont été faites sur la *cordiérite* (ou dichroïte), mais elles ont été étendues peu à peu, et aujourd'hui la liste des minéraux jouissant de cette propriété est assez considérable.

Phénomènes thermiques. — Les espèces minéralogiques présentent des variations de conductibilité très grandes. Les unes sont *athermanes;* les autres sont *diathermanes*. Dans un même cristal, la conductibilité peut varier suivant les directions; elle n'est constante que pour les milieux isotropes.

La chaleur a pour effet général de produire une dilatation, sauf pour un très petit nombre de minéraux. Dans les cristaux anisotropes, le coefficient de dilatation varie avec l'orientation. Les angles des faces peuvent varier sous l'influence de la température.

Les propriétés optiques des substances, réduites en plaques minces, sont modifiées par la chaleur.

Phénomènes électriques et magnétiques. — Sans entrer dans la description des phénomènes de pyro-électricité et de thermo-électricité, il nous suffira de rappeler que certains corps peuvent, sous l'influence du frottement, acquérir des propriétés électriques.

En présence de l'aimant, on voit souvent se manifester des attractions ou des répulsions qui prennent parfois une intensité telle qu'on les a utilisées dans le traitement des minerais

Cohésion. — Dureté. — Les espèces minérales diffèrent profondément les unes des autres au point de vue de l'élasticité, et, de plus, un même individu ne présente pas une résistance constante dans tous les sens. Il arrive même que cette résistance diminue suffisamment dans une direction donnée pour qu'il apparaisse des plans de clivage.

Il en est de même pour la dureté qui est la résistance opposée par un corps à l'action d'un autre corps glissant à sa surface et pressé contre celle-ci. Un corps *rayé* par un autre est le moins dur des deux. Mohs a établi l'échelle suivante :

1. Talc.
2. Gypse.
3. Calcite.
4. Fluorine.
5. Apatite.
6. Orthose.
7. Quartz.
8. Topaze.
9. Corindon.
10. Diamant.

dans laquelle chaque terme raye le précédent.

Le talc et le gypse gardent la trace de l'ongle et une pointe d'acier entame les cinq premiers termes de la série précédente.

Densité. — C'est le rapport qui existe entre le poids de l'unité de volume d'une substance et celui d'un égal volume d'eau. La détermination de cet élément est quelquefois importante, car elle permet de lever bien des hésitations. Voici un tableau utile que nous empruntons à M. de Lapparent.

DENSITÉ	ESPÈCES MINÉRALES CORRESPONDANTES
0,6 à 1,00	Pétrole. Ozocérite. Eau.
1,0 à 1,5	Résines. Houilles. Natron.
1,5 à 2,0	Alun. Borax. Nitre.
2,0 à 2,5	Gypse. Leucite. Graphite. Soufre.
2,5 à 2,8	Quartz. Feldspaths. Emeraude. Serpentine. Talc. Calcite.
2,8 à 3,0	Aragonite. Dolomie. Anhydrite. Trémolite. Mica.
3,0 à 3,5	Fluorine. Apatite. Hornblende. Augite. Péridot. Epidote. Tourmaline. Topaze. Diamant.
3,5 à 4,0	Sidérose. Malachite. Azurite. Limonite. Corindon.
4,0 à 4,5	Barytine. Rutile. Chromite. Chalcopyrite. Blende.
4,5 à 5,5	Oligiste. Pyrite. Marcasite. Stibine.
5,5 à 6,5	Magnétite. Cuprite. Mispickel. Chalcosine. Argent rouge.
6,5 à 8,0	Cérusite. Cassitérite. Galène. Argyrose.
8,0 à 10,0	Cinabre. Cuivre. Bismuth.
10,0 à 14,0	Argent. Plomb. Mercure.
15,0 à 21,0	Or. Platine.
21,0 à 23,0	Iridium.

Si au lieu de mesurer la densité exactement, on ne désire qu'une approximation, on pourra laisser tomber un grain de la substance dans une liqueur dense et voir comment il se comporte, abstraction faite des phénomènes de capillarité qui se produiraient avec des grains trop petits. M. Thoulet a employé une dissolution de biiodure d'argent et de potassium qui, avec des proportions d'eau variables, peut donner toutes les densités entre 1 et 3,196. Avec l'iodure de potassium et l'iodure de mercure on peut avoir une échelle complète entre les densités 1 et 2,77. Avec le borotungstate de cadmium, M. Klein a atteint la densité maxima de 3,28.

Caractères divers. — A côté des caractères que nous venons d'énumérer, il en est d'autres que l'on fait entrer en ligne de compte, tels que l'*éclat*, la *flexibilité*, la *ductilité*, la *ténacité*, la nature et l'aspect de la *cassure*, etc., etc. Ces divers éléments aident à la classification et permettent de déterminer rapidement la nature des échantillons ainsi que les propriétés *organoleptiques* : *saveur*, *toucher*, *odeur*.....

§ II. — CARACTÈRES MINÉRALOGIQUES

Nous nous bornerons à énumérer les principales espèces intéressant le mineur ou se rencontrant dans les *gîtes métalliques*, en donnant leurs caractéristiques principales. Les métaux que nous considérons sont : l'or, l'argent, le cuivre, le plomb, le zinc, le fer, le manganèse, le nickel, le cobalt, le chrome, l'étain, le bismuth, l'antimoine, le mercure, le platine et analogues et l'aluminium. A cela nous joindrons quelques minéraux fréquemment rencontrés dans les gangues.

Or. — *Or massif*. — Densité : de 15 à 19,4. — Dureté : de 2,5 à 3. — Cristallise dans le système cubique ; se présente souvent en grains, pépites ou filaments. Couleur jaune caractéristique. Très ductile et très malléable quand il est pur. Contient fréquemment de l'argent.

Electrum. — Alliage contenant plus de 20 p. 100 d'argent.

Porpézite. — Alliage d'or et de palladium.

Rhodite. — Alliage d'or et de rhodium : environ 40 p. 100 de ce dernier métal.

Auramalgame. — Amalgame d'or contenant jusqu'à 60 p. 100 de mercure. Densité : 15,50.

Sylvanite. — Tellurure d'or ($AuTe^2$) contenant de l'argent. — Densité : 8 à 8,30. — Dureté : 1,5 à 2. — Cristallise dans le système monoclinique : se présente souvent en cristaux prismatiques ou en dendrites affectant des formes géométriques. Couleur variant du gris au blanc d'argent. Eclat métallique.

Calavérite. — Tellurure d'or et d'argent de formule Au^7AgTe^2.

Krennérite. — Tellurure d'or et d'argent, formule $AuAgTe^2$. Densité : 5,60. — Cristallise dans le système rhombique : prismes cannelés ; un clivage net. Couleur blanc d'argent.

Nagyagite. — Composition mal définie d'or, cuivre et plomb, avec soufre, antimoine et tellure. Le plomb et le tellure dominent. Or de : 6 à 9 p. 100. — Cristallise dans le système rhombique : cristaux tabulaires donnant à la masse un aspect feuilleté ; un clivage très net. — Éclat métallique. — Couleur : gris de plomb foncé.

Platine et analogues. — *Platine natif* contenant rarement plus de 80 p. 100 de métal pur. — Densité : 17 à 18. — Dureté de 4,5 à 5. — Cristallise dans le système cubique : se présente en grains et pépites malléables. Couleur : gris d'acier clair. Eclat métallique.

Platine ferrifère tenant 20 p. 100 de fer.

Iridium. — Densité : 22. — Dureté : 6 à 7. — Système cubique.

Platiniridium. — Alliage de platine et d'iridium.

Iridosmine ou osmiure d'iridium. — Densité : de 19,5 à 21. — Dureté : 7. — Système hexagonal.

Palladium. — Densité : 12. — Dureté : 4,5 à 5.

Argent. — *Argent natif*. — Densité : 10 à 11. — Dureté : 2,5 à 3. — Cristallise dans le système cubique ; se présente en plaques ou filaments. Très ductile, mais généralement impur. Blanc d'argent caractéristique, mais souvent nuancé en jaune, brun ou rose.

Amalgame. — Mercure et argent, formule : Ag^6Hg^2. — Densité : 13,7 à 14. — Dureté : 3 à 3,5. — Cristallise dans le système cubique en dodécaèdres. Couleur : grenat. Cassure conchoïdale.

Arquérite. — Amalgame d'argent, formule $Ag^{12}Hg$.

Argyrose. — Sulfure d'argent Ag^2S. — Densité : 7,2. — Dureté : 2 à 2,5. Cristallise dans le système cubique. Couleur : gris de plomb foncé. Eclat terne. Très malléable : se coupe au couteau.

Acanthite. — Même composition que le précédent. Cristallise dans le système rhombique.

Stromeyerite. — Sulfure d'argent et cuivre tenant : Ag : 53 p. 100 et Cu : 31 p. 100.

Sternbergite. — Sulfure de fer et d'argent $Az^3Fe^4S^6$; appartient au système rhombique.

Argentopyrite. — Sulfure analogue : $Ag^2Fe^6S^{10}$.

Friesérite. — Sulfure analogue : $Ag^2Fe^5S^8$.

Naumannite. — Séléniure d'argent : Ag^2Se. — Densité : 8. — Dureté : 2,5.

Eucaïrite. — Séléniure d'argent et de cuivre.

Hessite. — Tellurure d'argent Ag^2Te. — Densité : 8,2 à 8,4. — Dureté : 2,5 à 3. — Système cubique.

Dyscrase. — Antimoniure d'argent Ag^2Sb. — Densité 9,5 à 10. — Dureté : 3,5. — Système rhombique. — Couleur : blanc d'argent.

Polybasite. — Antimoniosulfure d'argent. Ag^5SbS^6. — Densité : 6,1. — Dureté : 2 à 2,5. — Cristallise dans le système rhombique en tables minces. Couleur : gris noir. Poussière noire. Contient fréquemment du cuivre (jusqu'à 10 p. 100) avec un peu de fer et de zinc.

Psaturose. — Antimoniosulfure d'argent Ag^5SbS^4. — Densité : 6,25. — Dureté : 2 à 2,5. — Cristallise dans le système rhombique avec apparence hexagonale. Couleur : gris noir. Poussière noire. — Eclat métallique.

Argyrythrose. — Antimoniosulfure d'argent. Ag^3SbS^3. — Densité : 5,80. — Dureté : 2 à 2,5. Cristallise dans le système rhomboédrique. Un clivage net. Cassure conchoïdale. Couleur variant du gris au rouge. Poussière : pourpre. Eclat adamantin.

Proustite. — Arséniosulfure d'argent $Ag^6As^2S^6$. — Densité : 5,5. — Dureté : 2 à 2,5. — Système rhomboédrique. Couleur : rouge vif. Poussière : rouge vermillon. Eclat adamantin.

Miargyrite. — Antimoniosulfure d'argent $Ag^2Sb^2S^4$. — Densité : 5,20. — Dureté : 2 à 2,5. — Système monoclinique. Couleur : rouge cerise.

Cérargyrite. — Chlorure d'argent AgCl. — Densité : 5,6. — Dureté : 1 à 1,5. Système cubique. Couleur : grisâtre, devenant noirâtre ou brunâtre ; se fonce sous l'action de la lumière. Se coupe au couteau. C'est l'*argent corné*.

Bromargyrite. — Bromure d'argent. Caractères analogues.

Embolite. — Chlorobromure d'argent. Caractères analogues.

Iodargyrite. — Iodure d'argent AgI. — Densité : 5,70. — Dureté : 1 à 1,5. — Système hexagonal : cristaux pyramidés. Couleur jaune de soufre. Substance tendre et flexible.

Cuivre. — *Cuivre natif*. — Densité : 8,5 à 8,9. — Dureté : 2,5 à 3. — Cristallise dans le système cubique en cristaux généralement octaédriques. Se présente en plaques ou en masses ramifiées. Couleur caractéristique.

Chalcosine. — Sulfure de cuivre Cu^2S. — Densité : 5,7. — Dureté : 2,5 à 3. — Système rhombique : cristaux plats d'apparence hexagonale. Couleur : gris de fer foncé, à reflet bleu. Se laisse couper au couteau.

Covelline. — Sulfure de cuivre CuS. — Densité : 4,6. — Dureté : 1,5 à 2. — Système hexagonal. Couleur : indigo foncé. Poussière : noire.

Chalcopyrite : $CuFeS^2$. — Sulfure de fer et de cuivre, tient généralement 32 à 34 p. 100 de cuivre et 29 à 32 p. 100 de fer. — Densité : 4,1 à 4,3. — Dureté 3,5 à 4. — Système quadratique ; se présente en cristaux ou en mouches. Couleur : jaune d'or à reflets parfois irisés. Poussière : noir verdâtre. Eclat métallique. Cassure inégale.

Phillipsite ou *cuivre panaché*. — Sulfure de fer et de cuivre $Cu^6Fe^2S^6$. — Densité : 5. — Dureté : 3. — Système cubique; se présente en masses compactes ou nodules disséminés. Couleur : intermédiaire entre le rouge cuivre et le brun avec reflets irisés.

Berzélianite. — Séléniure de cuivre Cu^2Se.
Domeykite. — Arséniure de cuivre Cu^6As^2.
Algodonite. — Arséniure de cuivre $Cu^{12}As^2$.
Whitneyite. — Arséniure de cuivre $Cu^{18}As^2$.
Enargite. — Arséniosulfure de cuivre Cu^3AsS^4. — Densité : 4,4. — Dureté : 3. — Système rhombique. Couleur : gris fer foncé. Poussière noire. Eclat métallique.

Famatinite. — Antimoniosulfure de cuivre Cu^3SbS^4.
Wolfsbergite. — Antimoniosulfure de cuivre $Cu^2Sb^2S^4$.
Tétraédrite ou *Cuivre gris*. — Comprend deux variétés : la *Panabase* ou variété antimoniale $(Ag, Fe, Zn, Cu)^8Sb^2S^7$ et la *Tennantite* dans laquelle l'antimoine est remplacé par l'arsenic. Densité : de 4,36 à 5,36. — Dureté : de 3 à 4. — Système cubique : cristaux tétraédriques. — Couleur : gris d'acier ou gris de fer foncé ; la variété arsenicale possède des tons plus clairs. Poussière noire pour la panabase et rougeâtre pour la tennantite. Eclat métallique.

Cuprite. — Oxyde cuivreux Cu^2O. — Densité : 5,7 à 6. — Dureté 3,5 à 4. — Système cubique : octaèdres et dodécaèdres fréquents. — Couleur rouge. Poussière : rouge brique. Cassure rougeâtre à éclat métallique.

Mélaconise. — Oxyde de cuivre CuO. — Densité : 6 à 6,20. — Dureté 3. — Système cubique. Couleur : noirâtre.

Malachite. — $H^2Cu^2CO^5$. — Carbonate de cuivre. — Densité 3,8 à 4,1. — Dureté : 3,5 à 4. — Système monoclinique. Un clivage net, un autre difficile. Couleur : verte. Poussière : vert de gris. Eclat vitreux. Cassure conchoïdale ou inégale.

Azurite. — Carbonate de cuivre. $H^2Cu^3C^2O^8$. — Densité : 3,8. — Dureté : 3,5 à 4. — Système monoclinique : prismes aplatis fréquents. Un clivage net. Couleur bleue. Cassure conchoïdale. Connue sous le nom de *Chessylite*.

Cyanose. — Sulfate de cuivre. $H^{10}CuSO^9$. — Densité : 2,25. — Dureté : 2,5. Système triclinique. Couleur : bleue. Poussière : incolore. Eclat vitreux. Connue sous le nom de *Couperose bleue*.

Brochantite. — Sulfate de cuivre. $H^6Cu^4SO^{10}$. — Densité : 3,8. — Dureté : 3,5 à 4. — Système rhombique. Couleur : vert émeraude.

Libethénite. — Phosphate de cuivre. $H^2Cu^4Ph^2O^{10}$. — Densité : 3,7. — Dureté : 4. — Système rhombique. Couleur : vert sombre.

Lunnite. — Phosphate de cuivre. $H^6Cu^6Ph^2O^{14}$. — Densité : 4,2. — Dureté : 5. — Système monoclinique. Couleur : vert foncé. Eclat vitreux.

Olivénite. — Arséniate de cuivre. $H^2Cu^4As^2O^{10}$. — Densité : 4,4. — Dureté : 3. — Système rhombique. Couleur : verte.

Érinite. Arséniate de cuivre. $H^4Cu^5As^2O^{12}$. — Densité : 4. — Dureté : 5. Couleur : verte.

Volborthite. — Vanadate hydraté de cuivre.

Dioptase. — Silicate de cuivre. H^2CuSiO^4. — Densité : 3,3. — Dureté : 5.
— Système rhomboédrique. Couleur verte. Eclat vitreux.

Chrysocolle. — Silicate de cuivre. H^4CuSiO^5. — Densité : 2 à 2,3. — Dureté :
2 à 3. — Amorphe. Couleur : verdâtre.

Nantokite. — Chlorure de cuivre. Cu^2Cl^2. — Densité : 3,93. Dureté : 2 à 2,5.
— Masses incolores.

Atacamite. — Oxychlorure de cuivre. $H^3Cu^2ClO^3$. — Densité : 3,7. —
Dureté : 3 à 3,5. — Système rhombique. Couleur : vert émeraude. Poussière :
vert pomme. Éclat adamantin ou vitreux.

Il convient de citer encore la *Boléite* et la *Cumengéite*, substances cuivreuses
et argentifères.

Plomb. — *Galène.* — Sulfure de plomb. Pb.S. — Densité : 7,5. — Dureté : 2,5.
— Système cubique. Trois clivages faciles. Couleur : gris de plomb. Poussière : gris noirâtre. — Éclat métallique.

Clausthalite. — Séléniure de plomb. PbSe. — Densité : 8. — Dureté : 2,5.
— Analogue à la galène.

Altaïte. — Tellurure de plomb. PbTe. — Densité : 8,15.

Sartorite. — Arséniosulfure de plomb. $PbAs^2S^4$. — Densité : 5,40. —
Dureté : 3. — Système rhombique. Couleur : gris de plomb. Poussière :
brun rouge.

Zinckénite. — Antimoniosulfure de plomb. $PbSb^2S^4$. — Densité : 5,3. —
Dureté : 3. — Système rhombique. Couleur : gris d'acier.

Boulangérite. — Antimoniosulfure de plomb. $Pb^3Sb^2S^6$. — Densité : 6. —
Dureté : 3. — Masses compactes ou fibreuses. Couleur : gris noirâtre.

Bournonite. — Antimoniosulfure de plomb et cuivre. $Cu.Pb.Sb.S^3$. —
Tient 42 p. 100 de plomb et 13 p. 100 de cuivre. — Système rhombique.
Cristaux maclés en croix, appelés minerais en roue par les mineurs allemands. Couleur : gris d'acier. Éclat métallique.

Oxydes. — On a trouvé le *massicot* (P.b.O.), le *minium* (Pb^3O^4) et la *plattnérite* (PbO^2) comme produits d'altération.

Cérusite. — Carbonate de plomb $Pb.CO^3$. — Densité : 6,5. — Dureté : 3,5.
— Système rhombique. Cristaux aplatis et souvent striés. Mâcles fréquentes.
Deux clivages assez nets. Cassure conchoïdale. — Couleur : blanchâtre ou
colorée par des produits étrangers. — Éclat adamantin ou résineux. Se présente souvent en masses compactes.

Anglésite. — Sulfate de plomb. $Pb.SO^4$. — Densité : 6,3. — Dureté : 3. —
Système rhombique. Cristaux souvent octaédriques. Clivages imparfaits. —
Cassure conchoïdale. — Couleur : blanchâtre. — Éclat adamantin ou résineux.

Lanarkite. — Sulfate de plomb de formule Pb^2SO^5.

Linarite. — Sulfate de plomb cuprifère de formule $H^2(Pb.Cu)^2SO^6$.

La *Susannite* et la *Leadhillite* sont des sulfocarbonates de plomb.

Pyromorphite. — Chlorophosphate de plomb. $Pb^5Ph^3O^{12}Cl$. — Densité : 6,5
à 7. — Dureté : 3,5 à 4. — Système hexagonal. Cristaux prismatiques. —
Cassure conchoïdale. Substance translucide. Couleur : verdâtre, brunâtre ou
jaunâtre. Poussière : jaunâtre. — Éclat résineux ou adamantin.

Mimétèse. — Chloroarséniate de plomb. $Pb^5As^3O^{12}Cl$. — Densité : 7,2 à 7,5.
— Dureté : 3,5 à 4. — Système hexagonal. — Isomorphe avec la pyromorphite.

Wulfénite. — Molybdate de plomb. $PbMoO^4$. — Densité : 6,3 à 6,9. — Dureté : 3. — Système quadratique. — Couleur : jaune. — Eclat vif.

Vanadinite. — Chlorovanadate de plomb $Pb^5V^3O^{12}Cl$. — Densité : 7. — Dureté : 3. — Isomorphe avec la pyromorphite. — Couleur : brun ou jaune orangé.

Crocoïse. — Chromate de plomb $PbCrO^4$. — Densité : 6. — Dureté : 2,5 à 3. — Système monoclinique. Un clivage net, deux imparfaits. — Couleur : rouge vif. Poussière : jaune orangé.

Cotunnite. — Chlorure de plomb $PbCl^2$. — Densité : 5,25.

Phosgénite. — (Plomb corné). Chlorocarbonate de plomb $(PbCl)^2CO^3$. — Densité : 6,25. — Dureté : 2,5 à 3. — Système quadratique : aiguilles cristallines. — Couleur : jaune. Éclat adamantin.

Zinc. — *Blende*. — Sulfure de zinc ZnS. — Densité : 4. — Dureté : 3,5 à 4. — Symétrie cubique : cristaux complexes à faces alternativement polies et striées : mâcles fréquentes. Clivages multiples. Variété hexagonale appelée *Wurtzite*. — Couleur : variant du brun au noir ; souvent jaune, rouge, verte, etc... Poussière : jaune ou brune. Éclat parfois gras. Substance très cassante et souvent riche en fer.

Zincite. — Oxyde de zinc ZnO. — Densité : 5,5. — Dureté : 4 à 4,5. — Système hexagonal. — Couleur : rouge orangé clair.

Franklinite. — Sorte de spinelle $(ZnFeMn)(FeMn)^2O^4$ tenant de 10 à 25 p. 100 de zinc. — Densité : 5. — Dureté : 6 à 6,5. — Octaèdres réguliers. Couleur : gris de fer. Poussière : brun rouge.

Smithsonite. — Carbonate de zinc $ZnCO^3$. — Densité : 4,4. — Dureté : 5. — Système rhomboédrique. Cristaux à faces courbes. Un clivage net. Couleur : blanchâtre, grisâtre, jaunâtre.

Zinconise. — Hydrocarbonate de zinc, $H^4Zn^3CO^8$. — Densité : 3,25 à 3,60. Dureté : 2 à 2,5. — Substance amorphe.

Goslarite. — Sulfate de zinc $H^{14}ZnSO^{11}$. — Densité : 2 à 2,1. — Dureté : 2 à 2,5. — Système rhombique.

Adamine. — Arseniate de zinc $H^2Zn^4As^2O^{10}$. — Densité : 4,3. — Dureté : 3,5. — Système rhombique. — Couleur : variable.

Willémite. — Silicate de zinc. — Densité 4. — Dureté : 5,5. — Système rhomboédrique. — Éclat vitreux. Couleur brunâtre ou jaunâtre.

Calamine. — Hydrosilicate de zinc $H^2Zn^2SiO^5$. — Densité : 3,5. — Dureté : 5. — Système rhombique : cristaux aplatis ou présentent des pointements. — Couleur variable mais généralement claire et sale. Éclat vitreux.

Fer. — Nous citons pour mémoire le *fer natif*, l'*awarnite* ou *fer nickelé tellurique* et la *schreibersite* ou *phosphure de fer*.

Pyrrhotine. — Sulfure de fer parfois magnétique. — Densité : 4,6. — Dureté : 4. — Système hexagonal; cristaux aplatis. Un clivage net, un autre difficile. — Couleur : jaune bronze. Poussière : noire grisâtre.

Pyrite. — Sulfure de fer FeS^2. — Densité : 4,85 à 5,2. — Dureté : 6 à 6,5. — Système cubique : cristaux complexes avec forme dodécaédrique dominante. Faces souvent striées. Deux clivages peu sensibles. Couleur : jaune laiton. Poussière : verdâtre. Cassure conchoïdale ou inégale. Fait feu au briquet.

Marcasite. — Sulfure de fer FeS^2. — Densité : 4,6 à 4,8. — Dureté : 6 à 6,5. — Système rhombique : se présente souvent en masses rendues rugueuses par des pointements octaédriques. Caractères analogues à ceux de la pyrite. C'est la *pyrite blanche*, facilement altérable.

Leucopyrite. — Arséniure de fer, Fe^2As^3.

Mispickel. — Sulfoarséniure de fer. FeAsS. — Densité 6 à 6,4. — Dureté 5,5 à 6. — Système rhombique; un clivage accentué; cristaux prismatiques souvent maclés. — Couleur : entre le blanc d'argent et le blanc jaunâtre. Poussière gris noirâtre. Eclat métallique. Fait feu au briquet. Porte aussi le nom de *fer arsenical*.

Magnétite. — Fer oxydulé : Fe^3O^4. — Densité 4,9 à 5,2. — Dureté 5,5 à 6,5. — Système cubique; pointements octaédriques. — Couleur noire. — Poussière noire. Eclat variable. Est quelquefois magnétique et attire la limaille de fer.

Oligiste. — Sesquioxyde de fer Fe^2O^3. — Densité 4,9 à 5,3. — Dureté 5,5 à 6,5. — Système rhomboédrique : tablettes hexagonales fréquentes. — Cristaux gris foncé présentant par transparence une couleur rouge sang (hématite). Eclat prononcé, parfois brillant comme celui d'un miroir (fer spéculaire). Poussière rouge.

Martite. — Sesquioxyde de fer (Fe^2O^3), se présentant en octaèdres réguliers.

Ilménite. — (Fer titané). $(TiFe)^2O^3$. — Densité 4,3 à 4,9. — Dureté 5 à 6. — Système rhomboédrique.

Gœthite. — Oxyde hydraté de fer $H^2Fe^2O^4$. — Densité 3,8 à 4,4. — Dureté 5 à 5,5. — Système rhombique : cristaux tabulaires et aiguilles allongées; masses écailleuses et fibreuses. Couleur : du jaune au brun en tirant sur le rouge. — Poussière jaune. Eclat vitreux.

Limonite. — Fer oxydé hydraté $H^6Fe^4O^9$. — Densité 3,6 à 4. — Dureté 5 à 5,5. — Rognons concrétionnés. Couleur brunâtre ou noirâtre. Poussière jaune brune. Aspect tantôt compact, tantôt oolithique, tantôt terreux.

Sidérose. — Carbonate de fer : $FeCO^3$. — Densité 3,85. — Dureté 3,5 à 4,5. — Système rhomboédrique; cristaux en lamelles. Couleur : rousse ou jaunâtre. Poussière : blanc jaunâtre. Eclat vitreux. Porte aussi le nom de *fer spathique*.

Mélantérite ou *Couperose verte* : sulfate de fer. $H^{14}FeSO^{11}$.

Copiapite. — Sulfate de fer. $H^{24}F^4S^5O^{33}$.

Vivianite. — Phosphate de fer. $H^{16}Fe^3Ph^3O^{16}$. — Densité 2,6. — Dureté 2. — Système monoclinique. Cristaux bleus. Poussière bleuâtre.

Scorodite. — Arséniate de fer : $H^8Fe^2As^2O^{12}$. — Densité 3,1 à 3,3. — Dureté 3,5 à 4. — Système rhombique. Cristaux verdâtres ou bleuâtres. Poussière blanche. Eclat vitreux.

Pharmacosidérite. — Arséniate ferrifère hydraté. $H^{30}Fe^8As^6O^{42}$. — Densité 3. Dureté 2,5. — Symétrie pseudo-cubique. Couleur : vert foncé.

Chamoisite. — Silicate de fer tenant 60 p. 100 de protoxyde. — Densité 3,1 à 3,4. — Dureté 3. — Amorphe. Couleur : gris verdâtre ou noirâtre.

Manganèse. — *Alabandine*. — Sulfure de manganèse. MnS. — Densité 4. — Dureté 3,5. — Système cubique. Couleur : gris fer foncé. Poussière : vert poireau.

Hauerite. — Sulfure de manganèse. — MnS^2. — Densité 3,5. — Dureté 4. — Système cubique. Couleur : brun rougeâtre. Eclat semi-métallique.

Polianite. — Oxyde de manganèse. MnO^2. — Densité 5. — Dureté 6,5 à 7. — Système quadratique.

Pyrolusite. — Oxyde de manganèse. MnO^2. — Pseudomorphose d'acerdèse. Densité 4,5 à 4,8. — Dureté 2,5. — Système rhombique. — Cristaux aciculaires. Couleur : noirâtre, un peu bleuâtre, opaque. Tache souvent les doigts. Eclat métallique.

Braunite. — Oxyde de manganèse. Mn^2O^3. — Densité 4,7 à 4,9. — Dureté 6 à 6,5. — Système quadratique. — Couleur : noir brun.

Hausmannite. — Oxyde de manganèse. Mn^3O^4. — Densité 4,8. — Dureté 5 à 5,5. — Système quadratique : souvent en masses cristallisées grenues. — Couleur : noir brun. — Poussière : brun rouge. — Eclat métallique.

Acerdèse. — Oxyde hydraté de manganèse. $H^2Mn^2O^4$. — Densité 4,3 à 4,4. — Dureté 3,5 à 4. — Système rhombique : cristaux prismatiques cannelés ou masses fibreuses. — Couleur : gris noir. — Poussière : brun rouge.

Psilomélane. — Oxyde de manganèse barytifère, tient jusqu'à 17 p. 100 de baryte. — Densité 4,2. — Dureté 5,5 à 6. Masses concrétionnées. Couleur : gris de fer foncé. Poussière : noir brun.

Wad. — Oxydes hydratés variables de manganèse. — Densité 3 à 4,2. — Dureté 0,5 à 3.

Dialogite. — Carbonate de manganèse. $MnCo^3$. — Densité 3,3 à 3,6. — Dureté 3,5 à 4,5. — Système rhomboédrique. Couleur rose fonçant à l'air. Eclat vitreux. Cassure inégale.

Rhodonite. — Silicate de manganèse. $MnSiO^3$. — Densité 3,60. — Dureté 5,5 à 6,5. — Système triclinique. — Couleur rose.

Nickel. — *Millérite*. — Sulfure de nickel. NiS. — Densité 5,2 à 5,6. — Dureté 3 à 3,5. — Système rhomboédrique. Cristaux jaune d'or, bronzés, souvent irisés.

Nickéline. — Arséniure de nickel. $NiAs$. — Densité 7,4 à 7,6. — Dureté 5 à 5,5. — Système hexagonal. Masses compactes rouge cuivre. Porte en Allemagne le nom de *Kupfernickel*.

Cloanthite. — Arséniure de nickel. $NiAs$. — Densité 6,5. — Système cubique. Cristaux à pointements octaédriques. Couleur gris clair. Enduit vert fréquent d'arséniate.

Disomose. — Arsénio-sulfure de nickel. $NiAsS$. — Densité 6 à 6,6. — Dureté 5,5. — Système cubique. — Couleur : du blanc d'argent au gris d'acier. — Poussière : noir grisâtre.

Bunsénite. — Oxyde de nickel. NiO. — Densité 6,4. — Dureté 5,5. — Système cubique.

Annabergite. — Arséniate hydraté de nickel. $H^{16}Ni^3As^2O^{16}$. — Masses cristallines fibreuses vertes.

Garniérite. — Silicate d'alumine nickélifère. Couleur verte. Une variété de ce minerai est la *Nouméite*.

Cobalt. — *Smaltine*. — Arséniure de cobalt souvent ferrifère. $(CoFe)As^2$. — Densité 6,5 à 7,2. — Dureté 5,5 à 6. — Système cubique. — Couleur : gris d'acier. — Poussière : gris noirâtre. — Cassure inégale.

Cobaltine. — Arsénio-sulfure de cobalt. CoAsS. — Densité 6 à 6,3. — Dureté 5,5. — Système cubique : icosaèdres fréquents. — Stries suivant les arêtes du cube. — Couleur entre le gris et le blanc d'argent. — Poussière : gris noirâtre. Eclat métallique avec reflets rougeâtres.

Glaucodot. — Arsénio-sulfure de cobalt et de fer. (CoFe)AsS. Densité 6. — Dureté 5. — Système rhombique. — Couleur entre le gris et le blanc d'étain. Poussière : noire.

Asbolane. — Produit oxydé noir renfermant du cobalt et du manganèse. Rentre dans la catégorie des *Wads*.

Erythrine. Arséniate de cobalt. $H^{16}Co^3As^2O^{16}$. — Densité 3. — Dureté 1,5 à 2,5. — Système monoclinique. Couleur : rose fleur de pêcher.

Chrome. — *Chromite* ou *fer chromé*. — $(FeMg)(Cr.Al)^2O^4$, tient de 44 à 64 p. 100 d'acide chromique. — Densité 4,35 à 4,55. — Dureté 5,5. — Système cubique. — Masses généralement grenues. — Couleur : noir de fer. — Poussière : brunâtre. — Eclat semi-métallique.

Tungstène. — *Wolfram.* Tungstate de fer. $(MnFe)WO^4$. — Densité 7,1 à 7,5. — Dureté 5 à 5,5. — Système monoclinique. Masses ordinairement lamelleuses, Couleur : brun noir.

Étain. — *Stannine.* — Sulfure complexe. $(Cu^2FeZn)SnS^4$. — Tient de 25 à 31 p. 100 d'étain. — Densité 4,3 à 4,5. — Dureté 4.

Cassitérite. — Oxyde d'étain : SnO^2. — Densité 6,95. — Dureté 6 à 7. — Système quadratique; cristaux prismatiques à pointements pyramidaux. Macles fréquentes appelées *bec de l'étain*. Eclat adamantin. — Couleur : du brun clair au noir.

Bismuth. — *Bismuth natif.* — Densité 9,75. — Dureté 2,5. — Cristallise en rhomboèdres cuboïdes. — Couleur : blanc d'argent à reflets rougeâtres.

Bismuthine. — Sulfure de bismuth. Bi^2S^3. — Densité 6,5. — Dureté 2,5. — Système rhombique : cristaux aciculaires, cannelés. — Couleur : gris de plomb.

Bismuthite. — Hydrocarbonate de bismuth. $H^2Bi^6C.O^{12}$. — Densité 6,2 à 7,6. — Dureté 4,5 à 5. — Amorphe. — Couleur : vert jaunâtre.

Eulytine. — Silicate de bismuth. $Bi^4Si^3O^{12}$. — Densité 6,1. — Dureté 4,5 à 5. — Système cubique (?) : petits cristaux tétraédriques pyramidés. — Couleur : jaunâtre ou brunâtre.

Antimoine. — *Stibine.* — Sulfure d'antimoine : Sb^2S^3. — Densité 4,6. — Dureté 2. — Système rhombique. Masses bacillaires présentant un clivage parfait. Cassure inégale. Eclat métallique. — Couleur : gris d'acier. Irisations fréquentes.

Sénarmontite. — Oxyde d'antimoine. Sb^2O^3. — Densité 5,25. — Dureté 3. — Système cubique. Masses grenues ou octaèdres blanchâtres à éclat résineux.

Kermésite. — Oxysulfure d'antimoine : $2Sb^2S^3+Sb^2O^3$. — Densité 4,5. — Dureté 1 à 1,5. — Système monoclinique. — Aiguilles allongées : un clivage parfait. — Couleur : rouge cerise ou mordoré.

Mercure.— *Mercure natif.*— Densité 13,5. Liquide.

Cinabre.— Sulfure de mercure : HgS.— Densité 8.— Dureté 2,5.— Système rhomboédrique. — Clivage net.— Couleur : rouge cochenille. — Poussière écarlate.— Eclat adamantin. Cassure esquilleuse.

Calomel.— Chlorure de mercure. Hg^2Cl^2.— Densité 6,5.— Dureté 1,5.— Système quadratique.— Couleur : du blanc gris au brun.— Eclat adamantin.

Aluminium.— Nous nous bornerons à citer les quelques espèces suivantes que l'on peut considérer comme des *minerais d'aluminium*, bien que ce métal existe dans un grand nombre de combinaisons.

Corindon.— Alumine pure. Al^2O^3.— Densité 4. — Dureté 9. — Système rhomboédrique : cristaux bipyramidés. — Cassure variable. Eclat vitreux ou nacré. Couleur variable suivant les espèces : saphir oriental, rubis oriental, etc.

Diaspore.— Hydrate d'alumine. $H^2Al^2O^4$.— Densité 3,4.— Dureté 6.— Système rhombique. — Couleur : blanchâtre, verdâtre, jaunâtre.

Bauxite.— Hydrate ferrifère d'alumine : 40 à 55 p. 100 d'alumine et 27 à 33 d'oxyde ferrique. Masses pisolithiques blanchâtres, grisâtres ou rougeâtres.

Gangues. — Leur nombre est énorme et les espèces ne peuvent être ici toutes énumérées ; nous nous bornerons aux principales.

Quartz.— Sous toutes ses formes. SiO^2.— Densité 2,25 à 2,75.— Dureté 7. — Système rhomboédrique : cristaux hexagonaux à pointements pyramidés. Eclat hyalin. Incolore à l'état pur. Colorations fréquentes. Souvent laiteux. Variétés : *Chalcédoine, Trydimite, Opale.*

Feldspaths. — Orthose : $K^2Al^2Si^6O^{16}$. Système monoclinique.
  Microcline : $K^2Al^2Si^6O^{16}$. triclinique.
  Albite : $Na^2Al^2Si^6O^{16}$. triclinique.
  Oligoclase : $(CaNa^2)^2Al^4Si^9O^{26}$. triclinique.
  Labrador : $(CaNa^2)Al^2Si^3O^{10}$. triclinique.
  Anorthite : $Ca^2Al^4Si^4O^{16}$. triclinique.

Densité de 2,50 à 2,75.— Dureté 6.

Serpentine. — Silicate magnésien. $H^4Mg^3Si^2O^9$. — Densité 2,5 à 2,7. — Dureté 3. — Produit d'altération souvent associé aux minéraux. Couleur en général verdâtre.

Spinelle. Aluminate de magnésie. $MgAl^2O^4$. — Densité 3,5 à 4,1. — Dureté 8. — Système cubique. — Existe dans les gîtes à l'état accidentel. Acquiert parfois une influence prépondérante et devient pierre précieuse ; c'est le cas du *rubis balai.*

Withérite.— Carbonate de baryum. $BaCO^3$. — Densité 4,2 à 4,3.— Dureté 3 à 3,5. — Système rhombique : cristaux bipyramidés.— Couleur : blanc, gris, jaune.

Strontianite. — Carbonate de strontium.— $SrCO^3$.— Densité 3,70.— Dureté 3,5.— Système rhombique ; macles fréquentes ; un clivage net. — Eclat vitreux. — Couleur : blanc, verdâtre.

Aragonite. — Carbonate de chaux. — $CaCO^3$. — Densité 2,95. — Dureté 3,5 à 4. — Système rhombique : macles fréquentes. Eclat vitreux. — Couleur : blanc, jaune, vert.

Alstonite. — Carbonate de baryum et de calcium. $BaCaC^2O^6$.

Calcite. — Carbonate de chaux. $CaCO^3$. — Densité 2,75. — Dureté 3. — Système rhomboédrique ; cristaux variés : rhomboèdres, scalénoèdres, etc. Macles fréquentes. Variété : *Spath d'Islande*. Eclat vitreux.

Dolomie. — Carbonate de calcium et magnésium. $CaMgC^2O^6$. — Densité 2,90. — Dureté 3,5 à 4. — Système rhomboédrique : rhomboèdres fréquents. Eclat vitreux. Couleur variable.

Giobertite. — Carbonate de magnésium. $MgCO^3$. — Densité 3 à 3,15. — Dureté 4,5 à 5. — Système rhomboédrique : un clivage parfait. — Eclat vitreux. Couleur variable.

Barytine ou *spath pesant*. — Sulfate de baryum. $BaSO^4$. — Densité 4,5 à 4,7. — Dureté 3 à 3,5. — Système rhombique ; cristaux tabulaires fréquents ; deux clivages parfaits. — Eclat vitreux. — Couleur variable.

Célestine. — Sulfate de strontium. $SrSO^4$. — Densité 3,95. — Dureté 3,5. — Système rhombique ; un clivage net. — Eclat vitreux. — Couleur variable.

Anhydrite. — Sulfate de chaux. $CaSO^4$. — Densité 2,90 à 2,95. — Dureté 3 à 3,5. — Système rhombique : trois clivages à angle droit. — Couleur blanche souvent teintée.

Gypse. — Sulfate de chaux, hydraté. H^4CaSO^6. — Densité 2,32. — Dureté 2. Système monoclinique ; cristaux tabulaires ; macles fréquentes ; *gypse fer de lance*. — Eclat vitreux. — Couleur blanchâtre souvent teintée. — Poussière blanche.

Apatite. — Phosphate de chaux avec fluorure de calcium. — Densité 3,20. — Dureté 5. — Système hexagonal : cristaux prismatiques. — Eclat vitreux. — Couleur blanchâtre souvent teintée. — Poussière blanche.

Klaprothine. — Phosphate complexe. $H^6(MgFeCa)^3Al^6Ph^9O^{30}$. — Densité 3,10. — Dureté 5 à 6. — Système monoclinique. — Eclat vitreux. — Couleur : bleu.

Amblygonite. — $2Al^2Ph^2O^8+3(LiNa)Fl$. — Densité 3 à 3,10. — Dureté 6. — Système triclinique. — Couleur : du blanc vert au blanc rose. — Eclat vitreux ou nacré suivant les faces.

Fluorine. — Fluorure de calcium : $CaFl^2$. — Densité 3,18. — Dureté 4. — Système cubique : macles fréquentes par pénétration de deux cubes ; un clivage net. — Couleur variable. — Eclat vitreux.

Cryolite. — Fluorure d'aluminium et de sodium : $6\,NaFl+Al^2Fl^6$. — Densité 3. — Dureté 2,5 à 3. — Système triclinique : un clivage net. Masses blanchâtres, jaunâtres ou noirâtres. — Eclat vitreux. — Fond à la flamme d'une bougie.

Nous arrêtons ici cette liste déjà fort longue et renvoyons aux ouvrages spéciaux de minéralogie.

§ III. — CARACTÈRES CHIMIQUES

(Sels en dissolution)

Aluminium. — Les sels d'alumine en dissolution précipitent en blanc : 1° avec le sulfhydrate d'ammoniaque; 2° avec les carbonates et les phosphates alcalins. — La potasse et l'ammoniaque produisent un précipité d'hydrate d'alumine. En liqueur concentrée, les sulfates de potasse et d'ammoniaque déterminent la formation de cristaux d'alun.

Antimoine. — L'eau en excès trouble les solutions de sels antimonieux.
Les acides azotique et sulfurique précipitent en blanc les antimoniates.
L'acide sulfhydrique précipite en rouge orangé les sels antimonieux.
Même précipité avec le sulfhydrate d'ammoniaque; soluble dans un excès de réactif.
L'acide oxalique, les carbonates et les phosphates alcalins précipitent en blanc les sels d'antimoine.
Le zinc métallique précipite l'antimoine.
L'azotate d'argent précipite en gris les antimoniates.
A chaud, le chlorure d'or est réduit par les sels antimonieux.

Argent. — Par les chlorures, précipité blanc, noircissant à la lumière, insoluble dans l'acide azotique, soluble dans l'ammoniaque.
L'acide sulfhydrique et le sulfhydrate d'ammoniaque précipitent en noir les sels d'argent.
La potasse et l'ammoniaque mettent en liberté l'oxyde d'argent soluble dans l'ammoniaque.
Avec les carbonates alcalins, précipité blanc jaunâtre.
Précipité jaune avec le phosphate de soude et brunâtre avec l'arséniate de soude.
Précipité rougeâtre avec le chromate de potasse.
Le zinc et le cuivre précipitent l'argent de ses dissolutions.

Arsenic. — Les acides chlorhydrique, sulfurique et azotique sont sans action sur l'acide arsénique qu'ils précipitent en solution concentrée, mais redissolvent en excès.
En liqueur acide, l'acide sulfhydrique produit un précipité jaune insoluble dans l'acide chlorhydrique.
Les arséniates précipitent en rouge brique par l'azotate d'argent.
En liqueur azotique le molybdate d'ammoniaque produit un précipité d'arséniomolybdate.
Précipité d'arséniate ammoniaco-magnésien par le sulfate de magnésie en présence de l'ammoniaque et du sel ammoniac.

Baryum. — La potasse en solution concentrée libère la baryte.
Précipité blanc avec les carbonates, oxalates et sulfates.

L'acide hydrofluosilicique précipite lentement la baryte.
Précipité jaune avec le chromate de potasse.

Bismuth. — L'eau en excès trouble les dissolutions du bismuth.
Précipité noir par l'acide sulfhydrique et le sulfhydrate d'ammoniaque.
Les alcalis mettent en liberté l'oxyde de bismuth.
Les carbonates alcalins précipitent en blanc.
Le bichromate de potasse précipite en jaune.
Le zinc déplace le bismuth de ses combinaisons.

Brome. — L'eau de chlore libère le brome qu'on rassemble au moyen d'éther ou de sulfure de carbone.
A chaud, l'acide sulfurique agit sur une dissolution de bromate pour dégager du brome et de l'oxygène.
Avec les bromures, l'azotate d'argent donne un précipité blanc, noircissant à l'air, soluble dans l'ammoniaque. Avec un bromate on obtient un précipité blanc.
L'azotate de palladium précipite un bromure en brun rouge.

Calcium. — Précipité blanc d'hydrate en présence de la potasse.
Précipité blanc avec les carbonates et les oxalates alcalins.
Précipité blanc avec l'acide sulfurique ou sulfates.

Carbone. — Les carbonates dégagent de l'acide carbonique en présence d'un acide, précipitent en brun rouge le perchlorure de fer et en blanc le chlorure de calcium.

Chlore. — Un chlorure traité par de l'acide sulfurique et du bioxyde de manganèse dégage du chlore. L'azotate d'argent donne un précipité blanc noircissant à l'air, insoluble dans l'acide azotique, soluble dans l'ammoniaque.

Chrome. — Les sels de chrome traités par la potasse ou l'ammoniaque produisent un précipité verdâtre soluble dans la potasse.
Les carbonates alcalins déterminent un précipité verdâtre dans les dissolutions de sels de chrome.
Les sels de chrome et chromates sont précipités en vert par le sulfhydrate d'ammoniaque.
Les sels de chrome, en liqueur alcaline, traités par le peroxyde de plomb, se colorent en jaune.
Les chromates, traités par l'azotate de protoxyde de mercure, précipitent en rouge brique.
L'eau oxygénée fait virer au bleu une dissolution de chromate.
Les chromates, traités par l'alcool, prennent une coloration verte.

Cobalt. — Avec la potasse, précipité bleu, soluble dans l'ammoniaque.
En liqueur acétique, précipité noir incomplet par l'acide sulfhydrique.
Le sulfhydrate d'ammoniaque précipite en noir.
En liqueur acétique, l'azotite de potasse précipite en jaune.

Cuivre. — La potasse précipite en blanc les sels au minimum et en bleu les sels au maximum. L'ammoniaque dissout ce dernier résidu pour donner du bleu céleste.

Précipité par le carbonate de potasse : jaune avec les sels au minimum vert avec les sels au maximum.

Précipité noir par l'acide sulfhydrique et le sulfhydrate d'ammoniaque.

Le sulfocyanure d'ammonium précipite en blanc les sels au minimum.

Le ferrocyanure de potassium précipite en brun rougeâtre les sels au maximum. Réaction très sensible.

Le fer déplace le cuivre de ses combinaisons.

Etain. — La potasse donne un précipité blanc soluble dans un excès de réactif.
— Avec l'ammoniaque, même réaction pour les sels au minimum ; par ébullition précipité couleur olive.

Les carbonates alcalins précipitent en blanc.

L'acide sulfhydrique précipite en brun les sels au minimum et en jaune les sels au maximum. Même réaction avec le sulfhydrate d'ammoniaque dont un excès dissout les précipités.

L'acide oxalique précipite en blanc les sels au minimum.

Le bichlorure de mercure précipite en blanc les sels au minimum.

Les sels au minimum en présence de quelques gouttes d'acide azotique produisent avec le chlorure d'or le précipité dit *pourpre de Cassius*.

Fer. — Les alcalis précipitent en blanc les sels au minimum (ce précipité verdit et brunit) et en brun les sels au maximum.

Même réaction avec les carbonates alcalins.

L'acide sulfhydrique réduit les sels au maximum avec dépôt de soufre.

Le sulfhydrate d'ammoniaque précipite en noir.

Le ferrocyanure de potassium précipite en blanc les sels au minimum et en bleu les sels au maximum.

Le ferricyanure précipite en bleu les protosels.

Le sulfocyanure d'ammonium colore en rouge les sels au maximum.

Le permanganate de potasse est décoloré par les protosels.

Le tanin précipite en noir les sels au maximum.

Fluor. — A chaud les fluorures traités par l'acide sulfurique dégagent de l'acide fluorhydrique qui attaque le verre. En présence de sable on obtient de l'acide hydrofluosilicique qui, au contact de l'eau, fournit de la silice gélatineuse.

Le chlorure de baryum précipite en blanc en présence des fluorures.

Iode. — L'eau de chlore met en liberté l'iode qu'on rassemble au moyen d'éther ou de sulfure de carbone.

En présence d'amidon, l'eau de chlore produit une coloration bleue qu'un excès de réactif fait disparaître.

Les iodures précipitent en blanc l'azotate d'argent ; ce précipité noircit sous l'action de la lumière.

L'azotate de palladium précipite les iodures en brun.

Le perchlorure de fer met en liberté l'iode des iodures en passant à l'état de protochlorure.

Magnésium. — Précipité blanc d'hydrate avec les alcalis.

Précipité blanc de carbonate avec les carbonates alcalins.

Le phosphate de soude en présence de sels ammoniacaux fournit le précipité dit *ammoniaco-magnésien*.

En liqueur concentrée, précipité blanc avec le ferrocyanure de potassium. Le magnésium n'est pas précipité par l'oxalate d'ammoniaque.

Manganèse. — La potasse précipite : en blanc (altérable) les sels au minimum et en brun les sels au maximum.

La potasse verdit les dissolutions de permanganates que l'ammoniaque précipite en brun.

Les carbonates alcalins précipitent en blanc les sels au minimum et en brun les sels au maximum.

Le sulfhydrate d'ammoniaque précipite en rose avec dépôt de soufre tous les manganates et permanganates.

L'acide chlorhydrique colore en rouge les manganates.

L'acide sulfureux et les protosels de fer décolorent les dissolutions de manganates et permanganates.

Mercure. — L'eau en excès trouble les sels au maximum.

Les chlorures précipitent en blanc les sels au minimum.

Les alcalis précipitent en gris les sels au minimum; en rouge ou jaune les sels au maximum.

Les carbonates alcalins précipitent en blanc ou gris les sels au minimum; en blanc ou rougeâtre les sels au maximum.

Précipité noir par l'acide sulfhydrique et le sulfhydrate d'ammoniaque.

L'iodure de potassium précipite en jaune vert les sels au minimum; les sels au maximum précipitent en rouge : ce précipité est soluble dans un excès de réactif.

Une lame de cuivre s'amalgame dans une dissolution mercurielle.

Nickel. — Précipité vert d'hydrate avec la potasse. L'ammoniaque dissout le précipité en donnant une liqueur bleue.

Précipité vert jaune par les carbonates alcalins.

Précipité noir incomplet avec l'acide sulfhydrique.

Le sulfhydrate d'ammoniaque précipite en noir et se colore en brun.

Or. — Précipité jaune avec les alcalis; *or fulminant* avec l'ammoniaque.

Précipité brun noir avec l'acide sulfhydrique et le sulfhydrate d'ammoniaque.

L'acide oxalique produit de l'or métallique; de même le sulfate de protoxyde de fer.

Pourpre de Cassius avec le protochlorure d'étain et un peu d'acide azotique

Phosphore. — Les phosphates forment trois catégories de sels (ordinaires, pyrophosphates et métaphosphates).

L'acide métaphosphorique coagule l'albumine et précipite les sels de baryum et d'argent.

L'acide pyrophosphorique précipite les sels d'argent et non ceux de baryum.

L'acide métaphosphorique précipite les sels de baryum et d'argent sans coaguler l'albumine.

L'azotate d'argent précipite en jaune clair les phosphates ordinaires, et le perchlorure de fer les précipite en blanc jaunâtre.

Le molybdate d'ammoniaque précipite les phosphates.

L'acétate d'urane précipite en jaune.

L'azotate de bismuth précipite en blanc.

Platine. — Précipité jaune ou jaune brun avec les alcalis ou les carbonates alcalins.

Par l'acide sulfhydrique ou le sulfhydrate d'ammoniaque, précipité noir soluble dans ce dernier.

Précipité jaune avec le chlorure de potassium.

Avec le chlorure d'ammoniaque précipité jaune clair, insoluble dans l'alcool et laissant du platine par calcination.

Coloration rouge brunâtre par le protochlorure d'étain.

Plomb. — Précipité blanc par les alcalis.

Précipité blanc par les carbonates.

Précipité blanc par les sulfates.

Précipité noir par l'acide sulfhydrique et le sulfhydrate d'ammoniaque.

Précipité jaune par l'iodure de potassium et le chromate de potasse.

Potassium. — En liqueur concentrée : précipité blanc avec l'acide tartrique et l'acide perchlorique; précipité opalescent avec l'acide hydrofluosilicique.

Précipité jaune avec le chlorure de platine et l'acide picrique; l'alcool augmente l'insolubilité de ces précipités.

Précipité d'alun avec le sulfate d'alumine.

Silicium. — Les silicates alcalins, traités par les acides, donnent un précipité gélatineux qui, complètement desséché, devient insoluble. L'acide fluorhydrique dissout cette silice.

Sodium. — Caractères négatifs.

Précipité blanc avec le bimétaantimoniate de potasse.

Soufre. — Les sulfates précipitent en blanc les sels de baryum et de plomb.

Les sulfures, sous l'action d'un acide, dégagent de l'acide sulfhydrique. Ils précipitent en noir les sels de plomb et d'argent et colorent en violet la dissolution de nitroprussiate de soude.

Strontium. — Précipité blanc par les alcalis en liqueur concentrée.

Précipité blanc avec les carbonates, oxalates et sulfates alcalins.

Précipité jaune par le chromate de potasse en liqueur concentrée.

Coloration rouge de la flamme de l'alcool.

Tungstène. — Dans les dissolutions de tungstates, les acides déterminent la formation d'un précipité blanc.

Les chlorures de calcium et de baryum précipitent en blanc.
L'azotate d'argent précipite en blanc.
Le protochlorure d'étain précipite en jaune.
L'acide sulfhydrique colore lentement en bleu.
En ajoutant un acide à une dissolution de tungstate tenant du sulfhydrate d'ammoniaque on obtient un précipité brun clair.

Zinc. — Avec la potasse ou l'ammoniaque, précipité blanc soluble dans un excès de réactif.
Les carbonates donnent un précipité blanc soluble en présence du carbonate d'ammoniaque.
L'acide sulfhydrique précipite en blanc la liqueur acétique.
Le sulfhydrate d'ammoniaque précipite en blanc.
Le phosphate de soude précipite en blanc.

§ IV. — CARACTÈRES PYROGNOSTIQUES

L'emploi du chalumeau est souvent utile pour reconnaître les espèces minérales et nous donnerons ci-dessous quelques caractéristiques propres aux corps principaux.

Alumine. — Perle transparente avec le borax; coloration bleue avec la solution d'azotate de cobalt.

Antimoine. — Dans le tube fermé le métal se sublime en formant un anneau moins volatil que celui de l'arsenic; en tube ouvert on a des fumées blanches d'oxyde d'antimoine. Sur le charbon on a un résidu métallique avec enduit blanc bleuâtre.
Perle de borax : 1° au feu oxydant, jaune clair à chaud, incolore à froid;
2° au feu réducteur, grise à chaud et à froid.
La perle de sel de phosphore donne les mêmes résultats.

Argent. — Sur le charbon on obtient un bouton métallique avec enduit brun rouge, difficile à produire.
Perle de borax : 1° au feu oxydant, jaune clair à chaud, jaune irisé à froid;
2° au feu réducteur, grise à froid et à chaud.
Mêmes résultats avec le sel de phosphore.

Arsenic. — En tube fermé : sublimé d'arsenic formant anneau; odeur alliacée.
En tube ouvert : sublimé d'acide arsénieux. — Sur le charbon : enduit blanc d'acide arsénieux.

Baryte. — Coloration de la flamme en vert jaunâtre. Avec le borax, perle claire qui, à froid et saturée, devient blanc d'émail. Avec la solution de cobalt globule rouge brun, incolore après refroidissement, se pulvérisant rapidement.

Bismuth. — Au charbon, bouton métallique avec enduit jaune orange à chaud, jaune citron à froid.
Perle de borax : 1° feu oxydant, jaunâtre à chaud, s'éclaircit en refroidissant ;
2° feu réducteur, grise et trouble à chaud et à froid.
Sel de phosphore, mêmes réactions.

Chaux. — Coloration de la flamme en rouge jaune. Avec le borax, perle claire qui, froide et saturée, devient opaque.

Chlore. — Avec le bisulfate de potasse dégagement de chlore. Le chlorure de plomb, chauffé en tube fermé, se sublime.

Chrome. — Les chromates chauffés avec le chlorure de sodium et du bisulfate de potasse donnent des vapeurs rouge brun foncé.
Avec la soude, sur le platine, coloration jaune brune dans la flamme oxydante et verte dans la flamme réductrice.
Perle de borax : 1° feu oxydant, jaune verdâtre à chaud, verdit en refroidissant.
2° feu réducteur, vert sale à chaud, vert émeraude à froid.
Sel de phosphore : 1° feu oxydant, violet sale à chaud, vert émeraude à froid.
2° feu réducteur, comme pour le borax.

Cobalt. — Avec la soude, sur le platine, coloration rouge faible à chaud, grise à froid.
Perle de borax : bleue dans tous les cas.
Sel de phosphore : même réaction.

Cuivre. — Sur le charbon, bouton métallique. Coloration verte de la flamme.
Perle de borax : 1° feu oxydant, vert à chaud, bleu clair à froid.
2° feu réducteur, vert sale à chaud, rouge opaque à froid.
Sel de phosphore : mêmes réactions.

Étain. — Sur le charbon, perle métallique, avec enduit jaune pâle à chaud et blanc à froid. — Perle de borax incolore ; mais réchauffée au feu oxydant elle se trouble et devient cristalline. — Avec la solution de cobalt, coloration bleue.

Fer. — En tube fermé le carbonate noircit et, fortement chauffé, devient magnétique. — Sur le charbon, résidu magnétique.
Perle de borax : 1° feu oxydant, rouille à chaud, jaune clair à froid.
2° feu réducteur, vert sale à chaud, vert foncé à froid.
Sel de phosphore : mêmes réactions.

Fluorures. — Dégagement d'acide fluorhydrique, en chauffant avec du bisulfate de potasse.

Iodures. — Dégagement d'iode en chauffant dans un tube fermé avec du bisulfate de potasse.

Magnésie. — Avec le borax, perle claire qui, froide et saturée, devient opaque.
— Avec la solution de cobalt, coloration rose opaque.

Manganèse. — Sur la lame de platine, en chauffant avec du carbonate de soude et de l'azotate de potasse, on obtient une coloration verte.
Perle de borax : 1° feu oxydant, violet foncé à chaud et à froid ;
2° feu réducteur, rose à chaud et à froid.
Sel de phosphore : mêmes réactions.

Mercure. — En chauffant en tube fermé avec du carbonate de soude, on a une condensation de mercure métallique.

Nickel. — Sur le charbon, résidu magnétique.
Perle de borax : 1° feu oxydant, rouge brun à chaud, brun clair à froid ;
2° feu réducteur, jaune gris à chaud, gris à froid.
Sel de phosphore : réactions très analogues.

Plomb. — Sur le charbon, bouton métallique avec enduit jaune à contours blancs.
Perle de borax : 1° feu oxydant, jaune clair à chaud, incolore à froid ;
2° feu réducteur, grisâtre à chaud et à froid.
Sel de phosphore : mêmes réactions.

Potasse. — Coloration faible de la flamme en violet.

Silice. — Avec le sel de phosphore, perle tenant un *squelette de silice*.
Avec la solution cobaltique, coloration bleuâtre.

Soude. — Coloration jaune intense de la flamme.

Soufre. — Le soufre donne en tube fermé un sublimé jaune et en tube ouvert de l'acide sulfureux. Une substance sulfurée, chauffée sur le charbon avec de la soude et déposée sur une lame d'argent, noircira celle-ci en présence de l'eau.

Strontiane. — Coloration de la flamme en rouge. — Avec le borax, perle claire qui, à froid et saturée, devient blanc d'émail.

Tungstène. — Perle de borax : 1° feu oxydant, jaune clair à chaud, incolore à froid ;
2° feu réducteur, incolore à chaud, jaune gris à froid.
Sel de phosphore : 1° feu oxydant, incolore à chaud et à froid ;
2° feu réducteur, gris bleu à chaud, bleu clair à froid.

Zinc. — Sur le charbon, bouton métallique, enduit jaune à chaud et blanc à froid.

Perle de borax : 1° feu oxydant, jaune à chaud, incolore à froid;
2° feu réducteur, perle opaque.

Avec la solution cobaltique, coloration verte.

Le zinc brûle à l'air vers 500°; flamme blanc verdâtre; fumées blanches se résolvant en une sorte de neige.

Coloration de la flamme. — L'introduction de certains corps dans une flamme très chaude et peu colorée, telle que celle du chalumeau ou du brûleur de Bunsen, produit parfois des colorations caractéristiques dont nous citons les principales d'après M. de Lapparent.

Nature des corps.	*Coloration de la flamme.*
Sels de lithine,	rouge cramoisi.
» de strontiane,	carmin.
» de chaux,	rouge orangé.
» de potasse,	violet pâle.
» de soude,	jaune un peu rougeâtre.
» ammoniacaux,	violet bleuâtre.
Protochlorure de mercure,	violet vif.
Sélénium et ses composés,	bleu d'azur.
Tellure »	» verdâtre
Arsenic »	» livide.
Antimoine »	» »
Plomb,	» d'azur.
Chlorure de cuivre,	» pourpré.
Iodure de cuivre,	vert émeraude.
Composés du phosphore,	» jaunâtre, livide.
Acide borique et borates,	» jaunâtre.
Sels de baryte,	» jaunâtre, livide.
» de cuivre,	» émeraude ou bleuâtre.

Nous terminerons ce chapitre par la liste des minerais *les plus usuels* et *les plus répandus*.

Or. — Or natif ou combiné.
Argent. — Argyrose, argent rouge, argent bromuré ou ioduré.
Cuivre. — Chalcopyrite, cuivre panaché, cuivre gris, produits oxydés.
Plomb. — Galène, cérusite.
Zinc. — Blende. Smithsonite. Calamine.
Fer. — Pyrites. Magnétite. Oligiste. Limonite. Sidérose.
Manganèse. — Oxydes.
Nickel. — Sulfure et arséniure.
Cobalt. — Sulfure et arséniure.
Chrome. — Fer chromé.

Tungstène. — Wolfram.
Etain. — Cassitérite.
Antimoine. — Stibine.
Mercure. — Cinabre.
Aluminium. — Bauxite.

Gangues. — Quartz, feldspaths, serpentine, carbonates de chaux, de baryte et de strontiane, sulfates analogues, apatite, fluorine, etc., etc.

CHAPITRE VI

GITES CARACTÉRISTIQUES

Or. Types principaux des gites. Placers découverts. Placers recouverts. Gîtes stratifiés. Gites présentant l'or en combinaison. Gites filoniens ordinaires. — *Argent.* Gîtes d'argent. — *Cuivre.* Couches sédimentaires. Amas stratifiés. Gites de départ. Gites filoniens. — *Plomb.* Gîtes sédimentaires. Amas stratifiés. Gites filoniens. Filons couches. Gash-veins et cavités. Mines de plomb et d'argent. — *Zinc.* — *Fer.* Gites pyriteux. Gîtes oxydés. Gîtes des terrains primitifs. Gîtes des terrains paléozoïques. Gîtes des terrains secondaires. Gîtes des terrains tertiaires. Conclusion. — *Etain.* — *Métaux divers.* Antimoine. Mercure. Manganèse. Chrome. Cobalt et Nickel. Bismuth. Platine et analogues. — *Statistique.*

Dans le présent chapitre nous ne ferons qu'énumérer les gîtes métallifères les plus connus ; notre but est de mentionner les exploitations caractéristiques, de façon à grouper les conditions d'occurrence les plus usuelles. Pour la description et la monographie des localités dont nous allons parler, nous renvoyons aux mémoires spéciaux et aux ouvrages dans lesquels la question se trouve développée : *Traité des gites métallifères*, par M. Von Groddeck ; *Ore deposits*, par M. J.-A. Phillips ; *Traité des gites minéraux et métallifères*, par MM. E. Fuchs et A. de Launay, etc., etc.

§ I. — OR

L'or existe dans la nature principalement à l'état natif, et plus rarement sous forme de combinaisons chimiques, de tellurure par exemple. Souvent le précieux métal n'est pas l'unique produit utile rencontré dans les remplissages; il est alors associé, dans des proportions variables, à l'argent, au cuivre, au plomb. L'union de l'or avec la pyrite de fer est fréquente, et pour ainsi dire caractéristique. Dans les parties épigéniques, les pyrites se transforment aisément en oxydes et l'or reste inaltéré au milieu de la masse. A une certaine profondeur, on retrouve la structure primitive et la matière précieuse devient parfois plus difficile à isoler.

Cette modification, que l'on doit toujours regarder comme possible, a causé bien des déboires dans les exploitations. Après des études trop brèves, certains propriétaires ont installé des usines propres à traiter les minerais de surface, et ces installations sont devenues insuffisantes, lorsque l'on s'est attaqué à la zone inférieure.

Types principaux des gîtes. — En raison de son inaltérabilité remarquable, l'or existe souvent là où les autres métaux ont disparu. C'est pourquoi on peut le rencontrer dans les alluvions connues sous le nom de *placers*.

Ces bancs détritiques proviennent naturellement de formations aurifères, et, au milieu des produits de transport, s'est opérée une classification dépendant non seulement de la nature des matériaux mais aussi des conditions dans lesquelles s'est opéré le travail. Nous renvoyons à ce que nous avons déjà dit à cet égard chapitre IV, page 150. Il convient d'établir une distinction entre les *placers au jour* et les *alluvions recouvertes*.

Les sédiments aurifères sont nombreux, mais présentent généralement des teneurs très faibles, et ce n'est qu'exceptionnellement que l'enrichissement devient suffisant pour légitimer une exploitation. Quelquefois les plages productives affectent la forme de *lentilles interstratifiées* dont les mineurs réussissent à tirer parti.

Les *gîtes filoniens* aurifères ont une importance de premier ordre et quelques-uns sont devenus célèbres par leurs richesses fabuleuses. L'or s'y trouve tantôt isolé ou associé à la pyrite de fer, tantôt mélangé avec des minerais divers. En tout état de cause, on doit considérer les filons comme les gîtes primitifs, bien que, sans aucun doute, l'homme ait découvert l'or dans les alluvions les plus récentes.

Placers découverts. — Ils consistent en couches alluvionnaires, généralement minces et souvent recouvertes d'un manteau de terre végétale. Les premières recherches se font alors dans le lit des ruisseaux, où la strate productive est presque toujours mise à nu.

L'or au milieu des sables est à l'état natif, mais présente des aspects bien différents. Dans beaucoup de cas, on ne rencontre qu'une fine poussière, tandis que d'autres fois le métal se présente sous la forme de petits grains, arrondis ou irréguliers, plus faciles à rassembler.

Ces grains sont de faibles dimensions et les fragments un peu volumineux sont plus rares. Près de Miask, dans l'Oural, on a extrait une pépite pesant 43 kilogrammes. Le plus gros « nugget » connu (61 kilogrammes) provient de Californie.

La figure 33 représente une coupe théorique des placers de

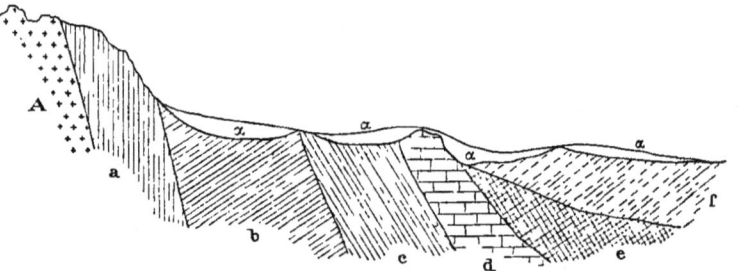

Fig. 33. — Coupe théorique des placers de l'Oural.

l'Oural, dans laquelle A indique la position des roches granitiques ou gneissiques ; en *a* sont figurés les talcschistes et micaschistes de l'époque laurentienne et cambrienne, tandis que les assises siluriennes et dévoniennes sont représentées en *b*. Les grès et calcaires carbonifères *c* et *d* sont subordonnés au carbonifère *e*, lui-même surmonté par le permien *f*. Les roches granitiques et gneissiques contiennent de l'or finement disséminé (R.-I. Murchison), et sur le versant sibérien on en a trouvé dans les strates siluriennes et dévoniennes. La région est sillonnée par un réseau de minces fissures avec remplissage quartzeux aurifère. Les alluvions dominent l'ensemble de la formation en $\alpha\alpha\alpha$.

Les placers ont constamment exercé une sorte de fascination sur l'esprit humain. L'excitation produite à la suite de la découverte de l'or en Californie a été caractérisée en Amérique par le nom de « gold fever », et, tout récemment, nous avons vu le même phénomène se reproduire, quoique avec une intensité moindre, au moment où on a signalé les richesses de l'Afrique australe.

Les États-Unis, la partie septentrionale de l'Amérique du Sud, l'Australie, la Nouvelle-Zélande, etc. ; sont autant de zones aurifères parfois très productives.

L'essai du placer se fait à la batée, récipient aplati de forme variable, tantôt conique, comme dans les Guyanes, tantôt ayant la forme d'une poêle et portant le nom de « pan », comme aux États-Unis.

Un bon prospecteur juge à l'œil la valeur de sa batée ; ceci demande naturellement une grande expérience ; avec de l'or très divisé, on peut terminer le lavage en ajoutant quelques gouttes de mercure pour rassembler les poussières, mais alors l'opération devient plus délicate et la conduite en est difficile.

L'or des placers n'est jamais pur ; il contient de 2 à 28 p. 100 de matières étrangères : argent, cuivre, etc.

Il était d'usage autrefois d'évaluer la pureté de l'or en vingt-quatrièmes : en considérant un poids de métal à apprécier de 24 carats, sa pureté était de 19 carats, par exemple, si l'échantillon contenait $\frac{5}{24}$ de matières étrangères. Quoique aujourd'hui les évaluations se fassent ordinairement en millièmes, il est encore des pays où l'on a conservé cette vieille formule.

Placers recouverts. — L'exemple le plus typique des placers recouverts existe en Californie, où les alluvions ont été protégées contre les actions ultérieures par un manteau de ma-

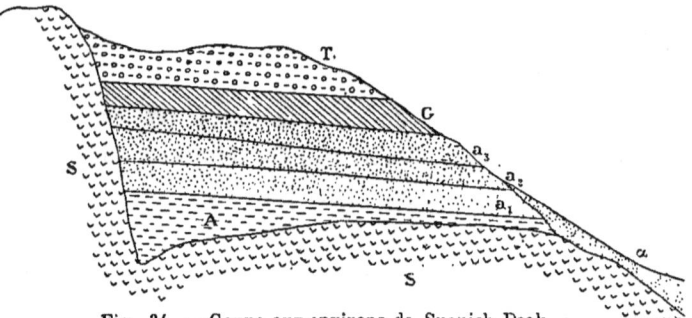

Fig. 34. — Coupe aux environs de Spanish Peak.

tières éruptives. La figure 34 montre une coupe aux environs de Spanish Peak. La roche dominante est la syénite S, constituant une espèce de terrasse sur laquelle se sont accumulés les produits sédimentaires. A la base de la formation, on trouve une couche argileuse A, surmontée par les graviers aurifères $a_1\ a_2\ a_3$, eux-mêmes dominés par les sables gréseux G. Le tout est recouvert par une nappe tufacée T d'origine volcanique. La strate productive forme trois lits distincts indiquant par leur texture trois périodes différentes durant le dépôt des alluvions.

A *Table Mountain* (fig. 35) le « bed-rock » est formé par des

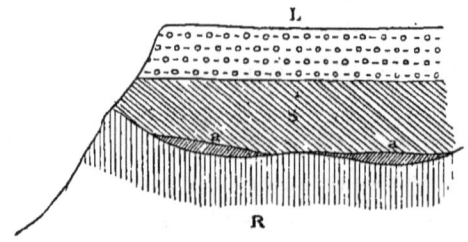

Fig. 35. — Coupe à Table Mountain.

schistes ardoisiers R au-dessous de schistes et de grès S ; l'ensemble est couronné par des laves basaltiques L. Les dépôts aurifères existent en *a a*.

La formation typique de Yuba valley est mise en évidence dans

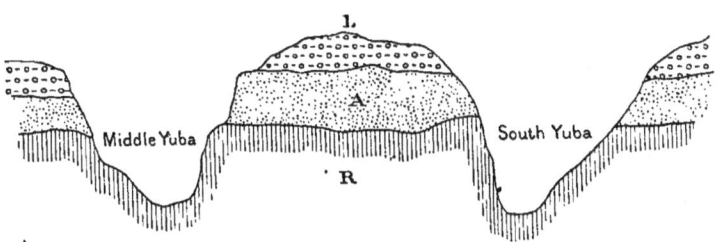

Fig. 36. — Formation de Yuba Valley.

la figure 36. Les graviers aurifères A sont interposés entre le « bed-rock » R et le manteau lavique L.

On doit faire rentrer dans la même catégorie certains gîtes d'Australie, parmi lesquels le plus célèbre est celui de Ballarat.

Gîtes stratifiés. — Dans l'Est des États-Unis, en relation avec les monts Appalaches, se développe une formation aurifère caractéristique qui a été principalement étudiée en Virginie et dans les Carolines. Elle est tout entière renfermée dans les couches huroniennes (V.-Groddeck) qui sont dans cette région formées de talcschistes.

« Les dépôts métallifères sont, pour la plupart, composés
« d'un mélange intime de quartz et de schistes ardoisiers,
« au milieu duquel on trouve incluses des masses bien
« définies de l'un ou de l'autre de ces deux éléments. » (J.-A. Phillips.)

D'après V. Groddeck, l'ensemble forme un système d'amas quartzeux se présentant sous forme de lentilles de trois à cinq mètres de puissance. Cet auteur rapporte au même type les gîtes de la *Serra Mantequeira* (Brésil).

La figure 37 représente une coupe verticale dans le Witwatersrand (Transvaal). Il semble exister là cinq lits de conglomérats $a_1\ a_2\ a_3\ a_4\ a_5$ qui sont plus ou moins aurifères ; a_2 porte le nom de *main reef* et a_3 est le *main reef leader*. Le nom de

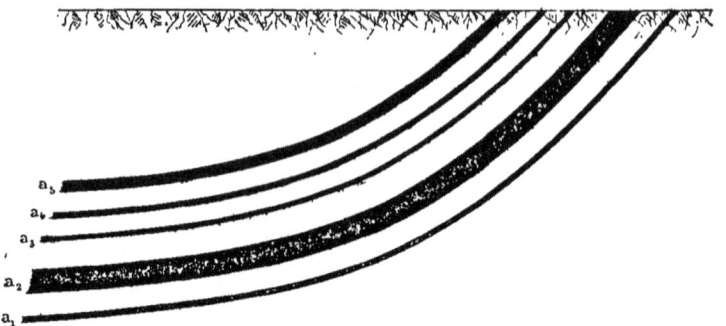

Fig. 37. — Coupe dans le Witwatersrand (Transvaal).

middle reef a été réservé à a_4 tandis que a_1 et a_5 portent respectivement le nom de *North reef* et de *South reef*.

En Europe on peut citer les amas interstratifiés de *Heinzenberg* (*Tyrol*) et les quartzites aurifères de la *Sierra Jadeña* (Monts de Guadarrana) (Espagne).

Parlant de l'Australie M.V. Groddeck s'exprime ainsi : « Des « alluvions aurifères s'y sont formées depuis l'époque houillère « jusqu'à la période actuelle. L'or s'y rencontre déjà dans les « conglomérats et grès houillers et même dans une couche de « charbon à Newtown dans la terre de Van Diemen. Les « rochers jurassiques sont également aurifères. Mais les pla- « cers les plus riches ne se rencontrent que dans le tertiaire « et les plus importants appartiennent, comme en Californie, « à l'époque pliocène. »

Gîtes présentant l'or en combinaison. — Les mines ouvertes sur des filons présentant ce caractère sont plus rares et c'est en Transylvanie que se trouvent les meilleurs exemples. A *Nagyag*, les veines, dont l'épaisseur varie de quelques millimètres à deux mètres, sont orientées NS ou NO-SE, et recoupent une sorte de *propylite* ou trachyte amphibolique. De plus elles semblent en relation avec des filons de *glauch* (sorte de Dacite) qui leur sont parallèles. Le remplissage comporte : de l'or natif, de la sylvanite, de la nagyagite, de l'argent telluré, de la pyrite, de la calcite, du braunspath, du quartz, etc...

A Offenbanya, les veinules aurifères, qui n'ont que quelques centimètres d'épaisseur, se présentent dans le trachyte amphibolique et contiennent de l'or natif, du tellurure d'or (sylvanite) de l'argent natif, de l'argent rouge, de la pyrite, de la blende, de la galène, du cuivre gris, etc., etc.

Gîtes filoniens ordinaires. — Les filons sont presque toujours quartzeux et la pyrite de fer s'y rencontre d'une façon à peu près constante. L'or existe, soit à l'état libre, soit associé à des sulfures tels que pyrite, chalcopyrite, cuivre gris, blende et galène. Il renferme comme celui qu'on trouve dans les placers une certaine quantité d'argent.

En Russie, dans l'Oural, à Bérézowsk, les terrains recoupés par le granite sont sillonnés de veines quartzeuses qui ne sont aurifères que dans la roche éruptive.

Dans l'Amérique du Sud, au Vénezuela, le gîte du *Callao* à acquis une juste célébrité par suite de sa richesse exceptionnelle.

Le filon le plus extraordinaire que l'on ait encore rencontré est celui de *Comstock lode* dans l'état de Nevada aux États-Unis. Il a été étudié successivement par V. Richtofen, Church, Cl. King et Becker. Son orientation est sensiblement Nord Sud avec plongement vers l'Est. Sa puissance moyenne varie entre 9 et 20 mètres et il a été reconnu sur une longueur de 7 kilomètres. A la partie supérieure, les roches avoisinantes, très altérées, ont été confondues avec le filon ; elles étaient imprégnées de métaux précieux sur une épaisseur qui, près de la surface, a atteint parfois 300 mètres.

Becker a établi la succession suivante dans les termes géologiques de la contrée :

Granite,

Formations métamorphiques (Calcaires et micaschistes) très peu développées,

Diorite granulaire,
Diorite porphyrique,
Porphyre quartzeux,
Diabase ancienne,
Diabase plus récente,
Andésite hornblende, ancienne,
Andésite augitique,
Andésite hornblende, récente,
Basalte.

Dans la partie la plus productive (fig. 38), le Comstock lode

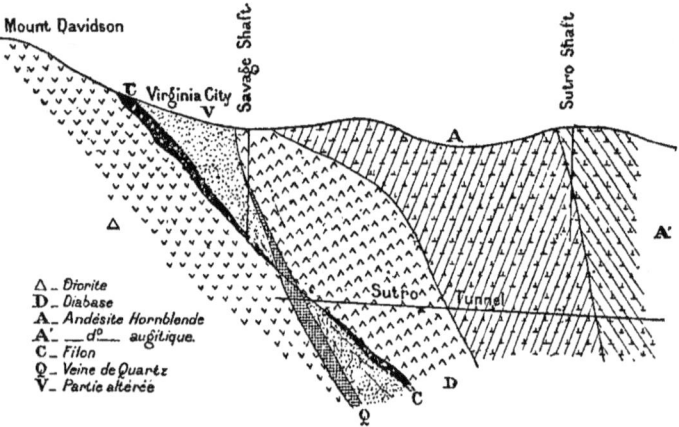

Fig. 38. — Comstock lode.

a pour mur la diorite et pour toit la diabase la plus ancienne. Au nord et au sud, la disposition des roches est telle que le filon se développe surtout dans les diabases.

La veine s'est bien maintenue en profondeur, mais l'augmentation de chaleur correspondante a été telle que l'exploitation est devenue presque impossible à environ 900 mètres au-dessous de la surface.

Le remplissage est multiple et le filon peut passer pour un gîte d'argent aussi bien que pour un gîte d'or. On y a trouvé, outre les métaux précieux, de la silice, du soufre, du fer, du cuivre, du zinc, du plomb et même de l'antimoine.

Voici les teneurs de trois échantillons provenant de deux quartiers différents :

ORIGINE DES ÉCHANTILLONS	ARGENT A LA TONNE	OR A LA TONNE
	grammes	grammes
California mine.	17 500	790
California mine.	17 600	5 700
Ophir	27 800	590

En 1876, la production du Comstock lode a été de :

90 000 000 francs en or
100 000 000 francs en argent.

Les mines furent ouvertes en 1859, et depuis cette époque jusqu'en juin 1880, on a extrait pour :

875 000 000 francs d'argent
700 000 000 francs d'or.

Les dividendes distribués durant cette période ont été voisins de 600 000 000 francs.

Un autre district remarquable est celui du *Mother Lode* (Californie), lequel a été complètement étudié par M. Harold W. Fairbanks. C'est en réalité un faisceau de veines formant un alignement sensiblement continu, sur une longueur de plus de 150 kilomètres. Les fissures sont en relation assez constante avec une assise de schistes ardoisiers noirâtres, et parfois le mur est fait de diorite, diabase, serpentine ou même granite. Dans le filon se rencontre une matière verte spéciale appelée *Mariposite* (silicate d'alumine, de chaux, de magnésie, de potasse et de chrome), et le quartz se distingue par sa texture plus ou moins rubanée. L'allure générale est nord-ouest-sud-est et la direction suit toujours celle des assises géologiques. L'inclinaison de la veine oscille entre 40 et 80°, tandis que celle des terrains varie entre 50 et 90°. La puissance est fort variable, et bien qu'elle ne soit, en général, que de quelques pieds, il est des points où elle dépasse 50 mètres. Le remplissage est presque uniquement quartzeux, avec adjonction d'or natif et d'une faible proportion de pyrites. Sur une hauteur de 700 mètres, la constitution du *Mother lode* a présenté une grande constance. La proportion de pyrites atteint rarement 2 p. 100 ; elle reste ordinairement aux environs de 1 1/2 p. 100. La valeur de ces pyrites pures oscille entre 40 et 125 dollars, c'est-à-dire 200 et 625 francs la tonne. En général, ces sulfures ne représentent qu'une valeur inférieure à 10 francs par tonne de quartz. A *El Dorado*, dans « Amador County », la valeur de la tonne de tout-venant atteint 40 francs, tandis qu'à « Spanish mine », cette valeur est descendue à 6 francs. Il est juste de dire que, dans ce dernier cas, on ne travaille pas le filon lui-même, ce qui ne serait pas profitable, mais bien le toit formé de schistes tendres, légèrement imprégnés et qui ne coûtent presque rien à abattre. Avec des teneurs aussi basses, on n'arrive pas à recueillir plus de 42 p. 100 de l'or contenu dans le tout-venant, c'est-à-dire environ 2 fr. 50 par tonne, somme qui doit payer l'extraction, les frais d'usine et les frais généraux. Ces résultats sont tellement en dehors de ceux auxquels on est habitué que l'on sera peut-être curieux d'avoir des détails complémentaires sur cette exploitation. Nous renvoyons au huitième rapport annuel du minéralogiste de l'État de Californie, M. William Irelan.

En Australie, on a exploité des filons-couches et aussi des sortes de stockverks en relation avec les assises précarbonifères et avec les roches contemporaines. Quant à la richesse, elle est naturellement fort variable, et comporte tantôt 7 à 8 grammes comme à Port-Phillip, tantôt de 30 à 150 grammes comme à Stawel (Victoria) (O.-C. Davies).

Dans l'Afrique australe, aux environs de Kaap, l'or se trouve en filons nettement déterminés.

Si l'on voulait citer tous les districts aurifères du monde, il faudrait mentionner la presque totalité des pays depuis l'Allemagne, la Hongrie, l'Italie, l'Espagne jusqu'à la Nouvelle-Zélande, les Indes, le Siam, etc.

§ II. — ARGENT

Gîtes d'argent. — La définition des *mines d'argent* n'est pas toujours des plus aisées. Lorsque le métal précieux se rencontre seul dans un filon, soit à l'état natif, soit à l'état de combinaison, il ne peut y avoir aucune hésitation. Mais il peut arriver qu'il se trouve dilué en quelque sorte au milieu d'espèces cuprifères ou plombifères dont les teneurs, assez basses, ne permettent pas de classer les gîtes dans la catégorie qui nous occupe en ce moment.

Si, d'autre part, on a affaire à des galènes contenant plusieurs kilogrammes d'argent à la tonne, comme on l'a vu quelquefois, il est difficile de les considérer comme des minerais de plomb.

De plus, dans les gisements relativement pauvres, il n'est pas rare de trouver de l'argent natif, dû à des remaniements postérieurs à la naissance du remplissage.

Enfin, en présence de formations complexes renfermant un grand nombre d'espèces minérales distinctes, l'affectation dans telle ou telle catégorie devient parfois difficile.

Dans ce chapitre, nous ne considérerons que les gîtes contenant, isolés ou associés, l'argent natif et ses composés minéralogiques.

Nous ne reviendrons pas sur ce que nous avons dit au sujet du Comstock lode, qui doit être considéré comme un filon argentifère aussi bien qu'aurifère.

Depuis plus de deux cent cinquante ans, on exploite en Norvège les mines de *Kongsberg*, qui constituent un type des plus curieux dit des *fahlbandes*. — « La roche dominante
« aux environs de Kongsberg est un gneiss schisteux, fréquem-
« ment granatifère, qui, vers l'ouest, à un mille de Langen-
« thal, passe graduellement à un gneiss granitoïde. Il contient

« des assises subordonnées de roches amphiboliques grenues
« ou schisteuses, des micaschistes, des chloritoschistes, talc-
« schistes et quartzites dans lesquelles sont intercalées les
« fahlbandes. » (V. Groddeck.)

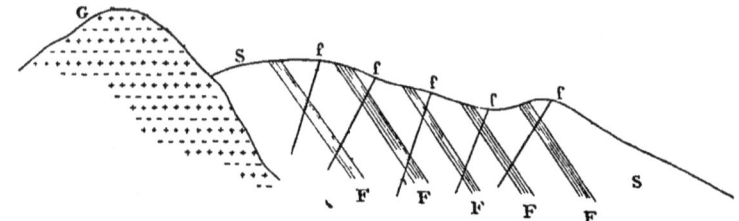

Fig. 39. — Représentation théorique des fahlbandes.

La figure 39 représente une coupe de l'ensemble. G est le gneiss et le massif S montre la formation schisteuse dans laquelle se rencontrent les fahlbandes FFF, imprégnées d'éléments métallifères. Les filons *fff* sont argentifères et les points d'enrichissement se trouvent au croisement de ces cassures avec les fahlbandes. Les minerais se composent d'argent natif, d'argyrose, de galène, de blende, de chalcopyrite, de pyrite de fer, etc., avec de l'argent rouge et parfois de la kérargyrite.

Freiberg, localité classique dans l'histoire des mines, a été un centre de production considérable. Von Cotta a étudié les formations environnantes, et c'est encore à ses travaux qu'il

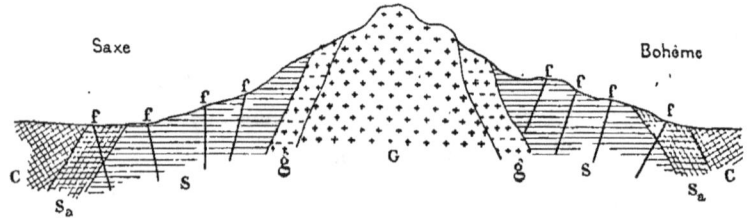

Fig. 40. — Coupe aux environs de Freiberg.

faut se reporter comme à la meilleure autorité concernant la matière. Dans le croquis 40, G représente le granite, qui a produit le soulèvement de la contrée et dont les versants opposés regardent l'un la Saxe et l'autre la Bohême. En *gg* est figuré le gneiss, auquel succèdent des roches schisteuses et micacées SS. Ensuite viennent des schistes argileux S_aS_a, surmontés par la formation carbonifère CC. Les terrains sont recoupés par des filons *fff*.

On a reconnu dans le district de Freiberg environ 900 filons qui ont été rangés en quatre catégories.

Le premier groupe, dit du *quartz noble*, comporte près de 150 fissures, orientées NNE.-SSO. avec plongement de 70 à 80° vers l'ouest. Les inclusions provenant de la roche encaissante sont fréquentes et les pyrites imprègnent le quartz. Le remplissage argentifère comporte l'argent sulfuré, antimonié et arsénié.

Le deuxième groupe est appelé système du *plomb noble* et ne contient pas moins de 340 filons. Le minerai intéressant est la galène argentifère.

Les deux autres groupes sont ceux du *plomb pyriteux* et du *plomb barytique*.

Le district de Freiberg fut ouvert vers la fin du XIIe siècle.

Au dehors de l'Europe, la production de l'argent a été énorme, particulièrement au Mexique et dans l'Amérique du Sud. C'est de leurs colonies américaines que les Espagnols ont tiré ces trésors, devenus légendaires, à l'aide desquels ils ont acquis cette prépondérance qui pendant un temps avait fait d'eux les arbitres de l'Europe.

Aujourd'hui les choses sont bien changées et des mines autrefois prospères sont maintenant ignorées, malgré les efforts faits pour en retrouver l'emplacement.

La *Veta Madre* de Guanaxato recoupe des formations sédimentaires mal étudiées, relevées par les épanchements trachytiques de la Sierra Madre et appartenant probablement à la période dévonienne. Le filon est orienté NO.-SE. et présente un pendage d'environ 45° vers le sud-ouest. Les minéraux du remplissage sont l'argent natif, l'or natif, le sulfure d'argent, l'argent rouge, la galène, la blende, etc. On estime que la production du district de Guanaxato a, depuis l'origine (1701), dépassé trois milliards de francs.

A *Zacatecas* et à *Fresnillo* (près de Guanaxato), la formation argentifère se développe au milieu des grauwackes ; le nombre des filons n'est pas au-dessous de cinquante ; les minerais se classent en *colorados*, *negros* et *azulaques*.

Les « colorados » se rencontrent dans les affleurements et correspondent aux parties altérées ; ils tiennent de l'argent natif, des chlorures et bromures d'argent disséminés au milieu de quartz coloré en rouge par de l'oxyde de fer.

Les « negros », à gangue surtout quartzeuse, renferment de l'argent sulfuré avec des arséniures et antimoniures d'argent,

Les « azulaques », particuliers à la localité de Fresnillo, ne sont autre chose que des imprégnations du terrain encaissant.

Il y a environ trente ans, la production annuelle des mines du *Cerro de Proaño* (Fresnillo) dépassait 6 millions de francs.

Sur le versant Pacifique de la Sierra Madre, deux centres de productions importants sont à signaler, l'un à Batopilas, du côté de Bavispe, l'autre aux environs d'Arispe. Près de cette dernière localité se rencontrent les filons de Carmen qui recoupent les trachytes. Leur orientation est NO.-SE. et leur remplissage, purement quartzeux, est riche en argyrose avec argent natif, argent rouge, pyrites disséminées, traces de galène, etc. L'argent est associé avec un peu d'or, qui parfois s'isole et se présente à l'état natif.

Le Pérou, la Bolivie et le Chili sont trois grands centres argentifères et le nom de Potosi est devenu le synonyme de richesse fabuleuse. On estime que de ce seul district il est sorti pour plus de *huit milliards* de francs de métaux précieux. Il existe telle mine dans laquelle le minerai extrait a contenu jusqu'à 5 p. 100 en moyenne d'argent.

A Huanchaca, le filon principal est sensiblemeut E.-O. et sa puissance varie entre 1 mètre et 3 mètres. Le remplissage est barytique dans la partie supérieure et quartzeux dans les zones profondes. Les minerais semblent répartis en trois colonnes plongeant vers l'est et comprennent de l'argyrose, de l'argyrythrose, de la blende, de la galène, de la pyrite de fer, de la chalcopyrite, du cuivre gris, etc. La galène pure contient environ 2 kilogrammes d'argent à la tonne ; la blende est moitié moins riche, tandis que certains cuivres gris contiennent jusqu'à 10 p. 100 d'argent. Dans la partie supérieure se trouvent les minerais oxydés appelés *pacos*, auxquels succèdent les produits oxysulfurés ou *mulatos*, puis ceux-ci sont, à leur tour, remplacés par des sulfures ou « metales frios ». En seize ans, de 1873 à 1888, la production des mines de Huanchaca a dépassé 200 millions de francs. Les bénéfices correspondants ont atteint *80 millions*.

Au Chili, *Chañarcillo* peut être considéré comme un bon type dont nous donnons la coupe figure 41. Les terrains présentent la succession suivante :

A. Calcaire bleuâtre dont les joints sont parfois tapissés de minerais d'argent ;

B. Calcaire bleuâtre imprégné de pyrites ;

C. Calcaire compact ;

D. Calcaire gris verdâtre ;

E. Calcaire compact bleu foncé ;

F. Roche d'aspect porphyrique recoupée par des veinules de quartz ;

G. Calcaire foncé à grain fin ;

H. Roche verdâtre sillonnée de veines calcaires ;

I. Assise passant progressivement à la suivante ;

K. Calcaires bleus, gris, verdâtres, avec veinules calcaires.

Ces formations semblent contemporaines de celles du Nevada dans l'Amérique du Nord.

Les minerais d'argent sont, outre le métal natif, les chlorures, bromures et iodures, puis les arséniures, antimoniures et surtout les sulfures. Dans ce filon la richesse a été des plus variables ; tantôt la veine était stérile et tantôt on tombait sur des amas riches (assise H) contenant jusqu'à 300 et 400 kilogrammes d'argent à la tonne. Très fréquemment la teneur a oscillé entre 500 grammes et 20 kilogrammes d'argent à la tonne.

En Australie, un mouvement minier considérable s'est produit durant ces dernières années à la suite duquel les mines de *Broken Hill* dans New South Wales ont acquis une réputation méritée.

Les terrains consistent en gneiss, quartzites, micaschistes et talcschistes, en relation avec des porphyres, des diorites et des eurites. Le filon, orienté N.E.-S.O., a un pendage nord-ouest ; c'est sans doute une cassure ramifiée près de la surface, mais unique en profondeur. Dans les zones exploitées, la puissance est d'environ 10 mètres et exceptionnellement de 30 mètres.

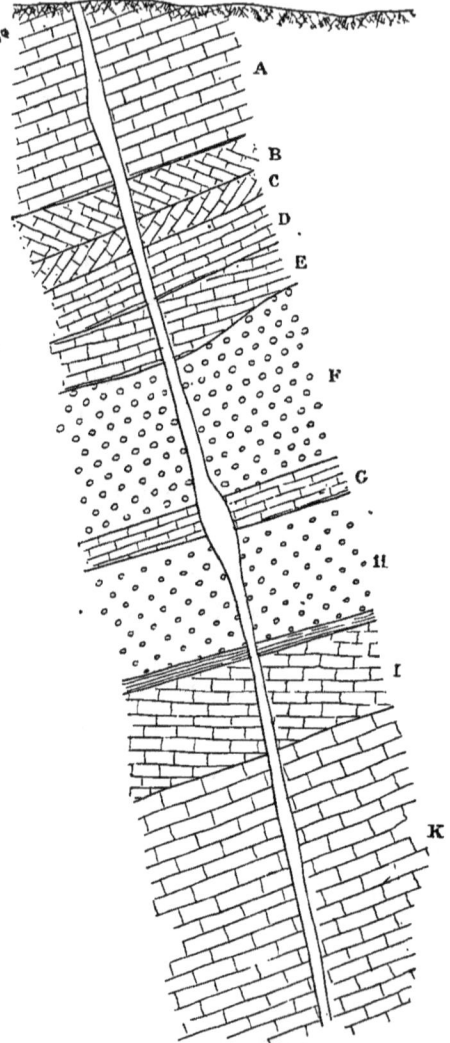

Fig. 41. — Filon de Chañarcillo.

Le remplissage à la fois quartzeux et ferrugineux présente, outre la galène, les produits oxydés du plomb (cérusite, anglésite, etc.), des matières cuivreuses et des minerais spéciaux d'argent. *En cinq ans* on a extrait plus de 400 000 tonnes de tout-venant avec un profit moyen de plus de 100 francs par tonne ; soit un bénéfice d'environ 40 millions !

Parmi les gîtes d'argent, on range quelquefois les mines d'*Eureka* et de *Leadville* (Etats-Unis), d'*El Horcajo* et de *Carthagène* (Espagne), etc. Mais le métal précieux se trouvant réparti dans la galène qu'il imprègne en quelque sorte, nous pensons qu'il vaut mieux ranger ces localités parmi les districts plombifères.

§ III. — CUIVRE

Le cuivre est universellement répandu dans la nature. Les couches anciennes comme les couches modernes en sont imprégnées et on le rencontre dans les assises sédimentaires aussi bien que dans les filons. Il se présente sous des formes variées, tantôt à l'état natif, souvent en produits oxydés et plus fréquemment encore en combinaison avec le soufre.

Couches sédimentaires. — Le type classique des couches cuprifères est celui du Mansfeld. L'assise productive appartient au Zechstein et repose constamment sur des formations gréseuses ou sableuses de couleur grise ou blanche appelées *Grauliegende* et *Weisseliegende*. Généralement recouverte par le trias, elle affleure parfois, particulièrement aux environs de Riechelsdorf (Hesse). Sa puissance est faible et se tient aux environs de $0^m,50$. Elle est constituée par des roches argileuses, passant tantôt aux argiles, tantôt aux marnes, tantôt aux phyllades. La teneur en cuivre varie de 2 à 3 p. 100 et l'élément métallique se compose de chalcopyrite, phillipsite, chalcosine, pyrite de fer, galène, argyrose, blende, nickéline et smaltine. Au Mansfeld même la proportion d'argent atteint 500 grammes aux 100 kilogrammes de métal pur.

En Russie, les couches permiennes sont cuprifères, dans les districts de Perm, d'Ekaterinenbourg, d'Ufa et d'Orembourg; l'horizon métallisé appartient au niveau supérieur du permien et est généralement constitué par des grès. M. V. Groddeck définit ainsi le type Perm : « Grès et parfois marnes avec sécré-
« tions de minerais de cuivre oxydés, accessoirement de minerais
« sulfurés et de cuivre natif, formant le ciment du grès, ou isolés
« dans la masse, sous forme de poussières, de nodules, d'enduits
« tapissant les fentes, etc. » Teneur en cuivre 2 à 3 p. 100. Les fameuses mines de l'Amérique du Sud dites de *Corocoro* (Bolivie) appartiennent au même type. Elles ont été ouvertes sur des couches rapportées à l'étage du grès rouge allemand. Leur puissance varie entre $0^m,50$ et 12 mètres, et leur nature oscille entre la texture gréseuse et le conglomérat. Le métal se rencontre surtout à l'état natif, accompagné par de la chalcosine, de la cuprite, de l'azurite, de la malachite, de la chalcophyllite, de l'argent natif, etc.

Le district de *Saint-Avold*, près de Sarrelouis, présente, au point de vue qui nous occupe, un certain intérêt; mais son importance est moindre que celle des régions précédentes.

En Basse Californie, la *Société des Mines du Boleo* exploite trois couches appartenant à l'étage tertiaire, reposant en stratification discordante sur des dolomies d'âge mal défini. L'ensemble du pays est subordonné à des épanchements trachytiques.

La première couche a quelques décimètres d'épaisseur, la seconde varie de $0^m,20$ à $0^m,50$, tandis que la troisième reste comprise entre $0^m,20$ et 3 mètres. Une quatrième zone productive a été découverte, mais elle est encore inexplorée. Ces formations alternent avec des conglomérats et des bancs de tufs qui atteignent jusqu'à 50 mètres de puissance.

Les minerais renferment du cuivre noir, de l'oxyde noir, de

la cuprite, de l'azurite, de la malachite, puis de la winérite, de la crednerite, et des sulfures divers : chalcopyrite, chalcosine, covelline, etc.; il convient d'y joindre un minerai nouveau découvert par M. Cumenge, la boléite, oxychlorure complexe de cuivre, de plomb et d'argent, lequel renferme jusqu'à 8 p. 100 de ce dernier métal [1].

Quant à la teneur du minerai tout-venant, elle se tient en moyenne entre 6 et 10 p. 100.

Amas stratifiés — Les gîtes cuprifères affectant la forme d'amas stratifiés sont des plus nombreux et des plus importants; ils comprennent les formations de Fahlun en Suède, de Roraas en Norvège, de Schmöllnitz en Hongrie, du Rammelsberg en Allemagne, de Rio Tinto et de Tharsis en Espagne, d'Agordo en Italie, de Wicklow en Irlande, de Ducktown dans le Tennessee (ce point a été discuté par M. Hunt, qui en fait un filon-couche), etc.

Les lentilles métallifères se rencontrent dans les terrains plus anciens que le carbonifère. (V. Groddeck.) Celles de Fahlun sont contenues dans les couches laurentiennes, tandis qu'à Ducktown, les assises sont huroniennes. Les imprégnations métalliques les plus importantes consistent en pyrites de fer et de cuivre, avec galène, blende et produits nickélifères subordonnés.

A *Rio Tinto*, la roche encaissante est formée par des schistes ardoisiers qui ont été rapportés tantôt à l'étage silurien, tantôt au début de la période dévonienne. Le gîte comporte une série de lentilles intercalées et présentant des dimensions parfois considérables, puisque certaines d'entre elles ont atteint des épaisseurs voisines de 100 mètres. La métallisation se compose surtout de pyrite de fer, avec une certaine proportion de chalcopyrite. La teneur moyenne en cuivre est d'environ 2 p. 100.

---

[1] Tout récemment un nouveau minerai a été trouvé dans ces gîtes remarquables. M. Mallard qui l'a étudié l'a baptisé du nom de Cumengéite

« Les schistes, presque verticaux, altérés dans le voisinage
« immédiat des dépôts, par suite de l'action des sels acides
« résultant de la décomposition des pyrites, deviennent plus
« tendres et revêtent une couleur variant du blanc jaunâtre au
« rouge grisâtre. Cette altération des sulfures se produit avec une
« grande intensité et l'on a calculé que depuis l'abandon des
« mines par les Romains, les eaux du Rio Tinto ont entraîné à la
« mer de 70 000 à 80 000 tonnes de cuivre métallique. » (J.-A. Phillips.)

A *Ducktown* (fig. 42) le gîte est logé dans des schistes micacés SS et est surmonté d'un chapeau de fer C, auquel succède une zone riche en cuivre A. La partie inaltérée F contient en

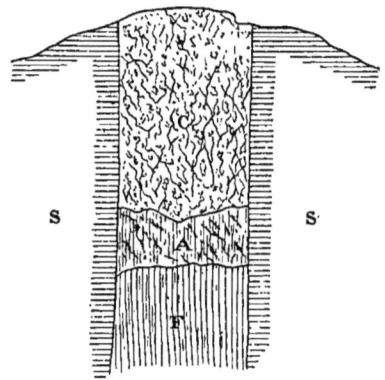

Fig. 42. — Coupe théorique du gîte de Ducktown.

moyenne 1 1/2 p. 100 de cuivre, mais des plages d'enrichissement existent dans la masse.

Les schistes sont presque verticaux et leur direction est N. 20° E. L'amas, qui a été reconnu sur une distance d'environ 8 kilomètres, semble composé de masses lenticulaires interstratifiées, atteignant parfois une épaisseur de 15 à 20 mètres. A Ducktown même, les zones productives sont au nombre de trois, parallèles et séparées par des bancs stériles.

Whitney et Credner ont établi l'analogie entre cette formation et celles de Schmöllnitz, Rammelsberg et Rio Tinto.

Dr Sterry Hunt a rangé Ducktown dans la catégorie des filons couches.

La figure 43 représente la coupe classique du Rammelsberg. « Le gîte consiste en une accumulation de lentilles de minerai

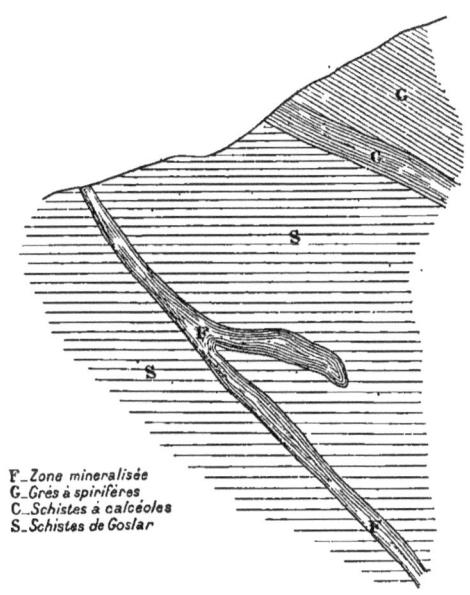

Fig. 43. — Représentation du gîte du Rammelsberg.

« de dimensions variées et irrégulières, disposées à côté et au-
« dessus les unes des autres, dans une zone de grès à spirifères
« de 200 à 215 mètres de largeur normale. La plus grande lon-
« gueur des parties atteintes par l'exploitation est de 1 200 mètres
« environ. La plus grande puissance est de 15 à 20 mètres,
« s'élevant exceptionnellement jusqu'à 30 mètres et plus, au
« point où l'amas se bifurque. » (V. Groddeck.)

La formation du Rammelsberg est *renversée*. Il s'ensuit donc que le toit primitif est devenu le mur actuel et réciproquement. Au mur se trouvent les zones riches en cuivre (*Kupferkniest*) ; au milieu existent les produits mélangés et au toit ce sont les minerais plombeux qui dominent.

A *Agordo* (Vénétie), les lentilles cuprifères sont enclavées dans un schiste argileux feuilleté ; elles ont été suivies sur plus de 600 mètres en direction et sur plus de 200 mètres suivant la plus grande pente. La teneur en cuivre *moyenne* reste inférieure à 2 p. 100

Gîtes de départ. — Le type de *Monte Catini*, dont nous avons déjà parlé, est représenté en coupe dans la figure 44.

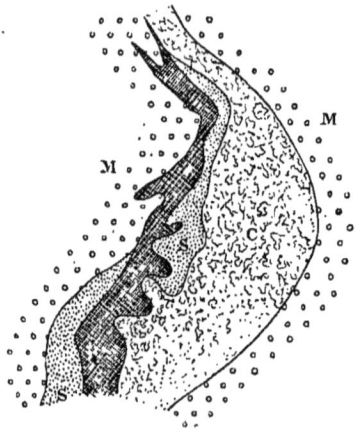

Fig. 44. — Gîte de Monte Catini.

Le mélaphyre ou gabbro rosso est figuré en M, la serpentine en SS. La cassure, dans le mélaphyre, est remplie, en partie par cette serpentine, et en partie par les fragments divers C, formant une espèce de conglomérat de mélaphyre et de serpentine. G. v. Rath, qui a étudié la région de Monte Catini, admet que la serpentine était primitivement une olivine cuprifère.

Le minerai affecte les formes les plus variées, depuis le grain imperceptible jusqu'à des masses de plusieurs mètres cubes. L'ouverture de ces mines remonte au temps des Etrusques et leur exploitation fut continuée par les Romains.

La veine, à une profondeur de 100 à 110 mètres, a une épaisseur d'une trentaine de mètres. Le minerai trouvé en masses isolées contient de 20 à 30 p. 100 de cuivre ; il comporte surtout de la chalcopyrite avec phillipsite et chalcosine.

Le cuivre natif se rencontre quelquefois. Les autres espèces minérales n'ont qu'un intérêt tout à fait secondaire.

Gîtes filoniens. — Les célèbres gîtes du *Lac Supérieur* forment en quelque sorte une transition entre ce type et les précédents, par ce fait même qu'ils comportent les deux allures. Ils ont été étudiés par Rivot, Credner et la pléiade des géologues anglais et américains : Sir Logan Foster, Whitney, Bell, Jackson, Owen, etc. Les quatre districts principaux sont : *Kewenaw-Point, Isle Royale, Ontonagon* et *Portage-Lake*.

La caractéristique de la contrée est l'énorme développement, en bancs alternés, de trapps et de conglomérats, dans le voisinage de grès d'âge assez mal déterminé, mais dont l'horizon semble coïncider avec ceux de *Postdam*, du *Calciferous*, de *Quebec* ou de *Chazy*.

Credner a reconnu les quatre types suivants :

1° Des filons bien définis traversant les mélaphyres, mais devenant stériles dans les conglomérats et les grès. On rencontre le cuivre natif, en masses pesant souvent plusieurs tonnes, accompagné d'argent natif, de quartz, de calcite, de spath fluor, de chlorite, etc., etc. ;

2° Des rognons métalliques isolés dans les mélaphyres, non seulement dans le voisinage des filons, mais à une certaine distance de ceux-ci. Outre le cuivre natif, ces rognons comportent de l'argent, du quartz, de la calcite, du fer spéculaire, etc., etc. ;

3° Des imprégnations dans une roche épidotifère intercalée au milieu des mélaphyres ;

4° Des brèches à ciment cuprifère (mines de *Calumet* et *Hécla*).

Il est à remarquer que l'argent est simplement associé au cuivre, mais conserve au sein de la masse son individualité.

Les grandes mines de l'Arizona et du Montana ont été ouvertes sur des filons à gangue quartzeuse. Leur production est énorme, particulièrement celle de l'*Anaconda*.

Dans le *Cornwall*, les formations métallifères, granite et schistes ardoisiers connus sous le nom de *killas*, sont en relation avec des elvans et des serpentines. La localité est classique et l'étain y abonde aussi bien que le cuivre. Des études complètes relatives à cette importante région sont dues à MM. Henwood et Moissenet, qui sont arrivés à de remarquables conclusions. Un fait intéressant à rappeler est la variation du remplissage avec la profondeur. Dans plusieurs cas on a vu les minerais de cuivre disparaître pour faire place à des minerais d'étain.

En Australie, et particulièrement dans la province connue sous le nom de *South Australia*, le cuivre est largement répandu. C'est là que se trouvent la *Burra-Burra*, la *Vallaroo mine* et la *Moonta mine*. Sur ce dernier point, le sol est recouvert par une faible épaisseur de sables et de graviers. Vient ensuite un calcaire (sur environ 1 mètre), auquel succède une argile rouge d'une puissance à peu près double. La couche inférieure est un conglomérat (à peu près 1 mètre), qui repose sur des roches porphyriques. Il existe un faisceau de filons dont les trois principaux sont orientés : l'un N. 20° E. et les deux autres sensiblement N. E.

A Burra-Burra, on a rencontré un filon de contact N.O.-S.E. entre deux formations calcaires.

Au Chili, les mines de *Rosario* sont ouvertes sur trois filons, qui parfois se réunissent, et alors la puissance du gisement atteint jusqu'à 25 mètres. Les produits oxydés, rencontrés dans les parties supérieures, ont peu à peu cédé la place à la chalcopyrite.

Dans l'Afrique australe, un district cuprifère a été récemment ouvert et est en bonne voie de développement.

Vers le nord du même continent, en Algérie, les produits arséniés et antimoniés du cuivre sont assez abondants.

Aujourd'hui on ne parle plus que pour mémoire des mines de *Chessy* (aux environs de Lyon) qui ont eu un instant leur heure de célébrité.

A *Vigsnaës* (Norvège), le filon est irrégulièrement ramifié dans les schistes cambriens, à leur jonction avec un massif de gabbro à saussurite (A. de Lapparent).

Le véritable minerai du cuivre est le sulfure que des actions ultérieures ont pu altérer et transformer en produits oxydés. Quelquefois même la transformation est suffisamment marquée pour que des fractions importantes du gîte (peut-être même le gîte tout entier) ne présentent plus trace d'espèces sulfurées. Mais en général, dans les filons tout au moins, on doit s'attendre à franchir la zone d'altération pour retomber sur les remplissages primitifs.

Si l'on se reporte à ce que nous avons dit au sujet de la genèse des gîtes, on verra que les milieux où les dépôts (filoniens ou sédimentaires) se sont formés étaient essentiellement réducteurs, soit par suite de la présence de sulfures alcalins, soit par suite de la décomposition de matières organiques[1].

Dans l'ensemble les teneurs des gîtes cuprifères sont assez basses, et, dans beaucoup de cas, on doit procéder à une concentration.

§ IV. — PLOMB

C'est surtout sous forme de galène que l'on trouve le plomb, et cette espèce minérale est généralement argentifère, tellement argentifère parfois, qu'il devient difficile de séparer ses gisements de ceux de l'argent. Les produits oxydés, anglésite (sulfate) et cérusite (carbonate), sont plus rares, bien que cette dernière variété se rencontre sur certains points en grande abondance.

---

[1] Toutefois il ne faut pas oublier le rôle qu'ont pu jouer les afflux alcalins en présence d'eaux hydrothermales métallifères. Bien que ce rôle semble avoir été exceptionnel, il ne faut pas perdre de vue les réactions qui, dans ce cas, ont pu prendre naissance.

Les gîtes plombifères sont variés. Les uns appartiennent au type sédimentaire, soit sous la forme de couches, soit sous celle d'amas stratifiés. Les autres, les plus nombreux, relèvent de la classe filonienne et se trouvent, soit dans des cassures franches, soit dans des filons-couches, soit dans des grottes ou cavités...

Gîtes sédimentaires. — Dans l'Eifel, près de Commern, existe un bassin typique dépendant de l'étage des grès bigarrés, au-dessus de la formation dévonienne. La partie inférieure de cet horizon est constituée par des bancs de conglomérats et de grès noduleux. Ces derniers lits sont métallifères ; ils sont au nombre de deux, mais se divisent parfois de façon à former quatre couches productives.

Au *Bleiberg*, non loin de Mechernich, les couches (dont la direction est N.E.) plongent doucement vers le N.O. et sont recoupées par plusieurs failles aujourd'hui bien reconnues. L'une d'elles produit un rejet d'environ 45 mètres.

Le grès métallifère est peu consistant et les grains quartzeux sont reliés ordinairement par un ciment argileux, parfois calcaire. Il y a lieu de noter que le minerai existe dans les grès blancs et qu'une coloration de la roche semble en provoquer la disparition. Il se présente sous forme de petits nodules de galène et quelquefois de cérusite.

« Ces nodules sont faits de grains de quartz, cimentés par
« des minerais de plomb, associés avec de l'alumine, de la
« chaux et de l'oxyde de fer... Au Bleiberg, dans les parties
« exploitables, les nodules constituent de 4 à 10 p. 100 de
« la masse productive. » (J.-A. Phillips.)

En Virginie, à *Austin*, on rencontre des couches plombifères au milieu de l'étage de Trenton (silurien inférieur). Elles sont composées de dolomie avec quartz et calcite. La galène se présente sous forme de rognons de la grosseur du poing ou en filets isolés atteignant parfois jusqu'à $0^m,25$ ou $0^m,30$ de puissance. Le minerai entre pour 6 ou 7 pour 100 dans la composition des couches.

Amas stratifiés. — Ce mode d'occurrence du plomb est, en somme, peu répandu. On peut cependant en citer quelques exemples et prendre pour type le gîte complexe de *Sala* (Suède), qui consiste en amas de calcaires saccharoïdes, interstratifiés dans les schistes cristallins et contenant des minerais de plomb, de cuivre, de cobalt, etc. (V. Groddeck).

A *Monteponi*, en Sardaigne, les amas stratifiés appartiennent au silurien. « La galène ne se présente ni en filons ni en
« couches, mais en gigantesques colonnes isolées, hautes de
« plusieurs centaines de mètres, qui affectent la direction N.
« 15° O. sur une longueur de 200 mètres. Cinquante-sept
« colonnes ont été constatées et presque toutes au contact
« d'une dolomie avec un calcaire argileux. Outre la galène et
« les autres sulfures métalliques, ces colonnes sont faites
« de calcaire et d'argile. » (J.-A. Phillips.)

Gîtes filoniens. — La distribution des minerais plombifères dans les filons est des plus variables. Elle est souvent fonction de la nature de la cassure et quelquefois de la profondeur. Lorsque l'on attaque les parties épigéniques, les produits oxydés sont fréquents mais disparaissent rapidement au fur et à mesure que l'on descend. Il arrive parfois que le carbonate de plomb persiste et, en Espagne, à *El Horcajo*, il en existe un exemple frappant. La cérusite forme des masses importantes à une profondeur de 200 mètres. Il est juste de dire que dans la zone ainsi métallisée, le terrain, très fissuré, est favorable à la circulation des eaux ; on doit attribuer à l'action de cette circulation la naissance de ces carbonates qui proviennent de la transformation de la galène.

Tantôt on a affaire à des filons concrétionnés ; tantôt des rognons et des modules apparaissent, tantôt le remplissage est fort irrégulier. Quelquefois des colonnes se dessinent et la distribution des matières prend une certaine symétrie ; mais fort souvent les lois nous échappent et les irrégularités semblent devenir la caractéristique dominante.

C'est ce qui arrive à *El Horcajo*, où deux filons E.O. avec un pendage presque vertical, recoupent des quartzites appartenant à l'étage cambrien. Des failles transversales très rapprochées ont ultérieurement produit des dislocations. Le remplissage argilo-quartzeux est minéralisé par de la galène argentifère, avec persistance des carbonates en profondeur dans la zone la plus fissurée.

En Allemagne une région classique est le *Hartz*. Là se trouve un ensemble de formations appartenant aux époques carbonifère et dévonienne. Ce sont des grauwackes, des quartzites, des schistes argileux et siliceux avec calcaires subordonnés. Ces assises, remaniées par des roches et particulièrement par le granite, sont en relation avec des strates permiennes, triasiques et crétacées.

Les filons du Hartz ont été classés en huit groupes et renferment de nombreux minéraux : argent, plomb, cuivre, cobalt, nickel, antimoine, fer, manganèse, etc. (Les schistes cuivreux du Mansfeld doivent être rattachés à cette formation.)

Les localités les plus productives sont :

Clausthal et *Zellerfeld*, où les horizons productifs sont dévoniens et carbonifères ;

Rammelsberg, district absolument dévonien ;

Saint-Andreasberg, où le silurien est bien minéralisé ;
et, dans le Hartz oriental, *Harzgerode*, où les filons recoupent les schistes siluriens.

A Clausthal, dans le nord-ouest de l'Oberhartz « les filons, « dit M. V. Groddeck, sont groupés en faisceaux dont l'ensemble « forme un système rayonnant qui part de la partie supérieure « de la vallée de Kellwasser, au-dessous du Brocken, et s'élar- « git vers l'Ouest... les filons ont généralement une salbande

« bien accusée au mur, tandis qu'au toit ils se confondent avec
« la roche par des ramifications et atteignent souvent des
« puissances de 40 mètres et plus ».

Le remplissage contient fréquemment des fragments de la
roche encaissante ainsi que le montre la figure 45. Les mine-

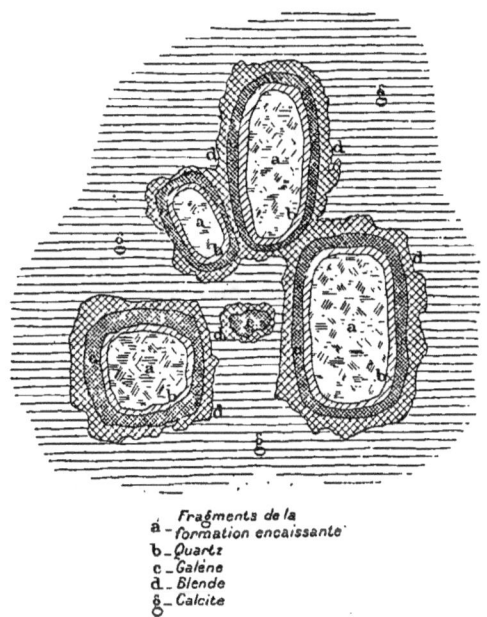

a — Fragments de la formation encaissante
b — Quartz
c — Galène
d — Blende
e — Calcite

Fig. 45. — Remplissage typique à Clausthal.

rais comportent de la galène argentifère, de la blende, et de
la chalcopyrite, avec adjonction de quartz, sidérose, calcite et
barytine.

Quant aux plages riches, leur distribution est fort variable,
mais on a pu reconnaître qu'elles se présentent généralement
sous forme de colonnes irrégulières inclinées.

En Bohême, depuis plus de trois cents ans, on a travaillé à
Pzribram, des filons de galène argentifère recoupant les assises
siluriennes.

Les veines, dont l'épaisseur varie de 2 centimètres à 6 mètres,
renferment de la galène, de la blende, de la sidérose, de la

calcite, de la pyrargyrite, de la tétraédrite et occasionnellement de l'argentite et de l'argent natif. On a atteint la profondeur de 1 200 mètres et actuellement les puits Maria et Adalbert sont les plus profonds du monde.

En France, *Pontgibaud, Pontpéan, le Huelgoat, Poullaouen, Vialas, l'Aveyron*, etc., sont les localités les plus connues pour leurs richesses plombifères.

A Pontgibaud les filons traversent le granite et contiennent, outre la galène, de la blende, de la pyrite et du cuivre gris avec adjonction de quartz, baryte et fluorine. Les parties riches se présentent sous forme de colonnes de 150 mètres sur 50 mètres, séparées par des zones stériles.

A Vialas (Lozère), les veines recoupent les micaschistes et contiennent beaucoup de fragments de la roche encaissante. Les éléments du remplissage sont : la galène argentifère, la pyrite, la chalcopyrite, la blende, la barytine, la calcite et le quartz.

En Bretagne près de Morlaix, à Poullaouen et Huelgoat, les grauwackes siluriennes sont ouvertes par des fractures où le minerai dominant est la galène argentifère; au Huelgoat on rencontre aussi de l'argent natif, de la kérargyrite, etc. A Poullaouen, le filon, mal défini, a atteint des puissances de 50 mètres, et le minerai s'est présenté sous forme de colonnes irrégulières.

A Pontpéan un filon N.S. et presque vertical traverse les schistes anciens; on y trouve de la galène, de la blende, des pyrites, etc.

En Sardaigne, à *Montevecchio*, existe un système de cassures parmi lesquelles le *Grand Filon* a une importance toute particulière. Il court au milieu des schistes siluriens (environ E.O. et plonge vers le nord sous un angle d'environ 70°. La galène est mélangée avec de la blende, de la pyrite, de la sidérose, de la chalcopyrite, du quartz, de la barytine, etc. La puissance du gîte a atteint jusqu'à 30 mètres. Les minerais contenant

70 p. 100 de plomb renferment jusqu'à 2 kilogrammes d'argent à la tonne. Les mines ont été ouvertes du temps des Romains.

La Péninsule Ibérique contient le plomb en abondance, et, on peut le dire, sous toutes les formes et affectant toutes les allures. A Carthagène, les fractures sont nombreuses. De même dans le district de Ciudad Real, où El Horcajo constitue un type accentué. Du côté d'Azuaga se dessine un champ de fractures fort complet, mais encore mal reconnu; le minerai se présente parfois en boules rognonnées affectant une texture radiée.

La sierra de *Almagrera* dans le nord-est de la province d'Almeria, est constituée par des phyllades et des micaschistes. Parmi les nombreux filons exploitables le *Jaroso*, est devenu célèbre. Le remplissage comprend : de la galène argentifère, de la pyrite, de la chalcopyrite, avec barytine, sidérose, quartz, et plus rarement calcite et hématite. La texture zonée y est nettement discernable, et on doit le rapporter au type des filons concrétionnés.

A *Linares*, le granite, recouvert par des grès triasiques, est sillonné par des fissures qui pénètrent aussi dans les bancs sédimentaires. La galène, la blende, la chalcopyrite, constituent l'élément métallique tandis que le quartz, la barytine, la calcite et la sidérose composent les gangues. Les minerais sont disposés en colonnes et, comme à El Horcajo, on a constaté la persistance des produits oxydés en profondeur.

En Angleterre, le nombre des districts miniers ouverts pour exploiter le plomb est trop considérable pour que nous songions, dans cette esquisse, même à les mentionner. Le pays de Galles, le Cornwall, l'Irlande, etc., sont des centres importants. A *Alston Moor*, la majorité des veines est orientée E.-O. (Cumberland). Cette région a été soigneusement étudiée par M. Wallace dans son remarquable mémoire : « Lois présidant au dépôt des minerais de plomb dans les filons. » M. Phillips, dans son ouvrage : « Ore deposits, » a habilement résumé la question.

Dans le Montgomeryshire, les veines du *Llanidloes district* courent généralement E.-O. et le filon principal est connu sous le nom de *Van Lode*. Nous en donnons une coupe figure 46. Sa puissance a varié de 3^m,50 à 25 mètres. Dans

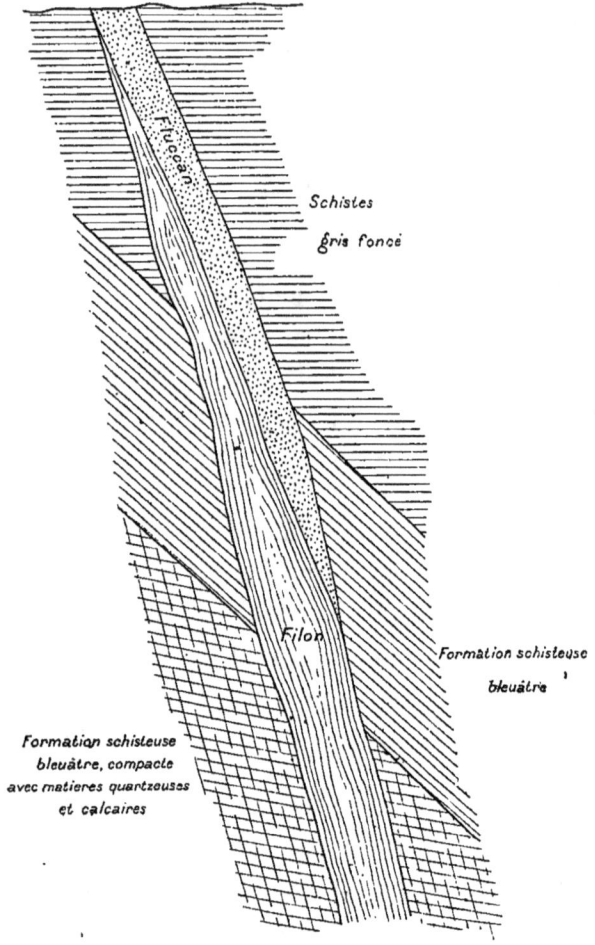

Fig. 46. — Coupe du Van Lode.

la partie supérieure, le remplissage argileux a été désigné sous le nom de *fluccan*; un peu plus bas, l'argile a fait place à de la calcite, du quartz et de la barytine. Dans l'ensemble les teneurs n'ont pas été très élevées, mais la grande masse minéralisée a permis pendant longtemps une extraction rémunératrice.

Dans le *Shropshire*, la mine de *Snailbeach* est remarquable par la régularité de ses dépôts métallifères. Le terrain encais-

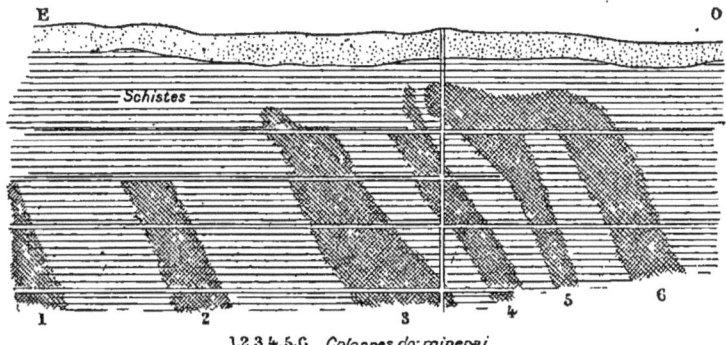

Fig. 47. — Colonnes riches à Snailbeach.

sant est un schiste quartzeux, légèrement micacé, et appartenant à l'étage de Llandeilo. La fracture a une direction moyenne E.-O. La figure 47 montre la disposition des

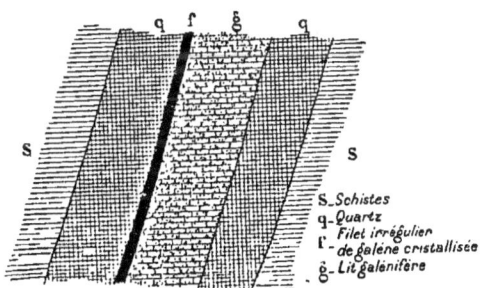

Fig. 48. — Coupe à Old Pencraig.

parties riches, dans lesquelles on rencontre, au milieu de quartz et de calcite, de la galène, de la blende et des pyrites.

La figure 48 représente la section d'un filon à la mine *Old Pencraig* dans le *Carnarvonshire*. La texture concrétionnée est nettement accusée.

Le *Cornwall* et le *Devon* forment, à l'extrémité sud-ouest de l'Angleterre, un des districts miniers les plus importants du monde. Nous avons donné figure 2 une section de la veine *Carn Marth;* nous y renvoyons le lecteur qui y trouvera la structure rubannée. Le filon *Mary Ann* (Cornwall) est également à noter ; la galène y est localisée en deux bandes symétriques, appliquées le long d'un remplissage quartzeux. Pour ce qui est relatif à cette région, on consultera avec profit les ouvrages de Moissenet et de J.-A. Phillips.

Filons-couches. — Quelquefois la cassure s'incline suffisamment pour coïncider, dans l'ensemble ou temporairement, avec le plan de stratification. Cette disposition en *filons-couches* n'est pas rare pour les gîtes de plomb.

On peut citer un exemple typique, sur les bords du Rhin, dans la grauwacke de Coblentz, appartenant au dévonien inférieur. C'est près de *Holzappel* que la formation est la mieux caractérisée. Les fissures ont une puissance inférieure à 1 mètre; le quartz, associé au jaspe, forme la gangue principale. Les minerais, en colonnes inclinées, se composent de galène, blende avec cuivre gris, chalcopyrite, sidérose, barytine, calcite, dolomie, etc. La texture est irrégulière.

Le système des filons d'Ems peut être rapproché du précédent.

Gash-veins et Cavités. — A *Tarnowitz*, dans la haute Silésie, le mulschelkalk est minéralisé sur une superficie d'environ 50 kilomètres carrés. Dans l'assise productive, qui est une dolomie bien caractérisée, on distingue deux horizons : l'un, appelé le *banc-tendre*, dans lequel la galène est mélangée avec une ocre ferrugineuse ; l'autre, le *banc-dur*, au milieu duquel le sulfure de plomb s'isole en masses homogènes. Dans les deux cas, les lits métallifères s'allongent parallèlement à la stratification ou se présentent perpendiculairement à cette direction.

Ils semblent se glisser entre les joints élargis de la strate.

Le district du *Haut-Mississipi*, aux États-Unis, embrasse trois États : Iowa, Illinois et surtout Wisconsin ; sa superficie est d'environ 350 kilomètres carrés. Le plomb se rencontre dans le calcaire magnésien supérieur de l'étage de Trenton, lequel appartient au silurien inférieur. Le minerai forme des *sheets* suivant les plans de stratification ou perpendiculairement à ces plans. Quelquefois les joints s'élargissent pour former un *opening* ou même des poches dans lesquelles s'accumule la substance utile. Une de ces poches, à *Levin's Lode*, près de Dubuque, avait 40 mètres de long sur 15 de haut et 9 de large. Quant aux sheets, leur épaisseur moyenne reste aux environs de 10 centimètres. Avec la galène on rencontre des ocres, de l'argile, de la calcite... etc.

Dans l'État de Nevada, près de la ville d'*Eureka*, on a

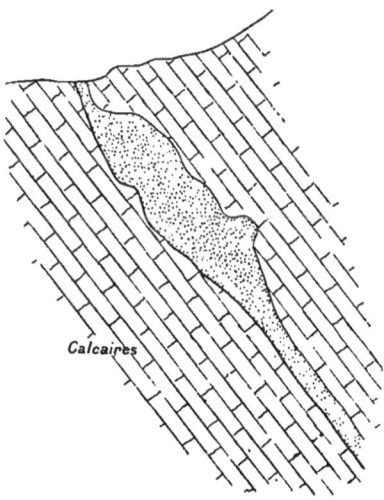

Fig. 49. — Représentation d'Emma mine (Utah).

exploité des mines que l'on peut à volonté classer parmi les gîtes argentifères, à cause de leur richesse, ou parmi les gisements de plomb. Les portions productives sont à la base du silurien, dans un calcaire magnésien surmontant un épais banc de quartzites dont la surface ondulée forme des dépressions généralement minéralisées. Le minerai se compose surtout de cérusite mélangée à des matières ferrugineuses. Certains produits de triage contiennent de 60 à 70 p. 100 de plomb et leur valeur en argent oscille entre 500 et 1000 francs à la tonne.

La figure 49 représente une coupe de la *mine Emma*, dans l'Utah, et montre *la grande cavité* au milieu du calcaire carbonifère. Le minerai de première classe, obtenu par triage, contenait environ 35 p. 100 de plomb et la teneur en argent a été de 4 à 5 kilogrammes à la tonne.

Les gîtes les plus extraordinaires, appartenant au type dont

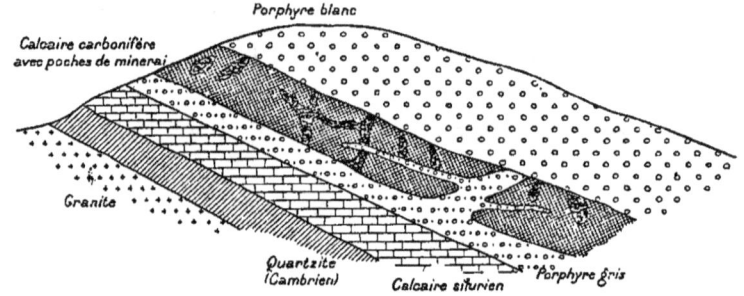

Fig. 50. — Gîtes de Leadville (Colorado).

nous nous occupons, sont peut-être ceux de *Leadville*, dont la figure 50 représente une coupe aux environs de *Iron Hill*. Sur le granite reposent les assises cambriennes et siluriennes. Celles-ci ont été séparées du calcaire carbonifère par un épanchement porphyrique qui a pénétré cette dernière formation. L'ensemble est dominé par une autre venue de porphyre. L'horizon métallifère est celui du calcaire carbonifère dans lequel le minerai se présente en masses irrégulières, bizarrement distribuées et qui portent le nom de *chutes* [1].

---

[1] Les gîtes de Leadville ont donné lieu à une controverse assez vive. Les différents géologues qui se sont occupés de la question ont émis des opinions diverses et c'est Emmons qui semble avoir analysé les phénomènes de la façon la plus complète. Voici comment MM. Fuchs et de Launay apprécient les conclusions d'Emmons :
« Nous sommes très disposés à admettre avec M. Emmons, que le porphyre, au contact
« duquel le gisement métallifère s'est développé, en contient les éléments et que c'est

Cette zone a été étudiée par M. S.-F. Emmons dont les conclusions ont une haute portée scientifique.

Le minerai comprend de la galène argentifère avec une forte proportion de carbonate, et, en outre, du chlorure d'argent, de l'anglésite, de la pyromorphite, de la blende, de la calamine, etc., mais à l'état exceptionnel.

Mines de plomb et d'argent. — En arrêtant ici la nomenclature des gîtes de plomb importants, nous n'avons cité qu'une faible partie de ceux qui existent. En Algérie, en Australie, aux Indes, au Japon, etc., mille exploitations jettent actuellement sur le marché des quantités considérables de métal. Nous nous sommes borné aux types principaux et intéressants, auxquels on peut généralement rapporter les autres.

Il est à remarquer que l'association du plomb et de l'argent est constante et nous avons noté en passant que certaines mines sont rangées indifféremment dans l'une ou l'autre catégorie. Il est souvent difficile de procéder à une classification. La présence des minerais spéciaux d'argent dans un gîte plom-

« de ces éléments que provient le gisement lui-même ; la relation entre les roches
« éruptives et les fissurations métallifères est un des faits géologiques qui ont été le
« plus anciennement admis par l'école française ; là, où nous avons quelque peine à
« suivre M. Emmons, c'est lorsqu'il suppose uniquement un lessivage de la roche
« devenue solide, tandis que nous croyons plutôt à une intervention des fumerolles de
« la roche encore à l'état igné. »

M. Emmons se prononce en faveur d'une sécrétion latérale pure et simple par lixiviation des rocs adjacents. Ces vues sont combattues par Dr Newberry dont nous ne pouvons rappeler ici les arguments, faute d'espace. Bref, on a eu au sujet de Leadville les mêmes discussions que celles déjà soulevées au sujet de la genèse du Comstock lode.

Pour nous, après un examen attentif des gîtes, nous n'hésitons pas à nous ranger du côté des partisans de la théorie de ségrégation. Mais dans l'espèce nous ne croyons pas la sécrétion latérale localisée. Avec Emmons, nous admettons que le porphyre a amené des profondeurs de notre globe les éléments métalliques, puis s'est solidifié. C'est de cette roche et par lixiviation que les eaux ont extrait ces métaux pour les déposer ensuite dans le calcaire. Où nous différons d'opinion avec l'éminent observateur, c'est en admettant que les eaux viennent d'un district plus éloigné, qu'elles sont descendues par un système de fissures jusqu'à une certaine profondeur, dans le porphyre qu'elles ont lessivé sur leur passage, puis qu'elles ont remonté vers le jour entre les deux nappes éruptives, c'est-à-dire dans le banc calcaire où elles ont creusé des poches irrégulières et produit une minéralisation par substitution.

Quant à la théorie solfatarienne, nous croyons qu'elle doit être complètement abandonnée dans le cas particulier.

bifère n'est point un argument décisif, car ils peuvent provenir de la disparition du métal le moins noble et exister comme résidus. En tout état de cause, on ne peut juger de la nature d'un gîte que, lorsque après avoir franchi la partie altérée, on entre dans la zone nettement définie.

Dans le cas où la proportion entre le plomb et l'argent est constante (ou à peu près constante), il est possible d'admettre que les métaux sont venus simultanément et que le plomb a servi de véhicule à l'argent dans une combinaison peut-être définie. On peut alors considérer la formation comme plombifère.

Si, au contraire, les variations de richesses relatives sont considérables, on conclura que les deux métaux n'ont pas été subordonnés l'un à l'autre, au moment de leur apparition, et, si l'argent donne au minerai sa valeur, le gîte sera considéré comme argentifère malgré la présence du plomb [1].

Il règne souvent une grande incertitude à ce sujet, qui n'a d'intérêt qu'au point de vue théorique. Le mineur se contente de règles et d'observations empiriques qui, recueillies dans le district où il travaille, lui permettent souvent de prévoir les résultats auxquels il arrivera plus tard [2].

§ V. — ZINC

Les minerais usuels du zinc se réduisent à trois espèces : le

---

[1] Dans certains cas, lorsque les minerais d'argent sont en quelque sorte superposés à la galène, l'acide azotique peut dissoudre les premiers. Bien que cette réaction soit rarement nette, elle peut parfois devenir utile.

[2] Si l'on parvient à déterminer l'association constante du plomb et de l'argent, on possède une donnée favorable. En général, on sera en droit d'espérer une persistance plus marquée de la teneur. Si les minerais d'argent existent à l'état indépendant, ils peuvent former au sein de la formation des colonnes riches distinctes des colonnes plombifères, ou du moins n'ayant avec ces dernières qu'une relation peu définie. L'incertitude sera donc plus grande.

Enfin, il est un point contre lequel on doit se mettre en garde. Nous avons dit que par suite d'actions subséquentes, dans les parties épigéniques, un métal peut disparaître et l'autre rester comme résidu. Dans ces conditions, la teneur du plomb d'œuvre présentera une valeur variable qui pourra faire croire à une venue argentifère spéciale alors que cette variation ne sera que le résultat des altérations subies par une masse primitivement homogène.

sulfure ou blende, le carbonate et le silicate ; ces deux derniers composés sont souvent désignés sous le nom de calamine, bien que cette appellation n'appartienne en propre qu'au silicate. Plus rarement on rencontre la zincite (oxyde), la franklinite (oxyde de fer, zinc et manganèse) et les autres espèces minéralogiques zincifères.

Les gîtes de zinc, comme nous l'avons déjà expliqué (p. 32), présentent leur maximum de développement dans les calcaires, où ils forment généralement des épanouissements (dits calaminaires) qu'il convient de ranger dans le type des grottes et cavités. Il arrive fréquemment que des fissures minces recoupant des grès, schistes, grauwackes... et présentant des remplissages blendeux, se transforment dans les terrains calcaires en poches irrégulières, avec minerais oxydés, pour reprendre leur allure primitive, si les couches traversées viennent à se modifier.

D'autres fois, c'est au contact de deux formations (dont l'une calcaire), que semble s'être concentrée l'activité métallifère. Ces gisements sont fréquemment en rapport avec des veines minces dont l'importance industrielle est pour ainsi dire nulle.

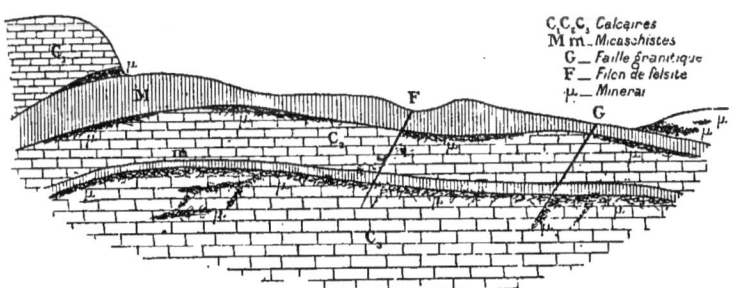

Fig. 51. — Coupe théorique du Laurium.

En Grèce le massif du *Laurium* (Attique) offre un intérêt de premier ordre. La coupe, représentée par la figure 51, est destinée à en donner une idée approximative. Les schistes cristallins alternent avec des strates calcaires et sont en relation avec des granites et des porphyres. Les métaux se trouvent soit dans les fissures sillonnant les schistes, soit en amas ou en poches dans le calcaire. Le remplissage dominant est une matière ferrifère et zincifère, avec imprégnations ou veinules de galène, blende, calamines, etc. ; l'épaisseur des dépôts de contact a varié entre 1 et 6 mètres.

Ces mines ont été travaillées par les anciens qui opéraient par voie de fusion.

La méthode laissait à désirer et le traitement des scories a été pour la société actuelle une source de profits énormes. On a évalué la quantité de ces résidus à plus de *deux millions* de tonnes.

Les Grecs ont exploité pour plomb et argent et ne touchaient guère aux minéraux du zinc. On estime qu'ils ont produit 2 100 000 tonnes de plomb et 8 400 000 kilogrammes d'argent (Cordella), ce qui correspond à 4 kilogrammes d'argent par tonne de plomb d'œuvre. Aujourd'hui, outre la galène et la cérusite, très riches en argent, on traite la blende et la calamine. Les produits zincifères, après calcination, contiennent environ 60 p. 100 de métal.

A *Raibl*, en Carinthie, l'horizon métallisé appartient au trias; les calamines se concentrent dans le calcaire tandis que la galène et la blende existent à un niveau un peu supérieur dans des assises dolomitiques.

En *Silésie*, un banc dolomitique du *muschelkalk* contient des dépôts zincifères abondants comportant : blende compacte, hématite zincifère, dolomie zincifère et ferrifère, calamine rouge, puis calamine blanche; on désigne sous ce dernier nom des argiles et des calcaires zincifères. Généralement les calamines blanches forment le lit inférieur, tandis que les calamines rouges se trouvent à la partie supérieure. A la mine *Cäcile*, la puissance du dépôt a atteint 3 mètres. Généralement elle reste bien au-dessous de ce chiffre et souvent se réduit à quelques centimètres.

Dans le district de la *Vieille Montagne* qui s'étend de Liège à Aix-la-Chapelle, l'amas de *Walkenrädt* est intercalé entre les schistes houillers et le calcaire carbonifère. Au contact de cette dernière formation, la calamine est abondante, tandis que vers les parties supérieures se produit un enrichissement ferrugineux. L'amas a été suivi sur une longueur de 250 mètres. Près de *Moresnet* (fig. 52), la zone productive formait une espèce de

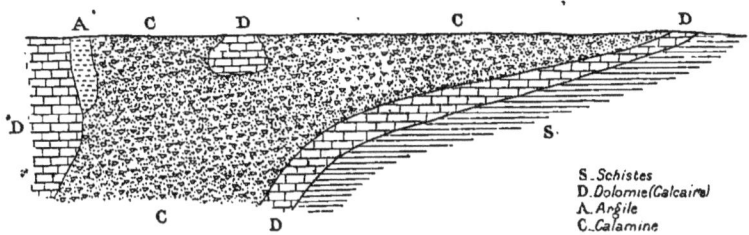

Fig. 52. — Gîte de Moresnet.

gouttière conique, dont l'axe longitudinal était parallèle au plan de notre croquis. Les formations dolomitiques DD appartiennent au calcaire carbonifère, tandis que les schistes S ont été rapportés à la période dévonienne. La calamine y était très pure, et les sulfures ne se présentaient qu'à l'état accidentel. L'allure était irrégulière ; on a vu le minerai se concentrer parfois en masses importantes : d'un seul de ces amas on a extrait plus de 100 000 tonnes [1].

Dans les environs de *Stolberg*, *Engis*, etc... les dépôts zincifères sont subordonnés aux calcaires dévoniens et carbonifères.

En Espagne, dans le Guipuzcoa et la province de Santander, le zinc a été exploité au sein de calcaires dolomitiques mal déterminés mais rapportés à la période jurassique. En France, dans le Gard, la blende a été trouvée dans un calcaire liasique [2].

En *Sardaigne*, l'horizon productif appartient à l'étage silurien, et est tout entier contenu dans les calcaires. C'est à *Malfidano*

---

[1] « Le gîte de la Vieille-Montagne a commencé par une véritable colline de calamine « pure exploitée à ciel ouvert. En 1882 on en a retiré les dernières bennes de « minerai. » — Fuchs et de Launay. *Traité des gîtes minéraux et métallifères.*

[2] En France, sur la frontière des départements du Gard et de l'Hérault, le gîte des « Malines » donne, en ce moment, de beaux résultats (1894).

que les dépôts métallifères acquièrent leur maximum d'importance. Ils affectent parfois l'allure de filons-couches (J.-A. Phillips). Le remplissage est à la fois plombeux et zincifère avec prédominance de la calamine ; le minerai forme parfois les sept huitièmes de l'ensemble. A *Planeddu* et à *Monte-Reggio*, d'autres exploitations ont été ouvertes, mais elles ne peuvent rivaliser avec celle de Malfidano.

En Angleterre, en Portugal, en Suède, le zinc a été constaté. Dans cette dernière contrée, la Société de la Vieille-Montagne a exploité des blendes, formant des lentilles dans le gneiss des environs d'*Ammeberg*. Cette roche se présente en un banc de 500 mètres de puissance et le sulfure s'y trouve mêlé à du feldspath et du quartz. Les zones exploitables ont atteint des épaisseurs qui ont dépassé 20 mètres.

En dehors de l'Europe, ce n'est guère qu'aux États-Unis que le zinc a été travaillé d'une façon un peu suivie. Dans le bassin sud-ouest du Missouri, de vastes dépôts de calamine et de smithsonite ont été récemment reconnus. L'Illinois, le Kansas, le Missouri ont vu s'ouvrir de nouvelles mines et la production de l'Union a plus que doublé depuis dix ans. La figure 53 montre

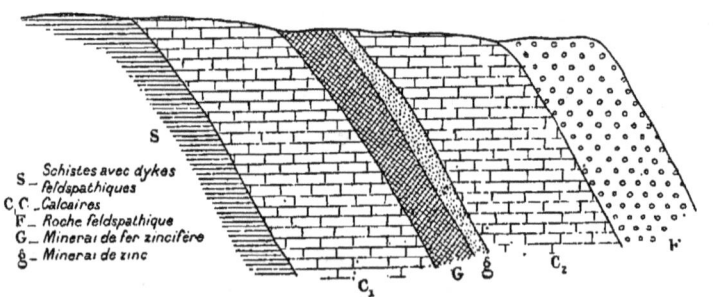

Fig. 53. — Gîte de Sparta (New-Jersey).

l'allure des gîtes de *Sparta* dans le New-Jersey. Le calcaire encaissant a été rapporté au silurien inférieur et repose sur des schistes, pénétrés par des intrusions de roches feldspathiques.

§ VI. — FER

Le fer est de tous les métaux usuels celui qui est le plus largement répandu dans la nature. Il entre dans la constitution d'un certain nombre de roches, mais n'a pas dans ces conditions de valeur industrielle. Très souvent il s'isole en masses plus ou moins riches que l'on trouve au sein de toutes les formations.

Il se présente surtout à l'état de sulfure, d'oxyde, et de carbonate ; les autres combinaisons, par rapport à la masse de ces trois espèces, ne sont réellement que des exceptions.

Gîtes pyriteux. — Au point de vue auquel nous nous sommes placé, les gisements pyriteux n'ont qu'une faible valeur. Bien que riches en fer, ils ne constituent pas directement un minerai. La présence du soufre dont on ne peut se débarrasser *entièrement*, même avec des grillages prolongés, toujours nuit à la qualité des produits métallurgiques.

La pyrite de fer se rencontre dans les formations anciennes aussi bien que dans les strates modernes et dans les roches ; on la retrouve partout. Elle existe dans les couches de sécrétion, dans les amas interstratifiés, dans les filons irréguliers ou concrétionnés, dans les cavités, etc., etc... Associée à des gangues, elle contient souvent de l'or. Fréquemment elle est unie à des minerais divers, et il y a très peu de gîtes où l'on n'en ait pas constaté l'existence.

Gîtes oxydés. — Le véritable minerai de fer est l'oxyde (magnétite, hématite, limonite) tantôt pur et cristallisé, tantôt contenant certains éléments, le phosphore en particulier, qui en diminuent la qualité.

Dans son *Traité des gîtes métallifères,* M. Von Groddeck a établi une série de types que l'on peut grouper ainsi :

Gîtes détritiques.
Gîtes stratifiés { en couches.
{ en amas.
Gîtes massifs.
Gîtes filoniens { dans les roches éruptives.
{ dans les formations sédimentaires.

La formation détritique de *Peine* (Hanovre) renferme des rognons et concrétions d'hématite brune se présentant en lits au milieu de marnes, d'argiles, de limons, etc.

Au Brésil, la *Canga* consiste en brèches ou en conglomérats de magnétite ou d'hématite rouge; ces fragments sont reliés entre eux soit par une substance ferrugineuse compacte, soit par un ciment friable riche en limonite.

Les couches ferrifères se divisent en deux classes bien distinctes ; celle des carbonates et celle des hématites.

Le fer carbonaté se présente à l'état cristallin ou lithoïde et en masses plus ou moins lenticulaires, généralement compactes, et quelquefois mélangées d'argile ou de particules charbonneuses. Le silicate de fer ou chamoisite, lorsqu'il est présent, détermine une texture oolithique.

En Westphalie, en Silésie, en Angleterre, dans l'Amérique du Nord, les « blacks bands » ou minerais houillers appartiennent à ce type.

Les couches d'hématite ont une allure souvent irrégulière et le passage aux amas stratifiés est fréquent. L'hématite rouge ou brune domine, avec mélange de substances terreuses, argileuses, calcaires ou siliceuses. La structure oolithique n'est pas rare.

En Bohême, dans le Hartz, en Silésie, en Bavière, en Lorraine, aux États-Unis, etc., ces couches d'hématite sont nombreuses et productives.

En Carinthie et en Styrie, à *Hüttenberg* et *Eisenerz*, des amas interstratifiés de fer spathique (sidérose), parfois fort développés, sont en relation avec des calcaires. Le minerai se présente à l'état cristallin ou saccharoïde accompagné de produits sulfurés tels que : pyrite, chalcopyrite, galène, sulfures cobaltifères et nickélifères.

La roche brésilienne connue sous le nom d'*itabirite* est un mélange de fer oligiste, de fer micacé, de fer oxydulé et de quartz. La texture en est tantôt grenue, tantôt schisteuse. On y trouve par place des amas interstratifiés d'oligiste et de magnétite.

Les *oxydes de fer* (magnétite et oligiste) s'alignent souvent sous forme de lentilles au sein des schistes cristallins. Le minerai est tantôt massif, tantôt accompagné de feldspath, de silicates, de grenat, de hornblende, d'argile, etc. Les matières pyriteuses y sont fréquentes et leur proportion peut augmenter au point d'en venir à prédominer.

Ce type est bien caractérisé, en Espagne aux environs de Séville, en Bukowine, en Silésie, et surtout à l'île d'Elbe. Toutefois c'est en Scandinavie et aux États-Unis qu'existent les exemples les plus frappants.

Au sein des roches éruptives, le fer existe, soit à l'état consti-

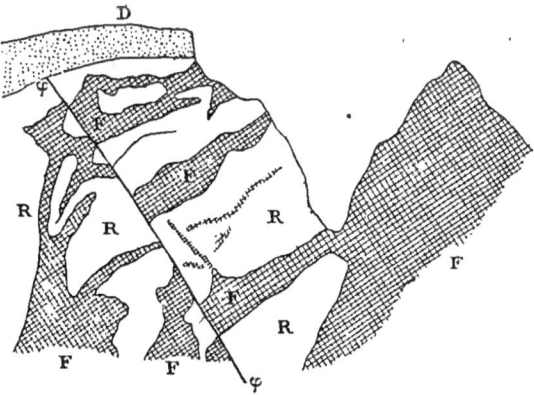

Fig. 54. — Coupe de l'Iron Mountain.

tutif, soit à l'état d'inclusions qui se rassemblent et se concentrent parfois, au point de former des masses exploitables. C'est ce qui se passe à *Taberg* (Suède), dans l'Oural à *Blagodat Katschkanar*, etc.

Aux Etats-Unis, le gisement d'*Iron Mountain* (fig. 54) est logé dans une roche porphyrique R surmontée par un dépôt détritique D. Le minerai représenté en F est de l'oligiste. Ce gîte a a été tantôt classé comme gîte de départ provenant de la concentration ultérieure du fer venu au jour avec la roche, tantôt considéré comme un remplissage de filons ou d'un système de fractures au sein d'une roche éruptive.

En réalité, l'*Iron Mountain* est un excellent passage entre le *type Taberg* et le *type Zorge*. Celui-ci correspond à des filons recoupant des roches éruptives : granites, porphyres, diabases, etc., avec remplissage d'hématite rouge et gangue quartzeuse ou calcaire. A Zorge (Hartz), dans le Nassau, dans l'Erzgebirge, etc., cette classe est nettement caractérisée.

Au milieu des terrains sédimentaires, les filons affectent des allures diverses.

A *Rio Albano*, les fractures recoupent les schistes cristallins et les terrains métamorphiques. Le remplissage est ou de la magnétite ou de l'oligiste. A *Traverselle*, dans le Piémont, un dépôt irrégulier dont la magnétite forme le minerai principal, se développe dans un banc de micaschistes. Il est assez difficile de dire si on est en présence d'un amas réticulé ou d'un remplissage de fractures enchevêtrées. Les ramifications ont atteint parfois des puissances de 30 mètres. Avec la magnétite, on a trouvé de l'oligiste, et, plus rarement, des produits sulfurés.

L'hématite forme dans certains cas le remplissage de fissures traversant des sédiments. Elle est rarement pure, et la gangue est quartzeuse, calcaire ou barytique. Ces filons déterminent parfois des intercalations entre les plans de stratification. Ces caractères sont nets à *Bergzabern*, dans la Haardt, dans la Forêt Noire, dans le Hundsrück, dans le Nassau, en Westphalie, etc., etc.

Lorsque le remplissage devient carbonaté et comprend surtout du fer spathique, on passe à un type nouveau constaté surtout dans les terrains anciens. Un bon exemple existe au Stahlberg, dans le pays de Siegen ; les filons recoupent les phyllades dévoniennes et la puissance des plages productives a fréquemment atteint 30 mètres.

Le gisement de *Mitterberg* possède un caractère analogue, avec enrichissement en produits sulfurés et particulièrement en matières cuivreuses.

Au sein des formations calcaires, le fer figure fréquemment parmi les matériaux de remplissage des grottes. Dans l'Amérique du Nord, en Angleterre, en Allemagne, etc., on en trouve de nombreux exemples qui ont été groupés autour du *type Hüggel* (près Osnabrück). Ces gîtes affectent parfois la forme calaminaire ; la figure 55 représente une coupe des dépôts de *Whitehaven* (Angleterre) qui montre assez bien

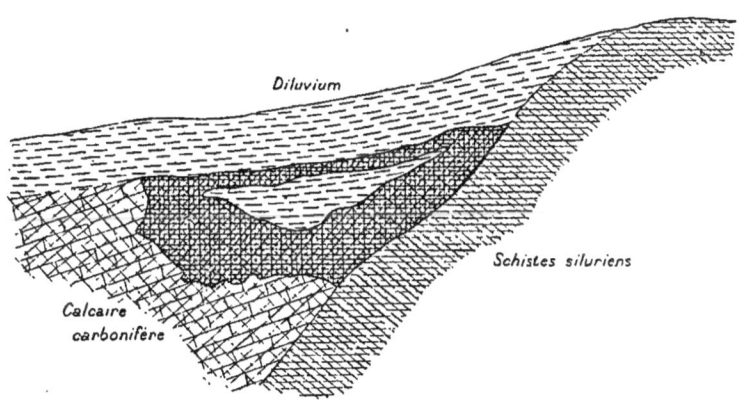

Fig. 55. — Gisement de Whitehaven.

cette disposition. Le calcaire carbonifère, en rapport avec des schistes siluriens, a été rongé dans la partie supérieure de son contact, et, dans la cavité, s'est formé le dépôt de minerai de fer. L'ensemble disparaît sous un manteau de diluvium.

La limonite constitue les *minerais de marais* dont nous avons déjà parlé (p. 146).

Au-dessus des calcaires jurassiques supérieurs, ce produit

se retrouve en grains plus ou moins arrondis faits de couches concentriques dont les dimensions varient de 1 ou 2 millimètres jusqu'à 5 ou 6 centimètres de diamètre. L'oxyde métallique est généralement mélangé à de l'argile. Dans le Tyrol, la Carniole, la Carinthie, puis en France, dans le Berry, la Bourgogne, la Franche-Comté, etc., ces formations sont fréquentes.

S'il est intéressant de grouper les gîtes de fer autour d'un petit nombre de types caractéristiques faciles à se rappeler, il est tout aussi important de jeter un coup d'œil sur leur distribution géologique. M. de Lapparent a résumé la question et nous adopterons sa division.

Gîtes des terrains { primitifs. paléozoïques. secondaires. tertiaires.

Gîtes des terrains primitifs. — C'est au milieu des couches les plus anciennes de l'écorce terrestre que se rencontrent les minerais de Traverselle (Piémont), de Mokta-el-Hadid (Algérie), et ceux de Scandinavie. Nous venons de parler des premiers dans le paragraphe précédent, nous n'y reviendrons pas.

A Mokta-el-Hadid, le fer oxydulé et l'oligiste mélangés forment une masse continue s'étendant en direction sur plus de 1 kilomètre et demi et présentant des épaisseurs oscillant entre 5 et 15 mètres. Ils sont intercalés entre des schistes micacés granatifères, qui forment le mur, et une couche de cipolin relevant de l'étage des gneiss de Bône. La teneur en manganèse varie de 1 à 2 p. 100.

En Scandinavie, M. Sjœgren a établi trois catégories :

1° *Type Gelliwara*, reproduit à *Groesberg* et *Groengesberg* : l'oligiste et le fer magnétique, en couches zonées, sont associés aux gneiss et leptynites rouges de la contrée ;

2° *Type Taberg*. — L'oxyde s'est isolé dans les roches par suite d'un phénomène de départ ;

3° *Type Dannemora*. — Le minerai est le fer magnétique ou

l'oligiste; il présente une certaine richesse en manganèse et est en relation avec des couches calcaires ou des halleflints. La

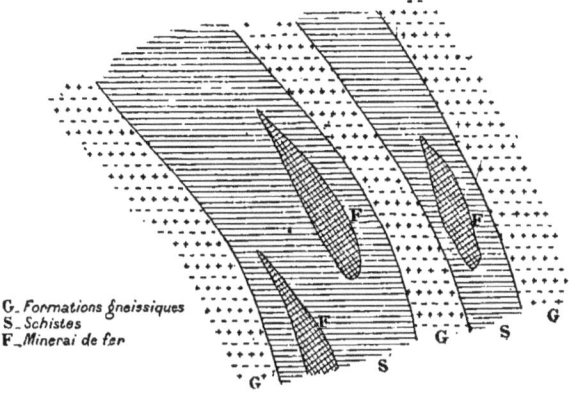

Fig. 56. — Type Dannemora.

figure 56 donne une juste idée de cette classe à laquelle on peut rattacher les gisements d'*Utö*.

Les gîtes d'*Arendal* ne rentrent point dans les catégories précédentes, car ils présentent une allure filonienne, bien que la magnétite se concentre sous forme de lentilles. Les massifs de minerai, en relation avec des gneiss, micaschistes, schistes amphiboliques et cipolins, sont recoupés par des fractures dont quelques-unes présentent un remplissage granitique.

Aux États-Unis, les formations laurentiennes sont très riches en fer. Les « highlands » des États de New-York, de New-Jersey et de Pensylvanie sont particulièrement productifs. Dans le district du lac Champlain, le fer magnétique, souvent rendu impur par la présence de l'apatite, est interstratifié dans les gneiss. Les gisements de Franklinite du New-Jersey, que nous avons mentionnés à propos du zinc, doivent être rapprochés des précédents.

La figure 57 représente la coupe du *Pilot Knob*, qui, après *Iron Mountain*, est la mine la plus importante du Missouri. Pilot-Knob est une colline haute d'environ 200 mètres; la couche d'hématite a une puissance de 15 mètres environ. Le mur est formé par un porphyre rouge et le toit par un conglomérat porphyrique dont les éléments sont reliés par un ciment ferrugineux. La partie productive est divisée en deux

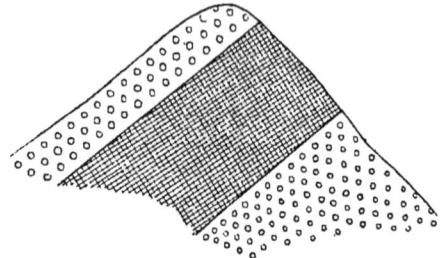

Fig. 57. — Coupe théorique à Pilot Knob.

tranches par un lit argileux, épais d'environ 1 mètre, et dont la distance au mur est voisine de 9 mètres ; le minerai du banc inférieur contient 53 p. 100 de fer, tandis que la teneur du banc supérieur atteint 60 p. 100.

La région du lac Supérieur a acquis une importance extrême et le district de Marquette est un des plus riches.

Dans la coupe théorique représentée par la figure 58, les minerais forment des lentilles dans des schistes F surmontant des schistes à hornblende S en contact avec le granite. Cet

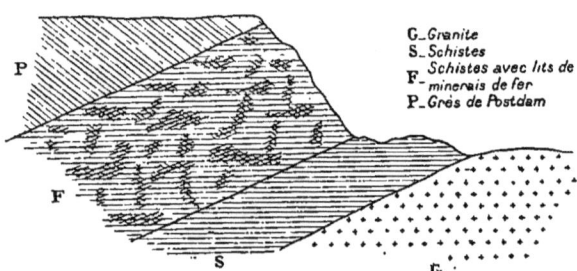

Fig. 58. — Coupe théorique au Lac Supérieur.

ensemble est subordonné à l'étage de Postdam, une division du cambrien.

Gîtes des terrains paléozoïques. — A la série cambrienne, M. de Lapparent rattache les sparagmites rouges de Norvège, les itabirites du Brésil, les poudingues ferrugineux de Normandie et de Bretagne, les dépôts ferrifères des Asturies, de Krivoï-Rog (Russie), etc.

Les étages siluriens sont également ferrifères en Bretagne, dans le Cotentin, en Styrie, etc. ;

Dans le Nassau, le Hartz, dans le bassin de la Meuse, aux environs de Liège et de Namur, dans le Devonshire, etc., etc., le dévonien se montre productif.

Aux Indes, les étages paléozoïques contiennent de grandes

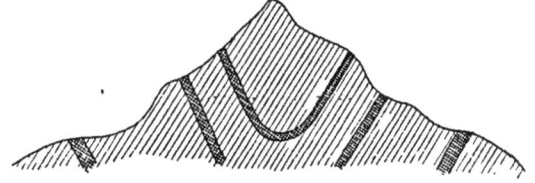

Fig. 59. — Montagne de Kanjamullay.

richesses minières. La montagne de *Kanjamullay* (fig. 59), haute de 300 mètres, contient trois couches principales, épaisses chacune d'environ 15 mètres ; le minerai, d'excellente qualité,

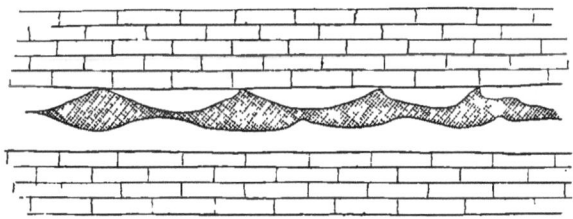

Fig. 60. — Gîtes de la Forest of Dean.

fournit des fers comparables à ceux de Norvège. La formation encaissante, d'abord rapportée à l'horizon laurentien, semble devoir être définitivement rangée dans la série cambrienne.

Les gîtes de la Nerbbuda et de l'Himalaya fournissent également des produits de première qualité.

En Angleterre, l'étage carbonifère a une importance capitale au point de vue de la sidérurgie. La figure 55 fournit un curieux exemple du mode d'occurrence des dépôts et permet de rapprocher certains d'entre eux du type calaminaire. La figure 60 est destinée à montrer la disposition des plages riches dans le district appelé *Forest of Dean;* elles présentent une série de renflements au milieu des calcaires [1].

C'est aussi à cet horizon qu'il convient de rapporter les « blackbands » ou minerais houillers.

Gîtes des terrains secondaires. — Ici encore abondance de gisements; les uns peu développés, les autres fort étendus. Parmi les localités classiques en France, il faut citer *Allevard*, puis l'*Ardèche*, le *Gard*, les *Ardennes*, etc., etc.

Quelle que soit l'importance de ces diverses exploitations, elle n'est rien à côté de celles qu'ont acquise les mines de Pensylvanie. La formation avait d'abord été rapportée par H.-D. Rogers à la base de la série paléozoïque ; mais, depuis, il a été établi que le terrain encaissant relève de l'ère mésozoïque. Le minerai est de la magnétite et le dépôt a été reconnu sur plus de 1 200 mètres en direction et 200 mètres en largeur. En certains endroits, les sondages ont traversé le minerai sur des épaisseurs d'environ 100 mètres. Quant à la production, elle est tout à fait comparable à celle de Mokta-el-Hadid, et c'est par centaines de mille tonnes qu'il faut la chiffrer.

Gîtes des terrains tertiaires. — Nous citerons trois exemples typiques.

A l'*île d'Elbe*, où se rencontrent des dépôts superficiels résultant de l'épanouissement des filons (de Lapparent), le minerai (oligiste et hématite) est encaissé dans le cambrien, le permo-carbonifère et le lias, ce qui prouve une venue relativement tardive. Du reste, on a constaté sa relation avec une

---

[1] Les gîtes de la « Forest-of-Dean » se trouvent dans le pays de Galles non loin de la Severn et de la Wye bien que par erreur V. Groddek les ait placés en Amérique.

roche verdâtre ferro-magnésienne épanchée à une époque voisine de la nôtre.

Le type de *Carthagène* et des *Alpujarras* (Espagne) doit être rapproché de celui de la *Tafna* (Algérie) et de celui du *Canigou* (Pyrénées).

Au sujet de *Bilbao*, il y a eu discordance entre les géologues qui se sont occupés de la question. Le minerai (hématites et carbonates décomposés) a été rapporté, tantôt au crétacé, tantôt à l'époque tertiaire. C'est cette dernière opinion qui prévaut aujourd'hui (A. de Lapparent). J.-A. Phillips range les gîtes de Bilbao dans la série crétacée.

Conclusion. — Pour plus de détails, nous renvoyons aux ouvrages de Von Groddeck, J.-A. Phillips, Fuchs et de Launay, etc., dans lesquels on trouvera des descriptions détaillées et précises des différents gisements du fer.

Nous nous bornerons à remarquer que ces minerais ayant en eux-mêmes peu de valeur, l'exploitation n'en est rémunératrice qu'à condition d'avoir un prix de revient très bas ou des facilités spéciales d'écoulement.

Le premier cas se trouve réalisé lorsqu'on est en présence de dépôts énormes comme en Pensylvanie ou à Mokta-el-Hadid. Dans ces conditions, le coût est minime et un minerai pur peut être exploité si les moyens de transport le permettent.

Dans le cas où l'on peut être sûr de l'écoulement avantageux des produits, par suite d'un concours favorable de circonstances, il y a lieu d'ouvrir des gisements plus restreints. Il arrive, ou peut arriver que, dans des pays nouveaux, des commandes importantes déterminent la création d'usines qui sont pour de nouvelles mines un débouché tout trouvé. Des marchés avantageux, portant sur des quantités considérables, constituent, pour un certain temps au moins, un monopole, grâce auquel on peut faire face aux exigences de la situation.

Il ne faut pas oublier que la présence de certains éléments, du phosphore particulièrement, ôte une grande valeur aux produits obtenus. Grâce aux progrès des procédés métallurgiques, on est arrivé à utiliser des matières autrefois méprisées ; mais ces méthodes ne peuvent pas toujours être employées et la plus grande attention doit être apportée dans l'examen de la qualité des minerais. La teneur des produits utilisables est difficile à préciser et varie naturellement avec les circonstances. Voici quelques exemples destinés à fixer les idées :

TENEUR EN FER	P. 100
Protoxyde de fer.	78
Oxyde magnétique	72
Peroxyde anhydre.	70
— hydraté	57 à 60
Minerai de Dannemora	65 à 70
— de Mokta.	60 à 65
— de Bilbao	55 à 56
— du Rancié	45

Nous n'avons pas à parler de la métallurgie du fer. La sidérurgie est une branche tellement importante de l'industrie qu'on a dû la disjoindre de l'exploitation des mines. Dans le cas de certains métaux tels que l'or, l'argent, le cuivre, le plomb argentifère, etc., il y a lieu de réunir parfois l'exploitation des mines et l'extraction du métal de sa gangue. Au point de vue auquel nous nous sommes placé nous ne devons considérer ces procédés métallurgiques que comme un moyen complémentaire de concentration destiné à fournir des produits marchands plus aisément transportables.

Pour le fer la question est bien différente et, dans aucun cas, l'usine ne peut être considérée comme annexe de la mine. Quant à la méthode, elle est constante, et vise toujours l'obtention d'une *fonte* qui est utilisée parfois directement, mais sert aussi de matière première pour la production du fer et de l'acier.

Le tableau suivant permet d'embrasser d'un coup d'œil les caractéristiques respectives du fer, de l'acier et de la fonte.

	FONTE p. 100	ACIER p. 100	FER p. 100
Carbone	4 à 6	0,5 à 1,25	0,5
Silicium	1 à 4	0,3 à 0,5	0,03
Phosphore (teneur limite)	2	0,5	0,5

§ VII. — ÉTAIN

Le minerai unique de l'étain est la cassitérite (oxyde). La stannine (sulfure) n'existe qu'à l'état d'exception. Ce métal est assez largement diffusé à la surface du globe, mais ce n'est que sur un petit nombre de points que son exploitation est devenue importante et rémunératrice.

En France, dans les granulites du *Limousin*, dans les granites de *Montebras* (Creuse), dans les pegmatites de *Chanteloube* (Haute-Vienne), l'étain a été rencontré, ainsi qu'en Bretagne, aux environs de la *Villeder* et près de *Piriac*. Mais aucun de ces gisements n'a été exploité avec grand succès.

Dans l'Erzgebirge, à *Altenberg*, on connaît depuis longtemps déjà des veines stannifères. La production n'est pas très élevée, mais les formations nettement caractérisées ont permis d'étudier à fond un mode d'occurrence particulier; nous voulons parler de la disposition en *stockwerks* que la figure 61 représente grossièrement.

La roche P est une espèce de porphyre granitoïde en contact avec le *Zwitter porphyr* Z, qui est lui-même en relation avec un porphyre syénitique S. La roche porphyrique R est de composition analogue à Z. Le Zwitter est de couleur foncée et comporte essentiellement du mica et du quartz avec imprégnations de cassitérite; la teneur en étain varie entre trois et cinq millièmes. La masse est sillonnée de filons quartzeux où l'on retrouve les mêmes éléments accompagnés de molybdénite et de bismuthine. En outre, pour certaines cassures F, les épontes sont, dans leur voisinage immédiat, particulièrement riches en étain. Les fractures de la zone Z se prolongent dans les roches voisines et présentent cette particularité d'être

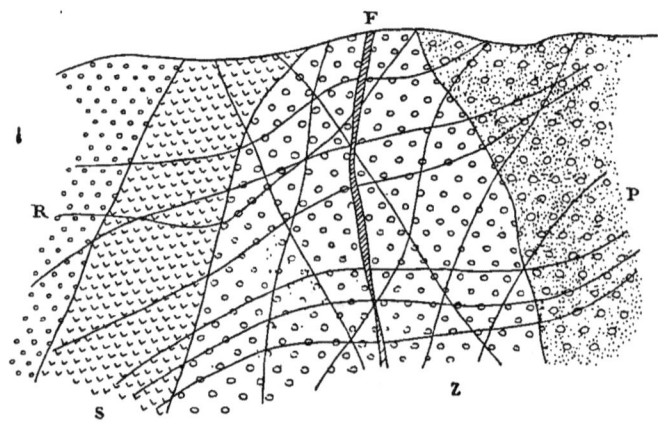

Fig. 61. — Stockwerk d'Altenberg.

enchâssées de part et d'autre dans une substance analogue au Zwitter, laquelle passe peu à peu à la roche encaissante.

Le stockwerk de *Geyer* dans les mêmes parages est analogue au précédent.

A *Zinnwald*, toujours dans la même région, au milieu d'une nappe porphyrique, existe un dôme de granite à grain fin avec inclusion d'hyalomicte. La masse est recoupée par un grand nombre de cassures pouvant se diviser en deux groupes. « Les « unes, horizontales sous la partie supérieure de la masse grani-« tique, plongent ensuite doucement en tous les sens... les « autres sont presque verticales et de direction NE-SO. » (V. Groddeck.) Ces derniers filons rejettent les autres. La cassitérite se trouve dans les deux systèmes de fissures et aussi à l'état d'imprégnation dans la roche immédiatement voisine.

A *Schlaggenwald* et à *Graupen* (Bohême), les stockwerks sont out à fait comparables à ceux d'Altenberg et de Geyer.

Le Cornwall anglais a été de tout temps un pays producteur d'étain et, dès la plus haute antiquité, on signale le commerce auquel donnait lieu l'extraction de ce métal. Aujourd'hui on traite des alluvions et on exploite des filons ; ce dernier genre de travail est de beaucoup le plus productif. Fox, Henwood, Moissenet, etc., ont soigneusement étudié et décrit la contrée.

La figure 62 représente une section du *Great-Flat lode* à Wheal-Uny. La fracture principale F contient des fragments

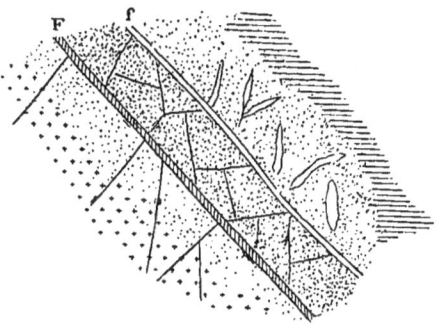

Fig. 62. — Coupe du Great Flat Lode.

de schistes chloriteux cimentés par du quartz et une cristallisation de pyrites de fer. Une cassure parallèle f présente un remplissage argileux. La roche voisine est imprégnée de cassitérite. A cet endroit le filon semble avoir pour mur le granite et pour toit le *killas*. La masse imprégnée est de plus recoupée par des gerçures contenant du quartz et de la cassitérite et formant un véritable stockwerk. A *West Wheal Basset*, à *South Condurrow*, le filon est contenu uniquement dans le granite. L'allure reste la même soit que f disparaisse soit que F se ramifie, soit que les enrichissements de l'éponte prennent de l'importance.

En Orient, la péninsule malaise, à laquelle on peut rattacher une partie des îles de la Sonde, forme un district important. L'étain des *détroits*, de *Banca*, de *Billiton*, jouit d'une faveur universelle.

Le remaniement de la région est dû au granite qui a joué un rôle prépondérant et l'étain s'y rencontre au milieu de veines de quartz. L'étude de ces pays est peu avancée et les renseignements relatifs à l'allure de ces veines sont encore incomplets.

Les alluvions sont mieux connues; la figure 63 (Banca) montre

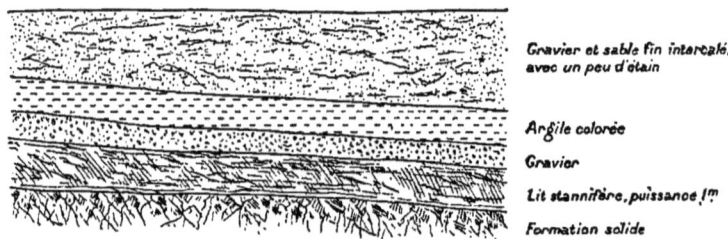

Fig. 63. — Coupe à Banca.

la succession des formations meubles ou peu consistantes qui reposent sur un fond solide fait de granite, de schistes métamorphiques, de grès plus ou moins altérés, etc. Les travaux les plus remarquables publiés à ce sujet sont ceux de MM. Paul Van Diest et Errington de la Croix.

Avec le *Cornwall* et les *Détroits*, il faut classer l'*Australie* parmi les contrées où l'étain est largement exploité. Là existent des dépôts superficiels considérables et aussi les gîtes connus sous le nom de *deep leads*. Nous en donnons un exemple figure 64.

Le dépôt $a\,b\,c$ est en contact avec une eurite et le toit est formé par une couche d'argile plastique. L'ensemble est recouvert par une nappe basaltique que surmonte une formation sédimentaire d'une faible importance. L'épaisseur du basalte est d'environ 25 à 30 mètres. Les sables stannifères présentent une zone moyenne b d'une très grande richesse. Le lit a est épais de 3 mètres ; *b* a une puissance de $1^m,50$, tandis que *c* repose sur le *bed-rock*.

Dans le New South Wales le district de *Vegetable Creek* est

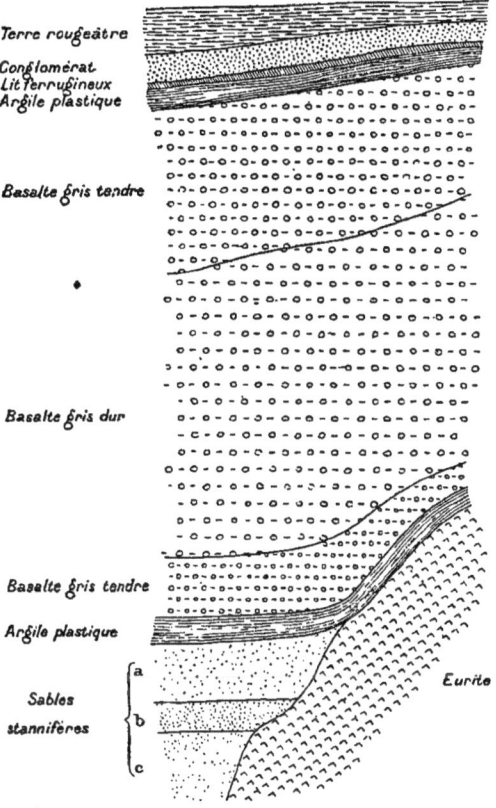

Fig. 64. — Gîtes australiens.

à signaler ; bien que des filons stannifères aient été attaqués, c'est surtout l'exploitation des parties détritiques qui a donné les meilleurs résultats.

La vallée de la *Severn river* (Queensland) contient aussi de riches alluvions et, à *Ballandale Head Station*, deux filons ont été découverts. A *Herberton*, les fractures du granite présentent de beaux développements et sont parfois abondamment minéralisées. M. Jack estime que la grande richesse est due à ce que la cassitérite étant venue à un état très disséminé, des actions ultérieures ont peu à peu détruit la matrice pour ne laisser que l'oxyde d'étain.

En Tasmanie, les filons stannifères recoupent *Mount Bischoff* et ont donné lieu à une exploitation suivie ; la roche est une eurite porphyrique.

En dehors du Cornwall, de l'Australie, du district de Malacca et des Détroits, qui sont les vrais producteurs de l'étain, en dehors aussi de l'Erzgebirge qui présente un intérêt scientifique spécial, à cause des études longtemps poursuivies, la description des gisements d'étain se réduit à peu de chose.

En Italie, en Espagne, aux Indes, le métal a été constaté, mais l'extraction est restreinte. De même aux États-Unis, au Mexique, en Bolivie, etc.

Le seul pays (outre ceux dont nous avons parlé) dont le sol semble contenir des richesses stannifères est la Chine ; mais l'accès nous en est interdit ou à peu près, et nous n'avons aucune donnée sur la production de l'étain dans le Céleste Empire.

§ VIII. — MÉTAUX DIVERS

Antimoine. — Ce métal se présente généralement en filons sous la forme de sulfure. Toutefois en Westphalie, à *Arnsberg*, la stibine forme des couches minces dans les schistes siliceux du culm. Elle est accompagnée par une roche que colorent en noir des particules carbonifères. La pyrite est fréquente, tandis que ce n'est qu'exceptionnellement qu'on rencontre la blende, la calcite et la fluorine.

Aux Etats-Unis, dans l'Utah, sur le *Coyote Creek*, l'antimoine sulfuré est intercalé dans un grès tendre au-dessus d'un banc calcaire et d'un dépôt de conglomérats. Il se trouve au contact du grès et du calcaire. L'épaisseur des dépôts varie de 2 centimètres à $0^m,80$.

Le filon de *Magurka* (Hongrie) a une puissance variant de $0^m,05$ jusqu'à 4 mètres. Il recoupe le granite qui est altéré au contact. Le remplissage, symétrique, comporte deux bandes latérales de quartz avec stibine centrale. Sur certains points, le braunspath s'interpose le long d'une des salbandes. L'épaisseur des plages riches a quelquefois atteint 2 mètres. La pyrite, la blende, la galène, la chalcopyrite, le braunspath et la calcite escortent la stibine ; le quartz se montre un peu aurifère.

En Auvergne, et dans le Limousin, du côté de Chanac, d'Arvant, etc., l'antimoine semble assez répandu. De même en Portugal, où il a été constaté dans le silurien des environs de Porto.

Au Mexique, des recherches récentes ont démontré l'existence de ce métal. Dans le district de *Altar* (Sonora) on a recueilli de l'oxyde d'antimoine.

Dans l'île de Bornéo, des mines ont été ouvertes à *Bidi* (royaume de Sarawak) et ont joui pendant un certain temps d'une grande prospérité.

Le Japon semble riche en antimoine et sa production a atteint un chiffre respectable.

En Australie, dans le Victoria, différents filons ont été reconnus, aussi bien sur le haut Yarra qu'aux environs de Melbourne. Ces minerais tiennent parfois plus de 50 grammes d'or à la tonne. Le New South Wales renferme également de la stibine. De même la Chine et le Tonkin.

La production de ce métal est peu active et le marché assez restreint. De faibles quantités mises en vente suffisent pour faire baisser les cours. De plus, l'exploitation présente un certain caractère aléatoire, car les gîtes se sont toujours montrés fort capricieux.

Mercure. — Le mercure se rencontre dans la nature à l'état de sulfure, et est alors connu sous le nom de cinabre. Les suintements de ce métal à l'état pur ne sont qu'exceptionnels. Les gîtes importants sont *Almaden* en Espagne, *Idria* en Carniole et la Californie.

A Almaden, le cinabre imprégne des grès intercalés dans les phyllades du terrain silurien. Les amas, au nombre de trois, ont des puissances atteignant 10 mètres, s'allongent sur près de 8 kilomètres et sont exploitables sur environ la moitié de cette étendue. Les grès clairs présentent les teneurs les plus élevées.

A Idria, d'après V. Groddeck, « le mur des couches métal-
« lifères est un calcaire plus ou moins dolomitique, avec veines
« de calcite et bancs siliceux. Puis, vient une formation de
« 10 mètres de puissance moyenne appelée grès à Idria, mais
« consistant, d'après R. Meier, en un tuf nettement stratifié,
« composé de quartz, feldspath, mica et hornblende. Sur cette
« roche repose le phyllade bitumeux tendre, de 20 mètres de
« puissance moyenne, qui contient le minerai. Le cinabre s'y
« trouve, soit en enduits sur les parois des joints et cassures
« de la roche, soit en mélange intime avec des matières bitu-
« mineuses et terreuses ». Les diverses espèces de minerais sont les suivantes :

1° *Ziegelerz*, non bitumeux tenant 67 3/4 p. 100 de mercure ;

2° *Stahlerz*, minerai pur riche à 80 p. 100 de mercure ;

3° *Lebererz*, en nids dans le précédent, brun et bitumineux ;

4° *Korallenerz*, riche à 56 p. 100 de mercure ; tient des débris de crustacés et de coraux.

Le toit, formé d'une assise dolomitique de 40 mètres de puissance, sert de base à des schistes parfois imprégnés de mercure. L'orientation est NO-SE avec pendage NE. On a reconnu les zones productives sur environ 1 500 mètres et Lipold les a rapportées au trias supérieur.

Le mercure, assez répandu en Californie, a été exploité à New-Almaden dans des schistes altérés appartenant à l'étage crétacé au milieu duquel ils forment des lits isolés, au voisinage de serpentines se présentant en masses lenticulaires. Le métal a été rencontré dans Fresno County, à New-Idria, puis dans les comtés de Trinity, de Sonoma, de San Luis Obispo, etc. : (on a fréquemment trouvé du séléniure de mercure).

Dans le Palatinat, à *Moschellandberg*, la zone productive comportait des filons et des roches imprégnées. Les filons, riches près de la surface, se sont rapidement appauvris en profondeur.

Le mercure a encore été constaté en Bavière, en Saxe, puis en Italie, à *Ripa*, et aussi en Suède.

En Orient, les Chinois exploitent le cinabre à *Shensi*.

Au Mexique, plusieurs gisements mercuriels ont été reconnus, particulièrement à *San Juan de la Chica* et à *Durasno*.

Dans l'Amérique du Sud, le district le plus important est celui de *Huancavelica*, au Pérou. A *Santa Barbara*, le mercure imprègne des schistes et des quartz, épais d'environ 100 mètres, et rapportés provisoirement au terrain houiller.

Le traitement du cinabre est aisé et c'est sur le carreau de la mine que se font les travaux de transformation.

Manganèse. — Lorsque le manganèse se trouve mélangé au fer, ses gîtes n'ont rien qui les distingue de ceux que nous avons déjà cités. Ce n'est qu'exceptionnellement qu'il s'isole, comme par exemple dans le Nassau, à l'état de psilomélane, acerdèse, pyrolusite et wad.

Dans les Hautes-Pyrénées, des schistes argilo-marneux, alternant avec des bancs calcaires, présentent des cavités irrégulières où se rencontrent des oxydes de manganèse.

Dans la province de Huelva (Espagne), les produits manganésifères sont en relation avec des phyllades, des quartzites, et des schistes siliceux.

En Portugal, les minerais qui nous occupent forment parfois des lentilles intercalées dans le silurien ou le carbonifère inférieur et s'alignant NO-SE. ; dans d'autres cas on les a trouvés en filon recoupant les quartzites.

En Italie, les centres productifs sont : la Ligurie, la Toscane, et l'île de Santo-Pietro sur la côte de Sardaigne. A *Monte Argentario*, on a exploité un minerai ferrugineux tenant jusqu'à 38 et 39 p. 100 de manganèse. A *Capo Rosso* (Santo-Pietro), un lit de pyrolusite de 50 centimètres a donné un minerai riche à 60 p. 100 de métal.

En Grèce quelques exploitations ont été ouvertes ; les plus connues sont celles de *Andromonastiri*, de *Perachora* et de *Milo*.

Dans le Caucase, les couches éocènes de *Tchiatoura* contiennent de l'acerdèse et de la pyrolusite en assez grande abondance. Leur exploitation à l'heure actuelle produit environ les deux cinquièmes des minerais de manganèse consommés dans le monde entier.

Lorsque le manganèse est allié au fer, on le fait entrer dans le traitement de ce dernier métal ; si l'exploitation fournit des oxydes, ceux-ci sont livrés au commerce pour les besoins de l'industrie chimique.

Chrome. — Le minerai du chrome est le fer chromé que l'on trouve généralement en relation avec des serpentines, roches résultant, d'après Sandberger et Tchermak, de l'altération de certains silicates magnésiens.

Dans la haute Styrie, à *Kraubath*, dans les Confins Militaires, à *Plavischevitza*, en Norvège à *Tromsoë* et *Rothammer*, dans l'Oural, en Asie Mineure, en Grèce (dans l'Eubée), dans les Alleghanys aux Etats-Unis, en Nouvelle-Zélande, *au Pic-Boisé*, etc., etc., les conditions générales sont analogues. Le fer chromé semble subordonné aux serpentines.

Au Pic-Boisé la matière métallique s'isole quelquefois en masses considérables donnant lieu à des exploitations suivies.

Nous pouvons dire du chrome ce que nous avons dit du manganèse : ou bien il entre dans la métallurgie du fer, ou bien il est livré au commerce pour la fabrication des chromates. Dans les deux cas, le mineur reste en dehors des questions relatives à la transformation que doit subir le minerai.

Cobalt et nickel. — Ces deux métaux sont fréquemment associés dans la nature, quoique dans des proportions diverses, et il n'y a qu'un petit nombre de gisements dans lesquels on rencontre l'un à l'exclusion de l'autre. De plus, ils accompagnent souvent d'autres espèces métalliques et on les a constatés fréquemment comme compagnons du cuivre. Il va sans dire que nous n'avons pas à envisager actuellement ce dernier cas sous peine de revenir à un type déjà mentionné.

Dans le Nassau, près de *Dillenbourg*, et à *Dobsina*, en Hongrie, les filons paraissent en relation avec des roches serpentineuses. Dans ce dernier district les minerais triés ont souvent eu des teneurs en nickel voisines de 20 p. 100.

Dans l'Oural, où le nickel prime le cobalt, nous mentionnerons à *Rewdinsk*, près d'Ekaterinenbourg, une veine traversant des chlorito-schistes et des serpentines et présentant des nodules d'annabergite empâtés dans une matière argileuse.

Dans les Alpes, au milieu des schistes verts du Valais et du Piémont, le nickel et le cobalt ont été exploités sur une petite échelle. Les fractures se sont souvent présentées sous la forme de filons-couches, et on y a trouvé de la cobaltine, de la cloanthite, de la smaltine, de la nickeline, de l'annabergite, de l'érythrine, du mispickel cobaltifère, en association avec du bismuth et des produits cuprifères et ferrifères.

Au Mansfeld, dans le Thuringerwald, les sulfures et produits oxydés du nickel et du cobalt existent en quantités appréciables ; *Gerbstadt*, *Camdorf* et *Riechelsdorf* sont les points les plus intéressants. A *Bieber* en Hesse, et à *Schladming* en Styrie, les produits sulfurés ont été prédominants.

L'Erzgebirge saxon, si largement doté sous le rapport métallifère, contient également du nickel et du cobalt. C'est près de *Schneeberg* que se trouve le type le mieux accentué. Les filons sont nombreux et de directions variées. La smaltine et la nickeline sont associées à des minerais d'argent et à un grand nombre d'autres espèces minérales.

Au Canada, dans la province de Québec, le sulfure de nickel, mélangé à la calcite, se trouve au contact de la serpentine et d'un calcaire magnésien rapporté à la période huronienne. Le dépôt métallifère a environ 25 centimètres d'épaisseur.

Dans le Connecticut, près de *Chatham*, des fissures minces recoupent les schistes micacés et contiennent environ 2 3/4 p. 100 de nickel et de cobalt, teneur qu'on amène à 15 ou 20 p. 100 par lavage.

Dans l'Orégon et l'Arkansas de nouvelles découvertes ont été faites, mais les travaux n'ont pas produit de résultats définitifs.

En *Nouvelle-Calédonie*, le métal se rencontre à l'état oxydé et forme des gisements abondants. C'est aujourd'hui le centre de production le plus important pour ce métal.

Bismuth. — C'est de l'Erzgebirge saxon que ce métal s'extrait principalement et on l'obtient comme accessoire dans l'exploitation d'autres métaux. En France, à Meymac, en Norvège, en Angleterre, dans le Cornwall et dans l'Amérique du Sud, on produit de petites quantités de bismuth.

En Australie, des veinules de quartz recoupant le granite contiennent le métal à l'état natif.

Platine et analogues. — Le platine, l'iridium, le palladium, le rhodium, l'osmium, comptent parmi les substances les plus rares et se trouvent généralement associés.

Les alluvions platinifères de l'Oural semblent en rapport avec des péridotites plus ou moins transformées en serpentines. C'est aux environs de *Nijni Tagilsk* que les placers prennent le maximum d'importance.

Dans l'Amérique du Sud, en Colombie, le métal est mêlé à des graviers qui, d'après Boussingault, proviennent de filons de quartz aurifère sillonnant les syénites de la contrée. Outre l'or et le platine, les sables contiennent du fer chromé, du fer titané et de la magnétite.

A Bornéo on a ouvert des exploitations dans le sud-est de l'île, partie remaniée par des diorites et des gabbros, et présentant des masses serpentineuses développées. Sous un lit d'argile de 4 ou 5 mètres d'épaisseur, se retrouve une couche détritique contenant de l'or, du platine et de l'iridosmine.

En Asie, dans l'Altaï, dans l'Amérique du Sud, et aux États-Unis, particulièrement sur la côte du Pacifique, le platine a été signalé, mais les exploitations ont toujours été restreintes et c'est l'Oural qui figure en tête de la liste de production pour environ les quatre cinquièmes.

§ IX.— STATISTIQUE

Les tableaux statistiques n'ont de valeur qu'à la condition d'embrasser une certaine période et de comprendre les données les plus récentes et les plus complètes. Ils remplissent le double but de montrer les développements, les arrêts ou les reculs d'une industrie déterminée, et d'établir les relations qui existent entre les pays producteurs au moment de leur publication. De semblables travaux doivent être complétés chaque année et c'est dans les publications périodiques qu'ils trouvent surtout leur place.

Nous avons un autre but : nous avons essayé d'établir des principes généraux relatifs à la formation des gîtes et plus tard nous développerons certaines idées économiques. Nous visons donc quelque chose de plus stable que des fluctuations annuelles et, dans notre cadre, les statistiques, bonnes aujourd'hui, ne le seraient plus demain. Nous nous bornerons à quelques données intéressantes et à des exemples partiels.

Au sujet de l'or nous emprunterons le relevé suivant au rapport du Directeur de la Monnaie des États-Unis.

PAYS PRODUCTEURS	QUANTITÉS PRODUITES EN		
	1888	1889	1890
	kilog.	kilog.	kilog.
Etats-Unis.	49 917	49 953	49 421
Australasie	42 974	49 784	45 767
Russie	32 052	34 867	31 841
Mexico	1 465	1 053	1 154
Allemagne.	1 792	1 938	1 851
Autriche-Hongrie	1 820	2 198	2 104
Suède.	76	74	84
Italie.	148	148	148
Turquie.	10	10	10
France et colonies	»	400	400
Grande-Bretagne.	220	97	50
Canada.	1 673	2 250	2 250
République Argentine	47	123	123
Colombie	4 714	5 161	5 560
Bolivie	90	90	90
Chili.	2 953	2 162	2 162
Brésil.	670	670	670
Venezuela.	2 130	2 765	1 742
Guyane anglaise.	450	882	1 693
— hollandaise.	487	487	814
Pérou.	158	140	104
Amérique centrale.	226	226	226
Japon.	606	606	382
Afrique.	771	12 920	14 877
Chine.	13 542	13 542	8 020
Inde	1 018	2 261	3 009
Totaux	159 809	184 227	174 556

Valant respectivement 551 000 000 francs, 612 000 000 francs, 580 050 000 francs.

Nous ne donnons ces chiffres que sous toutes réserves, puisqu'en 1889 et 1890 la France et ses colonies figurent dans le tableau précédent pour 400 kilos, alors que les statistiques de la seule Guyane française portaient : 1 497 kilos en 1889 et 1 342 kilos en 1890.

Les quatre grands pays producteurs d'or sont : les États-Unis, l'Australie, la Russie et l'Afrique australe.

D'après la même autorité, voici comment se décompose la production de l'argent :

CONTRÉES	1888	1889	1890
	kilog.	kilog.	kilog.
États-Unis.	1 424 326	1 555 486	1 695 500
Mexique.	995 500	1 335 828	1 203 080
Australasie	120 308	144 369	312 033
Russie	14 523	14 389	13 667
Allemagne.	32 051	32 040	36 092
Autriche-Hongrie.	52 128	52 651	50 613
Suède	4 648	4 267	4 181
Norvège.	5 147	5 147	5 539
Italie.	35	35	35
Espagne	51 502	51 502	51 502
Turquie.	1 323	1 323	1 323
France	49 396	80 942	80 942
Grande-Bretagne	9 047	9 522	6 794
Canada.	9 264	11 925	11 925
République Argentine. . . .	10 226	14 681	14 681
Colombie	24 061	14 725	17 685
Bolivie	230 460	230 460	230 460
Chili	185 851	123 695	123 695
Pérou	75 263	68 575	65 791
Amérique centrale	48 123	48 123	48 123
Japon	42 424	42 424	36 855
Totaux	3 385 607	3 842 109	4 010 516

Les États-Unis et le Mexique tiennent la tête de cette liste, puis après eux viennent l'Australasie, la Bolivie et le Chili.

Il y a lieu de remarquer la progression de la production et la position spéciale des États-Unis qui, à eux seuls, fournissent environ 40 p. 100 du total.

Pour le cuivre, nous nous bornerons à citer les centres les plus importants de production, ce sont :

1° Les États-Unis fournissant annuellement 150 000 tonnes ;

2° La Péninsule Ibérique qui jette sur le marché plus de 50 000 tonnes par an ;

3° Le Chili d'où l'on exporte environ 30 000 tonnes ;

4° L'Allemagne qui entre dans le total pour plus de 10 000 tonnes ;

5° Le Mexique qui y figure pour un chiffre égal dont les trois quarts sont fournis par le Boléo.

Puis viennent l'Australie, l'Afrique australe, la Russie, etc.

L'énorme production des États-Unis est intéressante à décomposer. Elle se répartit ainsi :

PAYS	1891	1892
Lac Supérieur	57 071 tonnes	47 857 tonnes
Arizona	17 723 —	16 979 —
Montana	50 536 —	73 348 —
Autres États	8 415 —	7 000 —
Totaux	127 745 tonnes	145 184 tonnes

Quant au zinc, sa production est ainsi estimée par H. Merton and C°, de Londres.

Belgique et district Rhénan	130 000 tonnes
Silésie	80 000 —
Etats-Unis	60 000 —
Grande-Bretagne	20 000 —
France et Espagne	16 000 —
Pologne	4 000 —
Australie	4 000 —

Le fer s'extrait par millions de tonnes et les États-Unis figurent au premier rang avec 10 000 000 de tonnes ; l'Angleterre suit de près avec environ 7 000 000 de tonnes ; l'Espagne fournit près de 6 000 000 de tonnes, la France et ses colonies (Algérie surtout) 4 000 000 de tonnes, et la Russie 1 600 000 tonnes de minerai.

Le tableau suivant est le relevé de la production du mercure dans les principaux centres pendant une période de dix années :

Almaden . .	485 939		16 764 895 kilos
Idria	133 557	Bouteilles	4 607 716 —
Italie	66 440	de 76 1/2 livres anglaises	2 292 180 —
Etats-Unis . .	407 675	faisant :	14 064 787 —
	1 093 611		37 729 578 —

Soit, en moyenne, 3 730 000 kilogrammes par an ou bien près de 4 000 tonnes.

En 1890 on décompose ainsi les principaux termes de la production du plomb :

Espagne	191 200	tonnes
États-Unis (161 760 short tons)	147 160	—
Allemagne	105 000	—
Australie	50 000	—
Grande Bretagne	50 000	—
Italie	17 800	—
Autriche-Hongrie	13 240	—
Belgique	12 700	—
Grèce	12 500	—
France	4 600	-
Russie	1 000	—
Total	605 200	—

Au total, plus de 600 000 tonnes de plomb, réparties dans environ 1 000 000 de tonnes de minerais.

Nous terminerons ce chapitre en fournissant les productions comparées de notre pays et des deux grandes contrées minières, la Russie et les États-Unis :

	FRANCE ET COLONIES 1891	RUSSIE 1889	ÉTATS-UNIS 1890
Or	1 342^K (Guyane)	31 841^K	49 421^K
Argent	80 000^K (environ)	13 667^K	1 695 500^K
Cuivre environ	10 000^T (minerai)	4 225^T	120 000^T (environ)
Plomb environ	26 000^T —	570^T	148 000^T —
Zinc environ	70 000^T	3 629^T	60 000^T —
Fer environ	4 000 000^T —	1 611 415^T (minerai)	9 200 000^T (fonte)
Manganèse	15 343^T	76 836^T —	25 000^T (minerai)
Etain	. . . .	11^T	
Antimoine	5 316^T —		130^T
Mercure	. . . .		795^T
Nickel	19 741^T (minerai	. . . .	110^T
Cobalt	2 185^T de	3^T	300^T (oxyde)
Chrome	2 254^T Calédonie		3 600^T (minerai)
Platine	. . . .	2 540^K	

CHAPITRE VII

ÉTUDES MINIÈRES

Prospection. Ignorance ordinaire des prospecteurs. Part du temps et du hasard. Recherche des alluvions. Lavage à la batée. Motifs légitimant une prospection. Recherches industrielles. Horizons productifs. Indications magnétiques. — *Examen suivant la découverte.* Travaux à pratiquer. Examen des résultats. Cas d'une couche. Cas d'un filon. Nature de la gangue. Valeur restreinte de la plupart des prospects. Développements. — *Détermination sommaire des espèces trouvées.* Densité. Trousse chimique. Classification à première vue. Essai par les acides. Détermination des gangues. — *Essais.* Matériel d'essai. Préparation de l'échantillon. Essais d'or et d'argent par voie sèche. Essais des minerais de plomb. Etain. Mercure. Antimoine. Essais par voie humide (cuivre, zinc, fer, manganèse). Essai mécanique des minerais. — *Etude définitive d'une mine.* Description de la localité. Communications et approvisionnements. Etude géologique. Prises d'essai. Travaux. Etude économique.

§ I. — PROSPECTION

La prospection des mines a pour but non seulement la découverte de nouveaux gîtes, mais aussi leur examen sommaire, de façon à obtenir une idée de la nature et de la valeur de la nouvelle couche ou du nouveau filon.

Ignorance ordinaire des prospecteurs. — Cette tâche est rarement dévolue à un ingénieur des mines. Le prospecteur opère pour son compte et c'est sur ses indications ou d'après ses travaux qu'une personne plus compétente prend l'affaire en main. Il est vrai que parfois une société ou un syndicat se livre à des recherches systématiques, mais c'est un cas toujours rare.

En général, la « fièvre de prospection » existe parmi les ouvriers mineurs et atteint les personnes qui se trouvent en contact avec eux. Elle s'exerce surtout parmi les gens d'esprit simple, qui ne voient qu'un côté de la question, qui ignorent les difficultés, s'imaginent que tout dépôt est magnifique et qui sont prêts à prendre leurs rêves pour la réalité.

En Australie, dans l'Afrique du Sud, aux États-Unis, dans l'Amérique espagnole, etc., etc., le prospecteur passe sa vie à chercher, soutenu par l'espoir d'un coup heureux, mais ne réussissant que rarement et menant une existence assez misérable. Cela tient souvent au manque de connaissances techniques, ou à une obstination qui leur fait admettre comme générales des règles essentiellement particulières.

De plus, lorsqu'un mineur a découvert une veine, il a l'idée arrêtée, pour peu que la métallisation soit apparente, que sa trouvaille est de premier ordre, qu'un peu plus loin ou un peu plus bas, il découvrira une « bonanza » et que *sa mine* deviendra une des meilleures du monde.

Nous reconnaissons combien il est difficile de formuler des règles précises d'investigation, mais nous essayerons de grouper quelques faits que l'on fera bien d'avoir toujours présents à l'esprit, en explorant une contrée quelconque, dans le but d'y découvrir des richesses minérales.

Il faut tout d'abord distinguer entre la prospection simple et les recherches systématiques dans un district sur lequel on possède déjà des données certaines. Autant le premier cas présente d'aléa, autant on a de chances de succès dans le second, pourvu qu'on n'entame les travaux qu'après une étude préalable des formations et un examen minutieux des gîtes déjà connus.

Nous devons d'abord faire table rase des superstitions qui ont cours parmi les mineurs. Les procédés divinatoires et l'usage de la baguette de coudrier ont fait leur temps, bien que certains pauvres diables aient encore recours à de semblables pratiques. C'est dans le même ordre d'idées qu'il faut ranger les croyances des paysans sibériens, qui creusent le sol, pour y trouver l'or, à l'endroit où ils tombent de cheval, ou au point où ils ont tué un serpent. Comme on ne cite que les coïncidences heureuses, on oublie les mille échecs subis et les traditions s'enracinent.

Part du temps et du hasard. — Il est indiscutable que le temps et le hasard ont une large part dans la découverte des régions minéralisées. Un paysan ramasse un caillou qui lui semble curieux, soit à cause de sa couleur ou de sa texture, soit en raison de son poids, et l'examen de cette pierre peut conduire à la constatation d'un gîte. Un propriétaire creuse un fossé destiné à l'irrigation, et sur le parcours il peut rencontrer un filon.

Il n'est pas douteux qu'à l'origine l'or a dû être recueilli pour la première fois dans les ruisseaux, d'où l'homme l'a retiré, à l'état de pépites, charmé par sa belle couleur et séduit ultérieurement par ses qualités.

Fréquemment les découvertes sont accidentelles et deviennent profitables lorsque l'observateur est assez instruit ou assez sagace pour se rendre compte de la réalité.

Un chercheur habile, possesseur de connaissances suffisantes, laissera moins au hasard et comptera un peu plus sur le temps. En parcourant une région, il en explorera tous les points. Il ne perdra pas sa peine dans les zones recouvertes de végétation, ou d'alluvions modernes, s'il prétend découvrir des filons. Il examinera les affleurements géologiques solides, les portions dénudées des assises, le fond des vallées et le cours des ruisseaux. Il notera les changements d'aspect, et, autant que possible, les variations de composition auxquelles correspondent ces transformations. Il portera son attention sur la nature des eaux ; s'il les trouve chargées de sels solubles, il en cherchera l'origine, soit dans la vallée principale, soit dans des vallées secondaires d'où peut-être de petits affluents apportent ces principes métalliques.

L'examen des terres meubles, des pierres, déposées çà et là au thalweg des vallées, a également une grande importance. Si, par exemple, dans le lit d'un torrent, on trouve des cailloux ordinaires, on devra les étudier et tout d'abord les briser pour voir si leur intérieur n'accuse pas une métallisation disparue de la surface. Il peut être intéressant de rechercher non seulement les pierres présentant une minéralisation visible, mais aussi les matériaux filoniens, tels que le quartz, le spath-fluor, la barytine, le braunspath, la calcite, etc.

Si de semblables indices se présentent, leur forme extérieure fournira quelques indications sur la longueur du transport subi. Les arêtes anguleuses annoncent un lieu d'origine voisin, tandis que des contours arrondis sont une présomption en faveur d'un voyage plus considérable, surtout si les dimensions sont faibles et si les formes mousses ne sont pas dues à une usure sur place du fait du passage d'autres éléments.

C'est vers l'amont que les recherches doivent alors se porter, et on remontera le cours du ruisseau tant que ces constatations pourront se faire. Si la présence de ces éléments vient à cesser subitement, c'est peut-être dans une vallée tributaire qu'il faudra poursuivre l'inspection. On examinera soigneusement le fond même du ravin sur lequel les filons se détachent parfois avec une netteté parfaite.

Dans les parties dénudées par les eaux, ou sur les parois fraîchement mises à nu par des éboulements, si l'on aperçoit des traces de fracture, on les attaquera pour constater la présence de veines métallisées.

Dans bien des cas, le filon recoupe une colline à pente douce dont les flancs, altérés par les actions atmosphériques, ne permettent plus d'observations bien nettes. Au milieu des blocs qui parsèment les rampes, un œil exercé peut, si les conditions sont favorables, distinguer des alignements qu'il y a lieu d'examiner de plus près. Ces blocs, s'ils sont quartzeux, peuvent provenir de la désagrégation sur place de la tête d'un filon ; ils représentent les parties les plus résistantes, tandis que les zones les plus altérables, lentement emportées, ont, par leur disparition, déterminé des rainures sillonnant la masse primitive et provoquant son démembrement. Très fréquemment ces filets altérables constituaient précisément les plages métallisées et les blocs restés en place sont surtout les résidus des parties pauvres. Enfin, il ne faut pas oublier que cette désagrégation, en se produisant sur une pente, a pu, sous l'influence des eaux, déterminer une inflexion ou une chute et que les véritables affleurements se trouvent peut-être un peu à droite ou un peu à gauche de l'alignement superficiel en remontant l'inclinaison du terrain.

Dans le cas d'une couche, les mêmes précautions sont à prendre et c'est d'une manière analogue qu'on en recherchera les traces.

Recherches des alluvions. — Lorsque l'on veut trouver de l'étain ou de l'or alluvionnaire dans un district que l'on soupçonne productif, la méthode d'examen est un peu différente.

S'il s'agit de strates recouvertes, on rentre dans le cas précédent et le mode d'essai seul varie. Il ne faut pas oublier, dans les prospections aurifères, ce que nous avons déjà dit au sujet de la distribution des parcelles métalliques pesantes et de leur classification au moment de la naissance des alluvions.

C'est aux environs du lieu d'origine qu'on trouvera vraisemblablement les pépites les plus grosses, tandis que, plus bas, les grains métalliques diminueront progressivement de taille pour faire place à de simples poussières dans les zones inférieures où un régime plus tranquille des eaux a permis le dépôt des dernières matières en suspension.

Enfin, les variations d'intensité du courant, les remaniements ultérieurs, les crues périodiques, sont venus troubler la régularité de l'allure primitive et compliquer la distribution des plages riches. De plus, de semblables phénomènes peuvent présenter des variations à longue période et des récurrences, après des années de calme, durant lesquelles un certain tassement des produits déposés a pu se produire. Il peut en résulter des superpositions de zones productives ou plutôt de niveaux productifs dans lesquels les enrichissements ne se correspondront pas nécessairement.

Quoi qu'il en soit, c'est toujours la partie inférieure d'un horizon qui doit attirer l'attention et particulièrement le lit en contact immédiat avec le « bed-rock » de la contrée.

Lorsque dans un ravin on remarque sur les flancs des collines des produits détritiques, il est possible que ces matières soient aurifères, surtout si les sables trouvés au thalweg présentent une certaine teneur.

L'attention du chercheur devra se porter sur les changements de direction du ravin qu'il étudie, car, quoique le chenal topographique actuel diffère de la vallée ancienne, le profil primitif, dans les régions où les alluvions ne sont pas trop épaisses, n'est pas tellement éloigné du tracé moderne qu'on ne puisse considérer les grandes lignes comme communes. Les points singuliers ont dû correspondre autrefois à des modifications de régime, en vertu desquelles certaines zones d'enrichissement ont probablement été créées.

Dans l'étude des ruisseaux, la présence des eaux devient parfois gênante, et, si le débit est faible, on s'en débarrasse au moyen de barrages et de conduites en planches qui permettent de déverser en aval le contenu du petit bief ainsi créé.

Lavage à la batée. — La présence de l'or dans les alluvions se constate en lavant une certaine qualité de matières dans l'eau, de façon à entraîner les particules légères et à isoler les matières lourdes au milieu desquelles se rencontre le métal précieux.

L'appareil usité est la batée, dont la forme varie avec les pays.

Dans l'Oural, elle consiste en une sorte de casserole à fond bombé ; aux Etats-Unis le « pan » ressemble à une poêle sans manche ; dans l'Amérique du Sud c'est un cône aplati, généralement en bois. Quoi qu'il en soit, le travail est à peu près le même dans tous les cas ; voici en quoi il consiste :

Le volume de la batée correspond à environ 10 litres ; on charge l'instrument avec les sables à traiter, après avoir choisi un point favorable pour le lavage. Quelquefois, dans les pays très secs, ce sera un baquet dans lequel on apportera de l'eau, mais plus souvent une mare existant dans une dépression du sol. Le desideratum est de s'établir sur le bord d'un ruisseau, possédant un léger courant, de façon à entraîner les troubles et à recevoir d'amont une eau toujours claire, ce qui permet d'observer la concentration de plus près. Il ne faut pas trop de profondeur, afin qu'on puisse faire reposer l'appareil sur le sol et qu'on ne coure pas le risque de le voir échapper durant l'opération.

On procède d'abord à l'*immersion* et au *débourbage* des terres, en inclinant la batée, en y faisant peu à peu pénétrer l'eau, en en pétrissant le contenu avec les mains, en écrasant les boules d'argile et en s'assurant que la masse est entièrement pénétrée. Cette portion du travail est assez longue ; on doit s'y reprendre à plusieurs fois pour se débarrasser des matières terreuses et argileuses ; on y arrive en inclinant l'instrument et procédant à des immersions successives. En multipliant ces opérations et en continuant le brassage à la main, il arrive un moment où le débourbage est fini ou tout au moins suffisamment avancé.

Alors commence une nouvelle phase ; on fait alterner des brassages, des secousses et des rotations, de façon à compléter le débourbage et à isoler les fragments les plus gros que l'on retire à la main et que l'on rejette après examen.

Ensuite vient l'enrichissement proprement dit qui consiste

dans l'élimination des sables, sous l'influence de la rotation, des secousses, et sous l'action de l'eau. Un laveur habile plonge sa batée dans l'eau et l'incline de façon à ce que le niveau liquide passe au-dessus du bord inférieur, mais qu'une partie de l'appareil ne soit pas immergée. Puis il la fait tourner autour d'un axe vertical en même temps qu'il détermine une rotation autour de l'axe de figure. Ce mouvement s'obtient au moyen d'un changement brusque de main qui produit en même temps une secousse et qui doit se faire au moment où la lentille de matières passe devant le laveur en dedans de l'axe de la batée; la secousse détermine une petite chute des matières vers le centre.

Ce mouvement est difficile à obtenir et il y a peu de prospecteurs capables de le réaliser en toute perfection. Toutefois il en est qui arrivent à une habileté telle, que non seulement ils réussissent dans cette phase de l'opération, mais la conduisent avec un globule de mercure destiné à amalgamer l'or fin.

Lorsque les terres sont réduites à un faible volume de matières lourdes constituant les « *sables noirs* », on retire la batée du bassin où elle plongeait et on y introduit une petite quantité d'eau pure. Au moyen d'un coup de poignet, on fait glisser l'eau à la surface du récipient de façon à ce qu'elle vienne périodiquement dans sa course recouvrir les sables qui forment un dépôt immobile. Par ces actions successives, aidées de secousses au moment où le liquide touche ces sables, on détermine leur déplacement lent et l'or reste en arrière, *faisant queue*. Les pépites s'isolent facilement; mais l'or fin doit se recueillir au moyen du mercure. On se débarrasse de la *tête* des sables noirs en inclinant la batée et versant quelques gouttes d'eau qui les entraînent.

Un bon prospecteur juge à l'œil de la valeur de sa batée et en multipliant par 100 évalue le mètre cube.

Pour les débutants, il est prudent de s'arrêter dès qu'on a atteint le sable noir et d'en faire faire un essai au laboratoire ou de recueillir l'or au moyen d'un peu de mercure qu'on promène avec le doigt au milieu des produits concentrés.

Motifs légitimant une prospection. — Si l'on se reporte à ce que nous avons établi dans les précédents chapitres, on verra que, dans un district où l'on exploite une veine, il est permis d'espérer que les prolongements de la même cassure seront productifs ou qu'on rencontrera des gîtes parallèles suffisamment minéralisés.

La recherche de l'extension d'une fracture rentre dans le cas général, si l'on se borne à celle de l'affleurement, avec cette particularité qu'on n'aura qu'à examiner une zone relativement restreinte et s'étendant à droite et à gauche de la direction supposée. Il peut arriver en effet qu'un rejet se produise et il faut en tenir compte.

Dans le cas où les reconnaissances sont effectuées au moyen de galeries en direction, chassées dans le filon, elles rentrent dans la catégorie des travaux préparatoires et doivent être rapportées à une phase initiale de l'exploitation.

Parmi les indices favorables de l'existence d'un filon qu'on suppose devoir être rémunérateur, on doit compter la présence d'un « chapeau de fer », « le gossan » du Cornwall. Nul filon n'est meilleur, disent les Allemands ; il a un chapeau de fer. Et les Anglais répètent :

> There is no lode like that
> Which has an iron hat.

Cette règle empirique souffre du reste de nombreuses exceptions.

En dehors des indications minéralogiques ou géologiques sur lesquelles on peut se baser, il est permis de faire entrer en ligne de compte des considérations archéologiques et des traditions. Les noms de certaines localités sont parfois significatifs, mais de semblables prémisses devront être reçues avec grande prudence, car le qualificatif peut s'appliquer à ce que l'on espérait trouver aussi bien qu'à ce que l'on a rencontré.

De même les récits recueillis dans un pays ne doivent pas être admis comme absolus. Les faits sont parfois grossis par les narrateurs ; la légende du trésor qui n'attend plus qu'un Christophe Colomb est de tous les temps et de tous les pays.

Toutefois il sera permis de prêter une certaine attention aux traditions du Mexique et du Pérou où des gîtes, aujourd'hui abandonnés, ont été exploités autrefois par les Espagnols. Il n'est pas niable que ces anciens maîtres de l'Amérique ont ouvert des mines exceptionnellement riches et on pourra prospecter avec espoir une région pour laquelle les récits trouvent une certaine confirmation dans le fait que l'organisation ancienne du pays comportait des inspecteurs miniers travaillant pour le compte du gouvernement de Madrid.

Là, l'abandon des travaux par les anciens conquérants remonte à environ soixante-dix ans, et, en bien des endroits, les tas de déblais ne sont plus apparents sous la double influence des agents atmosphériques et d'une végétation très active. Les violents orages qui sévissent entre les tropiques, à la saison des pluies, déterminent quelquefois la disparition rapide de ces « dumps » qui se perpétueraient presque indéfiniment sous d'autres latitudes.

Enfin, parfois, l'aspect seul d'une contrée, sa similitude avec un district prospère, l'identité de certaines roches ou de certains horizons géologiques, sont de fortes présomptions en faveur d'une minéralisation possible.

Recherches industrielles. — Les recherches systématiques visent des couches ou des filons. On procédera par puits, galeries, ou sondages, et on aura soin de conduire les recherches horizontales dans la direction qui offre le maximum de chances de réussite. Bien que ces procédés soient presque toujours effectifs, il est des cas où l'on peut commettre une erreur.

En A (fig. 65) le toit est descendu sur le mur de la faille F. Le sondage SS peut passer dans une zone stérile sans rencontrer la couche ; de même dans l'exemple B, qui est celui d'une couche contournée dont une portion de la selle a disparu. Au contraire, si le toit remonte sur le mur C (fig. 65), ou si la couche pliée présente des renversements D (fig. 65), le son-

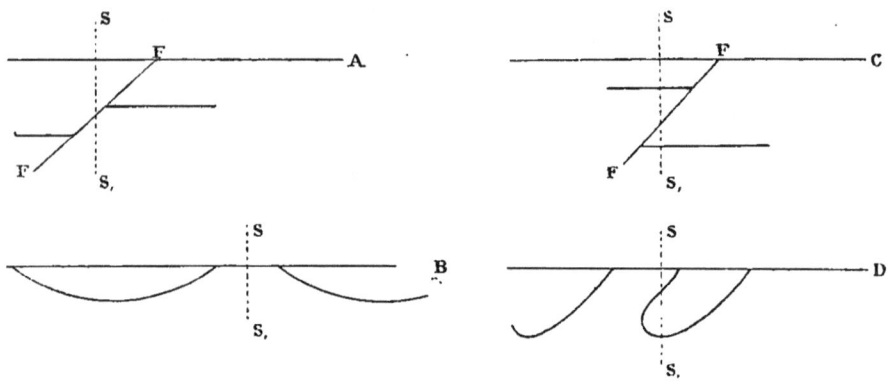

Fig. 65.

dage SS peut faire croire à la présence de deux couches au lieu d'une.

Quant aux procédés à employer, ils sont connus, et nous n'y insisterons pas. Ou bien on attaque directement la roche par puits et galeries, ou bien on utilise les appareils de sondage. Nous renvoyons aux ouvrages spéciaux écrits à ce sujet et nous nous bornerons à mentionner les sondages horizontaux à grande distance aujourd'hui pratiqués en Amérique, ce qui permet, en choisissant au fond d'un filon un emplacement convenable, de rechercher les portions riches des veines parallèles.

A *Copper Queen*, dans l'Arizona, c'est la méthode employée pour reconnaître les colonnes cuprifères, assez irrégulières, qui affectent des formes plus ou moins cylindriques et plus ou moins verticales.

Nous empruntons à un mémoire de M. Ed. Saladin les renseignements suivants relatifs à l'emploi des perforatrices à diamant :

« La machine dite *Sullivan* construite par la *Diamond Pros-*
« *pecting C°*, de Chicago, est mue par un moteur électrique de
« deux à trois chevaux. Ce moteur actionne par un renvoi
« d'engrenage et deux pignons d'angles, la tige perforatrice
« portant la couronne de diamants noirs. Cette tige est poussée
« par un piston hydraulique qui reçoit l'eau comprimée par
« une petite pompe, mue par le moteur. Un robinet permet à
« l'ouvrier de régler facilement la pression de cette eau, pres-
« sion qu'il lit exactement sur un manomètre. L'eau qui a
« traversé le cylindre de pression s'échappe par un orifice
« étranglé à l'intérieur du tube porte-outil, va rafraîchir les
« diamants et entraîne les boues au dehors. Il faut 2 à 3 mètres
« d'espace libre derrière la machine pour pouvoir manœuvrer
« aisément les tiges de forage.

« On a percé avec cette machine des trous de 160 millimètres
« de longueur dans le quartz et le jaspe dur; le diamètre du
« trou est de 37 millimètres; les témoins extraits sont de
« 22 millimètres. Divers modèles de la même machine percent
« des trous de diamètre plus élevé (jusqu'à 7 centimètres) et
« 1 000 mètres de profondeur.

« La rapidité de l'avancement varie avec la roche, naturel-
« lement; dans le calcaire dur on fait 5 mètres en moyenne
« par poste de huit heures. La dépense totale de forage est
« estimée, dans ces conditions, à 68 cents le pied (10 francs
« le mètre courant), y compris l'usure des diamants. »

Cette méthode permet de *sonder* des gîtes en *profondeur* et à peu de frais. L'examen des témoins renseigne sur leur nature. Toutefois il est bon de signaler le fait que le trou de sonde peut frapper une zone absolument stérile, à proximité d'une plage extrêmement riche. Aussi ces recherches n'ont-elles de valeur qu'à la condition d'être réparties suivant un réseau à mailles suffisamment serrées.

Enfin, dans un district bien étudié, il peut arriver qu'un gîte occupe, par rapport à une formation déterminée persistante, une position connue. Il peut être plus court de rechercher la formation persistante puis de repérer la position présumée du gîte de façon à diminuer l'importance des travaux à pratiquer.

Horizons productifs. — Si l'on désire limiter les frais de reconnaissance autant que possible, et tout explorateur a ce but, il est bon d'avoir présents à l'esprit certains faits d'expérience qui permettent d'éviter des erreurs trop grossières. On doit savoir que certaines venues métallifères n'ont pas dépassé certains horizons et que des assises déterminées se sont toujours montrées stériles[1].

Les théories que nous avons exposées prouvent que les fractures du globe se sont produites à des époques diverses et que les éléments qui sont venus les combler ont été empruntés, dans beaucoup de cas, par les eaux, aux assises déjà formées. Dans ces conditions, si les venues métallifères ou plutôt si les épanchements de substances métallifères peuvent être localisés, les sécrétions ont pu s'exercer à une époque quelconque et la genèse du remplissage se poursuivre d'une façon ininterrompue. Il est un fait mis hors de doute par les statistiques, c'est que les couches les plus anciennes sont en même temps les plus productives, soit que l'activité créatrice ait diminué, soit que ces assises, en raison de leur âge, aient été exposées plus longtemps aux influences minéralisatrices[2].

---

[1] « Les minerais semblent se condenser dans certains horizons géologiques, non pas parce que la période correspondante était particulièrement productive, mais parce que les roches de cette époque, par suite de circonstances particulières, étaient plus aptes à retenir les éléments des dissolutions métallifères. Ainsi le calcaire bleu du carbonifère inférieur s'est montré minéralisé là où il est subordonné aux produits éruptifs, tandis qu'en l'absence de cet élément, il se montre aussi stérile que les autres strates. » — A. Lakes. *Colorado Ore Deposits.*

[2] Au sujet du Colorado, une des grandes contrées minières du monde, on peut remarquer ceci :
Les dépôts aurifères de *Gilpin County* ont pu s'effectuer pendant ou après la période

V. Groddeck remarque que les couches de sécrétion appartiennent principalement au terrain silurien, au terrain carbonifère, au zechstein, et au trias, tandis que les amas stratifiés se présentent surtout dans le silurien, le dévonien, le carbonifère et le trias. « Il est certain, dit cet auteur, que les remplis-
« sages de *cavités* et les gîtes métamorphiques sont rares
« dans les roches stratifiées, éloignées de toutes roches érup-
« tives, tandis qu'ils se présentent en abondance à leur voisi-
« nage et surtout dans la zone du métamorphisme de contact...
« Les métaux ont été originairement déposés dans les couches
« les plus profondes de la terre et plus tard ils ont été, en
« petite partie, mis en dissolution par des actions locales et
« ramenés vers la surface par les mouvements de la *croûte*
« terrestre. »

Il faut compléter cette assertion en ajoutant que certaines roches éruptives d'origine relativement récente tiennent des traces de métallisation et, une fois épanchées, ont pu jouer le même rôle que les formations beaucoup plus vieilles[1].

Nous résumerons en quelques mots les idées de D. C. Davies au sujet de la distribution des métaux.

---

archéenne. Ils recoupent les roches de cette époque, mais faute de termes postérieurs, dans leur voisinage immédiat, on peut les rapporter à une époque présilurienne ou admettre une formation plus tardive.

Les dépôts argentifères de *Leadville* sont postérieurs au carbonifère et antérieurs aux soulèvements marquant la clôture de l'ère mésozoïque ; ils pénètrent en effet les assises carbonifères et, d'autre part, sont affectés par des fractures rapportées à des systèmes ayant remanié le crétacé.

Dans *Gunnison County*, les gisements sont postcrétacés, car la fissuration du sol est également postcrétacée.

Ceux de *Custer* et de *S. Juan* doivent être rapportés à l'époque tertiaire, car les basaltes et laves recoupés ont été *attribués* à cette période.

[1] Au Colorado on trouve :
L'or dans les gneiss, granites, et schistes archéens,
— les porphyres mésozoïques,
— les quartzites siluriens et carbonifères,
— les placers dérivés ;
L'argent dans les roches archéennes et les porphyres,
— les calcaires siluriens et carbonifères,
et quelquefois dans les assises crétacées.

Les gisements les plus importants semblent subordonnés aux roches éruptives, surtout aux épanchements anciens tels que les porphyres, et plus rarement aux coulées tertiaires telles que les basaltes.

Il considère l'étain comme appartenant à l'horizon du granite, au-dessous du niveau cambrien quelquefois traversé par la roche.

Le cuivre se trouve principalement dans le cambrien inférieur comme à Anglesea, dans le Cornwall, et en Amérique.

L'or se rencontre à un niveau plus élevé, également dans le Cambrien; c'est le cas du Merionetshire et des zones productives des Alleghanys (États-Unis).

L'argent se montre associé avec le cuivre et l'or, et, de fait, n'a pas d'horizon propre. De même le plomb et le zinc font leur apparition de bonne heure et tous ces métaux, sauf l'étain, se rencontrent dans les calcaires bleus d'Anglesea.

Le plomb devient abondant dans les étages de Llandeilo et d'Arenig; l'argent l'accompagne fréquemment et parfois s'isole, comme c'est le cas dans l'ouest des États-Unis.

Bien que le dévonien contienne des gîtes plombifères, le deuxième horizon du plomb se trouve réellement à la base du calcaire carbonifère.

Le zinc se présente fréquemment en association avec les métaux précédents, mais se concentre dans la partie moyenne du calcaire carbonifère, comme en Belgique et dans le nord du pays de Galles. Deux autres zones ont des développements moindres. L'une, inférieure, est rapportée aux assises du Llandeilo et d'Arenig, tandis que l'autre se trouve plus haut, dans le Muschelkalk (Silésie).

Si l'on se borne aux statistiques, les chiffres, dans l'ensemble, donnent raison à M. Davies ; mais il ne faut pas oublier que tandis qu'il assigne le cambrien inférieur comme zone cuprifère principale, les schistes cuivreux du Mansfeld appartiennent au Zechstein, ainsi que les grès productifs de Russie, de Silésie, de Corocoro et que les couches riches du Boleo se sont formées à une période plus récente.

Quant au plomb, il a été fructueusement exploité dans le trias.

Toutefois, si l'on veut bien comprendre que les niveaux mentionnés plus haut sont ceux pour lesquels les recherches ont *le maximum de chances d'aboutir*, on doit admettre qu'ils sont exacts, qu'ils correspondent aux gîtes les plus nombreux et aux teneurs les plus élevées.

Les minerais de fer appartiennent à toutes les périodes et leur dissémination est complète dans l'épaisseur de l'écorce terrestre.

Indications magnétiques. — Dans son cours d' « Exploitation des Mines », M. Haton de la Goupillière a consacré un chapitre intéressant à cette classe d'investigations.

Il mentionne l'avertisseur électrique Mc Evoy, modification de la balance d'induction de Hughes produisant un son téléphonique au voisinage de masses métalliques; mais, dans le cas d'oxydes complexes, les résultats sont loin d'être aussi nets.

Pour la recherche des substances magnétiques (fer, oxyde magnétique, pyrite nickélifère), on a préconisé l'emploi de la boussole d'inclinaison maintenue horizontale au moyen d'un contrepoids. On évalue la force perturbatrice par l'angle d'inclinaison produit et le nombre d'oscillations et on se forme ainsi une idée sur la distance et l'importance de la masse révélée.

M. de Thalen a conseillé l'emploi du magnétomètre qui n'est rien autre chose qu'une boussole de déclinaison, par rapport à laquelle un aimant mobile occupe une place toujours identique. A des stations diverses, établies à la surface du terrain à étudier, on mesure la déviation, d'abord avec l'aimant en place, et, ensuite, en portant cet aimant à une grande distance. Il est alors possible d'évaluer la composante horizontale de l'intensité magnétique et de reporter sur une carte à grande échelle une série de lignes isodynamiques qui consistent en deux séries de courbes fermées, enserrant deux foyers correspondant l'un au maximum, l'autre au minimum de déviation. Ces deux groupes sont séparés l'un de l'autre par une ligne sans courbure.

M. Haton de la Goupillière ajoute à ce sujet : « La droite « qui joint les foyers indique le plan vertical dans lequel on « peut s'attendre à rencontrer une masse droite, telles que « celles que présente fréquemment la Suède. Si la profondeur « à laquelle elle se trouve est considérable, c'est à l'intersec- « tion de cet axe avec la ligne sans courbure qu'elle se rap- « proche de la surface. Au fur et à mesure que cette profon- « deur diminue, le point de plus grande richesse se rapproche « du foyer austral le long de cet axe (Suède). »

Le magnétomètre fournit des indications purement qualitatives et expose par suite à des mécomptes. Un gîte de très faibles dimensions fournit des courbes isodynamiques aussi bien qu'un dépôt puissant. De plus, les variations d'intensité de l'appareil apportent des perturbations dans la méthode.

§ II. — EXAMEN SUIVANT LA DÉCOUVERTE

Travaux à pratiquer. — Lorsqu'un gîte (couche ou filon) est mis en évidence, il faut s'assurer de sa nature, de sa valeur, et des conditions d'exploitabilité. Ce n'est pas assez de savoir qu'on est en présence d'un horizon généralement métallifère, d'un filon nettement marqué. Même avec une métallisation évidente on doit en constater l'intensité et la continuité.

La première chose à faire est de pratiquer quelques travaux rudimentaires convenablement disposés, permettant de reconnaître l'allure générale, la nature du remplissage et la valeur probable. Après leur exécution, la prospection sera terminée. On verra, dans le cas de résultats négatifs, si l'on doit abandonner ou non la partie ; si les essais donnent de bonnes teneurs, et si l'examen général est satisfaisant, on pourra passer de la phase initiale à la phase de développement, de la prospection à l'ouverture de la mine.

Il ne peut être question de fixer des règles pour la conduite des travaux de recherche. Trop de causes doivent être prises en considération ; on devra tracer un programme spécial dans chaque cas particulier. La configuration topographique du sol jouera un rôle important aussi bien que la nature de la couche ou de la fracture.

Dans le cas où le gîte recoupe une vallée et est discernable, soit à flanc de coteau, soit à la surface d'une paroi montagneuse, il est commode de pratiquer dans la tranche à étudier une galerie en direction, en ayant soin d'en placer l'ouverture au-dessus du niveau des crues affectant la vallée. Au fur et à mesure qu'on s'avancera dans la colline, on aura soin de ménager une légère pente, destinée à faciliter la sortie des déblais et l'écoulement des eaux vers l'extérieur. Dans une « simple prospection » on se borne à chasser une semblable galerie aussi loin que le permettent les conditions locales ou les ressources pécuniaires et à répartir sur les affleurements des travaux moins importants, de façon à mettre hors de doute la persistance du gîte en direction. Pour qu'une semblable recherche ait une valeur, il faut que le massif situé au-dessus de la galerie soit suffisamment épais pour qu'on puisse se former une idée du régime de la zone.

Si l'exploration porte sur une formation puissante, on aura toujours intérêt à tenir la recherche au mur, en pratiquant de temps en temps des recoupes vers le toit afin de s'assurer de l'épaisseur totale.

Il arrive fréquemment que les affleurements récemment découverts se développent à flanc de coteau, en restant plus ou moins parallèles à l'axe de la vallée. Il y a alors lieu de déterminer la direction et l'angle du plongement. Ces éléments étant reconnus, on décidera si l'on doit s'enfoncer suivant la ligne de plus grande pente, descendre un puits vertical pour atteindre ensuite le gîte, ou établir, à partir de la vallée, un tunnel à travers bancs. Il a là une triple solution et l'on devra choisir, en tenant compte du coût des travaux et du temps que prendra leur exécution.

Il sera généralement préférable, si le chiffre des dépenses ne doit pas en être trop augmenté, d'adopter le tunnel par lequel s'écouleront toujours les eaux pouvant affluer ultérieurement. Celui qui cherche une mine et qui, l'ayant trouvée, procède aux premiers travaux, doit souvent prévoir une période d'arrêt. S'il soumet sa découverte à l'examen d'un expert, il faut que celui-ci puisse procéder aux constatations nécessaires. Or, si la mine est remplie d'eau, et c'est le cas trop souvent, il faudra l'épuiser, ce qui sera une perte de temps et d'argent à la fois. C'est pourquoi le travers-bancs devra être choisi, dans tous les cas où il sera possible sans être trop dispendieux.

Lorsque ce travers-bancs aura frappé la veine, on devra s'étendre en direction à droite et à gauche, en ayant bien soin de ménager toujours la rampe douce qui doit permettre l'écoulement des eaux et l'évacuation des déblais.

La continuité de la formation devra être mise en évidence par des travaux de surface, comme dans le cas précédent.

Il peut arriver que le gîte n'existe qu'au-dessous du niveau de la vallée, ou bien qu'il se présente à la fois au-dessus et au-dessous de ce niveau, mais que, par suite d'éboulements anciens, l'amont pendage soit devenu inabordable.

On est alors réduit à s'enfoncer directement dans le sol, soit au moyen d'une descenderie épousant les sinuosités de la ligne de plus grande pente, soit au moyen d'un puits vertical dont le fond sera relié par un court travers-bancs à la partie productive. Dans le premier cas, on reconnaît le gîte sur toute la longueur du travail, mais dans le second, les services d'extraction et d'épuisement sont plus faciles à organiser.

Il demeure entendu que, dans cette phase initiale, il n'est pas question *de développer la mine*. Il ne s'agit que de travaux restreints, sommairement faits, mais néanmoins assez solides pour ne pas compromettre l'avenir. Lorsque les prospecteurs auront affaire à une formation ébouleuse, ils pourront avoir intérêt à placer leur travail dans une assise solide peu distante, quitte à pratiquer des recoupes de place en place.

En procédant par descenderies ou puits, on se contentera d'un treuil à bras ou d'un manège, pour extraire à la fois l'eau et les déblais. Les installations seront aussi succinctes que possible, mais jamais on ne devra pousser l'économie au point de faire naître le danger. Certains prospecteurs, désireux d'épargner le prix d'achat des échelles, se bornent à établir des pieux fichés tant bien que mal dans les interstices de la roche. Dans ces conditions, celui qui descend dans ces puits et n'est pas un gymnaste risque à chaque instant sa vie, sans compter que ces pieux pourrissent assez rapidement et peuvent se briser sous le poids d'un homme qui les franchit.

A ce propos nous devons mentionner la sagesse qui a présidé aux recherches faites au Mexique par les Espagnols. Les descenderies comportent des ouvrages en baïonnette et sont composées de tronçons formant comme les marches d'un escalier ; chacun de ces tronçons a une hauteur qui oscille entre $1^m,50$ et 2 mètres. Bien que cette disposition soit loin d'être générale, elle est néanmoins assez fréquente et prouve un certain souci de la sécurité des ouvriers.

Examen des résultats. — Il est naturellement impossible de se prononcer sur la longueur des puits et galeries que l'on doit établir. On sera souvent limité par l'exiguïté du capital disponible. Parfois ce sera l'abondance des eaux ou la rencontre d'une zone ébouleuse qui provoquera la suspension du travail. Les difficultés d'aérage interviendront également et, à moins d'établir une ventilation artificielle, on ne pourra donner aux recherches des développements bien considérables. Il va sans dire que dans certains cas favorables on pourra combiner les reconnaissances de façon à procurer un aérage naturel ; mais durant la phase initiale ce desideratum sera rarement réalisé.

En tout état de cause, on devra pousser suffisamment les puits et les galeries et leur faire franchir la zone d'altération, de façon à se rendre un compte exact de la nature de la formation primitive.

Il ne faut pas oublier que les modifications superficielles peuvent être de deux sortes. Les unes portent sur la composition du remplissage qui subit un remaniement dont nous avons parlé dans un précédent chapitre. Il se crée une zone de produits oxydés, de minéraux multiples et parfois un « chapeau de fer » d'aspect caractéristique.

D'autres changements naissent sous l'influence d'actions dynamiques. Les éléments atmosphériques, en agissant sur le massif ambiant et en rongeant les plages les moins résistantes, peuvent déterminer des mouvements qui, pour être peu étendus, n'en affectent pas moins l'allure des parties hautes.

Il est essentiel que le prospecteur, dépassant ces perturbations, atteigne le gîte lui-même, car on ne peut compter ni sur les produits de seconde formation, ni sur la persistance d'une veine dont on ne peut définir l'allure précise.

Cas d'une couche. — Lorsque les recherches portent sur des produits détritiques modernes et ont pour but de trouver de l'étain ou de l'or, on essaie au moyen de la batée (voir page 259).

Dans le cas d'une assise sédimentaire métallifère, il importe d'en déterminer, outre les éléments immédiats, la position géologique.

Il faut tout d'abord en fixer la direction, le plongement, la puissance, la teneur, aux points attaqués. Dans un centre industriel ou dans un district voisin d'un endroit civilisé, il sera facile de recueillir des données stratigraphiques. Peut-être sera-t-on en présence de bancs déjà étudiés et classés, alors il n'y aura aucune difficulté pour rapporter la couche à son véritable horizon. Mais dans un pays entièrement nouveau, où le prospecteur pénètre avant le savant, la détermination des assises sera beaucoup moins aisée. Si l'explorateur possède les connaissances nécessaires, le problème pourra être résolu, mais en général ce sera un ouvrier mineur, sachant bien manier le marteau et le pic, étranger aux spéculations scientifiques et ne se doutant guère de l'importance qu'il peut y avoir à connaître l'*âge de sa découverte*. Pourtant combien serait utile pour lui de rapporter des échantillons des différentes roches et d'en indiquer, aussi exactement que possible, l'ordre de succession !

Par exemple, s'il s'agit d'un banc cuprifère, la nature et la texture auront une importance capitale. En présence de schistes argileux imprégnés, on augurera peu favorablement de l'avenir, puisque les exploitations ouvertes sur des strates analogues ont ordinairement été peu rémunératrices. Des schistes à hornblende, des schistes métamorphiques ou des chloritoschistes devront au contraire inspirer confiance, par similitude avec ce qui se passe dans le Cornwall et à Anglesea. En outre, si on peut mettre en évidence leur relation avec des roches éruptives, on établira ainsi un parallèle entre le district nouveau et ceux de l'Afrique australe et du Lac Supérieur.

Cas d'un filon. — La zone oxydée contient parfois des minéraux multiples, mais souvent des terres plus ou moins colorées qui ne présentent rien de bien défini. La présence du cuivre produit des teintes généralement verdâtres quoique les tons bleus et rouges (ces derniers dus à l'oxyde) puissent être constatés.

Un aspect grisâtre fera soupçonner le plomb, tandis que le zinc pourra rendre les matières jaunâtres. Du reste, les suppositions que l'on pourra faire seront bien vite vérifiées, aussitôt qu'on aura atteint la masse inaltérée.

La direction et le plongement de la fracture devront être déterminées ainsi que la puissance, et il y aura lieu de fixer la nature de la roche encaissante. Si la cassure traverse des assises sédimentaires, leur direction, leur épaisseur, leur âge devront être étudiés aussi bien que leur inclinaison. On aura en plus à rechercher la nature et l'allure des roches ayant fait naître les mouvements auxquels a été soumise la contrée.

On doit regarder avec soin les épontes et tâcher de savoir si l'on est en présence de gerçures limitées, de gash veins ou d'une véritable fracture, une « true fissure vein ».

Dans le cas où le filon recoupe une roche éruptive, on peut avoir affaire à une cassure permanente ou à un fendillement de retrait. Ce sera particulièrement le cas quand on pourra observer un faisceau de fissures en éventail présentant une convergence vers l'intérieur du massif rocheux.

L'examen des épontes permettra d'établir s'il y a eu rejet d'une muraille par rapport à l'autre si l'on se trouve devant un filon de contact.

La plupart de ces points seront impossibles à déterminer, dans une prospection, par suite de l'insuffisance des travaux. On devra surtout s'attacher à reconnaître la fracture et examiner sérieusement le mur et le toit. L'existence d'un *miroir*, ou surface de glissement, doit être considérée comme un indice favorable, puisqu'elle conduit à conclure en faveur d'un déplacement d'une éponte par rapport à l'autre, ce qui ne peut se faire sans que la cassure ait des dimensions assez considérables. Il y a donc là une sorte de preuve en faveur de sa persistance.

Le passage d'un terrain à un autre devra également appeler l'attention, car il peut provoquer un appauvrissement ou un enrichissement.

Lorsque les premières reconnaissances sont faites sur les parties d'un filon encaissées dans des terrains d'une dureté moyenne, on peut craindre qu'une variation dans la consistance des roches n'amène une diminution dans la teneur. Lorsqu'au contraire les zones attaquées traversent des terrains tendres, il est permis, si l'on constate la propagation de la fracture à travers des bancs plus solides, d'espérer que ces nouvelles strates contiendront une colonne plus productive.

C'est ce que les géologues anglais et après eux M. Moissenet ont établi. On voit par là toute l'importance qu'il y a à recueillir des données sur les différents lits des assises sédimentaires avec lesquelles la fissure est en relation. Mais encore une fois, ces observations multiples sortent un peu du domaine de la prospection simple et on doit les considérer comme un désidératum que l'on réalisera dans une mesure plus ou moins large.

Pour des recherches d'étain, si l'on trouve un filon recoupant le granite, on devra échantillonner la roche et l'examiner attentivement. De la texture, on pourra, par analogie, tirer des inductions pour l'avenir.

De même pour les quartz aurifères. Avec un remplissage massif, très serré et opaque, les chances sont pour que les teneurs soient faibles. Mais si la masse est caverneuse ou d'aspect saccharoïde avec imprégnations pyriteuses, il est probable que les essais fourniront des résultats plus élevés.

Pour les filons plombifères recoupant les assises primitives, un remplissage quartzeux, dur et compact, est regardé comme peu favorable lorsque la galène s'y rencontre seulement en mouches ou en filets; de même si la cassure est peu nette et remplie de fragments difficiles à distinguer de la roche encaissante. Au contraire, on pourra avoir confiance en l'avenir avec une fissure nettement coupée, un remplissage tendre, quartzeux et spathique, comportant des imprégnations régulières de sulfure.

En présence de la blende, on peut se demander si l'espèce change avec la profondeur et si le plomb succède au zinc, ce qui arrive fréquemment.

Enfin, comme règle relative aux filons traversant des assises sédimentaires, il vaudra toujours mieux entamer les travaux dans un terrain de dureté moyenne.

Nature de la gangue. — Un élément qui joue un grand rôle et qui ne doit pas être négligé est la nature de la gangue, d'après laquelle, dans bien des cas, on décidera le mode de traitement des minerais. C'est le quartz qui prédomine, dans la très grande majorité des cas, et on peut dire qu'il se rencontre avec tous les métaux. Toutefois d'autres substances leur servent également de véhicule et nous renvoyons au paragraphe relatif aux associations minérales (page 123).

« La géologie nous fait connaître des associations d'un
« caractère assez constant qui ont pour résultat de préciser
« encore davantage le milieu spécial dans lequel des recherches
« déterminées auront des chances de succès. C'est ainsi que
« le cuivre se trouve associé, avec une persistance marquée,
« à des roches magnésiennes, souvent d'origine boueuse. Le
« quartz est la gangue essentielle de l'étain ou de l'or. Le
« plomb s'accompagne plutôt de baryte et de chaux. L'argent
« a pour gangue caractéristique la calcite. Les minerais de fer
« et les porphyrites ont effectué leurs diverses apparitions
« avec une sorte de simultanéité dans l'échelle géologique. Le
« sel, le soufre, le bitume forment un cortège presque insépa-
« rable et s'accompagnent mutuellement en proportions plus
« ou moins marquées dans leurs gisements respectifs. »
(Haton de la Goupillière.)

Valeur restreinte de la plupart des prospects. — Tout d'abord il convient de dire que la plupart des travaux de recherche n'aboutissent pas. Ce n'est qu'une fois de temps en temps que les essais donnent des résultats favorables et encore, dans cette hypothèse, ne faut-il pas escompter l'avenir, tant les mauvaises chances sont nombreuses. Ce n'est que très exceptionnellement qu'un *prospect tourne bien*. On ne doit pas perdre de vue que le succès est très rare, bien que l'on ne relate que les cas heureux.

Le mineur, qui cherche toujours une « bonanza », travaille

avec acharnement, dès qu'il rencontre des traces de métallisation. La teneur est basse, mais cela ne l'arrête pas ; il espère trouver mieux et continue tant que ses ressources ou les conditions locales le lui permettent. S'il a la chance de tomber sur un enrichissement passager, et le fait peut très bien se produire, car il n'y a pas de filon si pauvre qui ne présente parfois une petite lentille riche, il s'imagine immédiatement que sa fortune est faite et ne rêve plus que de vendre, ou de contracter avec un capitaliste une alliance qui doit lui rapporter des millions. S'il ne trouve rien, ses espérances restent à peu près les mêmes qu'au début, et il est persuadé que *sa mine s'enrichira en profondeur*.

Il va sans dire que ces idées populaires ne peuvent être prises en considération par des gens sérieux. Bien qu'on ne sache rien de certain sur les variations de teneur suivant l'approfondissement, bien qu'aux appauvrissements constatés de nouveaux enrichissements puissent succéder, on admet d'une façon générale que la teneur diminue quand la profondeur augmente. Il existe certains cas particuliers où l'augmentation de valeur à partir de la surface s'est produite jusqu'à un certain niveau ; c'est le cas des filons aurifères de Grass Valley (Californie) qui présentent une zone productive à la profondeur d'environ 300 mètres, mais c'est là une exception.

En supposant que les premiers travaux soient des plus brillants, la *mine future* a encore contre elle bien des mauvaises chances.

La fracture peut s'amincir dans des rocs trop durs ou disparaître dans des assises trop tendres. On peut n'avoir affaire qu'à une poche isolée ou à une colonne de petites dimensions. D'autres fois, la consistance du terrain ou l'abondance des eaux peut compromettre l'avenir, sans compter les difficultés de communication et les quasi-impossibilités de transport.

Un minerai excellent à concentrer et à transporter sera sans valeur dans une région trop aride, et la présence de certains éléments peut venir compliquer le traitement de telle façon qu'il vaut mieux y renoncer. Il s'est présenté pour l'Australie et les États-Unis un cas remarquable, c'est celui des minerais aurifères dits « *refractory ores* » dont quelques-uns, assez riches, résistaient aux traitements auxquels on les soumettait. Ce n'est que tout récemment que des procédés nouveaux ont permis d'utiliser ces réserves jusqu'alors sans emploi.

Développements. — Le développement d'un prospect, c'est-à-dire l'ouverture de la mine, ne doit se faire que lorsque les études préliminaires ont été suffisantes, et, il faut bien le dire, cette phase présente toujours un certain aléa, puisqu'il s'agit de tirer au clair un certain nombre de points encore obscurs. Toutefois, en recueillant dès l'origine des données précises, on peut arriver à mettre les chances de son côté, surtout si l'on veut bien procéder prudemment, ne considérer cette extension des travaux que comme une période transitoire pouvant aboutir à un insuccès, et ne jamais faire d'immobilisations de capitaux, ni d'installations, avant d'être arrivé à une certitude.

Quant aux moyens à employer pour ouvrir la mine, ils sont du ressort de l'exploitation et nous n'avons pas à nous en occuper ici.

Le but est de mettre en évidence des *réserves* suffisantes pour légitimer les dépenses à faire.

On appelle « réserves » l'ensemble des massifs productifs découpés par les travaux de traçage. Leur évaluation implique la connaissance, au moins approximative, de la distribution des plages riches et de leur allure, résultat auquel on arrive par un échantillonnage aussi serré et aussi soigné que possible.

Dans un filon ou une couche on évaluera les réserves de la façon suivante :

1° On mesurera les galeries tracées et on calculera les surfaces sous-tendues dans le plan de la fracture (ou de la couche) ;

2° On en déduira les zones stériles autant que faire se pourra ;

3° Etablissant le rendement en minerai par mètre carré, le produit de ce nombre par le précédent donnera la quantité de tout-venant disponible, c'est-à-dire « la réserve » de la mine.

Dans une semblable évaluation on doit se montrer excessivement prudent, car les déboires sont fréquents et les surprises peuvent devenir funestes.

Lorsque l'on se trouve en présence d'un amas, on suit une méthode absolument analogue ; les estimations sont toujours basées sur des traçages entièrement terminés. Les calculs se font alors par mètres cubes et le rendement par mètre cube remplace le rendement au mètre carré.

§ III. — DÉTERMINATION SOMMAIRE DES ESPÈCES TROUVÉES

Densité. — Nous avons déjà donné (page 180) la liste des minerais les plus usuels, ceux dont le prospecteur aura généralement à s'occuper, en laissant de côté les espèces peu abondantes ou celles qui dérivent des métaux rares. Nous les rappellerons ci-dessous en les classant par ordre de densité :

ESPÈCES MINÉRALES	MÉTAL CONTENU.	DENSITÉS
Or	or	15 à 19
Tellurure d'or	or	8 à 8,33
Cinabre	mercure	8
Galène	plomb	7,5
Kupfernickel	nickel	7,5
Wolfram	tungstène	7,2 à 7,5
Argyrose	argent	7 à 7,4
Cassitérite	étain	7
Arséniure	cobalt	6,5 à 7
Cérusite	plomb	6,5
Sulfo-arséniure	cobalt	6,2
Argent rouge	argent	5,5 à 5,8

ESPÈCES MINÉRALES	MÉTAL CONTENU	DENSITÉS
Argent corné	argent	5,5 à 5,7
Sulfure	nickel	5,3
Pyrite	fer	4,9 à 5,2
Oligiste	fer	5
Magnétite	fer	5
Cuivre panaché	cuivre	5
Pyrolusite	manganèse	4,7 à 5
Cuivre gris	cuivre	4,4 à 5
Fer chromé	chrome	4,3 à 5
Stibine	antimoine	4,6 à 4,7
Acerdèse	manganèse	4,3 à 4,4
Smithsonite	zinc	4,4
Chalcopyrite	cuivre	4,2
Blende	zinc	4
Limonite	fer	3,6 à 4
Sidérose	fer	3,85
Carbonates	cuivre	3,7 à 3,8
Wad	manganèse	au-dessus de 3
Calamine	zinc	3,5

Il importe de pouvoir reconnaître ces divers minéraux d'une façon rapide, soit par l'aspect, lorsque l'on trouve des individus minéralogiques bien développés, soit au moyen d'un essai qualitatif sommaire.

Trousse chimique. — A cet effet on devra avoir une petite trousse comportant une lampe à alcool, des tubes à essai, une pince en bois pour tenir ces tubes au-dessus de la flamme de la lampe, une pointe d'acier pour essayer la dureté des espèces, un marteau pour échantillonner, une petite plaque en acier pour y pulvériser un petit fragment d'un coup de marteau et quatre flacons contenant de l'acide chlorhydrique, de l'acide azotique, de l'ammoniaque et du sulfure d'ammonium, plus une lame de fer et une lame de zinc.

On pourra également se servir des indications du chalumeau que nous avons résumées et sur lesquelles nous ne reviendrons pas.

Classification à première vue. — Tout d'abord il est certains minéraux comme la pyrite, la galène, le cinabre, etc. qu'un œil, même peu exercé, reconnaît à première vue. Quelquefois la présence des métaux (du cuivre par exemple) se révèle facilement dans les portions altérées, en raison de la coloration communiquée à la masse, mais il peut arriver au contraire que ces modifications dissimulent la nature de l'espèce. On devra tout d'abord casser l'échantillon pour voir si son intérieur conserve encore le caractère primitif.

La couleur de la poussière peut fournir un indice précieux comme c'est le cas pour le fer spéculaire. Il y aura donc lieu de broyer parfois un fragment de la substance que l'on est en train d'étudier.

On peut introduire dès l'origine une division entre les espèces à éclat métallique et celles qui en sont dépourvues, puis des subdivisions, d'après la couleur.

1° MINÉRAUX A ÉCLAT MÉTALLIQUE

Couleur : A. jaunâtre . . . Pyrite de fer, pyrite de cuivre, or.
B. rougeâtre . . Hématite rouge, cuivre, cuivre panaché, kupfernickel, nickel arsenical.
C. brune.. . . . . Hématite brune, fer chromé.
D. grise ou noire. Fer spéculaire, magnétite, stibine, galène, cuivre gris, sulfure de cobalt, argyrose, certains oxydes de manganèse.

2° MINÉRAUX SANS ÉCLAT MÉTALLIQUE

Couleur : A. jaunâtre . . Limonite.
B. blanche . . Argent corné, cérusite, certains minerais de zinc.
C. rougeâtre . Cinabre, argent rouge, zincite.
D. brune . . . Sidérose, quelquefois la cassitérite, certaines calamines, certaines blendes et des minerais de fer.
E. noirâtre.. . Wolfram, oxyde de manganèse, cassitérite, certaines blendes, quelques argents rouges, etc.
F. verte. . . . Malachite, pyromorphite, certains produits du nickel et du cuivre.
G. bleue . . . Azurite.

Essai par les acides. — On devra broyer une petite quantité de la matière en traitement, l'introduire dans un des tubes à essai, puis y verser quelques centimètres cubes d'acide, plus ou moins dilué, en faisant chauffer, s'il y a lieu, pour accélérer la dissolution. On doit saisir le tube près de l'extrémité ouverte, au moyen de la pince en bois, puis, le remplissant environ au tiers de liquide, on le passe rapidement au-dessus de la flamme de la lampe à alcool, pour l'échauffer progressivement ; on agite de temps en temps et l'on observe ce qui se passe. Il est bon de tenir le tube un peu incliné de façon à empêcher la carbonisation de la pince en la maintenant hors de la flamme. On doit éviter tout mouvement brusque ou tout courant d'air, ce qui pourrait déterminer une rupture.

Lorsque l'attaque de l'acide laisse un résidu, après refroidissement lent on décante la partie claire dans un autre tube pour les réactions ultérieures.

L'acide chlorhydrique décompose avec effervescence les carbonates de cuivre, de zinc et de fer ; pour ce dernier, le phénomène est moins marqué.

L'acide chlorhydrique attaque à froid les produits oxydés du cuivre, les silicates de zinc, la limonite, les oxydes de manganèse en dégageant du chlore, le sulfure de nickel et la stibine. La magnétite s'y dissout difficilement, mais la blende ne résiste pas à la température de l'ébullition.

L'acide azotique dissout l'argyrose, l'argent rouge, la chalcopyrite, le cuivre panaché, le cuivre gris (difficilement), la galène (difficilement), la cérusite (avec effervescence), les sulfures et arséniures de nickel, l'arséniure et le sulfo-arséniure de cobalt et la pyrite de fer avec dépôt de soufre.

Comme corps inattaquables par les acides nous citerons : la cassitérite et le fer chromé. Il faut en rapprocher les espèces difficilement solubles telles que le cuivre gris, la galène, la magnétite, l'oligiste, le cinabre et le wolfram.

Quant à l'argent ioduré et bromuré, son véritable dissolvant est l'ammoniaque.

Pour les substances complètement inattaquées, au nombre de deux seulement, on pourra procéder à l'examen cristallographique et tâcher de trouver les formes maclées caractéristiques connues sous le nom de bec de l'étain.

En outre, la couleur de la poussière est tout à fait différente ; foncée pour le fer chromé et claire pour la cassitérite.

Les minéraux peu solubles ne peuvent guère être confondus entre eux, ni le cinabre à cause de sa couleur, ni l'oligiste en raison de la nuance de sa poussière, ni la magnétite par suite de la forme de ses cristaux et de ses propriétés magnétiques, ni la galène que son aspect caractéristique désigne immédiatement. Le cuivre gris sera donc révélé en quelque sorte par voie d'élimination, car il ne peut être pris pour le wolfram qui, lui, n'a pas l'éclat métallique.

Considérant les espèces solubles, nous supposerons l'attaque faite au moyen de l'acide azotique. Nous laisserons la liqueur refroidir, en la décantant s'il y a lieu.

En ajoutant quelques gouttes d'acide chlorhydrique on verra apparaître :

Avec le plomb, un précipité blanc fixe ;

Avec l'argent, un précipité blanc soluble dans l'ammoniaque et noircissant à la lumière.

En rendant la liqueur basique par un excès d'ammoniaque :

Le cuivre produira un coloration bleue ;

Le fer précipitera en brun (car il sera à l'état de peroxyde).

Si aucune de ces réactions n'a lieu, on devra se trouver en présence de zinc, de manganèse, de nickel, de cobalt ou d'antimoine.

Dans la liqueur ammoniacale mentionnée un peu plus haut nous verserons du sulfure d'ammonium :

Le zinc donnera un précipité blanc sale,

Le manganèse un précipité rose,

L'antimoine un précipité orangé,

Le nickel et le cobalt un précipité noirâtre. Pour ces deux métaux, très souvent mélangés, il est inutile d'aller plus loin, leur séparation étant difficile.

Il est à remarquer que l'attaque des oxydes de manganèse par l'acide chlorhydrique se fait avec dégagement de chlore.

Ces opérations sont extrêmement rapides à conduire, et, pour peu qu'on possède une certaine habileté de main et qu'on suive une marche rationnelle, on ne se trompe jamais. Il y a lieu toutefois de prendre quelques précautions, notamment lorsque l'on verse l'ammoniaque dans la liqueur acide. Le nickel donne une coloration assez nette, mais que l'on ne peut confondre avec celle du cuivre. Du reste, pour lever les doutes, on peut introduire dans la dissolution une tige de fer qui, en liqueur cuprique, ne tardera pas à se recouvrir d'une couche de cément cuivreux.

De plus, l'addition de l'ammoniaque peut déterminer des troubles et des commencements de précipitation, peu importants si les opérations sont conduites rapidement.

Comme dans la première étude sur le terrain on recherche moins la précision absolue et le caractère scientifique que le côté pratique, il suffira de se baser sur le tableau suivant :

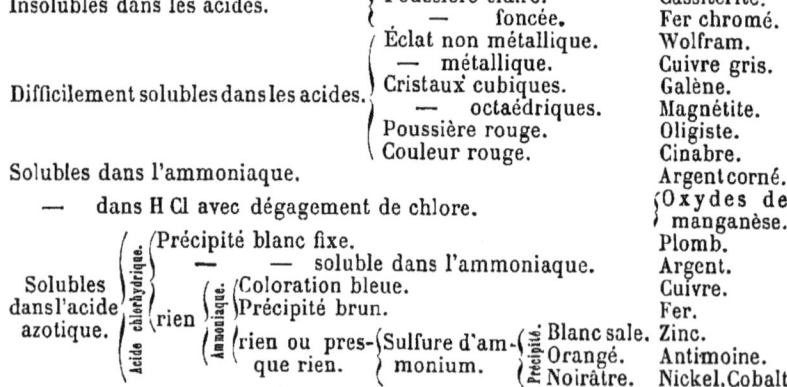

Pour utiliser ces réactions avec profit, il faut conduire

méthodiquement les recherches. Il est évident qu'avec le sulfure d'ammonium, des métaux tels que le plomb ou le fer donneraient un précipité noir ; mais on peut constater autrement leur présence et suivre l'ordre que nous avons fixé.

Le plomb précipite lentement avec l'ammoniaque et plus rapidement par l'addition d'acide chlorhydrique, mais cette recherche sera-t-elle nécessaire ? Non, évidemment. Laissons de côté les minerais accidentels de plomb et la galène qu'on reconnaît au premier coup d'œil. Ce métal proviendra alors de la cérusite, soluble avec effervescence dans l'acide azotique. Cette effervescence indique un carbonate ; une feuille de zinc, plongée dans la liqueur, se recouvrira de brillantes lamelles de plomb, dont la présence sera ainsi mise en évidence.

De même la stibine possède un aspect des plus caractéristiques et ses échantillons auront rarement besoin d'être essayés, au moins sur le terrain.

Le dégagement de chlore dans l'attaque par l'acide chlorhydrique suffit pour caractériser l'oxyde de manganèse.

Enfin, n'oublions pas qu'il ne s'agit que d'opérations chimiques faites sur des parcelles très petites, des fragments de cristaux détachés d'un échantillon qu'on hésite à reconnaître, d'individus relativement purs. On tombera donc rarement dans les complications devant lesquelles on se trouverait, si l'on soumettait à l'action des acides les produits résultant du broyage d'un morceau volumineux, dans lequel pourraient coexister un certain nombre d'espèces.

Détermination des gangues. — Les gangues importantes, celles qui nous intéressent, suivant le point de vue auquel nous nous sommes placé, sont peu nombreuses. Elles comprennent : le quartz, le spath-fluor, la barytine et les carbonates.

Or, le quartz sera facile à reconnaître puisque seul il n'est pas rayé par une pointe d'acier ; de même les carbonates, faisant effervescence avec l'acide chlorhydrique.

Entre le spath-fluor et la barytine, il ne peut y avoir d'ambiguïté, car le premier est soluble dans l'acide chlorhydrique et la seconde résiste à son action.

Les autres éléments faisant partie de la gangue nécessitent une détermination plus exacte ; mais, en général, il n'y a pas péril en la demeure et on peut attendre jusqu'à ce qu'un chimiste procède à une analyse complète.

§ IV. — ESSAIS

Lorsque l'on ouvre une mine d'une façon complète, ou lorsque l'on poursuit les travaux d'une exploitation déjà en activité, les données précédentes ne suffisent plus. Bien qu'il soit toujours utile de faire contrôler par un chimiste les résultats obtenus sur place, et bien qu'on puisse réserver à des laboratoires spéciaux le soin des analyses complètes, on aura toujours avantage à exécuter des essais fréquents, destinés à renseigner sur les teneurs du minerai et à fournir des indications relatives à la richesse des divers quartiers, ce qui servira de guide à la direction des travaux.

Les essais sont de deux sortes : les uns se font par voie sèche, les autres par voie humide. Nous ne considérerons que l'or, le plomb, le cuivre, le zinc, le manganèse et le fer.

Matériel d'essai. — L'instrument principal est une balance qui servira aussi bien dans les essais par voie sèche que dans les procédés par voie humide. Quant à la nature de l'appareil, elle dépend du degré d'approximation que l'on se propose d'obtenir. On peut se procurer une balance de bonne qualité pour 200 ou 300 francs ; mais si on se borne comme approximation au décigramme, on prendra un trébuchet de voyage, renfermé dans une petite boîte se pliant comme un portefeuille et ne coûtant que 30 ou 40 francs. De semblables ustensiles ne peuvent servir que pour des approximations grossières et sont totalement insuffisants dans le cas des métaux précieux dont les boutons à peser sont parfois minuscules.

Nous n'hésitons pas à recommander l'instrument le plus perfectionné.

Dans un grand nombre de cas, on peut se contenter d'un outillage fort rudimentaire, et même le supprimer complètement, si l'on est à proximité d'un centre industriel où existent des essayeurs de profession.

A titre de renseignement, nous fournirons la liste suivante, qui comprend tous les objets que l'on estime, en Amérique, devoir exister dans un laboratoire complet. Chacun suivant ses besoins peut choisir parmi les choses énumérées dont le coût total s'élève à 1 500 francs.

1 Balance Becker (N° 3) pesant 1 gr. au $\left(\frac{1}{100}\right)$ de mmgr.
1 série de poids.
1 balance Becker (n° 19) pesant 300 gr. au mmgr. près.
1 série de poids.
6 creusets de Hesse n° 0 avec couvercles.
1 petite enclume d'acier avec marteau.
1 mortier en fonte (capacité 4 à 5 lit.).
1 lampe à alcool.
2 gros marteaux.
1 chalumeau.
1 ciseau à froid.
Corne, cuillère, spatule.
1 loupe.
3 douzaines de bouteilles.
3 douzaines de bouchons.
3 boites d'étiquettes.
1 paire de pinces pour boutons métalliques.
200 scorificateurs de 5 centimètres.
1 douzaine de tubes à essai de 15 centimètres.
1 paire de petites pinces à creusets.
1 paire de pinces pour coupelles.

1 moule.
1 échantillonneur métallique.
1 paire grosses pinces à creusets.
1 paire pinces pour scorificateurs.
2 douzaines de grands creusets et couvercles.
1 fourneau pour creusets et moufles.
6 moufles.
2 bouchons caoutchouc.
1 paire de ciseaux.
1 moule à scorificateurs.
4 litres esprit de bois.
1 récipient.
2 spatules.
1 brosse à boutons.
1 douzaine de gobelets.
2 flacons de 1 litre.
5 kilos borax.
1 kilog. feuille de plomb à essayer.
10 kilos de plomb granulé.
10 kilos litharge.
10 kilos bicarbonate de soude.
2 kilos azotate de potasse.
30 gr. lamelles d'argent.
1 moule à coupelles.
10 kilos cendres d'os.
3 litres acide chlorhydrique.
3 — — azotique.

1 plaque de verre.	3 litres acide sulfurique.
1 mortier en porcelaine et pilon.	5 douzaines de coupelles.
1 enclume.	2 kilos borax vitrifié.
Pelle, raclette et houe.	2 kilos silice.
1 plaque de caoutchouc.	6 capsules en porcelaine.
1 grille circulaire.	2 pinces en bois.
2 triangles.	12 ballons d'essais.
1 baril de creusets ordinaires.	3 plats pour bains de sable.
6 flacons séparateurs.	2 burettes graduées.
1 douzaine de capsules à griller.	Accessoires.

Nous attachons une importance extrême à la question de l'outillage des essais, car nous avons vu combien avec un matériel insuffisant ou mal compris les résultats pouvaient être faussés. Dans le cas où l'on voudrait procéder *très économiquement*, on pourrait restreindre l'énuméré ci-dessus.

On peut supprimer la balance de précision et la remplacer par une échelle formée de petits boutons d'argent (s'il s'agit d'essayer pour argent) de poids connus, auxquels on comparera le petit globule obtenu. L'approximation par ce procédé est beaucoup plus grande qu'on ne pourrait le croire au premier abord.

Supposant qu'on procède ainsi, voici un matériel rudimentaire dont le prix total ne dépasse pas 350 francs :

1 balance avec poids.	1 paire de pinces à échantillonner.
1 petit fourneau à moufle démontable.	1 paire de pinces à coupelles.
2 moufles 15/30 centimètres.	1 moule à coupelles.
2 douzaines creusets.	2 kilos cendres d'os.
1 douzaine creusets plus grands.	5 kilos flux préparé.
1 tamis.	2 kilos plomb granulé.
1 moule.	1/2 kilog. borax vitrifié.
1 mesure.	1 casier à coupelles.
1 paire de pinces à creusets.	Petits accessoires.
1 brosse pour le bouton.	

Ceci représente en quelque sorte le minimum de ce que l'on peut avoir.

La fabrication des coupelles est assez simple. On triture les cendres d'os avec de l'eau (en prenant à peu près 15 parties des premières pour 1 de liquide), de façon à préparer une pâte homogène, assez consistante et ne s'attachant pas aux doigts.

On remplit exactement la cavité du moule, puis, poussant le mandrin de façon à le mettre en place, on frappe un coup unique, mais assez fort avec un marteau ou de préférence avec un maillet. Ensuite, avec le mandrin, on chasse facilement de son alvéole la coupelle qu'on laisse sécher. Il importe de régler le choc de façon à obtenir des coupelles ni trop poreuses, qui absorberaient un peu d'argent, ni trop compactes, ce qui nuirait à leur imbibition par les litharges.

Lorsque les cendres d'os sont épuisées, il est toujours facile de s'en procurer d'autres, soit en les faisant venir d'un centre industriel, soit en brûlant sur place des carcasses d'animaux. Dans ce cas, il est à remarquer que les squelettes de moutons et de chevaux sont préférables aux autres.

Préparation de l'échantillon. — La prise d'essai à analyser doit être broyée avec grand soin ; puis les poussières étant bien mélangées et cela à plusieurs reprises, on procède au prélèvement de l'échantillon. Il y a plusieurs méthodes recommandées pour arriver à ce résultat ; mais nous ne pouvons entrer dans leurs détails que l'on trouvera décrits dans les ouvrages spéciaux.

Les quantités à traiter varient naturellement avec la nature du minerai. Lorsque l'on fait usage du système métrique, on a toujours intérêt à opérer sur un poids de 10 grammes de minerai, car alors, en pesant le bouton final, chaque milligramme représentera une teneur de 100 grammes à la tonne. Si le poids du globule est x milligrammes, la teneur à la tonne sera $100\ x$ grammes.

Aux États-Unis l'habitude est d'évaluer la richesse en métaux précieux en *onces à la tonne*. Pour arriver rapidement à ce résultat, on trouve commode de faire les pesées en grammes et milligrammes. On établit alors, par une règle de trois, le poids

AT qu'il faut prendre (on l'appelle *assay ton*) pour que le nombre de milligrammes représentant le bouton soit égal au nombre d'onces correspondantes contenues dans la tonne. On trouve que ce poids est de 29^{gr},166 milligrammes. Si donc on opère sur $\frac{1}{n^o}$ d'*assay ton* et si le poids du bouton en milligrammes est x, la valeur du minerai sera de nx onces à la tonne.

Essais d'or et d'argent par voie sèche. — Suivant la nature du minerai, la méthode devra varier; nous donnerons seulement deux exemples. Le premier se rapportera à une substance relativement riche et on procédera par scorification, le second sera applicable à des matières plus pauvres et consistera en une fusion au creuset, puis une coupellation. Ensuite, le cas échéant, on aura à séparer l'or de l'argent.

1° *Scorification.* — La charge se composera pour un minerai non plombifère de :

Minerai pulvérisé	3 grammes.
Plomb granulé	30 à 60 —
Borax	1/2 —

Le minerai, mélangé à la moitié du plomb, est déposé dans un scorificateur, puis par-dessus on place l'autre moitié du plomb; à la surface on répand le borax. Le scorificateur est introduit dans le moufle et chauffé jusqu'à fusion des matières. Ensuite on ouvre la porte du moufle de façon à produire une température oxydante que l'on maintient pendant environ une demi-heure ; on retire l'essai et on verse soigneusement les produits fondus dans un moule. Après refroidissement, on détache le culot de plomb qu'on nettoie et qu'on coupelle.

2° *Fonte au creuset*. — On use quelquefois un flux préparé à l'avance en calcinant dans un creuset porté au rouge sombre soit deux parties de crème de tartre avec une de nitre, soit parties égales de ces deux substances. On charge souvent :

Minerai en poudre	4 parties
Litharge	4 —
Flux	3 —

La présence du plomb dans le minerai conduit à diminuer ou à supprimer la litharge, tandis qu'avec un excès de pyrites on ajoutera un peu d'azotate de potasse.

Voici d'autres proportions s'appliquant à un minerai très quartzeux :

Minerai en poudre (10 à 30 grammes)	20 parties
Litharge	20 —
Charbon de bois en poudre	1 —
Carbonate de soude et borax	20 —

Plus le quartz est abondant, plus il faut de carbonate de soude, tandis que la proportion de fer et d'autres métaux détermine celle du borax. En général, les substances, bien mélangées, sont placées dans le creuset et recouvertes d'un peu de borax.

On chauffe progressivement jusqu'à fusion complète (environ une demi-heure) et on verse le contenu du creuset dans un moule où l'on recueille le culot de plomb après refroidissement.

Pour des minerais sulfurés contenant du cuivre et comportant de l'or et de l'argent, on emploie volontiers les proportions suivantes :

Minerai (10 à 30 grammes)	20 parties
Litharge	40 —
Charbon en poudre	1,5 —
Carbonate de soude	de 10 à 100 —
Borax	de 5 à 10 —

3° *Coupellation*. — La coupelle est placée à l'entrée du moufle dans le but de compléter la dessiccation, puis poussée peu à peu vers l'intérieur, jusqu'à ce qu'elle atteigne la température du rouge cerise. On y dépose alors au moyen de pinces le culot de plomb et, après fusion, on suit attentivement les phases de l'opération.

« La petite masse liquide dont la surface est d'abord plane
« devient peu à peu convexe ; elle se recouvre de gouttelettes
« d'apparence oléagineuse, qui sont de l'oxyde de plomb
« fondu ; ces gouttelettes sont rapidement absorbées par la
« coupelle et remplacées aussitôt par d'autres. Des fumées
« s'élèvent de la surface du liquide, serpentent dans l'intérieur
« du moufle et sortent bientôt pour se répandre au dehors.

« Cette fumée est produite par du plomb en vapeur qui
« brûle au contact de l'air. A mesure que l'*œuvre* s'amoindrit
« les points brillants sont agités d'un mouvement plus rapide.
« Lorsqu'on juge que le volume de l'alliage est réduit à peu près
« aux deux tiers on rapproche la coupelle du bord du moufle.
« Les points brillants disparaissent bientôt et sont remplacés
« par des bandes irisées, qui sont produites par des couches
« très minces d'oxyde de plomb. On rapproche la coupelle du
« bord du moufle parce qu'à ce moment une haute tempéra-
« ture serait nuisible. Le bouton se fixe et devient terne, il se
« *voile ;* puis tout d'un coup il jette une vive lumière ; on dit
« alors qu'il a produit l'*éclair ;* il redevient terne aussitôt et se
« solidifie.

« Si ce refroidissement avait lieu trop rapidement, l'essai
« *rocherait* et il se produirait au-dessus du bouton une sorte de
« végétation (Frémy). »

L'essai ne doit pas être *froid*. Si la température baisse, les fumées s'élèvent droit au-dessus de la coupelle vers le haut du moufle.

Si l'essai est *trop chaud*, les fumées se dégagent à peine et la coupelle devient indistincte.

Dans le premier cas, on peut repousser la coupelle vers le fond du moufle, ou introduire du charbon de bois dans l'appareil. Dans le second, on rapproche au contraire l'essai de l'ouverture.

Il est à remarquer que l'*essai pour argent* d'un minerai fournit souvent un chiffre un peu inférieur à celui que l'on obtient par les procédés métallurgiques. Il ne faut pas oublier que les litharges entraînent toujours de l'argent et que dans l'industrie on récupère une partie du métal ainsi entraîné dans les produits intermédiaires, en les faisant repasser dans le traitement.

On peut admettre, en général, qu'une coupelle absorbe son poids de plomb; aussi, dans le cas d'un culot métallique trop gros, doit-on le diviser en plusieurs morceaux.

La présence d'éléments étrangers est quelquefois dénoncée par l'aspect de la coupelle après l'opération.

L'antimoine produit une scorie jaune ou brun jaune.
L'arsenic produit une scorie blanche ou jaune pâle.
L'étain refroidit l'essai et donne une scorie grise.
Le fer donne une coloration brun rouge.
Le plomb colore la coupelle en jaune clair ou orange.
Le zinc corrode la coupelle et la colore en jaune.

4° *Séparation de l'or ou de l'argent*. — Le bouton bien nettoyé est battu et réduit à l'état de feuille mince que l'on roule en forme de cornet, puis que l'on introduit dans un tube à essai. On dissout l'argent au moyen d'acide azotique, action que l'on accentue en chauffant de façon à provoquer l'ébullition. Le résidu est de l'or que l'on pèse après lavage et séchage. Si l'argent n'entre pas pour les trois quarts au moins dans la composition de l'alliage, il y a lieu de fondre le granule avec un poids connu de ce métal de façon à donner au bouton la teneur nécessaire à la bonne marche de la réaction.

Essais des minerais de plomb. — Lorsque l'on a à traiter des minerais oxydés de plomb, il suffit de les fondre au creuset avec environ leur poids de flux en recouvrant le tout de borax. Pour la galène, on peut la mélanger avec la moitié de son poids de carbonate de soude et l'introduire dans un creuset, en y plaçant deux ou trois pointes de Paris destinées à absorber le soufre. Le tout est surmonté d'une couverte de sel marin ou de borax.

Le culot de plomb peut être coupellé pour argent et or s'il y a lieu.

Étain. — Dans le Cornwall, on mélange le minerai pulvérisé avec un quart ou un cinquième de son poids de poussière de charbon, puis on le place dans un creuset que l'on expose à un feu violent pendant une demi-heure. Le contenu est versé dans un moule, et, après refroidissement, on recueille les globules métalliques.

On peut aussi agir sur :
1 partie de minerai broyé,
et 6 parties de cyanure de potassium.

On chauffe au rouge vif pendant environ vingt minutes. Après refroidissement, on recueille des boutons d'étain métallique.

Mercure. — Le procédé le plus simple consiste à broyer le minerai, à le triturer avec de la chaux et à chauffer le tout au contact de l'air sur un feu extrêmement doux. Le mercure se rassemble en un globule liquide.

Antimoine. — L'essai se fait par liquation en exposant le minerai (sulfure d'antimoine) broyé à la température du rouge. L'opération a lieu en vase clos ; la stibine fond et coule vers les parties basses de l'appareil que l'on a soin de maintenir relativement froides. Le sulfure d'antimoine, lorsqu'il est pur, contient un peu plus que 70 p. 100 de métal.

Essais par voie humide. — Nous nous bornerons à rappeler sommairement les méthodes les plus usitées pour doser le cuivre, le zinc, le fer et le manganèse.

1° *Cuivre*. — On attaque le minerai par l'acide azotique, puis on ajoute de l'ammoniaque en excès ; le cuivre reste en dissolution et produit une coloration bleue. Ensuite, au moyen d'une burette graduée, on verse peu à peu une dissolution de ferrocyanure de potassium dans la liqueur jusqu'à disparition de la couleur bleue, et on lit sur la burette le volume employé. Il est donc possible de calculer la teneur, étant donné le poids du minerai sur lequel on opère, et étant connu le *titre* de la solution, ce que l'on obtient dans une opération préalable en opérant sur un poids déterminé de cuivre. On peut aussi, après grillage, dissoudre une certaine quantité de minerai dans l'acide azotique et évaporer jusqu'à siccité, en ajoutant quelques gouttes d'acide sulfurique. En dissolvant à nouveau au moyen d'eau pure, on a une liqueur cuprifère, dans laquelle on peut introduire une lame de fer poli à la surface de laquelle le cuivre se dépose bientôt. Ce cément peut être recueilli, lavé, séché et pesé.

2° *Zinc*. — Pour le zinc, on tâche de l'isoler dans une dissolution qu'on amène à un volume connu (500 cc.). D'autre part, on attaque $0^{gr},50$ d'oxyde de zinc par de l'acide chlorhydrique ; on sature avec de l'ammoniaque dont l'excès est chassé par ébullition. On étend la liqueur jusqu'à 500 centimètres cubes ; enfin, au moyen d'une burette graduée, on verse une solution de sulfure de sodium jusqu'à précipitation complète du zinc. On reconnaît qu'on en est arrivé là, dès qu'on voit noircir une feuille de papier buvard imprégnée de sel de plomb que l'on trempe de temps en temps dans la liqueur en expérience. On traite de la même façon la dissolution à essayer ; puis, connaissant les volumes de dissolution de sulfure de sodium nécessaires dans les deux cas et la quantité de zinc contenue dans la liqueur type, on en déduit la proportion de métal cherchée.

3° *Fer*. — Bien que les procédés par voie sèche soient très en faveur pour les essais de minerai de fer, nous ne ferons que les mentionner et indiquerons le procédé volumétrique suivant :

Un poids connu de minerai de fer est dissous dans l'acide sulfurique étendu et ramené au minimum par une addition de zinc. On verse peu à peu dans la liqueur une dissolution de permanganate de potasse qui se décolore tant qu'il existe des sels de fer au minimum, en les faisant passer au maximum. Lorsque la transformation est complète, la liqueur ferrifère se colore en violet ; on lit alors le volume employé sur la burette graduée. Comme on utilise une dissolution *titrée* de permanganate, on en conclut le poids de fer.

On titre la liqueur dans une opération spéciale, portant sur une quantité connue de fer, et voyant, dans ce cas, quel est le volume nécessaire.

4° *Manganèse*. — On cherche ce que l'on appelle le degré *d'un manganèse*, c'est-à-dire le rapport entre le volume de chlore qu'il peut dégager en présence de l'acide chlorhydrique et celui que ferait naître dans les mêmes circonstances un poids égal de bioxyde de manganèse pur. On traite le minerai par l'acide chlorhydrique pur et l'on recueille le chlore dégagé dans une dissolution contenant un poids connu d'alcali, dont une partie est transformée en chlorure ; la quantité d'alcali restant dans la liqueur est appréciée par la méthode alcalimétrique ordinaire.

Les procédés par voie humide sont nombreux et précis, leur description fait partie de la *Docimasie*, science à laquelle on devra faire appel. Dans ce qui précède nous nous sommes borné à mentionner les méthodes qui peuvent être employées rapidement et fructueusement. Dans cet ordre d'idées, on consultera avec profit l'ouvrage de M. A. Carnot.

Essai mécanique des minerais. — Il ne suffit pas seulement de connaître la teneur des produits exploités. Il arrive un moment où l'on doit les traiter et pour recueillir des éléments d'appréciation, il est toujours utile de procéder à une étude mécanique.

En Amérique, il existe des établissements tout agencés où l'on n'a qu'à faire parvenir un échantillon de quelques tonnes et où un personnel exercé procède à son examen. Ce sont les *Testing and Sampling Works*. Si l'on se trouve à proximité de semblables installations, le plus simple est d'y envoyer un assortiment et de l'y faire traiter ou de l'y traiter soi-même, en payant une faible redevance. Mais, dans beaucoup de cas, on n'a pas sous la main de pareilles commodités et on doit recourir à d'autres moyens.

Le minerai devra subir un broyage et être soumis à l'action de l'eau. Comme appareil de lavage on peut employer la batée ou le plan incliné. Nous avons déjà décrit la manœuvre du premier de ces deux instruments et le fonctionnement du second se comprend facilement. On y répand les sables à examiner, et, sous l'influence d'un courant d'eau, les particules légères sont entraînées, tandis qu'il se produit une concentration des matériaux les plus pesants. Pour les retenir plus sûrement, on peut fixer des riffles (ou ressauts) transversaux, ou bien recouvrir le plan incliné de feuilles de caoutchouc.

Souvent, on se borne à construire une table en planches, disposées de telle façon que le courant prenne la fibre à rebours, ce qui produit une adhérence plus grande.

On a aussi utilisé des peaux, dont les poils saisissent en quelque sorte au passage les grains les plus lourds.

§ V. — ÉTUDE DÉFINITIVE D'UNE MINE

L'étude définitive d'une mine ne pourra avoir lieu que lorsque les travaux seront suffisamment développés ; ce n'est qu'à ce moment qu'on pourra formuler un avis définitif. L'ingénieur des mines sera appelé en consultation, soit avant l'achat d'une propriété minière, soit pour décider si l'on doit procéder à des installations coûteuses, soit dans un moment de crise, etc., etc...

C'est une grande responsabilité qu'encourt celui qui accepte une semblable mission. Il ne doit pas oublier qu'en cas d'insuccès ultérieur, on lui jettera la pierre et que s'il se prononce contre l'affaire, les intéressés lui reprocheront peut-être des études insuffisantes.

Dans un district connu, au milieu d'un centre industriel, les travaux seront assez faciles. Où la difficulté commence, c'est dans les pays sauvages, où la civilisation n'a pas encore pénétré, où les populations détestent les nouveaux venus, et où les propriétaires regardent comme un acte d'hostilité toute enquête sortant des limites qu'ils ont fixées eux-mêmes.

Envoyé en mission dans des contrées nouvelles, l'expert ne doit pas perdre de vue que, sur place, mille renseignements lui manqueront, et qu'il sera obligé de les réunir lui-même. Il est rare qu'il puisse dire à l'avance le temps qu'il consacrera à son travail, s'il veut bien prendre la peine de le faire sérieusement. Un examen trop rapide peut devenir fatal. On ne peut se borner à de simples constatations ; les financiers désirent des conclusions, et un simple énuméré des faits ne leur plaît pas toujours, quoique souvent eux-mêmes ne prennent pas les voies et moyens nécessaires pour réaliser leur désidératum.

Bien que le gros point soit la continuité du gîte, il existe d'autres questions parallèles qui doivent être élucidées. Nous en signalerons quelques-unes qui ont bien leur importance.

Description de la localité. — L'attention est appelée dès l'origine sur la situation géographique de la mine. On comprend facilement que les conditions d'exploitation ne sont pas les mêmes dans l'Erzgebirge Saxon ou dans les montagnes du Chili.

L'éloignement des centres populeux et industriels est une condition défavorable qui doit être à priori compensée par des teneurs plus élevées.

On aura peut-être tout à créer et un gîte, bon aux portes de

Denver, pourra ne pas être pris en considération dans les districts centraux de l'Indo-Chine.

Les ressources générales des pays immédiatement voisins constituent un facteur important et les premiers pionniers, ayant à lutter contre des difficultés exceptionnelles, doivent se montrer singulièrement prudents.

L'examen topographique de la contrée doit être des plus minutieux et fournir des renseignements exacts sur l'orographie aussi bien que sur l'hydrographie. Le relief du sol se prêtera ou s'opposera aux transports faciles, et, si des obstacles doivent être tournés, il faut trouver une solution.

Le régime des cours d'eau joue un rôle de premier ordre. Les rivières peuvent faciliter le transport ou s'y opposer et il faut savoir comment les franchir. On aura à recueillir des données exactes sur la hauteur des crues, pour ne pas être exposé à établir trop bas des installations coûteuses pouvant être en un instant emportées par les eaux.

Comme toute exploitation nécessite une force motrice et un approvisionnement d'eau, il y aura tout avantage à utiliser une force hydraulique, lorsque cela sera possible, et à alimenter économiquement les réservoirs. Il est à remarquer que l'eau se présente presque toujours en quantités trop grandes ou trop restreintes et que son abondance ou sa disparition crée des complications dans la conduite des travaux.

Les bois qui doivent servir aux constructions, au soutènement, au chauffage, existent-ils dans le pays ? Faudra-t-il faire venir les planches et les poutres, les poteaux et les bûches ? Comme il y a là une question de tous les jours, sa continuité en augmente l'importance. Il ne suffit pas d'examiner rapidement l'aspect du pays. Il faut se rendre compte de la nature des essences, de la forme des arbres, du parti que l'on peut en tirer, des facilités de transport, des quantités disponibles, etc., etc. A moins d'être entourée par des bois épais, une exploitation dénude vite un pays, surtout si les travaux ébouleux sont développés, et si la consommation de combustible est grande. Il ne faut pas oublier que le bois, bon marché au début, augmentera rapidement de prix, surtout si des exploitations voisines s'ouvrent et établissent une compétition pour la demande.

Les conditions climatériques ne sont pas non plus à négliger. La salubrité d'une contrée joue un grand rôle, et, dans les pays fiévreux où l'homme ne peut travailler qu'une partie de l'année, les salaires sont généralement élevés. L'ouvrier, dans un court espace de temps, doit gagner suffisamment pour pourvoir à sa subsistance annuelle. Nous laissons de côté les cas effrayants d'épidémie de choléra ou de fièvre jaune, parce qu'en somme, dans l'ensemble, on doit les envisager comme des exceptions. Pour l'avenir d'une exploitation les fièvres sont beaucoup plus à redouter, et on a vu des districts absolument désertés par les mineurs qui refusaient d'y compromettre leur santé. Dans les pays tropicaux, où l'on s'anémie vite, et où, en raison de la température élevée, le travail produit est faible, les maladies contractées au bout d'un certain temps de séjour deviennent rapidement pernicieuses

Dans des pays très sains, comme la Sibérie, la baisse thermométrique marque chaque année la fin des travaux, et les exploitations du nord de l'Asie doivent être abandonnées en raison des grands froids. Dans certaines montagnes, l'abondance des neiges force à un hivernage et toutes ces difficultés augmentent terriblement le prix de revient.

Communications et approvisionnements. — La position d'un gîte étant déterminée, il faut savoir comment y arriver, en prenant comme point de départ le marché sur lequel on compte vendre les produits à extraire. La distance et la nature des moyens de transport peuvent devenir des obstacles infranchissables. Une mine située au bord de la mer pourra envoyer à peu de frais ses minerais en Angleterre; mais, si l'on doit utiliser des mulets sur des parcours de 500 kilomètres, on devra s'estimer heureux si, de ce chef, les frais ne dépassent pas 200 ou 250 francs la tonne.

De même la facilité des approvisionnements est fonction de celle des transports. Tant que l'on peut employer les voies maritimes et fluviales, les chemins de fer et les routes, on peut faire venir les pièces de machines dont on a besoin; mais, lorsqu'on en est réduit aux bêtes de somme, comment amènera-t-on des objets pesant plusieurs centaines de kilogrammes? Sans doute on est arrivé aujourd'hui à surmonter certaines difficultés de cet ordre, et, à Chicago, on fabrique des *moulins à or* réductibles en termes suffisamment légers pour que leur déplacement puisse s'effectuer à dos de mulet. Mais de semblables solutions sont-elles toujours possibles? Peut-on attendre, de pièces assemblées, la durée et l'économie que l'on aurait avec des constructions plus robustes?

Nous ne mentionnerons que pour mémoire la facilité de se procurer les choses nécessaires à la vie; mais l'on ne doit pas perdre de vue que le personnel en tiendra compte dans ses exigences et que ces complications peuvent déterminer une hausse des salaires.

Quant à la main-d'œuvre, d'où viendra-t-elle? Existe-t-elle sur place? Les habitants du pays sont-ils accoutumés aux travaux miniers, ou devront-ils faire une sorte d'apprentissage? Seront-ils effrayés de ce nouveau genre de vie ou les travaux agricoles les détourneront-ils périodiquement de leurs occupations industrielles? Tous ces détails ne sont point à négliger. Il ne suffit pas d'être à proximité d'un centre populeux; il faut savoir aussi quelle est la quotité des bras disponibles. Si l'on doit importer des ouvriers, seront-ils bien reçus par la population ou aura-t-on à redouter des rixes perpétuelles? C'est malheureusement ce qui se passe trop fréquemment et on en est réduit à rapatrier les nouveaux venus, ce qui nécessite un surcroît de dépenses. Du reste, dans les prévisions, il faut compter que l'ouverture des travaux, en amenant une demande de main-d'œuvre, déterminera une augmentation dans les salaires et une élévation générale dans le prix des choses.

Étude géologique. — Passant à l'étude scientifique de l'affaire, c'est à peine s'il est besoin de mentionner, tant cela est évident, l'importance de l'examen géologique de la contrée. Roches et terrains doivent être passés en revue, failles et filons doivent être relevés, et les âges relatifs ainsi que les horizons stratigraphiques doivent être déterminés si possible. Nous en avons dit suffisamment pour nous borner à rappeler ces points.

Que l'on ait affaire à des alluvions, à des couches ou à des filons, on doit minutieusement en établir les caractères, la nature, et essayer d'en prouver la continuité. La texture du remplissage, et particulièrement celle des zones exploitables, mérite une attention soutenue. Le but poursuivi est la constatation de certains métaux et l'évaluation des teneurs, mais il importe de reconnaître les gangues, car, d'après leur composition, on aura peut-être à faire varier le mode de traitement.

Comme il est rare qu'un gîte présente une grande constance de richesse, on se trouvera bien vite en présence de ce point délicat : Quelles sont les portions riches ? Comment se succèdent-elles ? En un mot, quelle est la quantité exploitable ? C'est là, très souvent, le pivot de l'affaire. C'est la question que l'on doit élucider à tout prix, c'est celle que l'on ne peut résoudre dans un examen trop rapide.

Lorsque l'on visite une mine dans un district déjà connu, la visite des travaux environnants, les conversations avec les ingénieurs du pays permettent d'établir le *mode d'occurrence* des zones riches et de procéder par induction pour le gîte à l'étude, quitte à vérifier l'exactitude de ces inductions. Dans un pays neuf, la question est plus difficile et on doit passer un certain temps à recueillir des données précises avant de présenter aucune conclusion.

Enfin, on doit s'assurer que la nature de la métallisation est constante et que les installations, faites pour certaines zones étudiées, seront bonnes pour toute la durée de l'exploitation. Il peut se produire des variations en direction et en profondeur. Dans le Cornwall par exemple, on a vu l'étain succéder au cuivre; et, dans certains filons quartzeux, l'or libre cède la place à de l'or combiné, ce qui nécessite un matériel notablement différent.

C'est au moyen de prises d'essai multiples et soignées que ces renseignements pourront être obtenus; une mine n'a de réelle valeur qu'autant qu'elle est suffisamment ouverte pour que l'on puisse résoudre toutes ces questions, sinon définitivement, du moins avec une approximation suffisante.

Prises d'essai. — Une mine ne peut s'échantillonner comme une roche. Il ne suffit pas d'en détacher, par-ci par-là, des petits fragments à coups de marteau; il importe de se procurer une représentation exacte de la réalité. Comme il est difficile, même en procédant par coups de mine, d'arriver à une moyenne exacte, en chaque point déterminé, on doit remédier à cet inconvénient par la multiplicité des attaques. Il ne faut pas perdre de vue que l'échantillonnage d'une mine *est rarement faible*. Dans l'abatage, les parties minéralisées par des sulfures s'effritent plus facilement que la roche compacte et nous estimons que le produit abattu en contient une proportion un peu plus forte que la moyenne du gîte à cet endroit.

Les prises d'essai doivent toujours porter sur des quantités assez importantes que l'on fera broyer et sur lesquelles on prélèvera un échantillon moyen.

On doit toujours se tenir en garde, lorsque l'on examine un gîte pour le compte d'acheteurs éventuels, contre les pratiques inconscientes ou déloyales des propriétaires.

Dans les travaux souterrains, on peut *préparer la mine* de

façon à lui donner un aspect satisfaisant ; par exemple on arrête les fronts de taille des galeries et les fonds des puits en fonçage au beau milieu de lentilles de minerai parfois très restreintes, et, dans un examen superficiel, la métallisation peut paraître magnifique. Une étude attentive des massifs existants, et surtout le prolongement des galeries et puits en question sur une distance de quelques mètres, montrera la foi qu'on peut avoir dans ces indices.

En matière de métaux précieux, l'attention doit être encore plus grande. Il est facile de « *saler* » une mine ou un placer, soit en y plaçant intentionnellement des pépites, soit en y répandant de la poudre d'or. Pendant la récolte des déblais on peut y jeter des fragments métalliques et, même dans les sacs scellés, on est allé jusqu'à injecter du chlorure d'or en solution concentrée au moyen d'une seringue hypodermique. En tout état de cause, les précautions les plus grandes doivent être prises, car, si l'on a affaire souvent à d'honnêtes gens, parfois on rencontre des gredins.

Le traitement mécanique et industriel d'une forte prise d'essai est toujours une chose désirable. Si l'on se trouve en présence de minerais bons à fondre, on aura intérêt à recueillir quelques tonnes par triage et à les adresser à une usine bien installée.

Travaux. — Lorsqu'on a établi la richesse et la distribution des zones productives, on peut se faire une idée de la valeur d'ensemble :

1° En raison de la quantité de *minerai en vue* nettement déterminée par les travaux existants ;

2° Par suite d'une évaluation de la *quantité probable* de minerai, évaluation basée sur les éléments précédemment établis.

Il va sans dire qu'en procédant à ces évaluations on devra user de la plus grande prudence et introduire des coefficients de sécurité, en écartant les teneurs peu vraisemblables et réduisant les colonnes riches aux dimensions les plus restreintes.

C'est alors seulement que l'on pourra tracer le programme d'exploitation, prescrire les recherches complémentaires, déterminer l'emplacement des puits, la hauteur des étages, la dimension des galeries et des recoupes, l'écartement des cheminées, la position des travers-bancs, la méthode d'abatage, le système de roulage, etc., etc.

On devra entrer dans une étude approfondie des procédés d'extraction et d'épuisement, étudier la nature des machines à employer et prévoir un plan général des dispositifs à adopter. Puis, prenant le minerai à l'orifice du puits on aura à le transporter, soit qu'on se borne à un triage et à une expédition, soit qu'on doive le conduire à une usine de concentration, soit qu'on doive le fondre ou le traiter pour le vendre à l'état métallique.

On voit combien sont complexes les questions qui se présentent. On pourra être conduit à dresser un projet de préparation mécanique ou d'usine ou peut-être même à unir les deux ensemble, et, si les quantités manipulées sont considérables, on devra en assurer le transport par des moyens mécaniques. Cette dernière question ne sera peut-être pas limitée au mouvement des minerais entre la mine et l'usine ; dans le but d'assurer les approvisionnements de matériel et de combustible, en même temps que pour exporter les produits de l'exploitation, il faudra dans certains cas perfectionner ou créer les voies de communication vers l'extérieur et se relier à des localités d'accès facile. Enfin l'attention sera appelée sur certains points, secondaires peut-être, mais fort intéressants, tels que l'aérage, l'utilisation des forces hydrauliques, l'application du forage à l'air comprimé, l'emploi de l'électricité, la fabrication du charbon de bois ou des produits accessoires, etc., etc.

Étude économique. — Lorsque l'étude technique est terminée, lorsque l'on a reconnu la valeur et la qualité de la mine, il faut en évaluer le rendement et la production.

Cette estimation n'est pas toujours aisée à faire par suite de l'irrégularité de la métallisation.

On a beaucoup vanté l'utilité de mesurer la puissance réduite du filon, ou de la couche, en supposant la totalité du *minerai pur* condensée suivant le plan moyen de la fracture de façon à former un filet massif homogène servant à estimer le rendement au mètre carré.

Nous ne croyons pas que ce mode de représentation présente grand intérêt.

Sans doute pour un gîte donné, il permet de suivre les variations de la métallisation, mais il ne permet pas de comparer deux mines entre elles, ni même deux zones d'une même mine, si les conditions d'exploitabilité sont différentes.

L'établissement de la puissance réduite ayant pour but d'évaluer le rendement au mètre carré, on est conduit à ramener les dépenses également à la même commune mesure. Mais les frais par mètre carré varient suivant les quartiers d'un gîte et par suite la comparaison de la moyenne obtenue avec le rendement correspondant ne peut servir à décider si une zone est avantageuse ou onéreuse.

Du reste, il faut bien l'admettre, il n'existe pas de méthode générale permettant de suivre de près la réalité. Aussi puisque l'on doit procéder à des moyennes, nous croyons tout aussi avantageux de ramener les dépenses à la tonne de tout-venant et de calculer la valeur de ce dernier à la sortie de la mine, en lui faisant subir la défalcation de tous les frais dont il sera grevé plus tard.

L'organisation d'une affaire permet aux exploitants d'atteindre un tonnage maximum en quelque sorte infranchissable et le problème posé est ordinairement de sortir un nombre déterminé de tonnes. Il est donc rationnel de prendre la tonne comme point de comparaison, d'en trouver la valeur et d'y rapporter les dépenses.

Ce serait une erreur de croire que de semblables données suffisent. Elles peuvent permettre d'apprécier les conditions générales d'exploitabilité, mais une étude plus serrée doit être faite si l'on veut suivre les variations de l'affaire.

Dans chaque étage, dans chaque quartier, il se produit des différences portant d'une part sur la teneur et sur le rendement au mètre carré, et d'autre part sur les facilités d'abatage, sur les venues d'eau, sur les nécessités de soutènement, etc. En un mot chaque année un programme spécial doit être tracé et les évaluations générales devront être précisées.

Lorsque l'on est en présence d'un amas ou d'un gîte irrégulier, la puissance réduite n'a plus grande signification, et il est intéressant de choisir la tonne comme terme de comparaison.

Aux débuts d'une affaire on se trouve souvent en présence d'un gisement peu développé et on est forcé de se contenter de notions générales.

Toutes les installations devront être soigneusement chiffrées et leur total formera le chapitre des frais de premier établissement, auquel on devra ajouter les travaux préparatoires pendant la période non productive, ainsi que le coût des bureaux, maisons, magasins, approvisionnements en stock, etc., etc.

Puis viendra l'examen du prix de revient, avec prévision des frais généraux, en regard de la quantité à produire. Il faudra tenir compte non seulement des pertes dans le traitement, mais aussi du coût des transports, des déductions que pourraient faire subir les acheteurs, et des redevances, s'il y a lieu. Dans l'estimation du prix de vente des minerais, on devra faire entrer en ligne de compte la baisse possible des cours. C'est alors seulement que l'on pourra déduire les bénéfices probables de l'exploitation.

Si à la somme nécessaire pour faire face aux frais de premier établissement on ajoute le prix de la mine et un fonds de roulement suffisant pour permettre de conduire les travaux jusqu'au moment où l'on pourra être payé des premiers produits vendus, on arrivera à un total qui représentera le *capital argent* nécessaire pour conduire l'exploitation.

En général, l'expert envoyé en mission n'a pas à entrer dans les considérations financières ; il lui suffit d'évaluer le capital nécessaire et les bénéfices, en laissant au groupe des capitalistes le soin de trouver les voies et moyens et d'adopter les combinaisons qui leur paraissent les plus avantageuses.

Nous n'avons pas eu la prétention dans les lignes précédentes de tracer un programme applicable dans tous les cas. Nous nous sommes borné à relever quelques points intéressants, et nous savons trop combien les gîtes sont différents pour recommander une méthode unique.

Un fait à peu près général est que les mines sont soumises à des alternatives de prospérité et de stagnation. Il arrive un moment où l'outillage ne suffit plus, soit à cause de son mauvais état, soit que l'approfondissement des travaux exige des machines plus fortes, soit pour toute autre cause. A des années lucratives peut succéder une période improductive, et, pour faire face à une semblable éventualité, l'ingénieur, au début, doit toujours restreindre l'évaluation des bénéfices sans jamais diminuer la prévision des dépenses.

CHAPITRE VIII

TRAITEMENT DES MINERAIS

Préparation mécanique. Débourbage. Concassage. Broyage. Appareils de classement. Enrichissement. Moyens de transport. Installation d'une usine. — *Or.* Traitement des alluvions. Traitement des quartz aurifères normaux. Procédés chimiques. Traitement par fusion. — *Argent.* Traitement hispano-américain de l'argent chloruré. Procédé mexicain du patio. Méthode du tonneau de Freyberg. Traitement dans les usines à bocards. Procédés de lixiviation. Minerais auro-argentifères. — *Cuivre.* Généralités. Méthode galloise. Emploi du water-jacket. Convertisseur Manhès. — *Plomb.* Méthodes de traitement. Procédé carinthien. Procédé du bas-foyer. Grillage et fusion. Désargentation. — *Métaux divers.* Zinc. Etain. Antimoine. Mercure. — *Choix d'un procédé.*

La transformation des minerais est un vaste sujet qui embrasse la « Métallurgie » tout entière et qu'on ne peut traiter d'une manière complète que dans des ouvrages entièrement consacrés à ce sujet. Dans ce qui va suivre, nous ne viserons que les procédés faciles à utiliser pour les exploitations minières, dans le but de tirer des produits extraits le maximum de profit.

Il ne peut être question un seul instant de l'industrie du fer. La sidérurgie nécessite des installations trop coûteuses et des méthodes trop perfectionnées pour qu'on puisse jamais en faire une annexe de l'exploitation. Au contraire, en raison de la situation économique et de la complication des approvisionnements, c'est presque l'inverse qui a lieu. Un grand établissement s'alimente à plusieurs sources et a une existence indépendante d'une mine particulière.

C'est également le cas de certaines fonderies de cuivre ou de plomb installées dans des districts producteurs et centralisant les minerais d'une contrée.

Nous n'examinerons point les procédés métallurgiques de ces usines ; ce serait sortir tout à fait de notre cadre. Nous ne ferons que mentionner quelques méthodes avantageuses, applicables lorsque les transports sont difficiles ou lorsque les conditions du pays permettent un traitement rapide et économique.

Tout d'abord, un minerai pourra présenter une certaine valeur sans être immédiatement marchand et nécessiter une concentration, même au prix de pertes importantes.

Considérons un gîte dont le tout-venant contient pour 100 francs de métaux par tonne et situé dans un district tellement placé qu'on puisse en effectuer la vente à une fonderie éloignée, sous une déduction de 150 francs par 1000 kilogrammes, correspondant au transport, aux frais de fusion et au bénéfice du fondeur. Il est clair que le minerai est inutilisable tel qu'il se présente.

Admettons que l'extraction coûte 20 francs par tonne et que, moyennant une dépense de 5 francs par 1000 kilogrammes, on puisse concentrer 10 tonnes en 1 avec une perte de 20 p. 100. La tonne de produits concentrés tiendra pour 800 francs de métaux et pourra supporter la déduction de 150 francs mentionnée plus haut. D'autre part, les frais correspondent à 10 fois 20 francs ou 200 francs pour l'extraction, et à 10 fois 5 francs ou 50 francs pour la concentration. C'est une somme de 250 francs qui, ajoutée aux 150 francs de déduction, conduit à un total de 400 francs. Or comme la valeur des métaux contenus est de 800 francs, il reste un profit de 400 francs ou de 40 francs par tonne de tout-venant. L'exportation directe n'eût pu être réalisée, car la perte eût été de 70 francs par tonne (déduction 150 francs, extraction 20 francs; valeur 100 francs).

Les divers termes du travail de concentration sont les suivants :

Dégrossissage.
- Débourbage.
- Concassage.
- Broyage.
- Classement.

Enrichissement.
- Triage à la main.
- Lavage dans l'eau. (Chute dans un milieu résistant.)
- Lavage sur des surfaces adhérentes.
- Lavage avec l'aide de secousses.
- Lavage sous l'action de la force centrifuge.
- Enrichissement sous l'influence d'un aimant.

Le détail de ces opérations a été remarquablement décrit par M. Boutan dans son ouvrage sur la préparation mécanique des minerais et par M. Haton de la Goupillière dans son cours d'exploitation [1].

Lorsque l'on se trouve en présence de minerais aurifères, tels que des alluvions qui ne contiennent qu'un peu d'or libre, on ne peut songer à les transporter à distance, surtout lorsque les sables ne valent que quelques francs par mètre cube. De là la nécessité de procédés spéciaux qui sont tout à fait du ressort de l'exploitation des mines.

Avec des pyrites aurifères, la concentration est quelquefois possible et on rentre dans le premier cas considéré.

Souvent on procède au traitement du minerai sans concentration préalable en installant le *moulin à or* près de la mine, soit pour broyage et amalgamation directe, soit pour l'emploi de procédés chimiques.

MM. Cumenge et Fuchs décomposent la question de la façon suivante :

Traitement des alluvions.
- Placers des vallées à pente faible.
- Placers de plateaux et vallées à forte pente.
- Placers recouverts.

Traitement des quartz normaux. . . . Amalgamation.
Traitement des quartz exceptionnels . . Procédés chimiques.
Traitement des minerais complexes . . Fusion et procédés chimiques.

[1] Tout récemment l'ouvrage de Linkenbach : *Traité pratique de la préparation des minerais* a été traduit de l'allemand.

Les minerais d'argent sont multiples et peuvent se grouper autour de trois types principaux : les minerais spéciaux d'argent, les minerais de cuivre argentifère, et ceux de plomb argentifère. Ces deux dernières catégories sont généralement traitées pour cuivre et plomb avec séparation ultérieure de l'élément précieux. La *métallurgie de l'argent* proprement dite doit être restreinte à celle des minerais spéciaux.

Elle comporte :

1° Le traitement des minerais chlorurés ou iodurés ;

2° Le traitement des minerais sulfurés, par amalgamation, avec ou sans grillage préalable ;

3° Les procédés dits de lixiviation.

Les matières cuprifères peuvent être transformées suivant diverses méthodes. Laissant de côté ce qui peut avoir lieu dans les usines importantes, nous n'insisterons que sur la fusion au four à cuve, procédé qui tend à se généraliser en raison de sa simplicité et de son économie.

Pour le plomb, nous ferons les mêmes restrictions. Nous laisserons aux établissements métallurgiques les formules perfectionnées et ne viserons qu'un procédé rapide, facilement réalisable. Le réverbère, le bas-foyer et le four à cuve sont les trois appareils que l'on pourra utiliser.

Quant au zinc dont la métallurgie est simple, au mercure, à l'étain, à l'antimoine dont le traitement doit se faire à la mine, il nous suffira d'une courte notice sur chacun de ces métaux.

Nous ne parlerons pas du fer ainsi que nous l'avons dit plus haut, non plus du manganèse, du chrome, du cobalt, du nickel, ces métaux étant toujours expédiés vers les centres industriels.

§ I. — PRÉPARATION MÉCANIQUE

Débourbage. — Les substances argileuses, avant de passer dans les appareils, doivent subir un débourbage qui a pour but d'isoler les uns des autres les fragments sur lesquels on veut opérer. On utilise à cet effet quelquefois de simples grilles sur lesquelles on déverse le minerai en faisant couler de l'eau dessus, quelquefois des trommels ou des bacs, dans lesquels on produit un brassage. En tout état de cause c'est l'eau qui est l'agent débourbeur.

Concassage. — Les blocs trop gros sont tantôt brisés à la masse, tantôt réduits dans des appareils qui portent le nom de *concasseurs*. Le type le plus en faveur est le « Blake » dans lequel une pièce oscillante, fixe à sa partie supérieure, vient frapper contre une mâchoire immobile. Un appareil pouvant broyer :

2 $1/4$ mètres cubes à l'heure	nécessite une force de	4 chevaux-vapeur.
3,5	—	—	—	—	7 —
6	—	—	—	--	10 --
7,5	—	—	—	—	14 —

Le concasseur « Dodge » est basé sur le même principe que le « Blake », mais la pièce oscillante est fixe à sa partie inférieure. L'ouverture de décharge étant constante, les dimensions des débris sont peut-être plus régulières que dans l'instrument précédent. Cet avantage est compensé par une tendance à l'engorgement de la capacité où l'on jette les blocs.

Un appareil broyant à l'heure :

1^T de pierres correspond. à	3/4 de m. c.	nécessite une force de 4 chev.-vap.
3	—	2 $1/4$ —	—	8 —
12	—	9 --	—	12 —
18	--	13 $1/2$ —	—	18 —

En Amérique, le type « Comet » peut passer de grandes quantités à l'heure. Le broyage est fait entre deux mâchoires tronconiques, l'une fixe, formant trémie, l'autre disposée en sens inverse et pouvant tourner autour d'un axe légère-

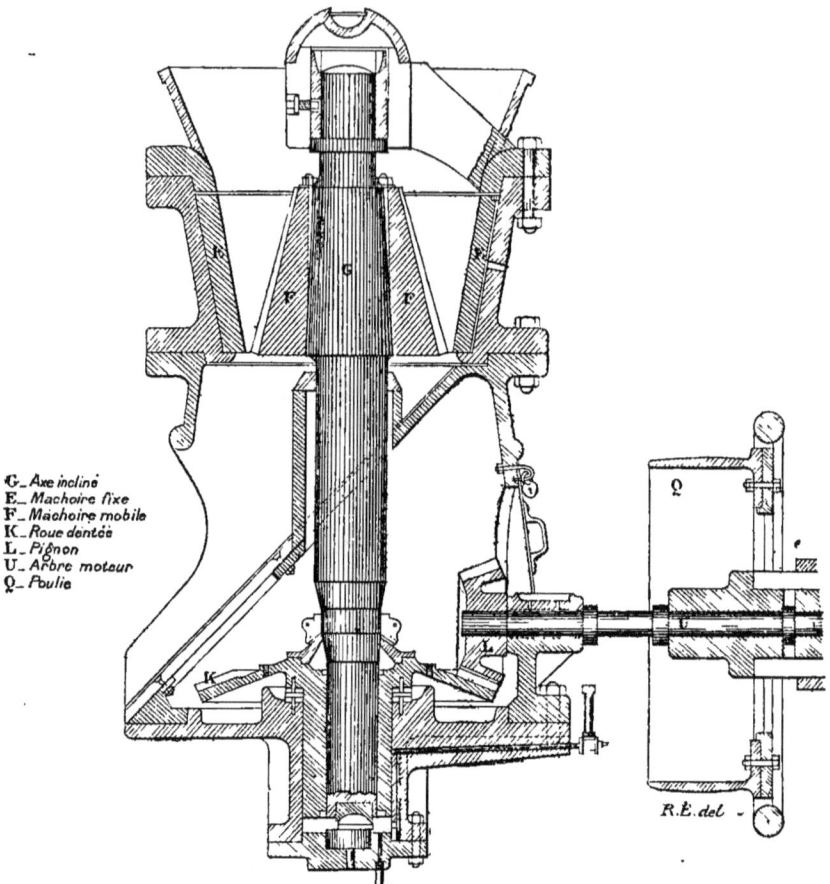

G — Axe incliné
E — Machoire fixe
F — Machoire mobile
K — Roue dentée
L — Pignon
U — Arbre moteur
Q — Poulie

Fig. 66. — Concasseur « Comet ».

ment incliné sur la verticale (fig. 66). Un appareil broyant à l'heure :

8ᵀ	correspondant à	6	m. c. nécessite une force de	8	chevaux-vapeur.
10	—	7 1/2	—	12	—
24	—	18	—	20	—
30	—	12 1/2	—	35	—
60	—	45	—	40	—

Toutefois nous devons dire que cet appareil convient moins bien que le « Blake » pour de très gros fragments.

Broyage. — 1° *Bocards*. — Parmi les appareils de désagrégation, le *bocard* figure au premier rang. Il s'applique surtout à la réduction des matières rocheuses en présence d'un courant d'eau ; il est moins avantageux dans le travail à sec ; son rendement est alors moindre.

Les grands avantages du bocard sont les suivants :

Fonctionnement simple et généralement compris des ouvriers ;

Réparations faciles ;

Marche presque constante ;

Arrêt indépendant d'une seule portion d'une batterie pendant la marche des autres ;

Construction robuste ;

Mise en route facile.

Par contre l'établissement des fondations est assez coûteux et doit être fort soigné.

« L'intensité du choc est en raison de la force vive de la
« chute, c'est-à-dire à la fois du poids de la flèche et de sa
« levée. Le résultat effectif ne s'apprécie cependant pas unique-
« ment par le produit de ces deux facteurs. Un pilon léger,
« tombant de plus haut, donne un coup plus sec, qui brise et
« éclate le morceau en produisant moins de farine. On le mène
« en outre lentement pour que le courant d'eau ait le temps
« d'entraîner tout ce qui est arrivé au degré voulu de ténacité.
« Au contraire, un pilon lourd soulevé moins haut, broie et
« pulvérise davantage. On arrive dans cette voie au *bocardage*
« *à mort*. » (Haton de la Goupillière.)

Aux Etats-Unis le poids des « stamps » varie de 200 à 450 kilogrammes environ.

La figure 67 représente le *bocard à vapeur* dont la première idée remonte à 1856, mais qui ne compte réellement dans l'industrie que depuis quelques années.

Un solide bâti, entièrement métallique, supporte tout l'ensemble. A la partie supérieure se trouve le cylindre moteur. Sa disposition est exactement celle que l'on rencontre dans un marteau pilon. La vapeur est commandée par des soupapes conduites par une tige qui engrène avec un arbre recevant le mouvement par l'intermédiaire d'une poulie et d'une courroie.

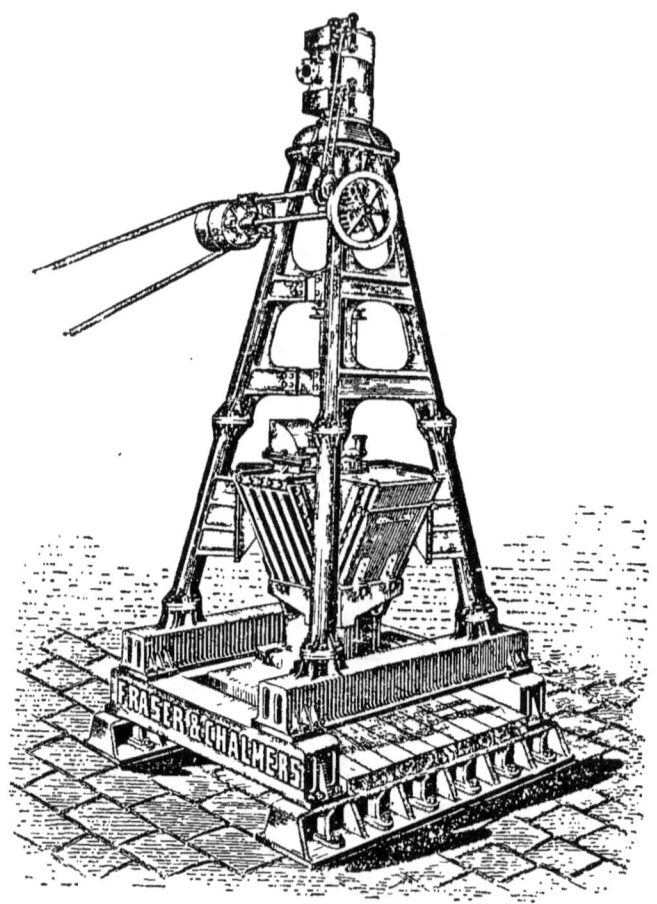

Fig. 67. — Bocard à vapeur.

L'engrenage est elliptique de façon à produire un mouvement irrégulier correspondant à une ouverture complète de l'admission durant la chute, tandis que, pendant la levée, la vapeur est admise en moindre quantité.

Le mortier repose sur une enclume en fonte, épaisse de

50 centimètres, et pesant à peu près 10 tonnes. Les dispositions pour l'échappement des matières broyées rappellent celles des bocards ordinaires, bien que des modifications aient été apportées dans la pose des tamis en raison des grandes dimensions de l'appareil.

La flèche subit, à chaque coup, une petite rotation, de façon à compléter un tour au bout d'un certain nombre de chutes.

La maison Fraser et Chalmers, de Chicago, construit deux types de ce modèle, l'un pesant 33 tonnes et l'autre 46 tonnes. Le nombre de coups par minute est de 90.

Le plus grand de ces appareils peut produire journellement 230 tonnes de sables, quantité qui tombe à 150 tonnes si les produits doivent être plus fins.

Quant aux consommations, elles dépendent naturellement du poids du bocard, de sa levée et du nombre de chocs par minute. Pour un type de 750 livres, battant 90 coups à la minute, et broyant 1 tonne à 1,5 t. par jour, on compte :

Force en chevaux-vapeur . . . . 1 1/8 environ.
Consommation d'eau par minute . . . . 4 à 5 litres.

2° *Cylindres*. — Les cylindres conviennent généralement bien au broyage des matières provenant des concasseurs et doivent être préférés toutes les fois que les produits définitifs doivent être des sables et non des poussières. Le diamètre des fourrures doit être en relation avec les dimensions des cailloux introduits pour que ces derniers ne sautillent pas à leur surface ; de même leur degré d'écartement est fonction du degré de finesse que l'on se propose d'obtenir.

3° *Moulins*. — Un grand nombre de moulins ont été inventés pour arriver à résoudre le problème de la « pulvérisation », mais il est difficile d'en trouver un excellent pour les matières réellement dures. Tantôt on préconise « l'Heberle », tantôt on vante le « Sturtevant » ; mais, il faut bien le dire, l'emploi de ces appareils ne conduit qu'à une solution approximative de la question et laisse toujours à désirer, excepté pour les matières demi-dures, comme les calcaires, les phosphates, etc.; un des types les plus satisfaisants paraît être le « Huntington » (fig. 68). Le minerai chargé dans l'appareil est écrasé entre un

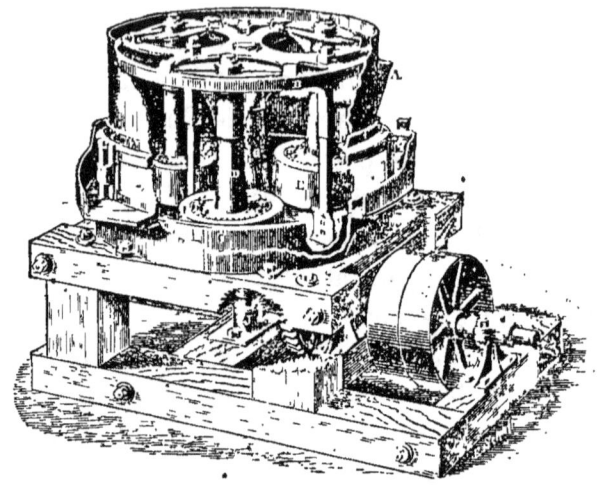

Fig. 68. — Moulin Huntington.

anneau fixe C et des meules E mobiles autour d'axes D présentant un certain jeu autour de leur point d'attache. Ces tiges sont suspendues en quelque sorte à un plateau mobile autour de l'axe G. Par l'effet de la rotation autour de G, les meules E s'appliquent contre l'anneau C et produisent le travail de pulvérisation. Un appareil pouvant passer par heure :

```
12ᵀ fait 90 révolutions par minute et nécessite une force de 4 chev.-vap.
20  —  70      —         —         —         —     6     —
30  —  55      —         —         —         —     8     —
```

Les constructeurs prétendent que les avantages de ce moulin sont les suivants :

1° Pour un travail donné, le coût des broyeurs Huntington est la moitié du prix des bocards ;

2° Le poids est réduit au quart ;

3° Les frais d'installation au dixième ;

4° La force motrice au tiers ;
5° L'usure est moindre ;
6° Les réparations sont plus rapides ;
7° Son action est constante au lieu d'être intermittente ;
8° Son allure est plus silencieuse.

Tout cela peut être vrai ; mais cet engin est beaucoup plus délicat que les pilons et nécessite par suite des réparations plus fréquentes. De plus, un arrêt de l'appareil suspend complètement le travail, à moins d'en avoir plusieurs à la fois, tandis que, dans une batterie de bocards, distribués par groupes de cinq, on n'arrête qu'un seul groupe et on laisse fonctionner les autres.

5° *Broyage pour farines*. — C'est encore la meule (cylindrique ou conique) qui est l'instrument le plus simple et le plus durable pour réaliser ce genre de travail. Les « désintégrateurs » ne sont guère admissibles que dans le cas de substances relativement tendres telles que la houille ou certains sulfures.

Appareils de classement. — Ils se composent fréquemment de grilles fixes ou oscillantes, de cribles, ou de trommels faits de tôle perforée et animés d'un mouvement de rotation. Le principe est de faire glisser les matières sur une surface percée d'orifices d'une dimension déterminée, à travers lesquels passent les produits de taille inférieure, tandis que les refus correspondent à des volumes plus considérables.

Enrichissement. — En première ligne on doit placer le triage à la main qui a pour but d'isoler les morceaux de minerai facilement visibles et immédiatement marchands, en leur évitant le passage dans les appareils, *ce qui ne peut avoir lieu sans une certaine perte*.

La classification a pour but de produire différentes *sortes* et dans chaque « sorte » les grains uniformes (au moins théoriquement) ne diffèrent que par la densité. Ce sont les matières ainsi séparées que l'on soumet à l'enrichissement.

1° *Appareils basés sur la résistance d'un milieu liquide.* — C'est l'instrument connu sous le nom de *crible* qui représente la meilleure réalisation de ce principe. Certaines modifications prennent le nom de *bacs* tandis qu'en Amérique et en Angleterre on appelle cet engin un *jig*.

Le *crible à main* se compose d'une caisse à fond perforé dans laquelle on dépose le minerai à laver ; cette caisse, suspendue à une tige équilibrée, peut se mouvoir dans l'eau ; en imprimant des secousses verticales, la matière ne tarde pas à se classer par ordre de densité. L'ouvrier élimine les parties légères et recueille la couche dense du fond.

Par suite de perfectionnements successifs, on est arrivé au bac continu, composé de deux compartiments, l'un fixe, à fond perforé, que traverse le minerai, l'autre dans lequel se meut un piston qui chasse l'eau à travers la masse et produit le classement. Dans le cas où le diamètre des matières lavées est supérieur à celui des trous, les produits classés s'écoulent par des orifices disposés *ad hoc :* c'est le bac de *Moresnet*. Dans le crible du Hartz, au contraire, le fond de la caisse, percé de trous de dimensions supérieures à celles des grains, est recouvert de fragments gros et lourds au-dessus desquels les particules légères sont éliminées avec le courant d'eau, tandis que les parcelles pesantes gagnent le fond en passant à travers le filtre mobile temporairement soulevé par la poussée de l'eau et finalement traversent la grille pour aller se déposer dans un compartiment spécial.

Une *sorte*, ayant traversé un compartiment, n'est pas toujours *épuisée*, surtout dans le cas des minerais complexes et si l'on vise des produits suffisamment finis. Le travail, commencé dans une case, doit être continué dans une autre, et certains cribles ont 2, 3 et même 4 compartiments.

Les éléments variables dont on dispose pour régler le travail sont :

1° La quantité d'eau et le volume de la lavée ;

2° La vitesse du piston produisant la chasse de l'eau ; on la fait varier en déplaçant la courroie motrice sur une poire et en réglant la course du plateau ;

3° L'amplitude des oscillations qui agit dans le même sens que l'élément précédent et que l'on règle en modifiant la longueur de la manivelle (ou de l'excentrique) reliant la tige à l'arbre moteur.

Le nombre des oscillations, fonction des termes précédents, dépend de la nature des sables à traiter. Il peut varier de 60 ou 80 coups jusqu'à 200, 300 et même 400 pulsations par minute.

Leur amplitude reste généralement comprise entre 5 et 10 millimètres.

Dans un ordre d'idées un peu différent, on a inventé les appareils à courant ascendant tels que le classificateur Dorr ou le classificateur Buttgenbach et les appareils à courants horizontaux dont le spitzkasten et le classeur de Steinenbrük sont les meilleurs types.

Certains instruments complexes sont basés sur des variations de vitesse du courant horizontal amenant la *lavée*, avec injection verticale de courants secondaires aidant à l'enrichissement.

2° *Appareils d'enrichissement utilisant le frottement.* — Pour une même sorte dont les grains sont de dimensions très voisines, il est évident que, dans l'écoulement sur une surface plus ou moins adhérente, les parcelles les plus lourdes auront une tendance à rester en arrière. Les stériles pourront donc être emportés, tandis que les sables métalliques demeureront à la surface de l'appareil.

C'est sur ce principe que sont basés : la *table dormante*, le *caisson allemand*, l'*auge sibérienne*, et le *sluice américain*, qui ne sont au fond qu'un seul et même instrument avec des formes différentes.

Pour faciliter la cueillette du minerai, on a inventé les

round buddles, les tables tournantes et les appareils à toile sans fin. Souvent le premier enrichissement n'est que partiel et les substances doivent être repassées une seconde fois après élimination des stériles.

L'appareil connu sous le nom de « Frue Vanner machine », en si grande faveur aux Etats-Unis, peut être rapporté à cette catégorie. La figure 69 représente une vue latérale de cet

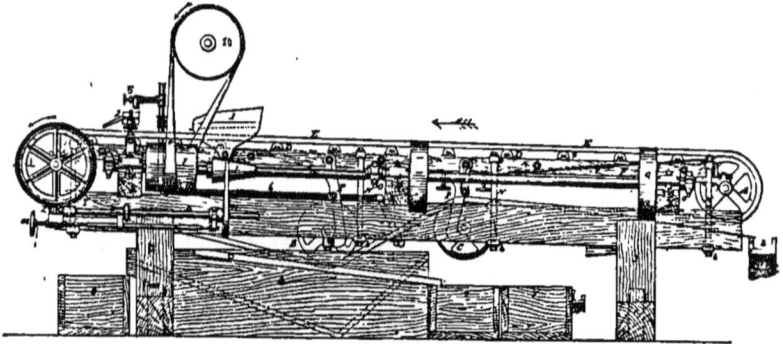

Fig. 69. — Lavoir du système Frue.

appareil ; E E E est une large courroie en caoutchouc présentant une inclinaison de la gauche vers la droite, se déplaçant dans le sens des flèches et susceptible de recevoir, au moyen d'un excentrique, une série de secousses latérales dont la direction est perpendiculaire à celle du déplacement de la grande courroie.

La lavée est donnée par la trémie (1) qui la répartit sur toute la largeur de la table ; en (2) se trouve une seconde distribution d'eau. Sous l'influence des secousses et du courant d'eau, la séparation se fait. Les stériles descendent la pente en sens contraire du mouvement, tandis que les parcelles métalliques remontent avec la courroie qui les entraîne.

On peut à volonté faire varier : l'inclinaison de la courroie et sa vitesse, le régime des secousses et la quantité d'eau, ce qui permet d'utiliser ce concentrateur pour un grand nombre de minerais différents.

La vitesse de la courroie est tenue ordinairement entre

0^m,60 et 3^m,60 par minute; l'inclinaison reste comprise entre 2 et 4 p. 100.

On pourrait se trouver embarrassé pour régler la quantité d'eau, si la lavée provenant des bocards en contenait une trop forte proportion; dans ce cas, on se débarrasserait en route de l'excédent, au moyen d'une conduite perforée, en ayant soin de conduire le liquide éliminé à des bassins de dépôt, dans le but d'éviter toute perte par entraînement.

La quantité d'eau nécessaire est la suivante :

Eau dans la lavée de.	4 à 12 litres par minute.
Eau claire de	3 à 8 —
Eau totale de	7 à 20 —

Un semblable instrument ne peut passer par jour que 5 à 6 tonnes et on a l'habitude d'en disposer deux par batterie de cinq bocards.

La force motrice nécessaire est d'environ un demi-cheval vapeur et un seul homme peut aisément surveiller huit ou dix machines.

Cet appareil est en somme satisfaisant et son adjonction au broyeur Huntington semble avoir produit de bons résultats.

Parmi les engins analogues reproduisant plus ou moins les dispositifs ci-dessus, on peut faire une mention spéciale des tables *Embrey, Johnston, Triumph*, etc.

3° *Appareils fondés sur les différences de force vive.* — On utilise, comme dans le cas précédent, l'écoulement sur une surface solide, mais en le combinant avec l'effet produit par des chocs. La table, écartée de sa position primitive au moyen de cames, revient brusquement en place, communiquant ainsi une vitesse déterminée aux sables adhérents à sa surface. Par l'effet du choc, la vitesse de la table est anéantie, tandis que les sables continuent leur mouvement et se portent d'autant plus en avant que leur force vive est plus grande. Les grains métalliques, plus denses, voyagent plus loin que les particules sableuses.

Sur une table peu inclinée, il est possible de combiner la vitesse de l'eau et l'amplitude du choc de façon à produire un enrichissement analogue à celui provoqué par le rablage.

Pour les *tables de Rittinger*, le choc est latéral; il en résulte que les grains de densités différentes décrivent sur la surface plane des courbes inégales; on peut donc les recueillir séparément. Cet appareil, très précis, donne quelquefois jusqu'à 200 ou 300 secousses par minute. Un ressort aide à la production du choc.

4° *Appareils basés sur l'emploi de la force centrifuge*. — Ils sont dus à M. E. Bazin et s'appliquent surtout au traitement

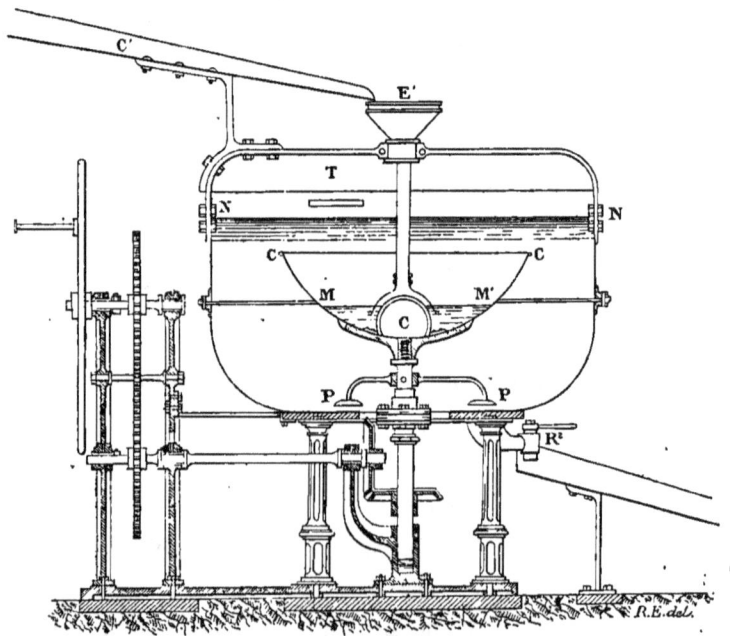

Fig. 70. — Lavoir système Bazin.

des graviers aurifères. La figure 70 indique le dispositif adopté. Les sables sont déversés dans une cuvette sphérique, plongée dans l'eau, à laquelle on communique un mouvement de rotation. Les parties les plus légères sont éliminées tandis que les plus lourdes restent dans l'appareil. Le maniement de ce laveur est extrêmement délicat.

5° *Appareils magnétiques*. — Ils conviennent à une catégorie restreinte de minerais tels que le fer oxydé et les pyrites magnétiques. Dans la *trieuse Vavin* et la *trieuse Sella,* on utilise l'action d'aimants ou d'électro-aimants sous l'influence desquels se fait la séparation.

Moyens de transport. — Lorsqu'on a des préparations mécaniques d'une certaine consistance, il y a lieu d'en assurer l'approvisionnement et de perfectionner les moyens de transport. En général, l'usine est à un niveau inférieur à celui de l'orifice de la mine et au moyen de voies ferrées ou de plans inclinés on obtient une solution suffisante.

En Amérique, surtout dans les pays très difficiles, on a beaucoup préconisé l'emploi du transport par câble suspendu. Jusqu'à présent on a rarement dépassé des longueurs de 2 kilomètres et le prix de revient a atteint jusqu'à 20 et 25 francs le mètre.

Il est vrai qu'un semblable moyen de transport permet de franchir des pentes très raides et des précipices qu'on ne pourrait tourner qu'au prix d'un long détour, mais il ne faut pas oublier qu'un accident, tel que la rupture du câble ou la chute d'un des points d'attache, entraîne une suspension forcée dans les travaux, et qu'il est toujours difficile de transporter de gros tonnages.

En résumé, toutes les fois qu'on le pourra, sans dépenses excessives, on devra préférer la création d'une voie ferrée.

Installation d'une usine. — La préparation mécanique des minerais, née en Allemagne, est longtemps restée une spécialité de cette contrée. C'est là que se sont développés les procédés minutieux et les formules perfectionnées, tandis qu'en Angleterre on préférait traiter des quantités plus considérables, au risque d'éprouver des pertes plus fortes.

Depuis dix ou quinze ans, une évolution s'est faite. L'énorme développement de l'industrie minière aux Etats-Unis a provoqué une révolution dans l'art d'enrichir les minerais, sous la double influence des praticiens anglais et des ingénieurs allemands. On a adopté, d'un côté, la tendance à produire de fortes quantités, et de l'autre on a cherché les appareils permettant un travail complet. S'il faut encore pour les questions de détail s'adresser à l'Allemagne, en Amérique la question d'ensemble est mieux comprise et plus rationnelle.

On peut distinguer nettement deux espèces d'usines de concentration :

1° Celles qui ont pour but d'enrichir un minerai dans lequel les particules métalliques sont fines et intimement mélangées avec la gangue ;

2° Celles qui traitent un assortiment où des sulfures (de la galène par exemple) se présentent d'une façon irrégulière.

Dans le premier cas, un broyage très fin est nécessaire, car un simple concassage ne ferait que diviser la masse en fragments inégaux, mais toujours analogues. La division doit être poussée assez loin pour isoler les particules métallifères. De là, pour un minerai à *composition homogène*, l'obligation d'une pulvérisation soignée.

Les sables produits seront traités sur des concentrateurs de fins tels que des « Frue Vanner machines », des classificateurs à eau, des round buddles, des tables tournantes, des tables de Rittinger, etc., etc.

Si au contraire la métallisation est irrégulière et présente des points de concentration, il y aura intérêt, après concassage, broyage et triage à la main, à procéder à une classification par grosseur, de façon à éviter :

1° Des frais inutiles de broyage;

2° Une réduction en fins dont une partie peut être entraînée par les eaux.

Les divers sables ou graviers seront lavés dans des bacs à piston, avec rejet du stérile, récolte des produits finis et, s'il y a lieu, création d'une classe intermédiaire devant retourner au broyage.

La concentration des fins se fera sur les appareils spéciaux que nous avons déjà énumérés.

Une usine capable de traiter journellement 100 tonnes de minerai de plomb (galène) avec blende ou pyrite de cuivre aurait la consistance suivante :

1 Concasseur ;
1 Paire de cylindres broyeurs ;
1 Paire de broyeurs finisseurs ;
1 Jeu de trommels classificateurs ;
1 Crible à un compartiment ;
3 Cribles du Hartz à 3 compartiments ;
2 Cribles du Hartz à 4 compartiments ;
2 Paires de classificateurs ;
1 Spitzkasten ;
2 Moulins Huntington pour rebroyer les produits intermédiaires ;
3 Frue Vanner machines avec courroie lisse ;
1 Frue Vanner machine avec courroie striée.

Sans compter les chaînes à godets, les réservoirs, les tuyaux, les transmissions.

La machine motrice aurait un cylindre de 30 centimètres de diamètre et de 90 centimètres de course.

Le prix d'achat d'une semblable usine, machine non comprise, serait d'environ une cinquantaine de mille francs (en Amérique).

§ II. — OR[1]

Traitement des alluvions. — On procède toujours à un lavage dont les dispositifs varient avec la nature du gîte et dans lequel la présence du mercure joue parfois un rôle important.

1° *Placers des vallées à pente faible*. — L'exploitation initiale est celle qui consiste dans l'utilisation de l'activité individuelle, ou dans la mise en œuvre des moyens d'action à la portée d'un groupe restreint de personnes. C'est généralement la phase de début, celle à laquelle le prospecteur brûle d'arriver dans l'espoir de tomber sur des poches riches, sur des pépites invraisemblables et de faire une fortune rapide.

On emploie alors la batée, le berceau, le long-tom, l'auge sibérienne, ou de petits sluices et, dans ces conditions, les rendements sont toujours faibles.

D'après MM. Cumenge et Fuchs, un orpailleur qui doit piocher, charger la matière et la laver à la batée ne peut guère faire plus de 20 opérations par jour, si les substances sont argileuses. La quantité passée reste inférieure à 1/4 de mètre cube.

Avec le *berceau*, un homme fera journellement 1 1/2 mètre cube, quantité qui pourra atteindre 3 mètres cubes avec le long-tom tandis qu'elle sera de 1 mètre cube seulement avec l'auge sibérienne, mais correspondra à un travail plus soigné.

Avec un sluice de $0^m,40$ à $0^m,45$ de largeur on peut aller jusqu'à 1 1/2 à 2 mètres cubes de terres moyennes à l'heure. Le personnel comprend (Cumenge et Fuchs) :

1 surveillant ;

1 homme pour deux boîtes de sluice ;

---

[1] Nous ne pouvons mieux faire que de renvoyer à l'admirable ouvrage *l'Or* par MM. Cumenge et Fuchs, une des meilleures parties de l'encyclopédie chimique de Fremy. On consultera aussi avec profit l'ouvrage de Lock et les publications d'Egleston.

2 manœuvres en queue de l'appareil pour en dégager l'extrémité ;

Le nombre nécessaire d'ouvriers pour piocher, pelleter et transporter (s'il y a lieu) les terres à laver et de plus *déblayer* et *découvrir* la couche productive.

La quantité de sable est par rapport à celle de l'eau de 1/8 ou de 1/10 ordinairement.

En Sibérie, outre l'auge, utilisée dans des exploitations restreintes, on a quelquefois concentré les opérations de lavage sur des points favorables où l'on a construit des appareils spéciaux connus sous le nom de *sluices sibériens*.

« Le lavoir de Wolstchanka passe 500 tonnes par jour, il
« exige pour son fonctionnement 20 hommes et 10 chevaux.
« Les sables qui y sont traités ont une teneur qui varie de
« 1/2 gramme jusqu'à 1gr.,1/2 à la tonne, la moyenne étant
« $0^{gr},8$ à $0^{gr},9$ à la tonne. Le prix d'installation de ce lavoir
« a été environ 175 000 francs. » (Cumenge et Fuchs.)

Avec des alluvions trop argileuses, on soumet les matières à un débourbage préalable, nécessaire à cause du peu de longueur des appareils.

En Amérique, au contraire, on se borne à établir le sluice avec des pentes variables et une longueur suffisante (fréquemment plus de 100 mètres) de façon à produire le débourbage par les mouvements rapides et les ressauts qui ont lieu contre les parois ou les aspérités du fond. Lorsque la pente du sol est suffisante, lorsque le bois est à proximité, l'installation d'un sluice est relativement bon marché.

Le prix de revient augmente rapidement s'il faut surélever l'appareil, établir des décharges pour les gros blocs, pratiquer des dérivations, etc., etc...

En Californie « la teneur limite des graviers exploitables au
« sluice ou au long-tom descend à 10 francs et même à 6 fr. 50
« correspondant respectivement à 3 et à 2 grammes d'or par
« mètre cube » (Cumenge et Fuchs).

En Australie, la limite a été de 3 fr.30, c'est-à-dire 1 gramme par mètre cube (Cumenge et Fuchs).

En Sibérie, il est des points où l'on ne peut faire ses frais qu'à condition de traiter les alluvions ayant une valeur voisine de 30 francs par mètre cube, tandis qu'aux environs d'Ekaterinbourg on ne s'arrête guère qu'à 2 fr.50 ou 3 fr.30, valeur correspondant à $0^{gr},75$ ou 1 gramme d'or par mètre cube (Cumenge et Fuchs).

L'appareil Bazin, représenté figure 70, sert également au lavage des sables aurifères. On introduit dans la cuvette mobile une certaine quantité de mercure qui, sous l'influence de la rotation, s'étale le long des parois en présentant une surface parabolique. Les sables légers sont éliminés tandis que l'or, plus lourd, pénètre le mercure et s'almagame avec lui. Le type ordinaire permet de passer environ 500 kilogrammes à l'heure.

2° *Alluvions des rivières*. — On préfère détourner le cours de la rivière ou isoler la partie à prendre entre deux barrages, en faisant passer les eaux sur le côté du bief ainsi déterminé. On a fréquemment tenté d'employer des dragues, mais, jusqu'à présent, le succès n'a pas couronné les efforts des inventeurs.

3° *Placers des plateaux et des vallées à forte pente*. — Ces dépôts sont naturellement exploitables par les procédés ordinaires, mais lorsque l'on peut se procurer une grande quantité d'eau sous forte pression, il y a intérêt à attaquer la masse au moyen de jets présentant une très grande puissance et à la désagréger de cette façon. On se débarrasse d'abord des portions stériles et on abat la couche de la même manière. L'eau se charge de l'entraînement des matières, si la configuration topographique s'y prête, et les sables à laver sont conduits dans de grands sluices où l'or peut se déposer.

La proportion d'eau employée est considérable ; elle atteint 20 et 30 et même 40 fois le volume des terres travaillées.

L'aménagement des eaux en Californie a coûté des sommes énormes qui, dans certains cas, se chiffrent par millions ; mais on a pu traiter de grosses quantités à un prix de revient exceptionnellement bas. MM. Cumenge et Fuchs établissent comme suit le coût par mètre cube :

Roach Hill . .	0 fr. 30	la teneur étant de	3 fr.	par mètre cube.
Richardson. .	0 fr. 15	—	0 fr. 75	—
Iowa Hill. . .	0 fr. 125	—	3 fr. 55	—
Independence.	0 fr. 10	—	1 fr. 25	—
Wisconsin . .	0 fr. 10	—	0 fr. 625	—

Quant au rendement, il est faible, et les sables sont loin d'être épuisés après l'opération. Dans bien des cas on ne recueille pas plus de 33 p. 100 de l'or contenu.

Comme les sluices débitent journellement des centaines de mètres cubes de déblais, on voit quelle importance a l'évacuacuation des « tailings ».

Une pente très forte est nécessaire. Pour le traitement des *alluvions de plateaux*, on a souvent pratiqué des travaux souterrains s'ouvrant à flanc de coteau et aboutissant au *fond du placer*. On procède par puits et tunnels. C'est le chemin que suivent les eaux et les sables.

4° *Alluvions recouvertes*. — Au point de vue *traitement*, ces dépôts ne présentent rien de particulier, on les exploite en combinant les procédés plus haut mentionnés, avec des travaux souterrains. On se borne, naturellement, à prendre les massifs qui, une fois tracés ou reconnus, valent la peine d'être abattus. On se retrouve en face de conditions générales que nous examinerons dans le chapitre suivant.

Les plages riches forment des chenaux de richesse variable. Sur certains points la concentration s'accentue, mais les hautes teneurs restent toujours à l'état d'exception. Au *Bald Moutain Mine*, la valeur moyenne oscillait entre 9 et 10 francs par tonne tandis qu'à *Mabel Mine* elle était un peu supérieure à 3 francs (Californie). MM. Cumenge et Fuchs estiment que les prix de revient *moyens* se tiennent en Californie entre 6 francs et 11 francs par mètre cube de matières lavées.

Traitement des quartz aurifères normaux. — On appelle *quartz aurifères normaux* ceux dans lesquels l'or existe à l'état natif et est susceptible de s'amalgamer directement avec le mercure. De cette propriété est née une formule simple qui consiste à broyer au contact du mercure, puis à faire écouler la pulpe produite sur des plaques de cuivre amalgamé où l'amalgame d'or se dépose et où on peut le recueillir.

L'appareil de broyage se compose de bocards, bien que dans certaines circonstances on leur ait substitué des moulins Huntington. Le choix de l'emplacement a une grande importance, car on doit rechercher à la fois la présence de l'eau, une pente utile à la circulation rationnelle des matières et des aires assez développées pour établir les différents services dont on a besoin, sans être obligé de pratiquer de coûteux travaux au rocher.

Du soin apporté à la confection des fondations dépend en grande partie le bon fonctionnement de l'usine. Les chocs répétés des pilons sur les matières produisent à la longue des tendances au tassement et à la rupture, auxquelles on doit s'efforcer d'obvier dès le début. Des craquelures ou des affaissements pourraient affecter la charpente et nécessiter de graves réparations, sans compter qu'après avoir pris naissance, de semblables accidents ne feraient que s'accentuer.

Les pilons du type ordinaire ont des poids qui varient entre 200 et 425 kilogrammes. Ils sont dirigés au moyen de guides, fixés à un bâti en charpente, et mis en mouvement par un arbre à cames. Ils sont généralement divisés par groupes de cinq et battent à coups courts et répétés. Certains moulins présentent des *levées* de $0^m,35$, mais c'est là un cas exceptionnel.

Les cinq pilons comportent ordinairement un mortier unique dont la figure 71 représente la section. Les matières sont introduites par l'orifice O et s'échappent à travers une grille fermant l'ouverture G. Dans certains modèles, l'introduction des graviers a lieu d'un peu plus haut et au lieu d'une seule décharge G, il en existe deux, symétriques par rapport au plan de la batterie. La grille a pour objet de régler le degré de ténuité des particules éliminées.

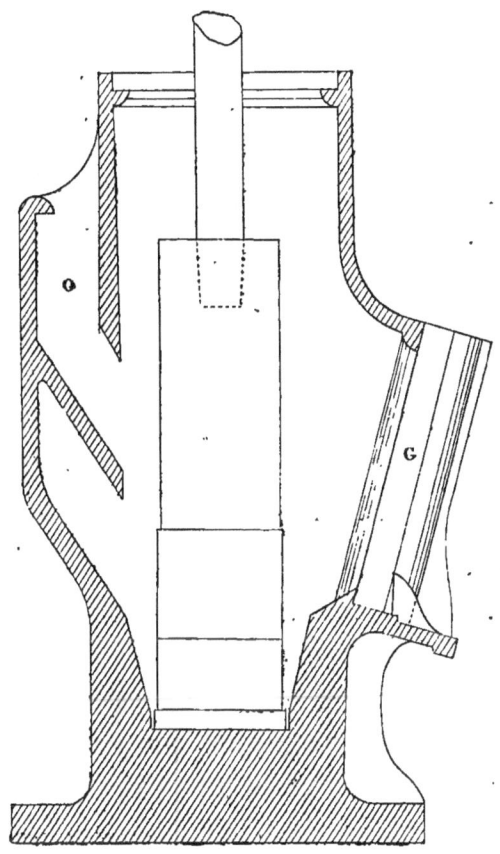

Fig. 71. — Mortier de bocards.

En Amérique on adopte le mortier à simple décharge pour le bocardage en présence de l'eau ; le courant suffit pour entraîner la pulpe. Dans le bocardage à sec ce résultat est plus difficile à obtenir ; aussi préfère-t-on la double décharge.

D'une façon générale le broyage des quartz normaux a lieu en présence de l'eau et du mercure. On dispose à l'intérieur du mortier une plaque d'amalgamation sur laquelle se fixe déjà une portion de l'amalgame et le reste s'arrête à l'extérieur en passant sur d'autres plaques disposées à cet effet.

Le mercure à introduire doit être mesuré avec soin. Théoriquement, il doit s'emparer d'une quantité égale d'or, mais dans la pratique on en ajoute un poids cinq fois plus considérable.

Si les quartz aurifères contiennent des pyrites, on les recueille au moyen de concentrateurs sur lesquels on conduit les matières, après le dépôt de l'amalgane sur les plaques. En Amérique, on emploie pour cet usage des « Frue vanner machines », des « bumping tables », etc., etc.

La force motrice nécessaire peut s'évaluer ainsi :

	Pour une usine de 10 bocards.	Pour une usine de 20 bocards.
Concasseur	6 chev.-vap.	8 chev.-vap.
Bocards de 750 livres battant 90 coups par minute	12 —	24 —
4 ou 8 concentrateurs	2 —	4 —
Services accessoires	6 —	6 —
Frottements	4 —	8 —
Total	30 chev.-vap.	50 chev.-vap

On voit que, dans le premier cas, il faut compter 3 chevaux par flèche et dans le second seulement 2 1/2. Cela tient naturellement à une meilleure répartition des services accessoires.

Dans le cas d'une grande usine de 50 à 60 pilons, il suffirait d'environ 2 chevaux par flèche.

La quantité travaillée varie avec la dureté du quartz. Dans des conditions moyennes, on peut passer 1 1/2 tonne par bocard et par vingt-quatre heures, quantité qui peut être réduite dans les cas difficiles, mais qui peut monter à 1 3/4 tonne ou 2 tonnes lorsque les circonstances deviennent favorables.

Le prix d'achat d'une usine moyenne de 20 pilons est d'environ 50 000 francs et le prix des 8 concentrateurs s'élève à peu près à 25 000 francs. Le poids total est voisin de 125 tonnes (Fraser et Chalmers).

Un moulin à pilons légers du type dit de « Central City » coûterait notablement moins cher, mais ferait moins de besogne. Le choix à faire dépend naturellement de la nature des minerais à traiter.

Quant au prix de revient du traitement, il devra être établi dans chaque cas en particulier en se basant sur les données suivantes établies par MM. Cumenge et Fuchs pour un moulin de 20 bocards.

Personnel.
- 1 contremaître.
- 2 amalgamateurs (1 de nuit, 1 de jour).
- 2 mécaniciens chauffeurs. (id.)
- 1 homme au concasseur.
- 2 hommes aux concentrateurs.
- 1 manœuvre.

Combustible. 17 à 18 stères de bois.

Fournitures.
- Mercure (35 kilos pour 1000 tonnes).
- Produits chimiques.
- Graisses et huiles.
- Éclairage.
- Quincaillerie.

Aux *Black Hills* (Dakota), dans une usine de 120 pilons, le coût du traitement par tonne est tombé à 3 fr.75 pour un minerai assez tendre qui n'a pas besoin d'être broyé très fin. Mais dans beaucoup de cas il faut compter sur 15 francs, 20 francs et même plus.

Les consommations accessoires sont parfois difficiles à déterminer et on éprouve un grand embarras pour en fixer le montant dans un devis. Voici un aperçu relatif aux fournitures nécessaires pour alimenter une usine de 10 bocards pendant la durée d'un mois (Etats-Unis) :

- 40 litres de lard fondu.
- 40 litres d'huile pour cylindres.
- 10 kilos de suif ou de graisses composées. } pour le graissage.
- 6 boîtes de graisse à essieu.
- 20 kilos d'étoupes.
- 200 litres d'huile à brûler.
- 1 caisse de bougies. } pour l'éclairage.
- 5 kilos de garnitures pour joints, soupapes, etc.
- 1/4 de litre acide sulfurique. } pour ajouter à l'eau de nettoyage
- 1/4 de litre acide azotique. } des bassins.

2 kilos cyanure de potassium.
2 kilos lessive alcaline.   pour le nettoyage de l'amalgame.
30 gr. sodium métallique.
120 gr. amalgame préparé pour la mise en route.

puis menus objets tels que balais, raclettes, toile pour filtrer, etc., etc.

L'amalgame, après filtration, est traité par distillation, et on en condense les vapeurs, autant que possible, tandis que le métal précieux reste au fond de la cornue. La perte en mercure peut être estimée entre 5 et 7 kilogrammes par mois pour une usine de dix pilons. D'après une autre évaluation, elle serait à peu près égale au poids de l'or recueilli.

Procédés chimiques. — Dans bien des cas, la mise en œuvre des procédés chimiques est pratiquée par des usines centrales qui achètent aux exploitants leurs *concentrés*. Plus rarement cette industrie est annexée à la mine. Du reste, nous nous bornerons à l'énumération des méthodes les plus connues.

1° *Procédé Plattner.* — Les produits broyés et grillés sont placés dans des baquets en bois remplis d'eau et soumis à une attaque par le chlore gazeux pendant une durée de cinq ou huit heures. De plus, ils restent en digestion dans l'eau chlorée pendant un jour ou deux. L'or entre en dissolution; la liqueur est soutirée et soumise à l'action du protosulfate de fer qui précipite le métal précieux.

2° *Procédé Mears.* — Les matières grillées et mouillées sont placées dans un tonneau en fer doublé de plomb où l'on fait arriver le chlore sous pression, et qu'on soumet à une rotation; les résidus d'attaque sont lessivés et la liqueur précipitée pour or métallique. Le chlore agit d'autant plus énergiquement que la pression est plus grande.

3° *Procédé Thies.* — Cette méthode est basée sur le même principe que la précédente; ici le chlore est produit directement dans le tonneau où l'on introduit les proportions nécessaires de chlorure de chaux et d'acide sulfurique.

4° *Procédé Pollok*. — Le chlore naît de la réaction du bisulfate de soude sur le chlorure de chaux. L'eau est forcée dans l'intérieur de l'appareil au moyen d'un accumulateur hydraulique.

5° *Procédé Munktell*. — On fait arriver sur le minerai grillé une dissolution diluée d'hypochlorite de chaux et de l'eau acidulée, de façon à profiter de l'action du chlore à l'état naissant.

6° *Procédé Newberry Vautin*. — Ce procédé est également basé sur l'utilisation du chlore sous pression ; le gaz est produit par la réaction du chlorure de chaux sur l'acide sulfurique dans le tonneau lui-même que l'on ferme rapidement après l'introduction des réactifs. De plus, on y comprime de l'air jusqu'à une pression de 4 $^1/_2$ atmosphères. Le lavage et la filtration se font à l'aide d'une pompe aspirante et le chlorure d'or est réduit par le sulfate de protoxyde de fer.

7° *Procédé Mc Arthur et Forrest*. — Le minerai broyé est mis en digestion avec une solution de cyanure de potassium tenant environ $\frac{5}{1000}$ de cyanogène. L'or passe à l'état de cyanure et est précipité en filtrant le liquide à travers une masse de zinc découpé.

Traitement par fusion. — Certains minerais complexes peuvent, à cause de leur richesse, être rangés dans la classe des substances aurifères. Ce sera le cas de quelques produits contenant de la galène et alors il y aura lieu de les soumettre, dans le four à manche, à une fusion sur laquelle nous reviendrons à propos du plomb.

De même certaines espèces cuprifères doivent subir un traitement analogue ou une série d'opérations par voie humide. Mais nous ne pouvons entrer dans cette voie sans sortir du cadre que nous nous sommes fixé.

§ III. — ARGENT

Traitement hispano-américain de l'argent chloruré. — Les chlorures, bromures et iodures d'argent ont été très longtemps traités dans l'Amérique espagnole par un procédé dû à Alonzo Barba.

Réduits en poudre fine et mélangés à 10 ou 20 p. 100 de leur poids de sel marin, ils étaient mis dans des chaudières en cuivre, en contact avec du mercure, en présence d'une certaine quantité d'eau que l'on portait à l'ébullition. Le chlorure et le bromure entraient en dissolution dans la liqueur salée et, sous l'influence du cuivre, l'argent était précipité, puis s'amalgamait au mercure. Ce dernier métal était lentement ajouté pour ne pas nuire à l'action du cuivre et l'opération se poursuivait pendant six heures. Le mercure versé représentait à peu près deux fois le poids de l'argent. Après transvasement des matières, on ajoutait une nouvelle quantité de mercure pour réunir l'amalgame que l'on recueillait et traitait par filtration et distillation.

Les sulfures d'argent restaient inattaqués.

Procédé mexicain du patio. — Les minerais contenant des sulfures avec une certaine proportion de chlorure, de bromure et iodure d'argent sont broyés assez fin, puis mis en digestion avec 2 à 5 p. 100 de leur poids de sel marin.

D'autre part, en grillant des pyrites cuprifères, réduites en poudre, on obtient un mélange d'oxyde de fer et de sulfate de cuivre connu sous le nom de *magistral*. On mélange environ 100 parties de minerai avec 1 ou 2 parties de magistral. Puis on introduit peu à peu le mercure destiné à former l'amalgame de façon que son poids représente de six à huit fois celui du métal précieux.

La mixture, appelée « *torta* », est étendue à la surface d'une aire plate, dallée, nommée « arrastre ». Par l'aspect du mercure on juge de la marche des opérations. Une couleur foncée indique une réaction trop vive, que l'on atténue par une addition de chaux. Si le métal conserve un éclat trop prononcé, c'est que l'opération est trop lente et on l'accélère en ajoutant du « magistral ». La « torta » est piétinée par des mules pour obtenir le brassage désiré.

L'amalgame est rassemblé au moyen d'une addition de mercure, puis filtré et distillé. Ce procédé, inventé par Médina au milieu du xviie siècle, est employé encore fréquemment dans les « *haciendas de beneficio* ».

D'après Boussingault, le sulfate de cuivre, au contact du sel marin, se transforme en bichlorure de cuivre ; en présence du sulfure d'argent ce nouveau corps engendre du chlorure d'argent et du sulfure de cuivre. Le chlorure d'argent se dissout dans la liqueur salée, est réduit par le mercure et s'amalgame avec lui. Des réactions trop intenses peuvent provoquer la chloruration du mercure et entraver la bonne marche de l'opération.

Les prix de revient sont assez variables, mais généralement élevés. D'après M. Roswag, le coût exact par tonne serait :

```
de 85 francs au Cerro de Pasco (Pérou).
—  88   —    à  Fresnillo (Mexique).
—  89   —    à  Guanaxato (Mexique).
```

Les pertes de mercure dues : 1° à la chloruration de ce métal, 2° à l'entraînement mécanique, se sont montées parfois pour des minerais riches à cinq fois le poids de l'argent retiré.

Du reste, on ne recueille que de 50 à 75 p. 100 de la teneur initiale en argent.

Méthode du tonneau de Freyberg. — En Allemagne, le minerai tenant du sulfure d'argent était soumis à un grillage chlorurant après concassage, puis réduit en poudre fine. La masse humectée était tournée dans des tonneaux au contact de fer métallique dans le but de réduire le chlorure d'argent ; on ajoutait ensuite du mercure et l'on remettait en mouvement. La première phase durait environ une heure et la seconde dix-huit. Alors on rassemblait l'amalgame que l'on filtrait et distillait.

Pour 1 tonne de minerai pulvérisé on chargeait :

  1/3 mètre cube d'eau,
   50 kilos de fer forgé en plaquettes,
Et 250 kilos de mercure,

dont l'excès rentrait dans une nouvelle opération.

L'amalgame sec tenait :

  Argent . . . . 17,65 p. 100.
  Mercure. . . . . 82,35 —

Le gâteau métallique après distillation renfermait :

  Argent . . . . 69 p. 100.
  Cuivre . . . . 28 —
  Divers . . . . 3 —

Un raffinage était donc nécessaire.

Aux États-Unis cette méthode a été employée avec une variante. De même au Chili où elle est connue sous le nom de *procédé Kroncke*. Au grillage chlorurant on substitue une chloruration par voie humide. Les partisans de ce procédé prétendent que, grâce à cette modification, on est arrivé à diminuer les pertes dans une proportion énorme. On affirme qu'elles se réduisent pour l'argent à quelques centièmes seulement de la teneur initiale, tandis que la consommation du mercure varie entre 1/6 et 1/2 du poids du métal retiré. Ces chiffres sont trop beaux pour ne pas être accueillis avec une certaine défiance.

Traitement dans les usines à bocards. — La composition des minerais influe dans une large proportion sur la formule à adopter. Tantôt on a affaire à des mélanges complexes de sulfures, bromures, iodures et chlorures d'argent, tantôt, au contraire, ce sont les espèces sulfurées qui dominent. De plus, les assortiments impurs contiennent une certaine proportion de bas métaux : fer, cuivre, plomb, zinc, antimoine, arsenic, etc., dont la présence vient troubler la marche des opérations. Quelques-uns d'entre eux sont solubles dans le mercure, et, sous l'influence des réactions secondaires, sont aptes à passer dans l'amalgame. En outre, ils peuvent former des combinaisons susceptibles de soustraire l'argent à l'action du mercure.

D'une façon générale, de trop fortes quantités de soufre, d'arsenic et d'antimoine nuisent à la netteté des réactions et entraînent des consommations assez considérables de produits chimiques, sans compter que les transformations ne sont pas aussi complètes qu'on pourrait le désirer. Aussi soumet-on les matières broyées à un grillage préalable et ce n'est qu'après leur exposition à un courant d'air oxydant qu'on les admet au traitement chimique.

De là deux formules, l'une d'amalgamation directe, l'autre de traitement après grillage. Lorsque les sulfures sont présents, cette dernière méthode est préférable. Mais lorsqu'ils n'existent qu'en petites quantités et que la richesse du minerai est constituée surtout par de l'argent natif et des chlorures, bromures et iodures, on préfère employer le procédé moins coûteux du traitement direct, même au prix de quelques pertes. Dans beaucoup de cas on ne récupère pas plus de 60 à 80 p. 100 du métal existant dans les substances traitées.

Avec un grillage préalable, certains exploitants prétendent retirer 90 ou 95 p. 100 de l'argent contenu, mais ce qu'ils ne disent pas est que les calculs sont rapportés au minerai venant au traitement chimique sans tenir compte du déchet subi au grillage. Or, durant cette opération, les pertes sont assez sérieuses et en réalité on ne doit pas compter sur un rendement dépassant 80 ou 85 p. 100. Il est à noter que cette déperdition est beaucoup moins considérable avec les sulfures de fer, de cuivre, de plomb et de zinc qu'avec les espèces arséniées et antimoniées. Dans certains cas défavorables on a vu la perte au grillage s'élever jusqu'à 25 p. 100.

En procédant à une installation, il importe de se bien assurer de l'avenir. Il ne faut pas oublier qu'avec des mines peu ouvertes on peut être en présence de parties épigéniques altérées, pour lesquelles la méthode directe est applicable. Peut-on assurer qu'en arrivant dans des parties plus profondes, la métallisation ne subira pas une évolution ? Peut-on affirmer que plus tard on ne devra pas adopter la formule avec grillage préalable ? En tout état de cause, il est bon de prévoir le plan des installations de façon à pouvoir faire, assez rapidement, les modifications nécessaires si le besoin s'en fait sentir.

Enfin, dans plusieurs localités, on a pu faire suivre le broyage d'une concentration et les produits ainsi enrichis ont nécessité un matériel plus restreint et des consommations moindres.

Avec les minerais spéciaux d'argent il est assez difficile de pousser la concentration bien loin. Les sulfures, très tendres, s'écaillent facilement, s'aplatissent et, malgré leur densité, sont difficiles à retenir ; ils flottent ou restent en suspension, si bien que le résultat final n'est pas des plus satisfaisants. Avec des galènes ou des cuivres gris argentifères il en est tout autrement et l'enrichissement est aisé. Mais le traitement rentre alors dans la métallurgie du cuivre ou du plomb.

Les divers termes de la méthode sont : un concassage et un broyage, un grillage s'il y a lieu, une amalgamation dans des auges appelées *pans* ; un dépôt de l'amalgame dans des bassins dénommés *settlers*, un nettoyage de l'amalgame dans un *purificateur*, le filtrage et la distillation de cet amalgame pour argent.

1° *Broyage*. — Les appareils de concassage et de broyage

sont les mêmes que dans les moulins à or ; ce sont des appareils « Blake » et des bocards avec adjonction quelquefois de « Grinders », sortes de moulins dans lesquels se complète la pulvérisation. Dans le cas de broyage à sec on emploie de préférence le mortier à double décharge.

2° *Grillage*. — Les appareils de grillage préconisés pour l'oxydation des sulfures d'argent sont nombreux et peuvent se grouper autour de deux types :

1° Fours à cylindres tournants tels que les appareils Brückner, Howell, White, Ottokar, Hofman ;

2° Fours fixes (systèmes O'Hara, Stetefeldt, etc.).

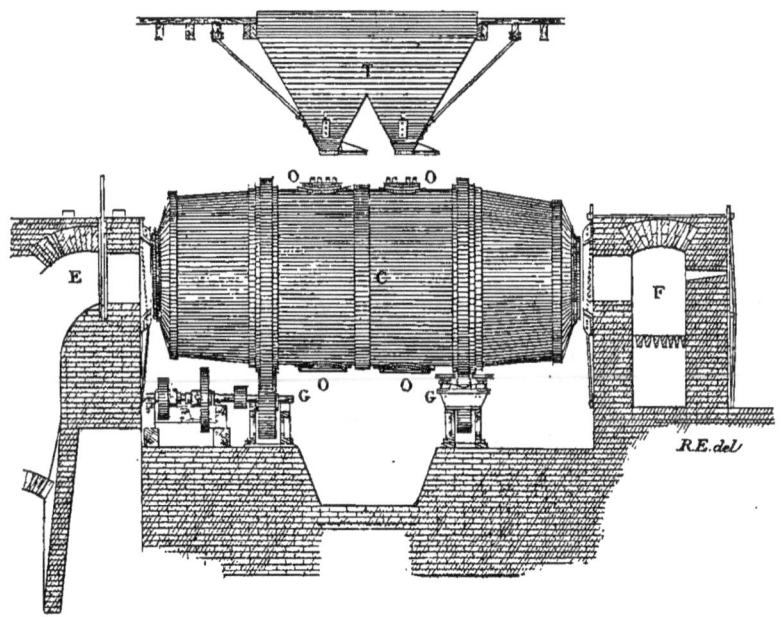

Fig. 72. — Four Brückner.

La figure 72 représente le dispositif du four Brückner. C'est un cylindre métallique G à garnissage réfractaire intérieur, présentant un diamètre plus grand au centre qu'aux extrémités et mobile autour de son axe qui est horizontal. Le mouvement est communiqué par des plateaux de friction GG. Quatre ouvertures OOOO situées deux à deux aux extrémités du même diamètre, et comprises dans le même plan méridien, servent soit à la décharge, soit à la charge des matières qui tombent dans le cylindre en sortant de la trémie T ; le foyer est en F et les gaz après avoir traversé le cylindre, s'échappent par la cheminée E.

La charge d'un cylindre de $3^m,60$ de long sur 2 mètres de diamètre est de 6 à 8 tonnes de minerai. Le grillage dure tantôt quelques heures, tantôt un jour entier. On introduit une quantité de sel marin en rapport avec la composition chimique et généralement comprise entre 5 et 10 p. 100. La chloruration se poursuit pendant 4 à 12 heures. La consommation de combustible peut atteindre 250 kilogrammes de houille par tonne passée et le total des frais de grillage et de chloruration est fonction du prix de la main-d'œuvre et du combustible.

Egleston établit ainsi le prix de revient pour le « *Caribou* » où quatre cylindres passaient 20 tonnes de minerai par jour :

DÉTAILS DU PRIX DE REVIENT	POUR 20 TONNES PAR JOUR	PAR TONNE EN FRANCS.
Deux ouvriers grilleurs à $ 3,85. . .	7,70 dollars	2 francs.
Un aide à $ 3	3, —	0,78
4 cordes de bois à $ 3,5 la corde . .	14, —	3,64
1 tonne de sel à $ 70.	70, —	18,20
Huile, bougie, plombagine.	0,40 —	0,11
1/3 frais du moteur et frais généraux.	11.10 —	2,88
Total (grillage et chloruration).	106,20 dollars	27,51

Dans des conditions différentes les éléments ci-dessus pourraient servir de point de départ.

Parmi les réverbères, le four O'Hara présente une disposition assez curieuse. Il a deux soles superposées et des brasseurs mécaniques, mus par une chaîne sans fin, font voyager la matière d'une extrémité à l'autre. Le minerai venant des bocards est déversé à un bout de la sole supérieure, puis chemine lentement pendant que le grillage s'effectue ; il tombe ensuite sur la sole inférieure et se déplace de la même façon, mais en sens inverse. C'est sur cette seconde sole qu'on ajoute le sel et que s'opère la chloruration. La durée de passage varie entre cinq et dix heures pour une composition moyenne.

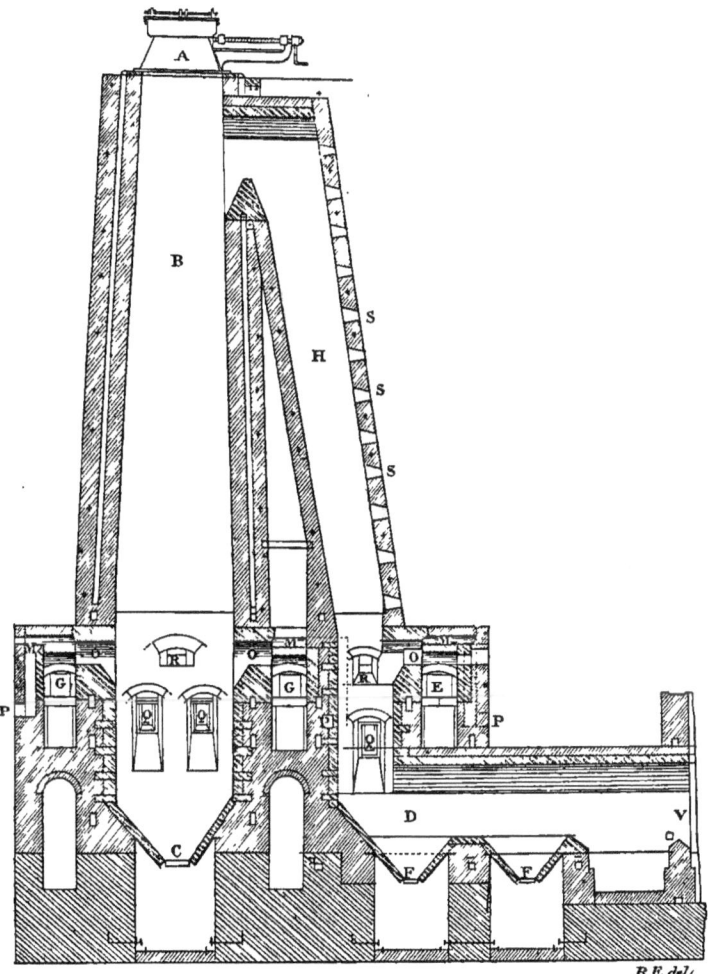

Fig. 73. — Four Stetefeldt.

Le four Stetefeldt (fig. 73) comporte une cuve B dans laquelle le minerai mélangé au sel marin tombe par l'appareil de chargement A. En GG sont les foyers; l'air extérieur vient par les ouvertures PP et les carnaux MM se mélanger avec les gaz du foyer en OO de façon à les rendre oxydants. Les fenêtres QQ permettent l'entrée de l'air et le nettoyage de la trémie, tandis que celui des autels se fait par la porte R. Une portion des matières tombe dans la trémie C et est évacuée par le fond, tandis que la plus grande partie des poussières passe dans la conduite H dans les parois de laquelle existent les ouvertures SSS. Un autre foyer est visible en E. Les matières arrivent ensuite en D et sont évacuées par les trémies FF, sauf les portions les plus ténues qui s'échappent en V et vont se déposer dans des chambres spéciales.

La hauteur de la cuve est usuellement de 9 à 10 mètres; sa section est carrée et son côté a de $1^m,20$ à $1^m,50$; le tirage est assuré par une haute cheminée située au delà des chambres à poussières.

Le débit d'un four Stetefeldt varie de 10 à 18 tonnes par vingt-quatre heures.

La quantité de sel à ajouter est de 5 à 20 p. 100 du poids du minerai traité et on doit procéder à un brassage très soigné avant l'introduction dans l'appareil. MM. Cumenge et Fuchs rappellent qu'au moulin de l'*Ontario* avec

2 p. 100 de sel on chlorurait. . . .	44 p. 100 de l'argent contenu.
4 — —	52 — —
6 — —	60 — —
8 — —	76 — —
10 — —	83 — —
12 — —	88 — —
14 — —	91 — —
16 — —	93 — —

Voici le prix de revient pour 25 tonnes et une période de 24 heures (Nevada) :

DÉSIGNATIONS	POUR 25 TONNES	PAR TONNE EN FRANCS
2 ouvriers chauffeurs à $ 4,50 . . .	9 dollars	1,89
4 manœuvres à $ 4	16 —	3,33
2 3/4 cordes de bois à $ 8 la corde	22 —	4,57
Sel 7 p. 100 à $ 40 la tonne	70 —	14,56
Usure des tamis	1 —	0,20
Total (grillage et chloruration) .	118 dollars	24,53

Les matériaux nécessaires à la construction sont les suivants:

DÉSIGNATIONS	FOUR DE 20 T.	FOUR DE 40 T.	FOUR DE 80 T.
Matériel en fer...	12 tonnes	15 tonnes	23 tonnes
Pierres......	54 mèt. cub.	68 mèt. cub.	72 mèt. cub.
Briques......	150 000 unités	200 000 unités	260 000 unités
Briques réfractaires.	2 500 —	3 500 —	5 000 —

3° *Amalgamation*. — Les matières broyées se déposent au sortir des mortiers, dans des bassins spéciaux, tandis que l'eau en excès s'échappe en causant des pertes. La pulpe doit être reprise, égouttée et chargée à la pelle dans les appareils d'amalgamation.

« La main-d'œuvre de déchargement des bacs et de charge-
« ment des pans est, ainsi qu'il est facile de le comprendre,
« assez considérable et l'on s'étonne que l'on n'ait pas modifié
« le dispositif des nouveaux moulins, en vue d'employer les
« caisses pointues (*Spitzkasten*) permettant la décharge directe
« des dépôts dans les fours, en profitant des dénivellations
« naturelles des terrains en pays de montagne, pour établir
« ces appareils convenablement étagés, ou en relevant au
« besoin les boues liquides à l'aide d'appareils appropriés. »
(Cumenge et Fuchs.)

La figure 74 montre la coupe d'un pan ou appareil d'amalgamation destiné en même temps à compléter le broyage. CC est une cuve fermée par un fond FF et l'orifice O sert à l'expulsion des matières liquides. Des plateaux MM sont suspendus à une fourrure BB coiffant l'axe A et font l'office de meules. Leur position est réglée au moyen de l'appareil V et leur rotation est produite par celle de l'axe A. Il existe de nombreuses modifications de cet appareil, mais nous nous bornons à en donner le principe.

Sous l'influence de la rotation des meules, la charge est rejetée contre les parois, puis redescend vers le centre, ce qui produit un brassage effectif. La quantité passée à la fois varie ordinairement entre 500 et 1 500 kilogrammes. La température de

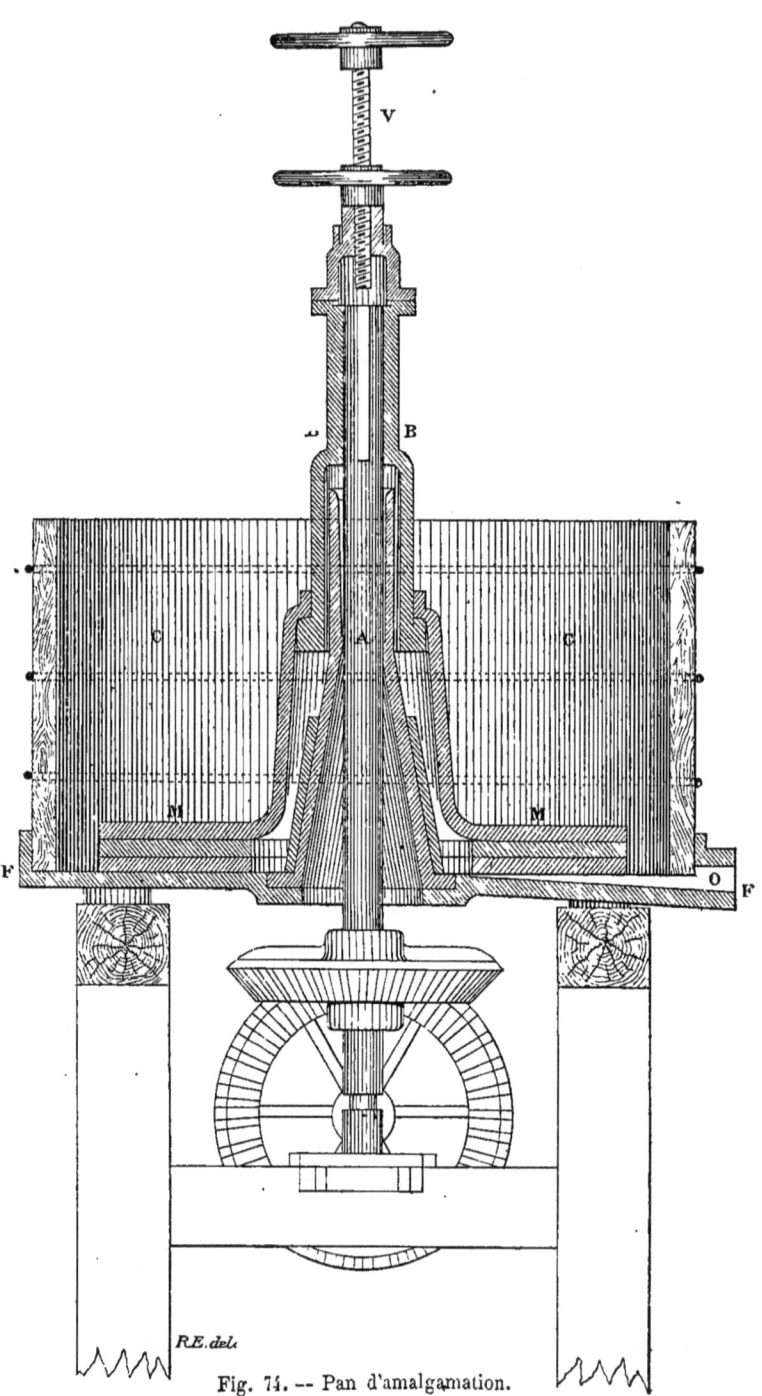

Fig. 74. — Pan d'amalgamation.

l'eau est amenée entre 70° et 95°C, au moyen d'une injection de vapeur, ce qui facilite les réactions. Les agents employés sont le mercure, le sulfate de cuivre, le sel marin, etc. La quantité de mercure introduite varie entre le vingtième et le quart du poids de la charge.

Voici quelques exemples que nous tirons du livre de MM. Cumenge et Fuchs :

USINES	POIDS DE LA CHARGE	MERCURE AJOUTÉ	PERCENTAGE
	Tonnes	Kilos	P. 100
California.	1,635	159	9 1/2
Eureka	1,450	70 à 90	5 à 6
Brunswick.	1,180	163	14
Stewart.	0,900	une livre par once d'argent	
Judd et Crosby	1,270	113	près de 9
Nederland.	0,385	168	17

Les opérations comprennent.

1° Une phase de broyage durant de 2 à 4 heures :
2° Une phase d'élaboration chimique (4 à 6 heures).

Dans ces conditions on amalgame environ 80 p. 100 de l'argent contenu, proportion qu'il est difficile de dépasser, encore les quinze seizièmes de ce résultat sont-ils atteints au bout de la première heure.

Les substances sont ensuite envoyées dans des appareils analogues aux « pans » et appelés *settlers* où se fait le dépôt de l'amalgame. Mais ces engins ne sont pas disposés pour broyer les matières et portent, montés sur le manchon coiffant l'arbre central, de simples brasseurs. Tandis que la vitesse de rotation dans les pans atteint 60, 70 et même 80 ou 90 tours par minute, dans les settlers on ne produit guère plus de 20 révolutions durant le même laps de temps.

4° *Traitement de l'amalgame.* — L'amalgame est recueilli, puis passé au *cleaning up pan* pour être lavé à l'eau chaude, écumé et nettoyé avec la lessive alcaline. Il est ensuite filtré dans des sacs faits de forte toile à voile et l'excès de mercure retourne au traitement. La distillation de l'amalgame a lieu dans des fours spéciaux avec cornues en fonte et appareil de condensation. Le gâteau d'argent est ensuite fondu pour lingots, puis vendu ou raffiné s'il y a lieu.

Main-d'œuvre et Consommations. — Pour un moulin de 20 bocards qui semble une unité typique de l'autre côté de l'Atlantique on doit compter par jour sur les éléments de dépense suivants :

Main-d'œuvre
- 1 contremaître.
- 2 hommes au concasseur.
- 2 amalgamateurs.
- 2 aides.
- 2 mécaniciens.
- 2 manœuvres.

Consommations par tonne de minerai.
- Fonte 10 kilogrammes.
- Mercure $0^K,700$ à 1 kilogramme.
- Sulfate de cuivre $0^K,5$ à $1^K,5$.
- Sel marin 2 kilogrammes à 5 kilogrammes.

Ces chiffres supposent une main-d'œuvre exercée. Dans les pays nouveaux, dans les contrées où l'ouvrier, mal nourri, travaille mal, on fera bien d'en tenir compte.

Force motrice et eau nécessaire. — Pour une usine sans appareil de grillage on doit compter :

	MOULIN DE 10 PILONS	MOULIN DE 20 PILONS
1 concasseur Blake	6 chev.-vap.	6 chev.-vap.
Bocards de 750 livres battant 90 coups à la minute. . .	12 —	23 —
6 ou 12 pans	30 —	60 —
3 ou 6 settlers.	9 —	18 —
Frottements	7 —	13 —
Total en chevaux-vapeur.	64 chev.-vap.	126 chev.-vap.

Soit par flèche 6 1/2 chevaux dans le premier cas et 6 seulement dans le second. Quant aux quantités passées, elles varieront de 1 ¹/₄ tonne jusqu'à 2 tonnes par bocard, mais généralement se tiendront aux environs de 1 ¹/₂ tonne.

Si l'on adopte un procédé nécessitant le grillage, on comptera pour une usine de 10 pilons :

1 concasseur Blake..................	6 chev.-vap.
10 bocards de 750 livres battant 90 coups à la minute.	12 —
1 four à rotation	4 —
4 pans......................	8 —
2 settlers.....................	6 —
Frottements....................	9 —
Total en chevaux-vapeur	45 chev.-vap.

Dans le procédé de broyage humide, il faut compter sur les consommations d'eau suivantes :

Chaudière	30 lit. par cheval et par heure.
Chaque bocard	300 lit. par heure.
Chaque pan	500 —
Chaque settler	250 —

Pour une usine de 20 pilons la consommation serait par heure :

Machine de 120 chevaux................	3 600 litres.
Bocards......................	6 000 —
Pans........................	6 000 —
Settlers......................	1 500 —
Total....	17 100 litres.

dont 13 500 litres pour l'usine elle-même.

Toutefois, si l'on conduit l'eau de l'usine à des bassins de dépôt, on pourra en utiliser à nouveau environ les trois quarts c'est-à-dire 10 mètres cubes. La consommation par heure ne serait guère supérieure à 7 mètres cubes ou 170 mètres cubes par jour. Par prudence et en raison des services accessoires tels que lavage de l'amalgame, condensation du mercure, reprise de l'eau elle-même jusqu'au réservoir primitif, on devra s'assurer un approvisionnement journalier d'environ 200 mètres cubes c'est-à-dire 10 mètres cubes par flèche de bocard.

Coût et pertes. — Le poids d'un moulin de 10 flèches peut atteindre 80 tonnes et celui d'une usine de 40 pilons environ

300 tonnes. Le prix se tient entre 5 000 et 7 500 francs (1 000 et 1 500 dollars) par bocard.

Le prix de traitement reste en moyenne entre 20 et 40 francs par tonne, bien qu'il descende quelquefois au-dessous du plus petit de ces deux chiffres et dépasse fréquemment le plus grand. Quant au coût du grillage, nous avons vu qu'aux Etats-Unis, il est souvent voisin de 30 francs. En résumé il n'est pas rare de voir les frais totaux atteindre 70 et même 75 francs par tonne de 1 000 kilogrammes.

Dans une usine bien conduite, on peut amalgamer 80 p. 100 de l'argent contenu, mais il ne faut pas oublier qu'un défaut de soin peut notablement augmenter les pertes et qu'on arrivera, avec un mauvais travail, à ne recueillir peut-être que 60 p. 100.

Dans le grillage, il se produit des volatilisations et des entraînements (ordinairement entre 5 et 10 p. 100) qui parfois se montent à 20 et même 25 p. 100 de l'argent contenu. Comme d'autre part on ne recueille guère que les 8/10 du métal de la pulpe, on voit qu'en définitive, l'argent entrant en magasin ne représente que 64 à 75 p. 100 de la teneur primitive.

D'une façon générale on devra prévoir :

Un rendement de 75 à 80 p. 100 pour les minerais nécessitant un grillage facile ou pas de grillage ;

Un rendement de 65 à 70 p. 100 pour les minerais se grillant difficilement.

Sans doute des appareils perfectionnés et des soins minutieux permettront de restreindre les pertes, mais il est toujours bon de compter avec la négligence des ouvriers et les complications qui peuvent survenir.

Boss-process (Méthode de Boss). — M. Boss a rendu *continue* la série des opérations précédentes, ce qui permet d'économiser la main-d'œuvre, de soumettre au traitement les *slimes* (fins) autrefois éliminés et d'obtenir des réactions plus complètes.

« Dans ses grandes lignes, le *continous system* consiste à

« broyer d'abord à l'eau le minerai dans les batteries de
« pilons, à faire écouler la pulpe, ainsi finement broyée, dans
« une série de pans où l'on introduit les réactifs chimiques et
« le mercure, chaque pan déversant dans le suivant, par sa
« partie supérieure, le courant qui a subi dans son intérieur
« une première élaboration. Enfin, lorsque la pulpe a ainsi
« suivi un nombre de pans en relation avec le caractère du
« minerai qu'il s'agit de traiter, elle se déverse et traverse de
« même une série de settlers pour s'écouler enfin sur des
« appareils de concentration qui recueillent la partie utile des
« *tailings* et l'amalgame échappé au dépôt des settlers. »
(Cumenge et Fuchs.)

Procédés de lixiviation. — Cette méthode, dont la paternité appartient à l'ingénieur Patera, est basée sur la solubilité du chlorure d'argent en présence de l'hyposulfite de chaux ou

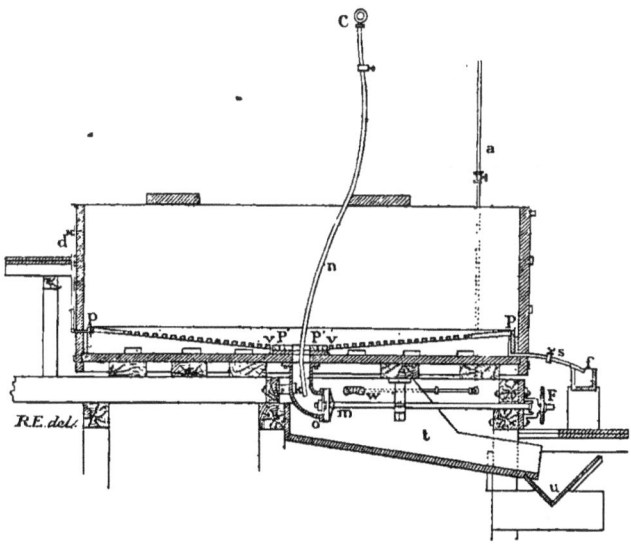

Fig. 75. — Pan de lixiviation.

de soude. Le minerai séché est broyé, puis soumis à un grillage chlorurant, au contact du sel marin. Après ce grillage, on procède à la lixiviation (lessivage) des bas métaux tels que le fer, le cuivre, le zinc, dont les chlorures sont solubles dans l'eau pure, tandis que le chlorure d'argent ne l'est pas du tout. Après cette élimination, la pulpe est traitée par une solution d'hyposulfite de soude ou de chaux dans laquelle passe le chlorure d'argent. Dans la variation connue sous le nom de *procédé Russel*, la solution de lixiviation tient de l'hyposulfite de soude en même temps qu'un peu de sulfate de cuivre. L'argent est ensuite précipité sous forme de sulfure au moyen de sulfure de calcium ou de sodium, puis grillé et fondu en lingots.

La figure 75 représente une auge de lixiviation d'environ 4 mètres de diamètre; pp' est un faux fond, présentant une inclinaison vers le centre, où se trouve un disque vv dans lequel s'emmanche un tuyau coudé dont l'orifice o est fermé par un bouchon m maintenu par un appareil de serrage F. L'air contenu entre le fond de l'auge et le faux fond peut s'échapper par l'intermédiaire du tuyau a, lorsque après la mise en place de la charge on introduit l'eau par le tuyau n branché sur la conduite générale C.

La précipitation a lieu dans des bassins en bois.

Le prix de revient est de :

30 fr. 10 par tonne traitée à Parral (Mexique).

33 fr. 80 par tonne traitée dans le comté de Nevada (Californie, E.-U.).

Quant aux pertes, il semble qu'on peut les évaluer à environ 15 p. 100.

Minerais auro-argentifères. — Les minerais d'argent, contenant une certaine proportion d'or, rentrent, si l'on veut, dans cette catégorie et les procédés précédents, aussi bien que la méthode Mc Arthur et Forrest leur sont applicables ; on aura donc à un moment déterminé à effectuer la séparation de l'or et de l'argent. C'est en général une opération que l'on ne pratique pas aux mines ; on préfère exporter les métaux précieux jusqu'à un centre industriel et les livrer à des usines spéciales.

Dans la métallurgie du cuivre, certains assortiments fournissent des mattes contenant de l'or et de l'argent que l'on épuise par les méthodes Augustin et Ziervogel.

Enfin tout récemment certains procédés électrolytiques ont été préconisés, mais ils sont loin d'avoir fait leurs preuves et nous croyons, dans cette rapide esquisse, devoir les passer sous silence.

§ IV. — CUIVRE

Généralités. — Les minerais de cuivre se divisent en deux grandes catégories, comme nous l'avons vu : les produits oxydés et les matières pyriteuses. La formule du traitement varie suivant l'espèce.

En tout état de cause, la substance métallique est accompagnée de gangues qu'il importe de scorifier. Dans le cas de minerais oxydés, on vise, dès l'abord, un *cuivre noir* qui doit être affiné puis raffiné. Avec les minerais pyriteux, que l'on grille généralement, on obtient outre du « cuivre noir », un produit appelé *matte* qui est un mélange fondu de sulfures métalliques. Il arrive même qu'on recherche exclusivement cette matte.

Les appareils usités sont, outre les fours de grillage, le réverbère et le four à manche.

La méthode dite *continentale* comprend des grillages en tas ou stalles, ainsi que des fusions pour mattes ou cuivre noir au four à cuve.

Dans la région de Perm (Russie), les minerais oxydés très pauvres (3 p. 100) ont été passés dans des fours à cuve ayant jusqu'à 5 et même 7 mètres de haut. On visait un cuivre noir impur (très ferreux) que l'on devait épurer.

Les pyrites d'*Agordo* (Italie) étaient transformées en sulfate par grillage en tas et le produit était lessivé. Les eaux de lavage étaient traitées par le fer à 100° dans un four présentant les dimensions suivantes :

Longueur du laboratoire.	12 mètres.
Largeur	3 —
Longueur de la chauffe	0,70
Largeur	0,60

Le cuivre de cément était fondu pour cuivre noir à affiner et raffiner.

Méthode galloise. — Bien que ce procédé ne soit pas appliqué aux mines mêmes et, de plus, tende à se restreindre, nous en donnerons l'exposé sommaire suivant :

Minerais. — Les minerais sont sulfurés ; fréquemment l'arsenic et l'antimoine sont présents.

Fours. — On emploie exclusivement le four à réverbère pour le grillage et la fusion.

	Four de grillage.	Four de fusion.
Longeur de la sole	5^m,20	3^m,20
Largeur —	2 »	2 ,75
Longueur de la grille	1 ,10	1 ,20
Largeur —	0 ,90	1 ,20
Rapport de la chauffe à la sole	$\frac{1}{16}$	$\frac{1}{6}$
Hauteur du pont sur la grille.	1^m,20	1^m,20

On obtient une chauffe gazogène en chargeant sur la grille une grande épaisseur de combustible.

Grillage du minerai. — La charge (de 3 à 3 tonnes 1/2) est répartie sur la sole du four en une couche de 0^m,10 d'épaisseur.

Le brassage se fait de deux en deux heures. L'opération dure onze ou douze heures et se termine par un coup de feu. Elle nécessite un tiers de journée et 130 kilogrammes de houille par tonne.

Fusion pour matte bronze. — On charge.

	Kilogr.
Minerai grillé	900
Minerai cru quartzeux	100
Scories de l'opération même	70
Scories de l'opération suivante	180
Fondant (fluorure de calcium)	50
Total	1 300

L'opération dure quatre heures et fournit environ 800 kilogrammes de scories parmi lesquelles on fait un triage et 500 kilogrammes d'une matte dite *bronze*, qui contient un tiers de cuivre, un tiers de fer et un tiers de soufre. On consomme 130 kilogrammes de houille à l'heure.

Grillage de la matte bronze. — Elle a lieu dans le réverbère de grillage et par tonne grillée on compte trois quarts de journée et 400 kilogrammes de houille.

Fusion pour matte blanche. — On charge.

	Kilogr.
Matte grillée	1000
Minerai riche	400
Battitures	12
Débris de fourneaux	107
Scories d'affinage	153
Total	1 672

On obtient environ 750 kilogrammes de matte et par tonne produite on dépense trois quarts de journée et 950 kilogrammes de houille.

Rôtissage de la matte blanche. — Il a lieu dans un four semblable à l'appareil de fusion avec adjonction de carnaux propres à faciliter l'accès de l'air et situés dans l'angle du pont. On chauffe, pendant six heures, 4 tonnes de matte, en pains de 150 kilogrammmes ; on laisse tomber la température afin de produire un commencement de solidification puis on réchauffe et on termine par un coup de feu.

Le cuivre obtenu (cuivre noir) représente 65 p. 100 de la

charge. La dépense de combustible est 80 kilogrammes par tonne et la durée de l'opération est de vingt-quatre heures.

Affinage et raffinage. — On emploie un four analogue au précédent, mais ici le rapport des surfaces de grille et de sole s'élève à 1/4. On admet l'air à une température assez élevée de façon à oxyder les impuretés qui viennent à la surface et qu'on écume. Une petite partie du cuivre passe à l'état d'oxyde rouge et communique une couleur caractéristique. On juge de la marche de l'opération en puisant de temps à autre des témoins qui après refroidissement sont cassés et examinés.

Le raffinage est produit sous la double influence de poussier de charbon, jeté à la surface du bain, et d'une perche en bois avec laquelle on brasse la masse.

Par tonne raffinée on brûle 400 kilogrammes de houille.

En totalité, pour 1 000 kilogrammes de minerai assorti, on brûle 1 1/5 tonne de combustible et on dépense 1 1/2 journée.

Cette méthode est susceptible de nombreuses modifications.

Emploi du Water Jacket. (*Four à manchon d'eau.*) — Dans la pratique, le procédé simple tend à se substituer à la formule compliquée ; l'exploitant préfère la voie la plus économique, même au prix d'une diminution dans le rendement. On vise la manipulation de grandes quantités, avec réduction de la consommation de main-d'œuvre, surtout dans les pays où les salaires sont très élevés. Le four à cuve primitif, modifié et devenu le *water jacket* des Américains, est en train de se substituer aux appareils plus anciens.

Comme dans toute question métallurgique, il y a lieu d'examiner attentivement l'assortiment des minerais dont on dispose avant de se prononcer sur la méthode à employer. On saura si on est en présence de produits oxydés ou pyriteux, et quelle est l'intensité du grillage que ces derniers doivent subir ; on décidera si l'on doit fondre pour cuivre noir, matte ou peut-être pour une certaine proportion de ces deux éléments.

L'étude des gangues permettra de choisir les fondants à ajouter dans le but de faire passer les matières inertes dans une scorie suffisamment fusible. Généralement le quartz domi-

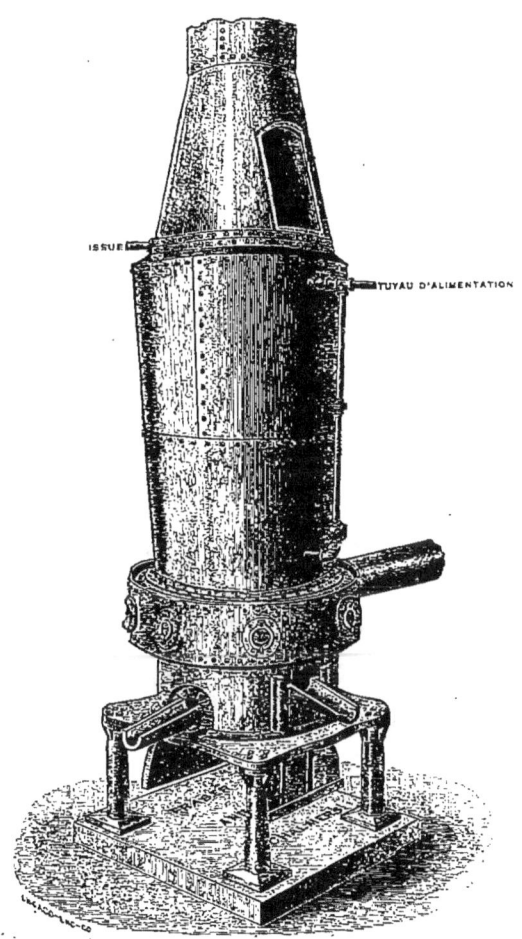

Fig. 76. — Water-Jacket cylindrique.

nera et on aura à l'éliminer par des additions judicieuses de bases destinées à produire un silicate saturé dans les proportions voulues.

Les figures 76 et 77 représentent deux types de *water jackets*, l'un circulaire, l'autre rectangulaire. Ils se composent de trois parties essentielles :

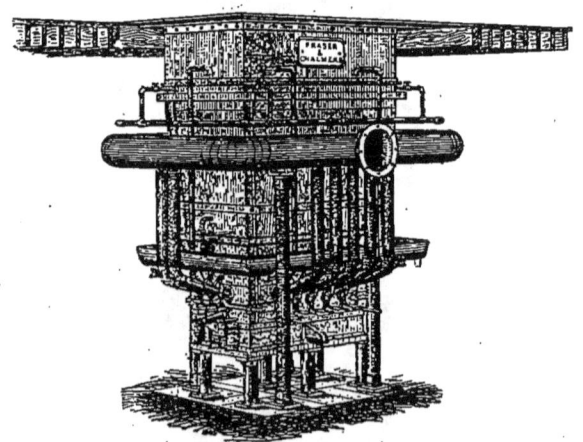

Fig. 77. — Water-Jacket rectangulaire.

1° Le *creuset*, formé d'une enveloppe métallique avec garnissage réfractaire; c'est là que se réunissent les matières fondues; c'est là que se trouvent les trous de coulée pour le métal, la matte et les scories;

2° La *cuve*, faite d'une double enveloppe métallique, constituant un manchon dans lequel on établit une circulation d'eau. C'est dans cette zone que s'opère la réduction et à la partie inférieure sont placées les tuyères.

3° Le *dôme* comprenant la partie supérieure intérieurement garnie de briques réfractaires et fermée par un dispositif permettant le chargement en même temps qu'on y dispose les conduites d'échappement des gaz.

Dans la figure 76, le dôme est réduit à son minimum et ne comporte presque que l'appareil de fermeture.

L'ensemble de la construction repose sur des colonnes métalliques de façon à dégager les abords du creuset et à permettre un travail plus facile.

Certains fours rectangulaires (fig. 77) présentent fréquemment une section de $0^m,80$ sur $1^m,60$.

Le manchon d'eau en fer forgé est souvent divisé en quatre parties, chacune d'elles correspondant à une face. Le nombre des tuyères est de 14 : cinq sur chaque grand côté et deux sur chaque petit. La quantité d'eau nécessaire par vingt-quatre heures est d'environ 100 000 litres ; mais si l'on pompe l'eau qui s'écoule pour la renvoyer aux réservoirs, la consommation journalière n'est guère que de 12 à 15 mètres cubes. Au Boleo on a utilisé l'eau de mer à cet effet.

L'alimentation ne doit pas être trop abondante pour ne pas abaisser la température de la cuve ; elle doit être réglée de telle sorte que l'eau, sortant du manchon, soit à une température peu inférieure à 100°. Avec une quantité de liquide insuffisante on a à redouter une vaporisation et par suite des explosions.

L'air est généralement insufflé sous une pression voisine de 4 centimètres de mercure, au moyen d'appareils divers, parmi lesquels le plus en faveur est le type « Root ». Une machine soufflante capable de fournir 100 mètres cubes d'air à la minute nécessite une force d'environ 12 chevaux.

Dans des conditions moyennes, on estime que, par tonne de minerai, la consommation de combustible s'élève à :

1 mètre cube ou 1,2 mètre cube avec le charbon de bois.
150 à 175 kilogrammes avec le coke de bonne qualité.

On a, dans quelques endroits, essayé l'anthracite dont le rendement est à peu près le même que celui du coke, à poids égal. Ces essais n'ont pas toujours réussi.

Les éléments du prix de revient seront les suivants :

	Pour un four passant 35 tonnes de minerais par jour	Pour un four de 80 tonnes
Main-d'œuvre	1 contremaître 3 hommes au four 3 — à la scorie 2 mécaniciens 3 hommes au gueulard 3 — aux balances 3 rouleurs 1 homme au concasseur 1 manœuvre adjoint 1 échantillonneur 1 manœuvre 1 surveillant pointaud	2 contremaîtres 3 hommes au four 6 — à la scorie 3 — au gueulard 3 — aux balances 3 rouleurs 6 manœuvres 2 hommes au concasseur. 1 échantillonneur 1 surveillant pointaud 2 mécaniciens
Consommations	fondants 6 tonnes de coke 2 cordes de bois (ventilateur). Fournitures diverses Cueillette du cuivre noir.	fondants 12 tonnes de coke 3 cordes de bois Divers Cueillette du cuivre noir.

10 p. 100 du total précédent pour entretien et imprévu.

Aux États-Unis, pour un minerai moyen, en comptant le coke à 150 francs la tonne (à cause des transports) et les fondants à 15 francs, la main-d'œuvre oscillant entre 15 et 20 francs par jour, on arrive à des frais spéciaux de fusion compris entre 40 et 50 francs par 1 000 kilogrammes de minerai passé ($7,60 à 9,40 par tonne de 2 000 livres).

Convertisseur Manhès. — L'idée d'employer le convertisseur Bessemer pour le traitement du cuivre est venue simultanément à plusieurs personnes, mais c'est à un Français, M. Manhès, que revient l'honneur du succès.

L'appareil, après plusieurs tâtonnnements, a été choisi cylindrique, et son axe est horizontal. La figure 78 représente une coupe verticale. Ce convertisseur est mobile autour de son

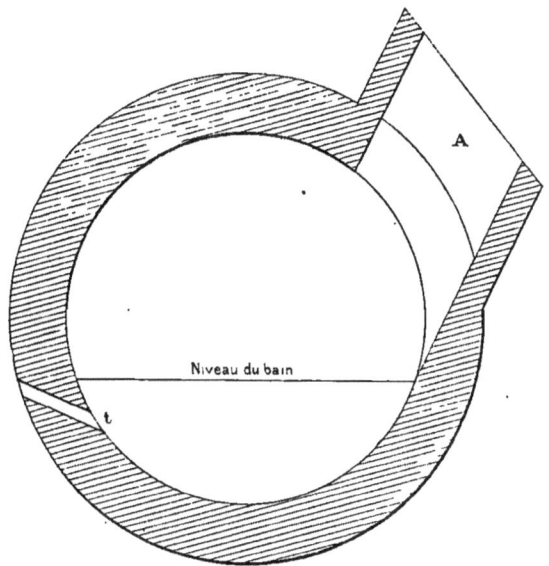

Fig. 78. — Convertisseur Manhès.

axe et l'ouverture A sert à la fois à l'entrée et à la sortie des matières ; *t* représente une tuyère.

En inclinant plus ou moins l'instrument, on peut faire couler ou maintenir à l'intérieur les produits en fusion ; de plus, la tuyère amènera le vent à une profondeur plus ou moins grande dans le bain.

La matte, préalablement fondue, est coulée dans la cornue chaude et on souffle l'air sous une pression de 25 à 30 centimètres de mercure. Le soufre et le fer s'oxydent et le cuivre se réunit au fond. La scorie est abondante et on doit l'éliminer de temps en temps en la faisant couler par l'ouverture A de façon à éviter les projections dans le traitement des mattes pauvres. Si l'oxyde de fer prédomine, il est bon d'ajouter un peu de quartz pour le saturer et éviter la corrosion des parois.

La chaleur dégagée dans les réactions est suffisante pour maintenir la liquidité des matières. On vise directement un cuivre riche à environ 98 p. 100.

Avec des minerais argentifères et aurifères on tend à produire une matte dans laquelle passent les métaux précieux et que l'on épuise par des méthodes chimiques (procédés Augustin et Ziervogel).

§ V.. — PLOMB

Méthodes de traitement. — Les minerais de plomb auront presque toujours à subir une concentration après laquelle ils auront une teneur comprise entre 45 et 75 p. 100. En général ces *produits marchands* sont vendus à des usines qui font une spécialité de leur fusion. Qnand on pourra se débarrasser de ces concentrés à des conditions avantageuses, on aura intérêt à le faire sans se lancer dans les hasards d'installations nouvelles. Toutefois, les circonstances peuvent être telles que l'exploitant ait intérêt à fondre lui-même. Cela arrivera dans des pays d'accès difficile, où les transports sont coûteux, mais où un heureux concours de circonstances permet de trouver dans un rayon restreint les matériaux et les combustibles qui doivent servir à la fusion.

Les formules comprennent :

Le procédé dit par réaction ;

Le procédé de précipitation ;

Le procédé par grillage et par fusion.

Nous ne voulons pas décrire ces diverses méthodes dont il existe de nombreuses variantes et entre lesquelles on peut choisir dans les centres industriels. Nous nous bornerons à trois exemples facilement applicables.

Le procédé au réverbère (usité en Carinthie).

Le procédé au bas-foyer.

La fusion avec ou sans grillage.

Procédé carinthien. — Ce mode de traitement est applicable à des galènes riches provenant soit d'un triage, soit d'une concentration. Pour obtenir de bons résultats, on doit passer des minerais purs contenant peu de sulfures étrangers ; les gangues basiques sont beaucoup plus favorables que le quartz.

La sole du réverbère longue de $3^m,20$ et large de $1^m,25$ environ présente une certaine déclivité vers la porte de travail. La charge (de 200 à 250 kilos) est d'abord soumise à un grillage partiel qui a pour but de transformer la galène en oxyde et en sulfate. Ces corps réagissent ensuite sur le sulfure et le plomb coule.

Par vingt-quatre heures on peut recueillir 225 à 250 kilos de métal avec une consommation d'environ 5 stères de bois.

En Angleterre, en Belgique, en France, ce procédé a été modifié et on est arrivé à passer dans certains fours plus d'une tonne à la fois, l'opération ne durant que six heures, ce qui correspond, à cause des temps perdus, à environ 3 000 kilogrammes par jour. A Poullaouen le coût par tonne de minerai (riche à 65 p. 100) restait inférieur à 20 francs (Eissler).

Au Mexique, les indigènes ont beaucoup employé un appareil connu sous le nom de « serpenton » et qui n'est guère autre chose qu'un réverbère mal fait. Sa construction en était défectueuse et sa raison d'être était uniquement le bon marché de son installation.

Procédé du bas-foyer. — Le bas foyer (fig. 79) se compose d'une sorte de creuset rectangulaire, présentant une section de $0^m,50$ sur $0^m,70$ et surmonté sur trois côtés par des manchons d'eau épais de 20 centimètres et hauts de $0^m,40$ à $0^m,50$. Les tuyères, au nombre de deux ou trois, se trouvent en bas de la paroi faisant face au côté découvert. Comme combustible on emploie du charbon de bois, du bois ou de la tourbe.

La décharge des matières fondues se fait par une espèce de déversoir qui sert à la fois à la scorie et au plomb. L'intervention de l'ouvrier est constante. Le principe de la méthode est le même que dans le procédé carinthien. Avec du minerai, oxydé à basse température, on mélange des galènes fraîches et on produit la réaction au moyen d'un coup de feu.

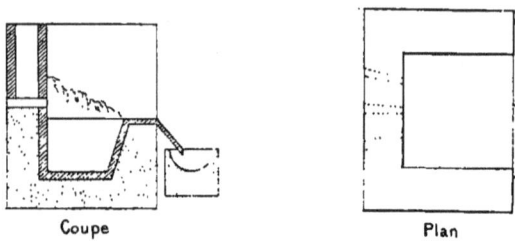

Fig. 79. — Représentation du bas-foyer.

En Amérique, on a utilisé cet « *ore hearth* » et on le maintenait en activité constante pendant toute la semaine. On passait journellement aux « *Rossie Works* » de 3 tonnes à 3 1/2 tonnes de minerai. Le combustible employé était du bois léger débité en petits morceaux. On en brûlait 3/4 de « *cord* » c'est-à-dire 3 1/2 mètres cubes (la corde anglaise étant d'environ 4 3/4 mètre cube. Le travail nécessitait quatre ouvriers par vingt-quatre heures. Le minerai, très riche, comportait une gangue calcaire. Le coût par tonne de plomb produite restait inférieur à 10 francs. Le prix de la journée était de 5 francs et 7 francs 50, celui du combustible de 10 francs la corde.

Le procédé est applicable à des minerais riches à gangue quartzeuse, mais avec des rendements inférieurs et un prix de revient plus élevé. Il est néanmoins à recommander dans les districts isolés lorsque l'on a surtout pour objet de concentrer l'argent dans un plomb d'œuvre.

Des essais complets ont été faits à Przibram (Bohême) et au Bleiberg (Carinthie). (Voir Percy. *Métallurgie*.)

Grillage et fusion. — Le minerai est grillé dans des fours à réverbère ou des cylindres rotatifs du type Brückner et entre ensuite dans la composition du lit de fusion. Pour établir celui-ci il faut se rappeler qu'on ne doit pas préparer un mélange trop fusible, car la température serait insuffisante pour obtenir une marche satisfaisante. Si l'ensemble est trop liquide, le passage dans la zone d'élaboration est trop rapide et la réduction incomplète. Une consistance trop pâteuse présenterait également des inconvénients. La composition la plus avantageuse correspond à une formule voisine du bisilicate ou un peu moins acide. Dans le cas de minerais argileux ou zincifères, on tendra à se rapprocher du singulo-silicate de façon à réaliser le désidératum ci-dessus.

Les fondants employés sont principalement :

Les *scories acides* qui sont d'excellents dissolvants pour les bases.

Les *scories basiques*, jouant le même rôle vis-à-vis du quartz et fondant facilement.

Les *minerais de fer* ou les pyrites bien grillées qui passent aisément à l'état de protoxyde de fer en ajoutant à la fusibilité de la scorie.

Les *alcalis* lorsqu'ils sont bon marché.

Le *calcaire* qui sature le quartz, mais qui ne peut être employé seul, car le silicate de chaux est assez réfractaire.

L'*argile* dans certains cas pour remplacer le calcaire.

Le *quartz* lorsque les gangues sont basiques.

Enfin, on introduit *du fer*, lorsque les galènes sont insuffisamment grillées, puis des sous-produits riches en plomb que l'on désire épuiser.

Le *water-jacket* employé est tout à fait analogue à celui que l'on utilise dans la métallurgie du cuivre. Mais avec le plomb on doit faire suivre l'appareil de chambres de dépôt beaucoup plus développées, dans le but de retenir les fumées qui se dégagent et les poussières qui sont entraînées. Les types les plus courants sont les suivants :

Four rond de $0^m,90$ de diam. intérieur passant 24 t. de minerai par 24 h.
Four rectangulaire de $0^m,90$ sur $1^m,10$ —   32   —   —
Four rectangulaire de $0^m,85$ sur $2^m,10$ —   48   —   —

La consommation d'eau est la même qu'avec les « water-jackets » pour cuivre. Pour une tonne de combustible on pourra passer 5 tonnes d'assortiment dans les conditions ordinaires, chiffre qui pourra s'élever à 7 tonnes avec des cokes durs s'écrasant peu sous la charge.

Pour assurer la bonne marche de l'appareil, la teneur en plomb ne doit pas être trop élevée dans le lit de fusion et rester comprise entre 20 et 35 p. 100. Dans le cas de minerais trop pauvres on devra leur faire subir une concentration, tandis que les produits trop riches seront mélangés avec une certaine quantité de scories déjà fondues. On doit éviter que le creuset ne se remplisse trop vite, et que le passage des matières ne soit trop rapide.

La pression de l'air insufflé est de 3 à 3 centimètres 1/2 de mercure.

Nous réunissons dans le tableau suivant les éléments du coût de la fusion : 1° pour un four circulaire de $0^m,90$ de diamètre ; 2° pour un « water-jacket » de $0^m,85$ sur $2^m,10$. Le premier passera 24 tonnes ; le second 48 tonnes de minerai par vingt-quatre heures.

		Four circulaire.	Four rectangulaire.
Main-d'œuvre		1 surveillant	1 surveillant
		1 essayeur	1 essayeur
		1 homme aux balances	1 homme aux balances
		2 mécaniciens	2 mécaniciens
		2 hommes au fourneau	3 hommes au fourneau
		2 — aux scories	4 — aux scories
		2 — au gueulard	3 — au gueulard
		2 rouleurs	4 rouleurs
		5 manœuvres	10 manœuvres
		1 homme aux lingots	2 hommes aux lingots
		1 échantillonneur	1 échantillonneur
Consommations	Fondants	8 tonnes (environ)	16 tonnes
	Coke	6 1/2 tonnes (environ)	11 2/3 tonnes
	Bois pour soufflerie	2 cordes (9 1/2 m. c.)	3 cordes (14 1/4 m. c.)
	Fournitures, outils, huile, réparations, etc.		

Plus 10 p. 100 du total précédent pour arrêts dans le travail et dépenses imprévues.

Aux Etats-Unis avec des cokes à 60 francs la tonne, des fondants à 15 francs la tonne et des salaires variant de 10 à 15 francs (sauf l'essayeur et le surveillant), on fond la tonne de 2 000 livres pour $ 8,66 dans le premier cas et $ 7,03 dans le second. Cela correspond à 38 et 48 francs (environ) la tonne de 1 000 kilogrammes.

Désargentation. — Lorsque le mineur aura obtenu le plomb d'œuvre, il aura presque toujours intérêt à s'en tenir là et à s'en défaire aux conditions les plus avantageuses. Au lieu de séparer le plomb et l'argent pour les transporter séparément, il vaudra mieux les livrer à une usine où, les frais étant moindres, par suite d'un meilleur agencement, on pourra obtenir des prix rémunérateurs. De plus, la séparation sur place sera désavantageuse :

1° Parce que l'on aura certainement des pertes qui ne seront pas à négliger ;

2° Parce que les gâteaux d'argent nécessitent pendant le voyage une protection spéciale.

Mais il peut se produire telles circonstances, le pays peut être d'un accès tellement difficile ou les voyages tellement longs, que la valeur du plomb ne serait pas comparable au prix de son transport. Ce serait le cas d'une exploitation située à 500 ou 600 kilomètres d'un chemin de fer. Alors il y aura peut-être lieu d'isoler l'argent, de jeter le plomb et d'exporter le métal précieux. Ceci sera très facile dans un pays très boisé où l'on a le combustible sous la main. Le matériel étant amené une fois pour toutes, l'exploitation aura une vie isolée qui se manifestera à l'extérieur par l'envoi de ses lingots et l'achat de certaines matières en petites quantités.

Si l'on enrichit par zincification on se rappellera que pour former l'alliage triple (zinc, plomb, argent) il faut par tonne de plomb

tenant 1 000 gr. d'argent 15 k. de zinc mais que dans la pratique on ajoute 30 k.
— 3 000 — 20 — — — 40 —
— 4 000 — 20 — — — 40 —

Le plomb zincifié sera, dans le cas qui nous occupe, abandonné.

L'alliage liquaté, débarrassé de son zinc par distillation, sera passé à la coupellation.

On pourra du reste opérer directement sur le plomb d'œuvre si on le juge convenable, mais il faudra passer d'assez

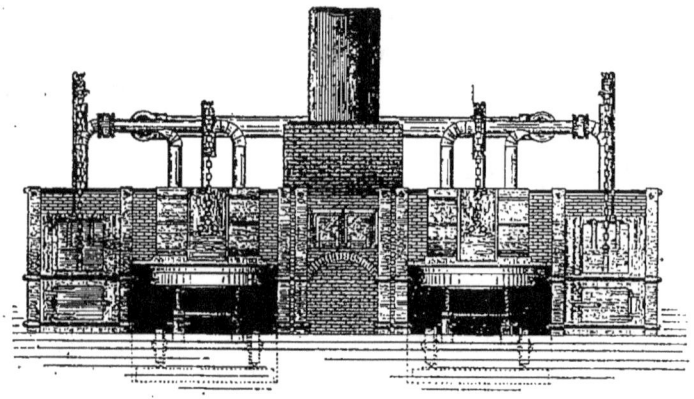

Fig. 80. — Four de coupellation du type anglais à deux soles.

gros tonnages et on fera bien alors d'adopter un four analogue à celui représenté dans la figure 80 et consistant en réalité en deux fours dits *anglais*, accolés de part et d'autre d'une cheminée centrale. On peut brûler, suivant les cas, de 200 à 300 kilogrammes à l'heure dans chaque coupelle.

Comme dépenses on doit compter, outre les frais relatifs à l'insufflation de l'air,

Main-d'œuvre : 1 1/2 à 2 journées.
Combustible : 150 kilogrammes de houille ou 1 mètre cube de bois par tonne de plomb d'œuvre.

§ VI. — MÉTAUX DIVERS.

Zinc. — Les calamines (minerais oxydés du zinc) tiennent toujours de l'eau et de l'acide carbonique que l'on chasse par calcination dans des fours analogues à ceux que l'on emploie dans la fabrication de la chaux. La blende (sulfure) doit être grillée pour en expulser le soufre, opération assez difficile à réaliser si l'on veut qu'elle soit complète.

A la Vieille-Montagne, les cuves employées peuvent contenir 16 tonnes de minerai et sont chauffées par deux grilles latérales ; on consomme de 75 à 80 kilogrammes de houille par tonne crue.

Le grillage de la blende dans les fours à réverbère se fait sur une sole longue de 7 mètres et large de 3 mètres, par 1 500 kilogrammes à la fois et dure vingt-quatre heures. On compte 200 kilogrammes de houille et trois quarts de journée de main-d'œuvre par 1 000 kilogrammes.

Les deux pays classiques du zinc sont la Belgique et la Silésie. Dans la première de ces deux contrées on effectue la réduction dans de petites cornues tenant 10 kilogrammes à la fois, tandis que dans la seconde les pots renferment jusqu'à 25 kilogrammes. Les produits zincifères mélangés avec leur volume de réducteur sont distillés. La cueillette du zinc se fait au bout de dix heures en Belgique et au bout de vingt-quatre heures en Silésie.

On compte par tonne de minerai :

	Belgique	Silésie
Main-d'œuvre	9 journées	6 journées
Houille	2 tonnes	2 $^1/_2$ t.
Argile moulée	175 kil.	100 kil.

D'après M. Fremy, quelle que soit la méthode employée, on consomme de 6 à 8 parties de houille pour 1 partie de zinc brut obtenu, avec des minerais rendant 25 à 30 p. 100 de métal.

Étain. — La cassitérite est facilement réductible sous l'influence du charbon et de la chaleur.

Pour les produits purs provenant des alluvions on charge alternativement dans un four à manche le combustible et le minerai. L'étain recueilli est raffiné; lorsqu'il est fondu, on y introduit du charbon humide et on le brasse avec des perches en bois vert. Cette opération dure environ trois heures et lorsqu'elle est terminée, on coule le métal en lingots.

Les minerais tungstatés sont étendus sur la sole d'un réverbère, mélangés avec du carbonate de soude dans les proportions suivantes :

```
Minerai d'étain. . . . . . . . . . . . . . . . .  1 tonne
Carbonate de soude . . . . . . . . . . . . . . 80 kilogrammes
```

Il se forme du tungstate de soude que l'on élimine par lavage; la dépense peut être estimée à 25 ou 30 francs.

L'étain est soumis à une fusion réductive dans un four à réverbère, la charge est de :

```
    1 500 kilogrammes de minerai.
et  300       —       d'anthracite.
```

La durée de l'opération est de six heures.

Le raffinage se fait comme dans le cas précédent, mais on opère sur 4 tonnes à la fois.

Un minerai tenant 72 p. 100 rend environ 64 p. 100 de métal. Soit une perte supérieure à 10 p. 100.

Par tonne traitée on compte :

```
Main-d'œuvre. . . . . . . . . .  7/10 ou 8/10 de journée
Anthracite . . . . . . . . . . .  250 kil.
Houille. . . . . . . . . . . . .  750 kil.
```

L'étain métallique est d'autant plus pur que ses cristaux sont plus volumineux (Fremy).

Antimoine. — L'extraction du métal comprend deux phases :

la séparation du sulfure de sa gangue au moyen d'une fusion ; l'obtention du métal brut ou régule d'antimoine.

En France, on pratique la première fusion dans des pots, percés par le fond, et mis en communication avec un récipient intérieur, où se réunissent les sulfures fondus.

En Allemagne, on emploie un four à réverbère à sole elliptique ou circulaire, inclinée vers la partie la moins chaude de l'appareil, et c'est là que l'on recueille les produits liquatés.

Le sulfure est grillé dans des fours à réverbère ; l'opération porte sur 300 kilogrammes et dure environ six heures.

A Marseille on mélange :

Minerai grillé.	250 kilogrammes
Charbon de bois.	30 —
Scories.	20 —
Sulfate de soude	70 —
Carbonate de soude.	70 —

La consommation est de 1 $1/4$ tonne de houille.

Le métal obtenu est raffiné par calcination avec un mélange de nitre et de carbonate de soude.

Mercure. — La métallurgie en est des plus simples. On réduit le cinabre par le fer ou par la chaux ou bien on le soumet à un grillage dans lequel le soufre se transforme en acide sulfureux en abandonnant le mercure qui se rassemble à l'état liquide après condensation.

En Toscane, les cornues tiennent 170 kilogrammes de minerai (cinabre). On y introduit de la chaux et on soumet à l'action de la chaleur pendant environ six heures. Les cornues sont disposées en rangées dans un fourneau de galère et leurs extrémités s'emmanchent dans un appareil réfrigérant où viennent se condenser les vapeurs. Pour une tonne de minerai on compte 100 kilogrammes de chaux et une journée et demie.

A Almaden, on se sert d'un fourneau prismatique et l'appareil de condensation est composé d'une série de pots en terre appelés *aludelles*. On chauffe avec des broussailles en admettant de l'air pour oxyder la masse. L'opération dure quinze heures et le refroidissement plus de deux jours.

A Idria, on a employé un four à réverbère à soles multiples suivies d'un système de chambres de condensation, beaucoup plus faciles à décharger que les « aludelles » espagnoles. On pousse la température jusqu'au rouge cerise que l'on maintient pendant dix à douze heures. La charge totale est d'environ 15 tonnes; on la répartit sur les différentes soles d'après son état physique.

Bien que la métallurgie du mercure soit simple, le grand écueil est la difficulté de condenser les vapeurs métalliques. Il n'est pas rare de voir les pertes atteindre 20, 25 et même 30 p. 100. Aussi peut-on dire que le meilleur appareil est celui qui assure la meilleure condensation.

§ VII. — CHOIX D'UN PROCÉDÉ

Les considérations que nous venons de développer permettent, étant donné un échantillon de minerai, de décider le genre de traitement à adopter. Cela dépendra et de la nature du métal ou des métaux contenus et de la texture de l'assortiment moyen.

Les minerais d'or et d'argent sont soumis à des actions chimiques, en présence d'agents tels que le mercure, le sel marin, le sulfate de cuivre, le chlore, etc., etc. Dans tous les cas, on doit prévoir un broyage suffisant pour isoler les uns des autres les grains métallisés. De là, la faveur dont jouissent les bocards qui permettent d'obtenir des pulpes suffisamment ténues. Lorsque l'on vise une simple concentration on doit remarquer deux choses :

1° Le travail de broyage est considérable lorsque la totalité des minerais doit être pulvérisée ;

2° Les matières fines, mises en suspension dans l'eau, sont quelquefois difficiles à retenir et leur entraînement peut causer des pertes assez sérieuses.

Il y a donc lieu de bien examiner la texture de l'approvisionnement. Si les molécules métalliques existent dans la masse à un grand état de division, on devra, dès l'origine, les isoler des gangues par un broyage intense afin de les rendre sensibles à l'action des appareils d'enrichissement. Si, au contraire, le minerai est largement minéralisé et présente des concentrations sur certains points, il suffira d'un broyage sommaire, avec classification par taille, puis lavage pour *bon à fondre, stérile, et sorte intermédiaire à repasser*. Cette classe sera broyée et rentrera dans le traitement. Dans ces conditions on voit qu'on diminue le travail de broyage dans de larges proportions; de plus, les produits enrichis, s'ils avaient été broyés trop fins dès l'origine, eussent donné des poussières dont une portion aurait été perdue.

En résumé, les minerais à métaux très disséminés devront subir une sorte de pulvérisation au début du traitement; l'usine à bocards est alors excellente [1]; les minerais à métallisation irrégulière et marquée seront simplement concassés, puis passés au cylindre, et on réservera le broyage pour certaines sortes intermédiaires, dont il faut extraire les derniers atomes métalliques.

Nous résumerons ci-dessous quelques règles en vigueur parmi les praticiens d'Amérique, bien que quelques-unes d'entre elles soient sujettes à caution.

Minerais d'or. — Les minerais à or libre sans sulfures sont traités par bocardage et amalgation; c'est la méthode dite *free milling*.

Les minerais tenant de l'or libre et des sulfures subissent le même traitement et les sulfures sont retenus sur des concentrateurs.

[1] En dehors des bocards, certains moulins (le Huntington par exemple) ont donné de bons résultats pour le broyage des minerais à métallisation très divisée.

Les minerais tenant de l'or libre et des sulfures argentifères sont avantageusement soumis au même procédé. Dans le cas où les sulfures sont des sulfures d'argent on procédera comme pour ce dernier métal.

Minerais réfractaires ou pyrites aurifères. — Les formules chimiques sont applicables.

Minerais d'argent. — Les minerais tenant de l'argent natif, des chlorures, bromures et iodures d'argent ainsi qu'une faible proportion de sulfures d'argent sont bocardés, puis passés aux pans et settlers comme nous l'avons décrit (Free milling). Les minerais riches en sulfure d'argent sont bocardés à sec, grillés puis passés aux pans et aux settlers (*Roasting milling*).

Les minerais d'argent associés aux sulfures des bas métaux se traitent de deux manières différentes, suivant leur degré de richesse. A basse teneur, ils sont concentrés pour fusion, à haute teneur on applique les procédés de « roasting milling » ou de « lixiviation ».

Minerais de plomb et de cuivre. — Certaines espèces se prêtent bien à la fusion, par exemple : les produits oxydés du cuivre, ainsi que les carbonates de plomb ou les galènes suffisamment riches.

D'autres ont besoin d'une concentration et on la produit soit avec un atelier à bocards, soit avec une usine à broyeurs cylindriques et bacs d'enrichissement, suivant le mode de distribution de l'élément métallique dans la gangue.

Les minerais à fine dissémination sont ordinairement bocardés.

Les minerais irréguliers, après broyage sommaire, passent dans les cribles et la série des appareils que nous avons mentionnés.

Quant aux minerais complexes tenant plusieurs espèces minérales, les mêmes règles leur sont applicables. Leur traitement diffère par le réglage des divers concentrateurs et la circulation des produits et sous-produits ; une classe épuisée pour un métal ne l'est pas pour un autre et subit naturellement un trajet plus compliqué que dans le cas d'un élément unique.

Cette difficulté peut également se présenter lorsque le minerai contient deux espèces minéralogiques d'un même métal.

Minerais de fer. — En général, leur concentration, si elle est nécessaire, est facile et on n'a souvent à procéder qu'à un simple débourbage ou à un lavage sommaire. Le peu de valeur de la matière ne permet pas d'aborder la séparation de minerais pauvres et difficiles.

Minerais divers. — Les minerais de zinc sont enrichis comme ceux de cuivre et de plomb après broyage au bocard ou entre des cylindres.

Les minerais d'étain, s'ils sont alluvionnaires, passent aux sluices, tandis que les produits de filons subissent un broyage et une concentration.

Les minerais d'antimoine comportent un triage à la main, une concentration (plus rare) et une fusion pour métal. Récemment des méthodes chimiques ont été préconisées.

Les minerais de mercure ont leur traitement tout tracé, comme nous l'avons exposé : on les soumet à un grillage et à une distillation.

Le choix de la méthode est loin d'être une chose simple. Les minerais ne se présentent pas toujours avec une netteté parfaite et de plus on a souvent des assortiments provenant de quartiers différents. Comme on ne peut avoir des usines multiples, on doit choisir une formule moyenne satisfaisante dans l'ensemble. A cet égard on ne peut établir de règles ; la science et la pratique de l'ingénieur seront alors les meilleurs garants du succès.

CHAPITRE IX

ÉTUDE ÉCONOMIQUE D'UN GITE

Prix de revient. — *Examen du gîte.* Productivité. Tonnage disponible dans un étage. Méthode analytique. Variations du prix de revient. Maximum d'effet utile. Variations des cours. Coefficient de prospérité. Caractéristique industrielle. — *Usine de traitement.* Enrichissement par préparation mécanique. Usine pour traitement métallurgique. Position des usines de traitement. — *Valeur des mines.* Proportion des mauvaises mines. Influence des cours des métaux. Disproportion du capital. Prix d'achat des mines. Conclusion.

L'étude économique d'un gîte comprend l'examen d'éléments divers résultant soit de la nature du dépôt métallifère, soit des circonstances géologiques ou topographiques, ou des exigences de la main-d'œuvre, soit des charges financières, etc., etc. Une partie de cette étude doit être faite par l'ingénieur, tandis que d'autres auront à compléter cette portion de son travail.

Tout d'abord, il importe d'établir le prix de revient, au moins avec une approximation suffisante ; ensuite il s'agit de voir quels sont les quartiers de la mine pouvant fournir une exploitation rémunératrice ; enfin on aura à se demander quel est le parti le plus avantageux que l'on pourra tirer des déblais extraits. Suivant les réponses faites à ces diverses questions, on déduira la valeur de la mine.

§ I. — PRIX DE REVIENT

La méthode d'exploitation étant choisie, on devra attaquer certains étages, définis dans le plan d'ensemble, ce qui nécessitera l'obligation de les tracer et ensuite de les dépiler. On aura par suite à pratiquer des aménagements tels que : *puits*, *travers-bancs* d'accès, *galeries* en direction, *cheminées* d'aérage, *recoupes*, etc., etc., puis viendront le *boisage* et le *soutènement*, ainsi que l'établissement des voies ferrées de *communication*. L'ensemble de ces frais peut être exclusivement affecté à l'étage, bien que, dans de nombreux cas, on maintienne certains travaux en état après le dépilage, dans un but de commodité générale.

Ensuite on *abattra* les massifs eux-mêmes, ce qui nécessitera des modifications fréquentes de boisage et un *remblayage* dans beaucoup de cas. Tous ces éléments doivent entrer en ligne de compte, aussi bien que les dépenses de *roulage*, de *manœuvre* et d'*extraction*. Une fois au jour, les produits devront être conduits à l'usine de traitement au moyen d'un *roulage extérieur*.

Le tout-venant sera soumis à une série de manipulations qui seront soit une *concentration*, soit une *amalgamation*, une *fusion*, ou un *traitement chimique*, soit une *combinaison* de ces divers termes ; on aura à compter de ce chef une dépense de tant par tonne.

D'autre part, il y aura des frais communs incombant à toute la mine tels que ceux qui résulteront de la *surveillance*, de l'*aérage*, de l'*épuisement*, de la *réparation et de l'entretien* des boisages, galeries, matériel, etc., etc.

Puis viendront les frais généraux de l'entreprise : frais de *direction* et d'*administration*, *entretien général* des machines, service des *magasins et de la surveillance*, etc., etc.

Il ne faut pas oublier que, pour assurer la durée de l'entreprise, on sera parfois poussé à pratiquer des *recherches* qui seront soit affectées aux dépenses de l'année, soit, si elles sont importantes et exceptionnelles, portées à un compte spécial, pour être progressivement amorties.

L'achat de la mine et les *installations* figureront comme *premier établissement* ; dans beaucoup de cas, il conviendra d'y ajouter les frais faits durant la *période improductive*, qui précède toute exploitation. La quotité des dépenses ainsi groupées doit être amortie en un temps donné et se traduira par une somme annuelle venant grever l'exploitation.

Il peut arriver que l'affaire ait des *charges financières* qui seront soit une somme fixe annuelle, ou une redevance par tonne brute ou finie, soit une participation aux bénéfices, soit telle autre forme de contribution qui aura été adoptée.

Enfin le produit fini devra être *transporté* et vendu, ce qui ne se fera pas sans une *déduction* fixe ou proportionnelle à sa valeur. Il y aura lieu en outre de tenir compte des *impôts* que le gouvernement pourra exiger pour la production ou pour l'exploitation des minerais.

En résumé, le prix de revient se détaille ainsi :

Frais portant sur la tonne brute
- Travaux d'aménagement à répartir par tonne.
  - Fonçage des puits
  - Travaux d'accès
  - Travaux de traçage
  - Soutènement
  - Voies de communication
- Frais miniers directs.
  - Abatage
  - Remblayage
  - Soutènement
  - Roulage
  - Moulinage
  - Extraction
- Frais généraux de la mine.
  - Surveillance
  - Aérage
  - Epuisement
  - Réparations
  - Divers
- Frais de traitement
  - Roulage extérieur
  - Traitement

Frais portant sur la tonne nette.
- Transports pour l'exportation
- Déduction de l'acheteur
- Impôts

Frais généraux.
- Administration
- Direction et personnel
- Entretien général
- Surveillance générale
- Magasins
- Divers (impôts généraux)

Charges financières.
- Amortissement
- Redevances financières
- Charges spéciales

§ II. — EXAMEN DU GITE

Productivité. — La productivité d'une exploitation est limitée par la nature du gîte, par les moyens dont on dispose et aussi par l'état du marché. C'est ce qui arrive par exemple pour certains métaux relativement rares tels que l'antimoine, le bismuth, etc., que l'on ne pourrait pas vendre en grande quantité sans faire fléchir les cours. La production annuelle du platine ne s'élève guère qu'à 4 ou 5 tonnes par an (Davies). Si donc on trouvait un gîte suffisamment riche pour en jeter d'un coup une vingtaine de tonnes sur le marché, le prix de ce métal baisserait dans des proportions invraisemblables. Le fait s'est produit tout récemment pour l'aluminium à la suite de la découverte de nouveaux procédés d'extraction.

Si l'on a affaire à une colonne riche étroite ou à un filon unique, concédé sur un court espace, comme c'est fréquemment le cas en Amérique, on est obligé de développer la mine en profondeur, et, bien que l'on puisse répartir les travaux à différents étages, tout dépend de la rapidité avec laquelle on peut approfondir l'ensemble de l'exploitation.

Les installations destinées aux grosses productions coûtent cher ; elles doivent être amorties dans un certain laps de temps correspondant à la durée de l'abatage des zones que l'on suppose être minéralisées. Si donc, pour un gîte d'étendue modeste, devant durer un nombre déterminé d'années, on voulait l'épuiser en trois fois moins de temps par exemple, c'est-à-dire tripler la production annuelle, on pourrait être conduit à des installations trop importantes et hors de proportions avec la nature de la mine. Il importe donc de garder une sage mesure, et, étant donné le programme fixé au début, on s'installera de façon à traiter un nombre raisonnable de tonnes. La productivité sera limitée par les moyens dont on disposera.

Tonnage disponible dans un étage. — D'un étage tracé on cherche à retirer le maximum d'utilité. Il est bien évident que si l'on se bornait à abattre de-ci et de-là quelques lambeaux riches, le tonnage serait insignifiant et les frais de traçage beaucoup trop coûteux. D'autre part, si l'on s'attaquait à des zones trop pauvres, les frais directs pourraient dépasser la valeur du minerai et de ce chef on arriverait à une perte.

Nous supposerons dans ce qui va suivre que les dépenses d'aménagement d'un étage doivent porter entièrement sur les produits de cet étage ; nous les appellerons f. Nous désignerons par p l'ensemble des frais directs par tonne et par F l'ensemble de toutes les autres dépenses. *Comme on vise un nombre annuel constant de tonnes* N, l'on voit que $\frac{F}{N}$ sera un nombre constant par tonne de produits abattus, *du moins nous l'admettrons.*

p ne sera pas une constante absolue par tonne, car il dépendra :
1° Des commodités d'abatage ;
2° De la solidité des épontes ;
3° De la facilité du remblayage ;
4° De la distance du chantier au puits (roulage) ;
5° De divers détails tels que : poids de l'enlevage résultant de la densité de la matière, traitement à l'usine, etc., etc.

Toutefois dans l'ensemble, pour les considérations que nous voulons faire valoir, nous supposerons cette valeur p constante.

Nous désignerons par Y le nombre de tonnes à récolter par étage et par suite la répartition des frais f sera $\frac{f}{Y}$ par tonne. De plus, nous prendrons les notations suivantes :

$\varpi =$ prix de revient par tonne.

$\Pi =$ coût total pour l'étage produisant Y tonnes.

On aura donc :

$$\varpi = p + \frac{F}{N} + \frac{f}{Y}$$

$$\Pi = \left(p + \frac{F}{N}\right)Y + f.$$

Désignons $p + \frac{F}{N}$, ensemble des frais fixes par tonne, par φ et on aura :

(1) $$\varpi = \varphi + \frac{f}{Y}$$
(2) $$\Pi = \varphi Y + f.$$

Considérons deux axes coordonnés rectangulaires OX, OY. Après étude détaillée de l'étage nous en fixerons la représentation par une courbe ainsi construite (fig. 81). Sur l'axe des X

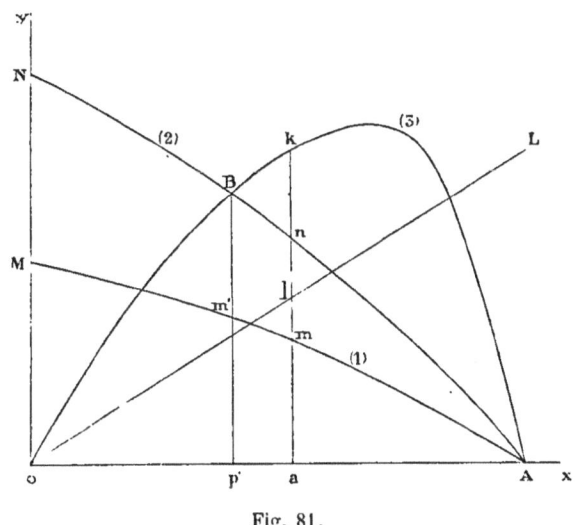

Fig. 81.

nous prendrons une abscisse variant entre 0 et 100 et figurant une teneur donnée constatée dans les massifs examinés. Pour ordonnée nous prendrons la quantité de tonnes de minerai existant dans l'étage *à cette teneur*. On obtient ainsi la courbe (1) allant de M en A. On aura *am* tonnes à la teneur O*a*. Cette courbe sera évidemment fort capricieuse. La pureté chimique absolue correspondra au point A. Cette teneur, presque jamais rencontrée dans la pratique, correspondra à un tonnage nul.

S'il s'agit d'un minerai tel que la galène ou la blende, il demeure évident que nous ne comptons pas en percentage de plomb ou de zinc mais en unités de sulfure.

Nous examinerons d'abord à quelle teneur il faut s'arrêter pour faire face aux frais φ grevant chaque tonne.

Le traitement fournira des produits à la teneur A. De plus, sous déduction des frais de transport et des charges de toute espèce, ce minerai vaudra V l'unité au sortir de l'usine. La tonne aura donc une valeur de V A.

En concentrant m tonnes de tout-venant à une teneur α en n tonnes marchandes à la teneur A, il est évident, qu'en raison des pertes, la proportion de métal contenue dans une tonne de tout-venant et susceptible d'être recueillie sera plus petite que α; par conséquent la valeur réelle sera inférieure à V α. Nous appellerons B ce coefficient plus petit que V, et représenterons la valeur de la tonne de tout-venant de teneur α par Bα (B est facile à calculer).

Nous devons faire remarquer ici que B n'est pas une constante, comme nous le verrons plus tard. Toutefois nous l'admettrons provisoirement.

Si l'on exploite des teneurs telles que l'on ait :

$$B\alpha < \varphi,$$

on sera sûrement en perte.

Pourtant ce cas pourra être rationnel. En effet on sait que

$$\varphi = p + \frac{N}{F}$$

Or il peut arriver que certains quartiers productifs de la mine soient temporairement inaccessibles.

Appelons α' une teneur satisfaisant à la relation

$$B\alpha = p.$$

Il est évident qu'en exploitant au-dessous de α' on ne fait qu'accentuer les pertes. En cas d'arrêt complet, on aurait comme charge la totalité des frais F: tandis qu'en exploitant des teneurs entre α' et α on réduira l'importance de ces charges.

Revenons à la figure 81. Multiplions les ordonnées de la courbe (1) par φ; on obtiendra la courbe n° 2 allant de N en A; an représentera le coût direct de ma tonnes à teneur Oa.

D'autre part, la *valeur* d'une tonne de teneur x est $y = Bx$, équation d'une droite OL coupant l'ordonnée an en l. Comme $Oa = x$, al est la valeur de la tonne de teneur x. En faisant le produit $al \times am$ et prenant la longueur ak égale à ce produit, cette longueur représente la *valeur* de y tonnes de teneur x.

Le lieu des points k est la courbe (3) qui passe en O, car la valeur est nulle pour la teneur zéro, et en A car, à 100 p. 100, le tonnage est nul.

La longueur nk représente le profit réalisé sur les y tonnes à teneur x.

Par suite, l'aire comprise entre les courbes (2) et (3), c'est-à-dire la surface A2B3A représente les profits pour tout l'étage et *on sera en bénéfice si cette somme est supérieure à* f.

On aura donc avantage à rendre cette aire maximum, c'est-à-dire à exploiter tout ce qui est de teneur supérieure à α, α satisfaisant à la relation

(3) $$B\alpha = \varphi.$$

Méthode analytique. — Bien qu'on ne puisse procéder avec une rigueur mathématique, il est intéressant de voir comment on peut arriver au même résultat par une méthode analytique.

Nous prendrons les notations suivantes :

Y = tonnage de l'étage, correspondant à l'ensemble des teneurs supérieures à une teneur considérée α que l'on cherche à déterminer;

β = teneur moyenne de l'ensemble à dépiler.

On peut admettre que la courbe MA (fig. 81) est représentée par une équation
$$y = f(\alpha)$$

La valeur de Y est :
$$Y = \int_\alpha^{100} y\, d\alpha$$

La quantité de métal contenu est :

$$\int_\alpha^{100} \alpha y\,d\alpha$$

Par suite on a :

(4) $$\beta \int_\alpha^{100} y\,d\alpha = \int_\alpha^{100} \alpha y\,d\alpha$$

On définit ainsi la teneur, au centre de gravité, de l'aire $a\,m\,A$ située à droite de l'ordonnée correspondant à la teneur Oa (α) et comprise entre cette ordonnée, l'axe des teneurs et la courbe n° 1.

Il est évident d'après ce qui précède que Y et β sont fonctions de α.

$$Y = F(\alpha)$$

et aussi

$$\beta = \Phi(\alpha)$$

Les dépenses relatives à l'étage seront :

$$\Pi = f + \varphi Y$$

La *valeur* de l'étage est représentée par

$$B\beta Y$$

L'excès de la valeur sur les dépenses nous est donnée par l'expression

$$B\beta Y - (f + \varphi Y)$$

qui peut s'écrire sous la forme

$$Y(B\beta - \varphi) - f$$

et qu'il s'agit de rendre maxima.

Pour déterminer la solution et trouver la teneur maxima à exploiter, il suffit de remplacer Y et β par leur valeur :

$$F(\alpha)[B\Phi(\alpha) - \varphi] - f.$$

et d'annuler la dérivée par rapport à α.

La valeur α se déduit de l'expression :

(5) $$\frac{d\,F(\alpha)}{d\alpha}[B\Phi(\alpha) - \varphi] + BF(\alpha)\frac{d\Phi(\alpha)}{d\alpha} = 0.$$

Nous examinerons le cas où, dans la figure 81, la courbe AM se réduit à une droite. Ce cas est théorique, mais il nous permettra de montrer comment on peut utiliser les données précédentes.

Appelons θ le tonnage de la teneur zéro ; l'équation de la courbe (1) devient :

(6) $$y = -\frac{\theta x}{100} + \theta \text{ ou } y = \theta\left(1 - \frac{x}{100}\right)$$

Quant à Y, sa valeur est exprimée par la surface du triangle A $a\,m$ qui a pour côté Aa = 100 — x et $a\,m = y$, donc :

$$Y = \frac{1}{2} y (100 - x)$$

et remplaçant y :

$$Y = \frac{1}{2}\theta\left(1 - \frac{x}{100}\right)(100 - x)$$

L'équation (4) donne :

$$\frac{1}{2}\beta\theta\left(1 - \frac{x}{100}\right)(100 - x) = \int_x^{100} x.\theta.\left(1 - \frac{x}{100}\right)dx = \theta\int_x^{100} x.dx - \theta\int_x^{100}\frac{x^2}{100}dx$$

d'où il vient en divisant par θ :

$$\frac{1}{2}\beta\left(1 - \frac{x}{100}\right)(100 - x) = \left[\frac{x^2}{2} - \frac{x^2}{300}\right]_x^{100}$$

par suite :

$$\frac{1}{2}\beta\left(1 - \frac{x}{100}\right)(100 - x) = \frac{1}{2}(\overline{100}^2 - x^2) - \frac{1}{300}(\overline{100}^3 - x^3)$$

équation dont les deux membres sont divisibles par 100 — x. Opérant cette division, il vient :

$$\frac{1}{2}\beta\left(1 - \frac{x}{100}\right) = \frac{1}{2}(100 + x) - \frac{1}{300}(\overline{100}^2 + 100\,x + x^2)$$

Multiplions les deux membres par 600 et nous aurons :

$$3\beta(100 - x) = 300(100 + x) - 2(\overline{100}^2 + 100\,x + x^2)$$

égalité dans laquelle le second membre se réduit à $10\,000 + 100\,x - 2x^2$.

Or cette expression n'est autre chose que le produit $(100 + 2x)(100 - x)$ développé.

On a donc identiquement :

$$3\beta(100 - x) = (100 + 2x)(100 - x)$$

En divisant les deux membres par $100 - x$ il reste :

(7) $$\beta = \frac{100 + 2x}{3}$$

On peut trouver ceci directement de la façon suivante :

Dans le triangle A $a\,m$ (fig. 81) le centre de gravité se trouve sur la médiane qui joint le sommet A au côté opposé et à un tiers de cette médiane à partir du côté $a\,m$. Donc son abscisse par rapport au point a sera $\frac{a\,A}{3}$ ou $\frac{100 - x}{3}$. D'autre part la valeur de β sera précisément l'abscisse de ce centre de gravité. On posera donc $\beta = x + \frac{100 - x}{3} = \frac{100 + 2x}{3}$ valeur identique à celle fournie par l'équation (7).

L'équation (5) s'établira de la façon suivante :

Reprenons $[Y(B\beta - \varphi) - f]$, expression qu'il s'agit de rendre maxima.

En substituant les valeurs Y et β plus haut données il vient :

$$\frac{1}{2}\theta\left(1 - \frac{x}{100}\right)(100 - x)\left(B\,\frac{100 + 2x}{3} - \varphi\right) - f$$

Le maximum correspondra à une dérivée nulle. Donc en divisant de suite par $\frac{1}{2}\theta$:

$$-\frac{1}{100}(100 - x)\left(B\,\frac{100 + 2x}{3} - \varphi\right) - \left(1 - \frac{x}{100}\right)\left(B\,\frac{100 + 2x}{3} - \varphi\right) + \frac{2}{3}B\left(1 - \frac{x}{100}\right)(100 - x) = 0$$

ce qui devient, en multipliant par 100 :

$$- (100 - x)\left(B\frac{100 + 2x}{3} - \varphi\right) - (100 - x)\left(B\frac{100 + 2x}{3} - \varphi\right) + \frac{2}{3}B(100 - x)^2 = 0$$

ou, en divisant par $(100 - x)$ et faisant passer les deux termes semblables dans le second membre :

$$\frac{2}{3}B(100 - x) = 2\left(B\frac{100 + 2x}{3} - \varphi\right)$$

et en effectuant :

$$\frac{2}{3}100.B - \frac{2}{3}Bx = \frac{2}{3}100.B + \frac{4}{3}Bx - 2\varphi$$

d'où :

$$\varphi = Bx$$

C'est le résultat que nous aurions trouvé directement en appliquant ici la formule n° 3 donnant la limite inférieure des teneurs à exploiter

Il en résulte :

$$x = \frac{\varphi}{B}$$

puis comme :

$$\beta = \frac{100 + 2x}{3} \quad \text{il vient :} \quad \beta = \frac{100\,B + 2\varphi}{3\,B}$$

De même en substituant $x = \frac{\varphi}{B}$ dans la valeur de Y, on arrive à l'expression :

$$Y = \frac{\theta}{200} \frac{(100\,B - \varphi)^2}{B^2}$$

Nous pouvons maintenant envisager le cas beaucoup plus pratique où la courbe AM de la figure 81 affecte la forme M B A (fig. 82). On peut alors déterminer deux points B et D, tels qu'on puisse, sans grande erreur, remplacer la courbe par les trois droites MB, BD et DA.

Nous appellerons x_1 et y_1 les coordonnées du point B et x_2

et y_2 celles du point D. La teneur minima à exploiter sera toujours donnée par la relation :

$$Bx = \varphi$$

ce sera op' ou op, c'est-à-dire que le point m correspondant sera, sur la courbe, à droite ou à gauche de B.

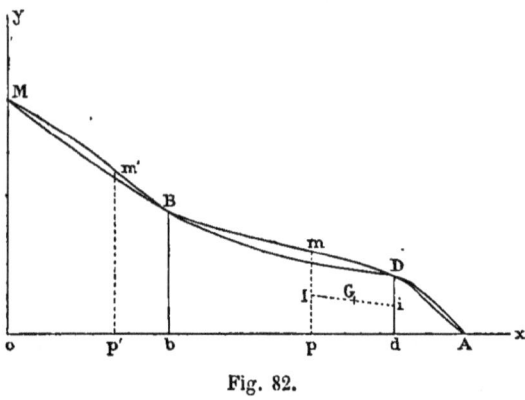

Fig. 82.

Pour la position $m'p'$, le calcul est un peu plus long que pour la position mp, mais identique. Pour ne pas nous étendre inutilement, nous supposerons ce dernier cas.

L'équation de B D est :

$$\frac{y-y_1}{y_2-y_1} = \frac{x-x_1}{x_2-x_1} \text{ ou } y = \frac{y_2-y_1}{x_2-x_1}x + \frac{x_2 y_1 - x_1 y_2}{x_2-x_1}$$

L'équation de AD sera :

$$y = -\frac{y_2}{100-x_2}x + \frac{100\, y_2}{100-x_2}$$

Y étant de forme $\displaystyle\int_x^{100} y\,dx$ aura pour expression :

$$Y = \int_x^{x_2}\left[\frac{y_2-y_1}{x_2-x_1}x + \frac{x_2 y_1 - x_1 y_2}{x_2-x_1}\right]dx + \int_{x_2}^{100}\left(\frac{-y_2\, x}{100-x_2} + \frac{100\, y_2}{100-x_2}\right)dx$$

De même, pour la valeur de β, on intégrera de x à x_2 pour la droite BD et de x_2 à 100 pour la droite DA. Pour un point m' situé à gauche de B, on intégrerait :

de x à x_1 pour la droite MB
de x_1 à x_2 — BD
de x_2 à 100 — DA

Mais il est facile d'arriver au résultat beaucoup plus vite.

$$Y = \text{Surf. A}pm\text{DA} = pm\text{D}d + d\text{DA}$$

La surface du triangle $D\,d\,A$ est :

$$\frac{1}{2} y_2 (100 - x_2)$$

celle du trapèze $p\,m\,D\,d$:

$$\frac{y + y_2}{2} (x_2 - x)$$

or :

$$y = \frac{y_2 - y_1}{x_2 - x_1} \alpha + \frac{x_2 y_1 - x_1 y_2}{x_2 - x_1}$$

en appellant α la valeur de x satisfaisant à la relation

$$B x = \varphi \quad \text{ou} \quad \alpha = \frac{\varphi}{B}$$

Donc :

$$Y = \frac{1}{2} y_2 (100 - x_2) + \frac{1}{2} (x_2 - x_1) \left[y_2 + \frac{y_2 - y_1}{x_2 - x_1} \frac{\varphi}{B} + \frac{x_2 y_1 - y_2 x_1}{x_2 - x_1} \right]$$

ce qui nous donne la valeur de Y.

D'autre part pour le triangle $d\,D\,A$ la valeur moyenne de la teneur (voir plus haut) est :

$$\beta_2 = \frac{100 + 2 x_2}{3}$$

Voyons quelle sera celle du trapèze $p\,d\,D\,m$. Soient i et I les milieux des côtés parallèles. Le centre de gravité G sera placé de telle façon que :

$$\frac{GI}{Gi} = \frac{pm + 2Dd}{2pm + Dd}$$

mais $\frac{GI}{Gi}$ est égal au rapport des projections de ces segments sur l'axe des teneurs.

Donc en appelant β_1 l'abscisse de G :

$$\frac{\beta_1 - \alpha}{x_2 - \beta_1} = \frac{y + 2y_2}{2y + y_2}$$

il en résultera que :

β (surf. $pmdD$ + surf. ADd) = β_2 (surf. ADd) + β_1 (surf. $pm\,Dd$)

expression qui fournira β, teneur moyenne du minerai à extraire.

Considérons la figure 83, dans laquelle la courbe MA ou courbe n° 1 a la même signification que dans la figure 81. Pour

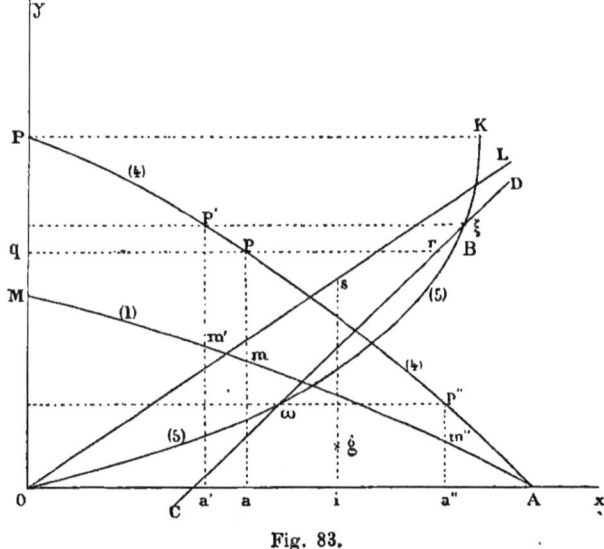

Fig. 83.

une teneur a on a le tonnage am à cette teneur. Sur am, nous prendrons ap = aire $A\,a\,m$; le lieu des points p ou courbe n° 4 sera tel que chacune de ses ordonnées représentera le total du tonnage disponible de teneur supérieure à l'abscisse Oa.

Construisons la droite O L telle que $y = Bx$.

En g, centre de gravité de l'aire $A\,a\,m$, menons l'ordonnée iS qui coupe O L en S; iS sera la valeur d'une tonne de teneur β.

D'après ce qui a été dit plus haut les ap tonnes peuvent être considérées comme ayant la teneur moyenne β et la valeur iS. Nous mènerons, par p, la droite pq parallèle à O A et nous prendrons $q\,B = ap \times i\,S$. Donc q B représentera la valeur des recettes correspondant au tonnage ap.

On sait que le coût par étage est donné par l'expression :

$$\Pi = \varphi\,Y + f,$$

dans laquelle Y est égal à ap, φ est le coût par tonne et f les dépenses relatives à l'étage. En construisant la droite dont les Y sont les ordonnées et les Π les abscisses, on obtiendra une ligne CD qui coupe le courbe n° 5 en deux points ξ et ω. L'exploitation correspondant au tonnage ap donne lieu à une recette q B et à une dépense qr. Donc le profit sera r B. Cette valeur r B sera positive tant que le point B restera entre ξ et ω. Au delà on sera en perte.

Appelons α' et α'' les limites inférieures des teneurs correspondant aux intersections ξ et ω. Ces deux teneurs déterminent des bénéfices nuls, l'une parce que sa valeur est trop petite, et l'autre parce que le tonnage est trop faible.

Le maximum des profits aura lieu pour α_1 compris entre α' et α''; c'est cette teneur α_1 que nous avons trouvée dans l'étude précédente et qui devra être la teneur limite à exploiter.

Du reste ceci est facile à comprendre : α_1 est la teneur d'équilibre des frais proportionnels φ. Si donc on exploite une teneur inférieure à α_1 on restreindra les bénéfices, puisqu'on perdra sur chaque tonne de teneur moindre que α_1.

Supposons maintenant qu'on ait limité l'exploitation à une teneur $\alpha > \alpha_1$ et que le dépilage soit fini. Pour établir le compte de l'étage on formera le total $\varphi Y + f$ et la différence entre les recettes et cette somme constituera le profit. Mais alors l'étage sera payé ; et, si on glane quelques tonnes, f sera nul pour la nouvelle production ; comme on n'aura plus que la dépense φ par tonne, on voit que toute tonne de teneur intermédiaire entre α et α₁ fournira un bénéfice; α₁ satisfaisant à la relation B α₁ = φ est donc bien la teneur limite inférieure à exploiter.

Naturellement, dans le dépilage, on se gardera bien d'enlever les îlots isolés plus pauvres que α₁; c'est le fond même de notre raisonnement. Lorsque nous avons construit la courbe AM n° 1, nous n'avons nullement supposé que les tonnes de même teneur étaient les unes à côté des autres. La distribution en est quelconque.

On peut présenter ces résultats d'une façon un peu différente (fig. 84). Construisons les courbes (1) et (4) comme dans le cas

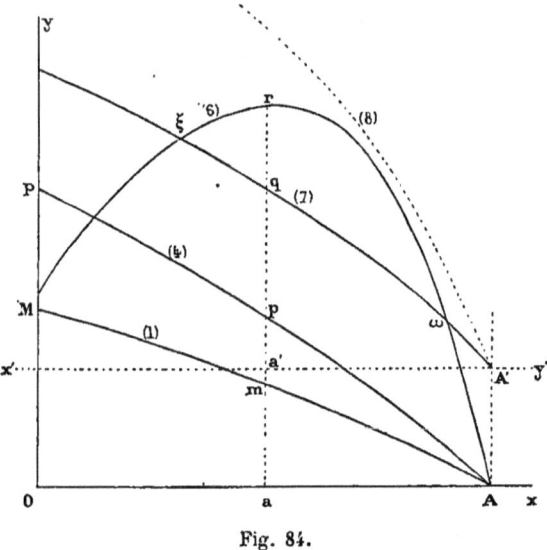

Fig. 84.

précédent; ap est le tonnage total de produits ayant une teneur plus grande que Oa. Si β est la teneur moyenne de ce tonnage, $B\beta$ sera la valeur de la tonne. En prenant $ar = ap \times B\beta$, on aura pour lieu des points (r) la courbe n° 6.

Puis nous mènerons la ligne $x'y'$ à une distance f de OA et parallèle à OA; elle coupera ap en a'.

Prenons $a'q = \varphi \times ap$; la longueur aq sera égale à $\varphi Y + f$, c'est-à-dire représentera Π. Le lieu des points (q) sera une courbe passant en A'. Cette courbe n° 7 coupera la courbe n° 6. Il est évident que qr représente le profit de l'étage qui serait nul pour les points d'intersection. Il y aura un maximum correspondant à la teneur minima favorable α_1.

Dans le cas où la courbe (7) deviendrait la courbe (8) extérieure à la courbe des recettes (6), l'étage ne serait pas avantageux à exploiter.

La question de traçage dans un quartier productif ou insuffisant est liée à l'étude d'ensemble du gîte et ce n'est pas le point que nous examinons en ce moment. Nous supposons les premières reconnaissances faites et les colonnes riches reconnues.

Il va sans dire qu'avant de tracer l'étage on peut essayer d'en dessiner les courbes approximatives, d'après ce que l'on connaît du gisement.

Variations du prix de revient. — Étant donné que pour une teneur maxima x on extrait Y tonnes d'un étage, le prix de revient d'une tonne est égal à φ augmenté d'une portion des dépenses f, dépendant de la valeur Y; par conséquent le prix de revient ϖ sera :

$$\varpi = \varphi + \frac{f}{Y}$$

En prenant (fig. 85) deux axes rectangulaires coordonnés Oy et $O\varpi$ cette équation représente une hyperbole dont les asymptotes sont l'axe des ϖ et une parallèle à l'axe des y située à une distance φ.

Il est visible que le prix de revient par tonne est infini pour un tonnage nul, car les frais f portent sur une quantité nulle. Au contraire, si Y devenait infini, la quantité $\frac{f}{Y}$ serait nulle et le coût se réduirait à φ. D'une façon générale, le prix de revient diminue lorsque Y augmente, mais nous avons vu, dans l'analyse précédente, que le tonnage avantageux est celui qui correspond à l'ensemble des teneurs supérieures à un minimum déterminé.

Nous avons supposé que la mine était en plein travail, c'est-à-dire produisait *un tonnage annuel constant*; il peut en être

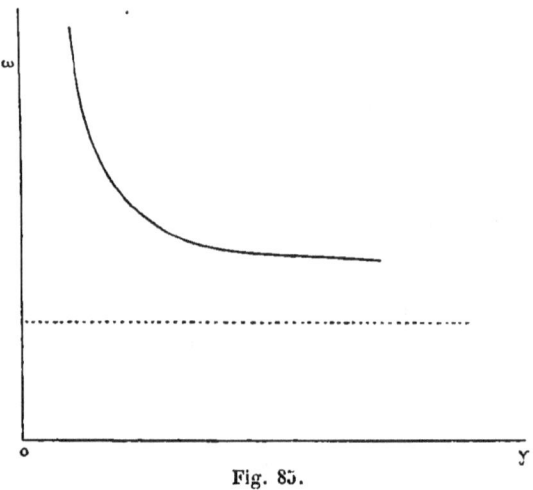

Fig. 85.

autrement. Nous avons établi que le prix de revient a pour expression $p + \frac{F}{N} + \frac{f}{Y}$; la quantité $\frac{f}{Y}$ variera avec chaque étage et le terme $\frac{F}{N}$ sera en raison inverse du tonnage total. Dans une colonne régulière $p + \frac{f}{Y}$ sera sensiblement constant et les fluctuations du prix de revient, en considérant N comme variable seront représentées par une hyperbole.

Maximum d'effet utile. — Il peut se présenter telle éventualité en vertu de laquelle on se propose, non pas de retirer le maximum de recettes d'un étage donné, mais de produire le maximum de bénéfices dans un temps déterminé.

Supposons toujours que la production annuelle soit limitée à un maximum impossible à dépasser et correspondant à la capacité de l'usine de traitement. On comprend que certaines tonnes de teneurs voisines du minimum α laissent peu de bénéfice et que le résultat sera plus avantageux si on remplace leur extraction par celle de tonnes plus riches provenant d'un autre étage.

Le prix de revient étant $\varphi + \dfrac{f}{Y}$ et la valeur d'une tonne étant $B\beta$, il est clair que le profit par tonne $B\beta - \varphi - \dfrac{f}{Y}$ doit être maximum.

Nous savons que $Y = F(\alpha)$ et $\beta = \Phi(\alpha)$; par suite il vient, en substituant :

$$B\Phi(\alpha) - \varphi - \dfrac{f}{F(\alpha)}$$

Pour trouver la valeur de α correspondant à ce maximum : nous annulerons la dérivée de cette expression :

$$B\dfrac{d\Phi(\alpha)}{d\alpha} + \dfrac{f\dfrac{dF(\alpha)}{d\alpha}}{F(\alpha)^2} = 0$$

d'où l'on tirera α.

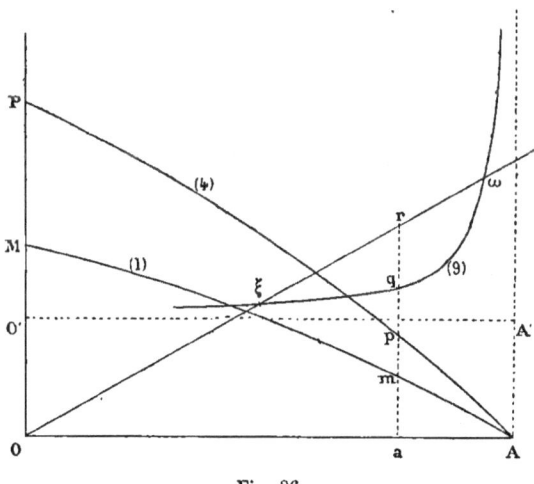

Fig. 86.

La valeur d'une tonne à teneur β est $y = B\beta$.

Cette équation est celle de la droite OL en prenant β comme abscisse (fig. 86).

Le prix de revient $y = \varphi + \frac{f}{Y}$ devient, comme Y est fonction de β :

$$y = \varphi + \frac{f}{\text{fonct } (\beta)}$$

courbe représentée en (9) ; y, le prix de revient, est infini pour le tonnage nul de la teneur 100.

L'ordonnée $ampr$ montre que pour $Oa = \beta$ la valeur est ar et le coût aq. Le profit est par suite qr.

La droite OL coupe la courbe (9) en ξ et ω, points correspondant à des bénéfices nuls. Donc qr passe par un maximum et la teneur moyenne sera β_1 ; comme $\beta = \Phi(\alpha)$, on trouvera une valeur correspondante α_1.

Comme application, prenons le cas où AM se réduit à une droite. Nous avons déjà établi que :

$$Y = \frac{1}{2} \theta \left(1 - \frac{x}{100}\right)(100 - x) = \frac{1}{200} \theta (100 - x)^2$$

et

$$\beta = \frac{100 + 2x}{3}$$

L'expression à rendre minima est ici :

$$B\left(\frac{100 + 2x}{3}\right) - \varphi - \frac{f}{\frac{1}{200} \theta (100 - x)^2}$$

En annulant la dérivée on obtient :

$$\frac{2}{3} B - \frac{f \frac{2 \cdot \theta}{200}(100 - x)}{\frac{1}{200^2} \theta^2 (100 - x)^4} = 0$$

Cette opération devient en réduisant :

$$(100 - x)^3 = \frac{600 f}{B \theta}$$

d'où la valeur :

$$x = 100 - \sqrt[3]{\frac{600 f}{B \theta}}$$

Ici x représente la valeur minima à exploiter pour obtenir le maximum de bénéfices dans l'année, étant donné qu'on ne peut augmenter le tonnage au delà d'un certain chiffre et que cette limite est atteinte.

Variations des cours. — Tous les résultats précédents sont naturellement influencés par la variation des cours. Nous en indiquerons sommairement les conséquences.

Une baisse des métaux produit une diminution dans la valeur du facteur B. Aussi dans la figure 81 la courbe n° 3 nouvelle sera une courbe intérieure à celle qui est déjà tracée. Le point B se déplacera sur NA vers le point A, c'est-à-dire que la teneur limite de l'exploitation devra être relevée. Cela résulte de l'équation $B\alpha = \varphi$; comme nous supposons φ constant, si B diminue, α doit augmenter. Un relèvement des cours aurait un effet inverse.

Dans la figure 83, avec des cours plus bas, la nouvelle courbe (5) serait tracée à gauche de la position occupée dans notre croquis. Les points ξ et ω se rapprocheraient et de plus la valeur maxima serait moindre. Une hausse déterminerait des conclusions contraires. Pour le cas de la figure 84, les résultats seraient identiques.

Après une dépréciation du marché (fig. 86), la droite OL fera un angle moindre avec OA. Les points ξ et ω se rapprochent et la valeur du maximum diminue. L'inverse se produirait avec des cours en progression.

C'est un fait bien connu que les mauvais cours sont défavorables tandis que les bons augmentent les bénéfices. Ces conclusions sont évidentes et il est complètement inutile d'y insister. Cet élément est tellement essentiel pour certaines exploitations peu favorisées, qu'une diminution trop forte dans les prix de vente peut entraîner une catastrophe.

Coefficient de prospérité. — Les résultats obtenus dans une mine ne doivent pas seulement être appréciés au point de vue de la valeur absolue, mais on doit aussi tenir compte des moyens mis en œuvre, c'est-à-dire des dépenses faites. Nous ne parlons nullement en ce moment du capital de la Société, mais seulement du coût de l'exploitation.

Supposons une affaire faisant b francs de bénéfices annuels moyennant une dépense δ et produisant un tonnage θ. Toutes choses égales d'ailleurs, prenant un coefficient $K > 1$ une dépense $K\delta$ doit correspondre à un tonnage $K\theta$ et à un profit Kb ; mais si le nouveau profit b', tout en restant plus grand que b est moindre que Kb, il est évident que l'utilisation des dépenses est moins bonne que dans le cas précédent. Si cette diminution de bénéfices provient d'une baisse des cours, l'exploitation peut être excellente, mais la prospérité relative de la mine est moindre. Aussi M. Burthe a-t-il proposé de caractériser la situation d'une exploitation par le rapport $\frac{b}{\delta}$ que nous dénommerons *coefficient de prospérité*.

On voit que l'on a identiquement $\delta = \frac{\delta}{\theta}\theta$. Or, si pour des dépenses constantes, le tonnage vient à diminuer, ou si les tonnages produits ne croissent pas proportionnellement aux dépenses, la situation cesse d'être aussi avantageuse. Il peut arriver que les dépenses augmentent, soit du fait de la direction, soit parce que les conditions sont devenues difficiles, soit du chef d'un accident, etc., etc... De même le tonnage peut diminuer par suite de causes diverses telles que : coups d'eau rendant inaccessibles les quartiers avantageux, augmentation de la dureté de la roche, variation de la métallisation, etc., etc. Quoi qu'il en soit, le rapport $\frac{\delta}{\theta}$ qui n'est autre chose que le prix de revient (θ représente le tonnage brut ou le tonnage net à volonté) caractérise l'exploitation au point de vue technique et on peut le considérer comme un *coefficient de marche*. Les efforts de la direction doivent tendre à abaisser ce coefficient le plus possible.

Caractéristique industrielle. — Par une méthode différente de la nôtre M. E. Saladin a établi, dans une étude sur les mines de cuivre du Boléo, quelques-uns des principes que nous avons démontrés plus haut et que nous rappelons :

1° En extrayant tout le terrain métallifère, on n'obtient qu'un minerai très pauvre donnant des produits marchands d'un prix de revient excessif ;

2° En laissant dans la mine les minerais pauvres, on arrive à abaisser le prix de revient des produits marchands jusqu'à payer tous les frais, puis faire un bénéfice, s'il y a lieu ;

3° En adoptant une teneur moyenne d'extraction exagérée, on n'obtient plus qu'un tonnage insignifiant et des prix de revient de plus en plus démesurés à mesure que cette teneur augmente ;

4° Les prix de revient des produits marchands varient d'une manière continue avec les teneurs moyennes d'extraction [1].

M. Saladin (fig. 87) construit la courbe qu'il appelle *caracté-*

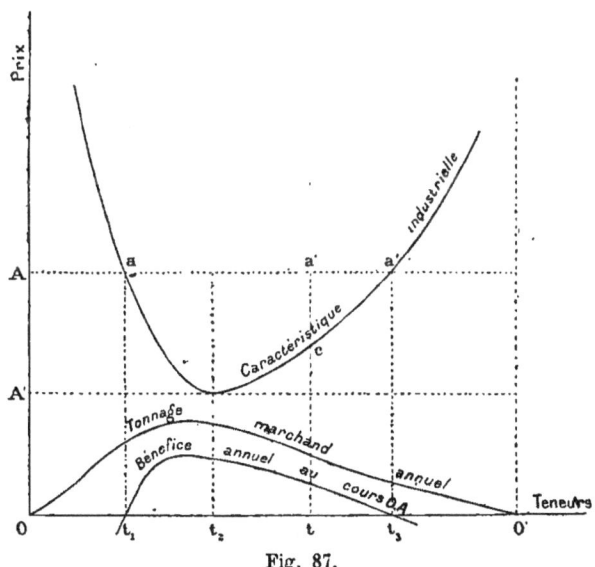

Fig. 87.

ristique industrielle en prenant pour ordonnées les prix de

[1] E. Saladin. *Bulletin de l'Industrie Minérale.*

revient totaux de la tonne rendue sur le marché, et pour abscisses les diverses teneurs moyennes d'extraction de 0 à 100. Cette courbe est asymptote à l'axe des y et à la parallèle à cet axe menée par le point $x = 100$, car pour ces deux teneurs l'extraction sera nulle comme le montre la courbe des tonnages construite en prenant les teneurs pour abscisses et les extractions pour ordonnées. Par le point A, tel que OA = prix de vente de l'année, on trace une parallèle à Ox. Une tonne, de teneur Ot représentera un bénéfice ca''. Aux points d'intersections a' et a correspondent des teneurs t_2 et t_1 pour lesquelles le bénéfice est nul. On aura donc une courbe des profits passant par t_1 et t_2 et présentant un maximum entre ces deux valeurs.

On voit que par cette méthode on arrive à déterminer la teneur la plus avantageuse de l'extraction annuelle et qu'on doit évaluer ensuite la teneur minima correspondante. Toutefois cette valeur ne sera pas celle qui correspond à l'utilisation maxima d'un étage, comme nous l'avons établi plus haut.

M. Burthe a publié dans le *Bulletin* de l'Association des anciens élève de l'École des mines, une étude intéressante dans laquelle il établit autrement la caractéristique industrielle. Il désigne par :

B le bénéfice total annuel ;
P la valeur de la production ;
D l'ensemble des dépenses ;
T le tonnage produit ;
V la valeur de la tonne ;
f les frais spéciaux par tonne ;
F l'ensemble des dépenses indépendantes du tonnage.

Puis il pose :

$$\frac{P}{D} = \varpi \quad \frac{V}{f} = r \quad \text{et} \quad \frac{D}{F} = d.$$

On a évidemment B = P — D et comme $\frac{P}{D} = \varpi$ on déduit :

$$B = P\left(1 - \frac{1}{\varpi}\right) \quad \text{et} \quad B = D(\varpi - 1)$$

De même on établit que :

$$P = TV \quad \text{et} \quad D = Tf + F$$

Par suite il vient :

$$B = TV - (Tf + F)$$

et

$$\frac{TV}{Tf + F} = \varpi$$

puis introduisant les coefficients r et d on obtient :

(E) $$\varpi = r\left(1 - \frac{1}{d}\right)$$

Or pour que l'exploitation ne soit pas en perte, il faut que ϖ soit supérieur à l'unité, c'est-à-dire que l'on ait :

$$\frac{1}{r} < 1 - \frac{1}{d}$$

C'est la relation (E) que M. Burthe appelle la véritable caractéristique du gîte. De plus il estime que ϖ mesure la *force de production* du gîte, que $\frac{V}{f}$ établit sa *productivité élémentaire* et que $\frac{1}{d}$ représente les difficultés naturelles de l'exploitation. Il termine ainsi son étude : « En général on constatera que les
« valeurs de r sont comprises entre 2 et 5 (parfois 7); celles de
« $\frac{1}{d}$ entre 0,10 et 0,35. Les valeurs de ϖ varient donc entre
« 1,20 et 6 ; pour les bonnes et grandes mines, et pour une assez
« longue période de temps, elles oscillent autour de 2; elles
« atteignent quelquefois 3, mais dans des cas particulièrement
« favorables. » Ceci ne s'applique qu'aux entreprises prospères ; car il y a malheureusement trop de mines pour lesquelles le rapport ϖ tombe fréquemment au-dessous de l'unité.

§ III. — USINE DE TRAITEMENT

Avant tout il faut décider s'il y a lieu d'établir une usine et si l'on a intérêt à procéder à des concentrations ou à des transformations sur place. Il ne faut pas oublier qu'à part les méthodes d'enrichissement très souvent avantageuses, le traitement des minerais est chose délicate, que les pertes peuvent devenir fort grandes si le personnel est inexpérimenté ou les appareils insuffisants, et, qu'en tout état de cause, les frais spéciaux seront plus considérables à la mine que dans une grande usine, sans compter l'augmentation des frais de premier établissement.

Nous donnerons de ceci un exemple pris au Mexique.

Un propriétaire, ayant un minerai d'argent riche à 4 000 francs la tonne (produits de triage), le faisait traiter à une usine d'amalgamation voisine où il perdait 25 p. 100, soit à peu près 1 000 francs par tonne. En expédiant ce minerai à Denver (Colorado) et le vendant aux usines de fusion, il devait décompter par tonne :

Transport au chemin de fer	100 fr.
— par — jusqu'à Denver	75 —
Impôt payé au gouvernement mexicain 2 1/2 p. 100 (sortie).	100 —
— — américain 2 1/2 p. 100 (entrée)	100 —
Déduction du fondeur 7 1/2 p. 100	300 —
Frais de fusion	75 —
	750

En admettant un déchet de route de 1 p. 100, on voit que l'ensemble des frais ne dépassait pas 800 francs. Donc le traitement sur place coûtait au propriétaire 200 francs par tonne. Nous considérons cet exemple comme typique étant donné l'éloignement de Denver par rapport à la frontière mexicaine.

Il est évident que ce cas ne peut être généralisé, mais avant de procéder à des installations, il est bon d'envisager toutes les éventualités.

Enrichissement par préparation mécanique.—Le problème de la concentration des matières extraites est un de ceux qui se posent le plus fréquemment. Généralement le tout-venant est trop pauvre pour être livré au commerce, ou fondu directement; dans la plupart des cas on doit enrichir le minerai, soit qu'on le soumette à un simple triage à la main, soit qu'on ait recours à des installations complexes auxquelles on demande la réalisation du but poursuivi. Nous avons montré au début du chapitre VIII, l'importance que pouvait prendre une semblable question, en rendant marchands des produits inutilisables.

Cette concentration ne peut s'opérer sans pertes et ces pertes sont dues à des causes multiples. L'évacuation des stériles élimine des particules métalliques, soit que celles-ci demeurent adhérentes au quartz ou aux graviers provenant de la gangue, soit qu'elles s'intercalent au milieu des sables rejetés. Les matières fines restent en suspension dans l'eau, se déposent mal, et sont partiellement emportées. Ces poussières proviennent du broyage, de l'usure des morceaux métallisés par suite des frottements subis, etc., etc. On voit donc que les pertes sont fonction du degré d'enrichissement.

Cette concentration ne peut être, dans bien des cas, poussée au delà d'un certain point. Quelques minerais, passé un degré déterminé de ténuité, subissent de la part des eaux un entraînement considérable. Le sulfure d'argent notamment se divise en lamelles minces qui flottent avec une extrême facilité. Il peut arriver que la pulvérisation des produits intermédiaires devenant ainsi dangereuse, on ait à limiter l'enrichissement. Aussi, chaque sorte de tout-venant doit-elle être examinée sérieusement et la formule sera arrêtée dans chaque cas particulier.

Supposons un nombre de tonnes Y à une teneur α. Si la concentration pouvait s'opérer sans pertes en réduisant ces Y tonnes à y tonnes de teneur x, on aurait.

$$x y = \alpha Y$$

ce qui représente l'équation d'une hyperbole. Examinons ce cas idéal. Prenons deux axes coordonnés (fig. 88) et construisons la courbe $y\,x = \alpha\,Y$, dans laquelle $\alpha\,Y$ est constant.

De la valeur de la tonne il faut retrancher d'abord son prix de revient et ensuite la déduction pour transport, fusion, etc.; nous supposons ces derniers frais fixes (ce qui arrive fréquemment), et nous les appelons Δ. Quant au coût des y tonnes, comme elles proviennent de Y tonnes de tout-venant, en appelant ϖ le prix de revient par tonne brute, il sera de ϖY et par suite le total des charges à supporter par les y tonnes sera $\varpi Y + \Delta y$. Quant à la valeur, elle sera $V x y$ en appelant V celle d'une unité

$x y = \alpha\,Y$ est constant et on devra avoir :

$$\varpi Y + \Delta y \lessgtr V \alpha Y$$

$$y \lessgtr \frac{(V\alpha - \varpi)\,Y}{\Delta}$$

En construisant la droite $y = \dfrac{(V\alpha - \varpi)\,Y}{\Delta}$ on voit qu'elle coupe

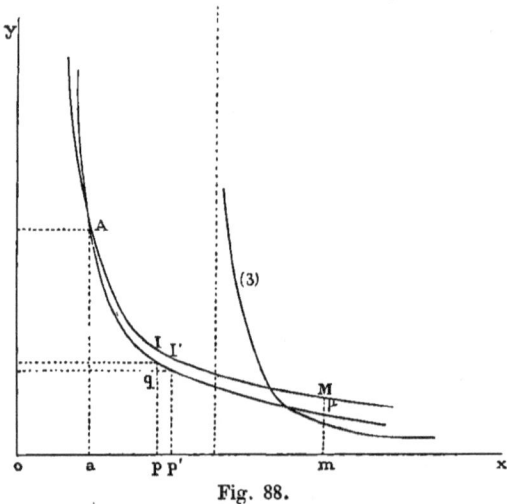

Fig. 88.

l'hyperbole en I correspondant à la teneur Op. Donc il faut que la teneur d'enrichissement soit supérieure à Op (fig. 88) puisque y doit être inférieure à pq.

Si au lieu de retrancher une somme fixe, le fondeur impose une déduction proportionnelle à la teneur, en appelant δ le coefficient employé et Δ_1 l'ensemble des frais (transport et autres), on doit évidemment avoir $\varpi\, Y + \Delta_1\, y + \delta\, x\, y \leqslant V x y$; en remarquant que $x y = \alpha Y$, constante, on arrive à l'expression

$$y \leqslant \frac{[(V - \delta)\, \alpha - \varpi]\, Y}{\Delta_1}$$

Le résultat est le même. Dans les deux cas le numérateur représente le bénéfice que laisseraient les Y tonnes si on pouvait les vendre sur le carreau de la mine pour le métal contenu, tandis que le dénominateur est égal au montant des frais fixes que la tonne nette aura encore à supporter. Dans le second cas la valeur V descend à V-δ, mais par contre Δ_1 est moindre que Δ.

Remarquons qu'en disant *teneur* nous parlons de la richesse par rapport à l'espèce minérale traitée; s'il s'agit de galène, nous voulons dire teneur en galène et non teneur en plomb. On passe du reste de l'une à l'autre par une simple proportion; on ne peut envisager un minerai à 100 p. 100 de plomb tandis qu'on peut le concevoir à 100 p. 100 de sulfure.

La transformation des Y tonnes à teneur α en un certain nombre de tonnes à teneur x, c'est-à-dire Om (fig. 88), ne fournira pas une quantité m M mais seulement une quantité $m\, \mu$. Le point μ se trouvera au-dessous de M.

$m\, \mu \times O\, m$ représente ce que l'on obtient.

$m\, M \times O\, m$ montre ce que l'on aurait dû avoir, abstraction faite des pertes.

Donc $\mu\, M \times O\, m$ figure le total des pertes.

Désignons par x et y les coordonnées du point μ; μ M est une fration de $m\, \mu$; c'est donc $A \times \mu\, m$, A étant plus petit que l'unité. Les pertes seront $A \times m\, \mu \times O\, m$ ou $A\, x\, y$. On peut admettre que ce coefficient est, dans une certaine mesure, fonction de l'enrichissement et dépendra de $\frac{y}{Y}$ ou de $\frac{Y-y}{Y}$, il sera par exemple $\frac{Cy}{Y}$ ou $\frac{C(Y-y)}{Y}$.

Il est donc visible que l'on a :

$$xy + Cx\frac{y^2}{Y} = \text{constante}$$

ou bien :

$$xy + Cxy\frac{(Y-y)}{Y} = \text{const.}$$

La constante est égale à la valeur que prend le premier membre de cette équation pour $y = Y$ et $x = \alpha$.

D'une façon générale l'équation de la courbe d'enrichissement sera de forme $xy + f(x, y) = K$ ou $xy + \xi = K$ en posant $\xi = f(x, y)$.

Proposons-nous maintenant, cette courbe étant déterminée pour un minerai donné, de trouver la valeur pour laquelle il n'y a plus d'intérêt à enrichir, *celle qui donne le maximum de profit*.

Considérons y tonnes à la teneur x, provenant de Y tonnes à teneur α avec une perte ξ. Supposons que les transports, les frais de fusion, etc., correspondent à une somme fixe Δ par tonne nette. Pour un enrichissement infiniment petit, la teneur varie de dx et le tonnage de dy.

D'une part on économisera la redevance Δ sur un poids dy soit $\Delta\, dy$. Mais, par contre, les pertes seront $d\xi$ et si V est la valeur de l'unité on perdra $Vd\xi$. On devra donc cesser d'enrichir lorsque ces éléments s'équilibreront, c'est-à-dire lorsque l'on aura :

$$-\Delta dy = Vd\xi$$

car dy est négatif.

Comme on a $xy + \xi = K$, en différenciant cette équation on obtient :

$$ydx + xdy + d\xi = 0$$

d'où
$$d\xi = -ydx - xdy$$

et substituant il vient :
$$-\Delta dy = -Vydx - Vxdy$$

par suite :
$$(Vx - \Delta)\,dy = -Vydx$$

ou bien
$$\frac{dy}{y} = \frac{-Vdx}{Vx - \Delta}$$

Comme les numérateurs représentent les différentielles des dénominateurs, au signe près pour le second membre, on peut intégrer ainsi :

$$\text{Log. nep. } y + \text{Log. nep. } (Vx - \Delta) = \text{constante.}$$

ou encore en passant aux nombres et remarquant que le premier membre est le logarithme d'un produit :

$$y\,(Vx - \Delta) = \text{constante.}$$

équation d'une hyperbole dont les asymptotes sont l'axe des x et la ligne $x = \frac{\Delta}{V}$. En construisant cette hyperbole on a le tracé numéro (3) (fig. 88) qui coupera ou ne coupera pas la courbe d'enrichissement. Si l'intersection n'a pas lieu, cela prouve qu'on peut concentrer autant que le permettront les installations. Si au contraire on trouve un point d'intersection, c'est qu'il ne faut pas continuer au delà des valeurs correspondantes.

L'équation différentielle que nous avons établie peut du reste se trouver directement. Soient Ip la valeur de y et Op la représentation de x. Pour une variation dx, nous avons I'p' et Op'. Par I' menons la parallèle à l'axe des x; elle coupe Ip en q.

En vendant Ip tonnes, on vendait (Iq + qp) tonnes, c'est-à-dire $y + dy$ (en valeur absolue) à un prix $(Vx - \Delta)$; on avait donc $y\,(Vx - \Delta) + dy\,(Vx - \Delta)$.

Après l'enrichissement on vend y tonnes à un prix :
$$[V(x+dx) - \Delta] \text{ ou } (Vx - \Delta + Vdx)$$
cela fait donc :
$$y(Vx - \Delta) + Vydx$$
A la limite en remarquant que
$$y(Vx - \Delta)$$
est commun aux deux cas, on doit avoir :
$$dy(Vx - \Delta) = -Vydx$$
car dy et dx sont de signes contraires ; on retombe donc sur la relation précédemment établie.

Dans le cas où les frais par tonne nette comportent une déduction proportionnelle à la teneur δ et des frais fixes Δ_1, on arriverait de la même façon à l'équation :
$$dy[(V - \delta)x - \Delta_1] = -(V - \delta)ydx.$$

Les résultats seront les mêmes ; l'hyperbole auxiliaire deviendrait :
$$y[(V - \delta)x - \Delta_1] = \text{constante}.$$

Ces considérations montrent qu'il peut exister une teneur limite de concentration, mais ajoutons que l'expérience permettra de la trouver très simplement. Cette question doit être examinée avec beaucoup de soin, faute de quoi on est exposé à commettre de grosses erreurs.

Prenons un exemple : supposons une galène argentifère que l'on enrichit à 50 p. 100 de plomb et qui contient 2 kilos d'argent à la tonne. Le plomb valant 230 francs la tonne et l'argent 100 francs le kilo [1], un semblable minerai tient pour 315 francs de métaux. En Espagne, par exemple, les fondeurs achèteront ces minerais à Cadix avec une déduction fixe d'environ 110 francs ; en ajoutant 40 francs de transport de la mine au chemin de fer et du point de chargement à celui de l'embar-

[1] Mars 1894,

quement on arrive à une défalcation totale de 150 francs par tonne.

Pour une exploitation produisant 6 000 tonnes par an, la valeur totale des métaux est de 1 890 000 francs ; la déduction d'ensemble s'élève à 900 000 francs.

Si l'on pouvait opérer la concentration sans perte en 5 000 tonnes à 60 p. 100 de plomb et 2 400 grammes d'argent à la tonne, la valeur des métaux resterait la même, mais l'ensemble des déductions ne serait plus que de 750 000 francs.

La question est de savoir si ces 6 000 tonnes peuvent être réduites en 5 000, avec une perte moindre que 150 000 francs (la question des frais de traitement est ici insignifiante). Pour des galènes argentifères, sans minerais spéciaux d'argent, on trouve que l'enrichissement est avantageux.

Usine pour traitement métallurgique. — Les métaux dont nous avons effleuré la métallurgie sont l'or, l'argent, le cuivre, le plomb, le zinc, l'étain, l'antimoine et le mercure, à l'exclusion du fer, du nickel, du cobalt, du chrome et du manganèse, dont la transformation doit être disjointe de l'exploitation des gîtes.

Pour l'or et l'argent qui, très fréquemment, se présentent en petites quantités dans les minerais, tout en leur communiquant une grande valeur, la question se trouve tranchée *a priori*. La masse à transporter serait trop considérable et, dans une concentration, souvent les pertes atteindraient une valeur énorme. D'où la nécessité d'un traitement direct.

Dans certains cas (pyrites aurifères, sulfures argentifères, etc.), la préparation mécanique est une bonne solution. On peut avoir pour but, soit le traitement direct sur place d'une quantité plus restreinte de matières, soit l'exportation des produits concentrés, si les frais de transport ne sont pas trop élevés.

D'une façon générale, on a intérêt à manufacturer sur place

les métaux tels que l'étain, l'antimoine et le mercure. La méthode est simple, facilement applicable et on évite ainsi les expéditions de stérile.

Pour le cuivre, le plomb et même le zinc, il ne faut pas oublier que, dans la plupart des cas, les opérations ne seront pas conduites avec la précision qu'elles ont dans un grand établissement bien agencé, bien dirigé et disposant d'un approvisionnement varié. Quelque illusion que l'on puisse avoir au début, quelque prétention que la direction puisse afficher plus tard, ce n'est que dans un très petit nombre de cas que la marche de la fonderie est absolument satisfaisante.

Nous ne parlons pas, bien entendu, des usines que peuvent édifier de puissantes compagnies exploitant tout un district et produisant des minerais variés. Dans ces conditions, avec une consistance suffisante, l'établissement est tout à fait comparable à ceux qui peuvent se monter dans un but spécialement métallurgique.

Nous supposons un cas moyen, celui d'une mine de tonnage ordinaire, produisant un minerai de composition sensiblement constante, et admettant des opérations de fusion comme finissage complémentaire.

On ne tarde pas à s'apercevoir que les rendements sont bien au-dessous des espérances conçues et que les dépenses dépassent les prévisions. Sans doute on ne peut poser ceci comme règle, mais c'est un fait de statistique que les usines annexes ont presque toujours occasionné des déboires.

Toutefois il est des cas où cette solution s'impose. Nous prendrons un exemple au Mexique.

Une exploitation de galène argentifère est organisée de façon à produire et concentrer 25 000 tonnes de tout-venant par an. Les produits obtenus tiennent 67 p. 100 de plomb et 2 kilogrammes d'argent à la tonne; on en obtient 5 000 tonnes par an.

Les frais comportent :

Frais miniers : 16 fr. par tonne de tout-venant, concentraction comprise (extraction au-dessus du niveau de la vallée).	400 000 francs
Transport jusqu'au chemin de fer : 125 fr. + 15 fr. pour manipulations et sacs, soit 140 fr. par tonne. Pour 5 000 tonnes	700 000 —
Frais de transport de la station à Denver (Colorado). 5 000 tonnes à 65 francs.	325 000 —
Frais de fusion : 5 000 tonnes à 40 francs	200 000 —
Déduction du fondeur : 5 p. 100 environ	100 000 —
Impôts : 2 1/2 p. 100 (exemption des impôts au Mexique)	50 000 —
Frais généraux.	100 000 —
	1 875 000 francs.

D'autre part, en comptant (mars 1894) le plomb à 250 francs la tonne par suite des impôts protecteurs, et le kilogramme d'argent à 120 francs à cause d'une petite proportion d'or, la valeur du minerai est :

5 000 tonnes de minerai tenant 3 350 tonnes de plomb à 250 francs.	837 500 francs.
5 000 tonnes de minerai tenant 10 000 kilogrammes d'argent à 120 francs	1 200 000 —
Total.	2 037 500 francs.

Le bénéfice annuel dans ces conditions n'atteindrait guère que 160 000 francs.

En installant une fonderie sommaire, on peut passer les 5 000 tonnes de plomb d'œuvre, dans lequel on concentre 9 500 kilogrammes d'argent.

Les pertes en plomb sont presque de 12 p. 100 et on ne recueille que 95 p. 100 du métal précieux. De plus, le prix de fusion atteint le chiffre élevé de 70 francs par tonne, tandis qu'à Denver on ne compte que 40 francs pour le même minerai. (Il est vrai qu'au Colorado les minerais riches en plomb sont en grande demande.)

Les dépenses sont les suivantes ;

Extraction de 25 000 tonnes à 16 francs.	400 000	francs.
Traitement de 5 000 tonnes à 70 francs	350 000	—
Transport de 3 000 tonnes jusqu'au chemin de fer à 125 francs la tonne.	375 000	—
Transport de la station jusqu'à Omaha : 70 fr. la tonne	210 000	—
Frais de désargentation : 40 francs	120 000	—
Impôts : environ 2 1/2 p. 100.	50 000	—
Frais généraux	100 000	—
	1 605 000	francs

Quant à la valeur des produits vendus, elle est de :

3 000 tonnes de plomb à 250 francs.	750 000	francs
9 500 kilogrammes d'argent à 120 francs	1 140 000	—
	1 890 000	francs.

Le profit annuel atteint 285 000 francs au lieu de 162 500 fr. ; il est donc augmenté de 122 500 francs, c'est-à-dire de 75 p. 100 environ.

En substituant le bas-foyer au water-jacket et en consommant au lieu du coke, apporté à grands frais, du bois de la contrée, débité en petits cubes, comme on l'a fait aux « Rossie Works », on pourrait traiter le bon à fondre à un prix qui ne dépasserait certes pas 50 francs. Il est vrai qu'on ne recueillerait peut-être que 2 500 tonnes de plomb contenant 9 500 kilogrammes d'argent, les dépenses seraient alors :

Extraction de 25 000 tonnes à 16 francs	400 000	francs.
Traitement de 5 000 tonnes à 50 francs	250 000	—
Transport de 2 500 tonnes jusqu'au chemin de fer à 125 francs la tonne	312 500	—
Transport de 2 500 tonnes de la station jusqu'à Omaha 70 francs la tonne.	175 000	—
Désargentation de 2 500 tonnes à 40 francs.	100 000	—
Impôts : 2 1/2 p. 100	45 000	—
Frais généraux	100 000	—
	1 382 500	francs.

D'autre part, on encaisserait :

```
2 500 tonnes de plomb à 250 francs . . . . . . . .   625 000 francs.
9 500 kilos d'argent à 120 francs . . . . . . . . . 1 140 000   —
                                                    ─────────
                                                    1 765 000 francs.
```

On peut évaluer les bénéfices à 382 500 francs. Encore faut-il ajouter que le prix de 50 francs fixé pour le traitement par tonne, au bas-foyer, ne serait probablement pas atteint, malgré les mauvaises conditions dans lesquelles on se trouve.

Dans ce qui précède, on voit qu'une tonne de plomb d'œuvre supporte tout près de 200 francs de transport et ne contient que pour 250 francs de métal. Aussi trouve-t-on un bénéfice assez considérable en réduisant les frais de traitement, bien qu'on diminue le tonnage ; cela tient, il faut le dire, à ce qu'on se trouve en présence d'un cas pour ainsi dire limite.

Si la valeur du plomb ne suffisait pas pour en payer l'exportation, il y aurait lieu de désargenter sur place et d'expédier un produit très enrichi, pourvu que l'augmentation des frais ne contre-balançât pas celle des bénéfices.

Dans les contrées neuves, on a toujours intérêt à réduire les transports qui se font à dos d'ânes ou de mules et qui sont toujours très difficiles à réaliser dès qu'il s'agit de réunir un nombre un peu important de bêtes de somme. Dans les prévisions d'avenir, il ne faut pas perdre de vue que des exploitations nouvelles peuvent s'ouvrir dans le voisinage et créer une concurrence.

Position des usines de traitement. — Il est matériellement impossible de fixer aucune règle à cet égard et la position des usines de traitement dépendra généralement de la *topographie du pays*.

Le régime hydrographique devra être pris en considération. Il faut de l'eau et beaucoup d'eau pour alimenter un atelier de préparation mécanique. Il en faut pour les manchons des water-jackets, pour les chaudières, etc. Quelquefois la mine en fournit assez pour subvenir à tous les besoins, comme à « El Horcajo », en Espagne. Là en effet le pays est absolument sec et les rares sources qui existent suffisent à peine à l'alimentation des habitants ; mais l'appareil d'exhaure pompe journellement plus de 4 000 mètres cubes et la laverie est loin de consommer la moitié de cet approvisionnement. Il est vrai qu'on ne peut guère considérer une pareille abondance comme une richesse, car l'épuisement dans de semblables circonstances finit par revenir excessivement cher.

D'autres fois on se proposera d'utiliser une chute d'eau naturelle, une dénivellation dans le cours d'un ruisseau ou tout autre dispositif favorable, de façon à actionner un moteur hydraulique et à économiser le combustible. Cette considération peut devenir capitale et décider de l'emplacement de l'usine.

Avec de grands débits, ou des chutes prononcées, en un mot toutes les fois que la force disponible est abondante, on pourra se laisser guider par d'autres raisons déterminantes tout en conservant les avantages ainsi gratuitement fournis par la nature. Aux États-Unis, on a fréquemment installé des moteurs hydrauliques avec renvoi électrique de la force. Sans doute le rendement est faible, mais les frais sont minimes et quel que soit le nombre de chevaux disponibles sur l'arbre du moteur, il suffit qu'on trouve sur l'arbre récepteur l'énergie dont on a besoin. Il va sans dire qu'une pareille solution n'est réellement satisfaisante qu'à la condition de ne pas s'appliquer à des distances par trop grandes.

La facilité de circulation des matières doit aussi être prise en considération ; le choix d'un bon emplacement peut avoir une certaine influence sur l'avenir, en permettant l'arrivée aisée des minerais et le dégagement rapide des produits finis. L'encombrement, source d'erreurs et excuse de mauvais travail, doit être soigneusement évité.

Un point capital est la question des transports. L'importation du combustible représente un facteur important ainsi que l'exportation des produits finis. On doit également amener le minerai, et le tonnage de celui-ci est presque toujours prédominant. Il en résulte que l'usine doit être aussi près que possible de la mine dans le but de diminuer les dépenses.

Mais il n'y a pas de règle sans exception. Telle configuration de terrain peut se présenter qui permette d'envoyer les minerais à une certaine distance en utilisant leur propre poids, ce qui ne nécessite pas de dépense de force, mais au contraire en fournit une que l'on utilise pour la remontée des wagons vides et de certains produits. Bref, il existe un point ou même quelquefois plusieurs points favorables pour l'emplacement d'une usine. Les facteurs les plus importants à prendre en considération sont les suivants :

1° *Facilité d'approvisionnement de l'eau* soit comme force motrice, soit pour l'alimentation des chaudières et des appareils de lavage, soit pour les services accessoires ;

2° *Configuration du sol* qui doit se prêter à l'aménagement de l'usine, sans que le cube des déblais ou des remblais à pratiquer soit trop considérable ;

3° *Coût des transports* vers l'usine, et de l'usine vers l'extérieur, de façon à ce que ce total représente un minimum ;

4° *Nature du sol* qui doit pouvoir fournir une base solide aux installations.

Quand un même établissement doit desservir deux ou plusieur mines, le choix d'un emplacement devient une question un peu plus délicate. Il faudra rendre minima la somme couvrant les frais de transport :

1° Du minerai venant des différentes mines à l'usine ;

2° Du combustible arrivant à l'établissement ;

3° Des fondants nécessaires ;

4° Des matières marchandes exportées.

Il ne peut y avoir de règles pour procéder à un semblable choix, qui doit être laissé à la sagacité des personnes organisant l'affaire.

Trop souvent les procédés de traitement sont adoptés à la légère et nous avons vu plusieurs cas dans lesquels on a érigé des usines d'amalgamation alors qu'il fallait procéder par concentration et fusion. Nous écarterons de semblables erreurs. Elles tiennent à l'incompétence de l'expert choisi ou à l'ignorance des personnes appelées à prendre une décision.

Il est une tendance contre laquelle on doit se mettre en garde : ce sont les perfectionnements intempestifs et l'introduction hâtive de procédés nouveaux. Quelles que soient les espérances conçues, on ne doit pas oublier qu'il y a une différence formidable entre le laboratoire et l'industrie. Telle réaction très nette sur une petite échelle devient incomplète et mal définie dans la pratique. Une portion des matières peut demeurer inattaquée ; des pertes se produisent par entraînement, etc., etc. On doit procéder progressivement et ne jamais baser l'acquisition d'un nouveau matériel sur des expériences insuffisantes. Les administrateurs ne doivent pas perdre de vue leur devoir et ne doivent jamais sacrifier les certitudes d'une méthode connue aux aléas de procédés nouveaux, à moins qu'une période de prospérité ou des réserves suffisantes n'excusent des tentatives hasardeuses.

§ IV. — VALEUR DES MINES

Proportion des mauvaises mines. — L'industrie minière est récemment tombée en défaveur et il faut avouer que si l'on examine l'histoire des exploitations depuis une cinquantaine d'années, ce sentiment de défiance paraît bien légitime. Mais il importe de bien comprendre la question et de l'envisager sous son véritable aspect.

D'abord il est évident que toute recherche n'aboutit pas. Les prospecteurs qui sacrifient leur temps et leur travail n'ont guère les connaissances requises et s'obstinent fréquemment à fouiller des endroits qu'un homme expert en la matière laisserait bien tranquilles. Nous n'envisagerons pas ce cas, nous supposerons seulement qu'on doive opérer dans un pays où des indices sérieux ont été recueillis, où il existe des précédents et des traditions. De plus, nous supposerons la première partie de la prospection terminée, c'est-à-dire que l'on a mis en évidence des points minéralisés.

Rarement le prospecteur a les ressources nécessaires pour *développer* sa découverte. Il est obligé de recourir à une association avec des bailleurs de fonds qui comprennent généralement mal leur rôle. Incontestablement, l'examen d'un prospect permet d'augurer de l'avenir dans une certaine mesure, mais procède-t-on à une étude sérieuse avant d'entamer les travaux ? On s'en rapporte soit au prospecteur soit même à la chance, ou bien l'on consulte quelque vieux *capitaine de mines* dont la science consiste à ne pas confondre la galène avec la pyrite et à critiquer sévèrement les affaires dans lesquelles il n'a aucun intérêt. Il faut connaître ces pays sauvages : Amérique du Sud, Mexique, portion des Etats-Unis, Afrique australe, Indo-Chine, etc., pour savoir quelles sont les origines de ces oracles : anciens commerçants en faillite, comptables congédiés, aventuriers de toutes sortes, qui donnent un avis définitif. De semblables prémisses conduisent généralement à un échec, tandis qu'une étude de détail, faite par une personne compétente, épargnerait aux participants des dépenses stériles. Il faut voir dans l'insuffisance de cette enquête préliminaire une importante cause d'insuccès.

De plus, on a toujours cette idée qu'on rencontrera une « bonanza », qu'on est en présence d'une grande mine, et que l'on n'aura pas besoin d'autre capital que des profits accumulés.

On devrait ne pas perdre de vue que, même après une étude consciencieuse, dans laquelle on cherche à mettre tous les atouts dans son jeu, l'ouverture d'une mine peut réserver des surprises. Aussi est-il prudent, après avoir inspecté un district, de choisir les recherches qui paraissent les meilleures, et de développer trois ou quatre points à la fois. Avec un choix judicieux, il est probable que l'on réussira en l'un au moins des endroits attaqués.

De tous les peuples du monde, ce sont les Allemands et les Américains qui ont le mieux compris la question des mines métalliques et c'est certainement chez eux qu'il faut aller chercher les exemples. Cette phase préliminaire a été bien appréciée de l'autre côté de l'Atlantique et si, dans la plupart des cas, les prospections ne réussisent pas pour les causes indiquées plus haut, il existe mainte entreprise dont les débuts ont été rationnels et dans lesquelles on n'a mis de l'argent qu'en proportion des résultats obtenus.

La mise en route trop hâtive d'une exploitation est dangereuse. Les premières recherches ne peuvent pas servir de point de départ à la marche définitive. Il y a une période de préparation que l'on doit franchir et à l'issue de laquelle *seulement* on peut se prononcer en connaissance de cause. Quelque magnifique que soit un échantillon, il peut provenir d'un amas restreint ; quelque riche que soit une zone, elle peut n'être pas continue. De plus, la malhonnêteté peut s'en mêler et une mine peut être « salée », si l'expert n'y fait pas attention.

Les indices utiles ne peuvent être recueillis en quelques heures et une étude trop rapide n'est jamais approfondie. Il est évident que si l'on peut juger de suite la mauvaise qualité d'un gîte, l'examen n'a pas besoin d'être poursuivi. Mais au fur et à mesure que l'on recueille les données favorables, on doit devenir de plus en plus méticuleux et établir un ensemble de faits dont la concordance seule permettra un bon diagnostic.

Il est à noter que l'esprit humain est plutôt optimiste et qu'on est tenté de conclure favorablement en se basant sur un petit nombre de données engageantes. Il y a lieu de se défier et de se défier beaucoup. Pour notre part, nous considérons comme un axiome : *qu'il vaut mieux manquer une bonne affaire que d'en faire une mauvaise.*

Une erreur fréquente est de procéder trop tôt à des installations coûteuses. Ceci ne devrait jamais se produire avant que la mine ne soit ouverte. On ne doit immobiliser des capitaux que pour une *mine* et non pour un *prospect*.

En voyageant dans les districts miniers il n'est pas rare de voir des usines abandonnées, qui n'ont jamais marché et que le filon n'a pu alimenter, parce que les indications de surface ne se sont pas maintenues en profondeur. Du reste, on ne se borne pas là ; très souvent on monte un établissement dont la formule ne convient pas à la nature des produits extraits.

A moins que l'on ait affaire à un gîte convenablement ouvert et étudié, il ne faudra jamais se hâter de procéder à des installations coûteuses. Le minerai peut disparaître en profondeur, ou changer de nature, les plages riches peuvent être restreintes et ne pas s'étendre en direction, etc., etc. Il sera toujours prudent de procéder à des traçages suffisants et d'isoler des massifs en assez grand nombre avant de se livrer à de grosses dépenses. On devra toujours être sûr que les bénéfices résultant du traitement des zones productives délimitées suffiront au moins à couvrir les immobilisations nécessaires.

Une fissure sillonne une roche, on a une tendance à la regarder comme indéfinie. On croit volontiers ce que l'on désire. Pourtant le point principal à élucider est de savoir si l'on est en présence d'un « *true fissure vein* », c'est-à-dire d'une vraie cassure et non pas seulement d'une gerçure de la roche. Cette erreur est une des plus fréquentes et c'est dans la même catégorie qu'il faut classer celle qui consiste à prendre des « *gash-veins* » modestes pour des lentilles de grandes dimensions.

Lorsque le remplissage est discontinu, comme c'est le cas le plus ordinaire, il ne faut pas admettre une teneur constante égale aux prises d'essai les plus riches. Si le filon présente plusieurs branches, on doit les examiner séparément et tâcher aussi de déterminer le profil des plages riches. L'échantillonnage doit être aussi précis que possible et on n'arrive à ce résultat qu'en pratiquant un grand nombre de prises d'essais, *réellement moyennes*. De plus, les gîtes ne s'enrichissent pas en profondeur et l'on ne doit pas compter sur une « bonanza » à une distance plus grande de la surface.

Pour des exploitations lointaines, on peut noter que les dépenses sont toujours élevées ; cela arrive surtout lorsque le personnel ne parle pas la langue du pays et ne peut, chose trop fréquente, apprécier et utiliser les usages de la contrée. Si à cela on joint l'indolence naturelle des ouvriers et leur haine pour l'étranger, on ne doit pas s'étonner de voir diminuer le rendement de la main-d'œuvre et par suite augmenter le prix de revient. Dans les transactions avec l'autorité locale, il est rare que les nationaux ne soient pas favorisés. Sans doute une entreprise nouvelle se flatte d'obtenir les secours de l'administration, mais, en allant au fond des choses, on peut voir que les agissements des agents du gouvernement ne sont pas toujours exactement d'accord avec les promesses qu'ils veulent bien faire.

En outre au loin, dans l'isolement, l'homme perd une partie de son énergie et le personnel de l'exploitation en arrive facilement à négliger ses devoirs. Toutes ces causes réunies ne tardent pas à aboutir à une augmentation de dépenses hors de proportion avec les prévisions primitives.

Influence des cours des métaux. — Une exploitation ne dépend pas seulement de la nature du gîte et des moyens mis en œuvre pour en tirer parti, mais aussi des conditions dans lesquelles elle peut écouler ses produits. Ici intervient la question de l'état du marché et des cours[1]. Nous avons dit déjà que

---

[1] Nous ne mentionnons que pour mémoire la *formule de vente*, réellement sans impor-

certains métaux ne peuvent être mis en vente en grande quantité sous peine d'avilir les prix ; il est inutile d'y revenir, le fait est évident de lui-même et n'a besoin que d'être mentionné.

La question des cours est réglée par la loi de l'offre et de la demande. Quand il existe des stocks constamment disponibles il est évident que la demande n'est pas suffisante par rapport à la production et les cours fléchissent. Si au contraire les acheteurs ont besoin de métal et cherchent à s'en assurer, en achetant à l'avance, la position est meilleure et les cours montent.

Cet avilissement de la valeur est fort à redouter pour les mines qui n'ont pas devant elles une large marge de bénéfices et pour lesquelles le coefficient $\frac{B}{D}\left(\frac{\text{bénéfices}}{\text{dépenses}}\right)$ est très voisin de

tance dans le cas qui nous occupe. Nous supposons qu'on a amené le minerai à la teneur *la plus avantageuse* pour l'exploitation.

Certains minerais de plomb sont achetés par le fondeur avec une déduction fixe (pour une exploitation donnée), pourvu que la teneur ne descende pas au-dessous d'un chiffre fixé.

Dans d'autres cas, on admet une échelle mobile comprenant un terme fixe destiné à couvrir l'acheteur de ses frais de transport et à lui assurer un bénéfice, puis des termes variables correspondant à la teneur en plomb et en argent et couvrant les frais de fusion et de désargentation.

Désignons par :
V, le prix de vente de la tonne.
T, la teneur.
A, une constante (variant de 6 à 8 généralement).
θ, la teneur en argent (en kilogrammes à la tonne).
P, le prix du plomb par tonne.
π, le prix de l'argent par kilogramme.
F, les frais de fusion.
f, ceux de désargentation.
C, une constante.

Alors : $V = \frac{(T-A)}{100} P + \theta \pi - F - f - C$.

On établit quelquefois une relation entre T et A.

Pour les minerais de zinc, si on a :
P = le prix de la tonne de zinc,
T = teneur en centièmes,
F = constante comprenant les frais de fusion et de transport,
On admet pour les calamines que :

$$V = 0,95 . P \times 0,8 \, T - F$$

Et pour les blendes $V = 0,95 \, P \, (0,8 \, T - 1) - F$.

En résumé, nous laissons à chacun le soin d'appliquer la formule la plus avantageuse ou d'amener le minerai à la teneur voulue pour retirer le maximum d'une formule imposée.

Il va sans dire qu'en procédant à l'enrichissement il ne faut pas perdre de vue les pertes auxquelles peut conduire une concentration poussée trop loin.

l'unité. Une variation importante comme celle du cuivre, tombant de 2 000 francs à 1 000 francs la tonne, ou de l'argent, passant de 145 francs à 100 francs le kilogramme, peut avoir des conséquences désastreuses pour des exploitations dans une position difficile. Il ne faut pas oublier que la production augmente plutôt qu'elle ne diminue et croît généralement plus vite que la consommation. Toute mine désire contre-balancer les effets de la baisse par une activité plus grande. Certaines grandes exploitations, ayant dépilé les massifs les plus riches, tout en continuant l'extraction sur la même échelle, utilisent des procédés de traitement perfectionnés qui leur permettent d'attaquer des réserves pauvres, jusque-là sans valeur. Les gros producteurs, pour se débarrasser rapidement d'un approvisionnement considérable, peuvent conclure des marchés avantageux pour les acheteurs. Les cotes en ressentent le contre-coup. La reprise des « *tailings* » et des résidus par des méthodes nouvelles conduit au même résultat.

Dans les prévisions d'avenir, il est donc toujours prudent de tabler, non pas sur la valeur des métaux au moment des débuts de l'exploitation, mais sur celle qu'ils pourront avoir quelques années plus tard ; on se servira pour cela, en la prolongeant, de la courbe des cours, construite en prenant les années pour abscisses et les valeurs pour ordonnées.

Bien qu'on ne puisse prévoir l'avenir et qu'on soit toujours à la merci d'une crise pouvant naître de mille circonstances diverses, il y aura lieu d'écarter les points singuliers qui seront toujours dus à des causes exceptionnelles. Si l'on a affaire à une courbe régulière comme celle représentée n° 1 dans la figure 89, il n'y a pas de difficultés.

La courbe n° 2, très différente, est analogue à celle du cuivre ; des cours élevés se sont maintenus un certain temps après une hausse rapide et ont abouti à une forte dépréciation. Si la date à laquelle on étudie l'affaire suit de très près la baisse, on ne peut admettre que cet effondrement doive se prolonger indéfiniment; on devra écarter la hausse anormale et prévoir une progression analogue à celle de la courbe avant la période de hausse.

La marche de la valeur de l'argent est grossièrement représentée par le tracé n° 3. On constate une dépréciation rapide, sans hausse anormale antérieure.

Ces anomalies ont été produites : pour le cuivre, par les efforts et la chute du syndicat des métaux et pour l'argent par

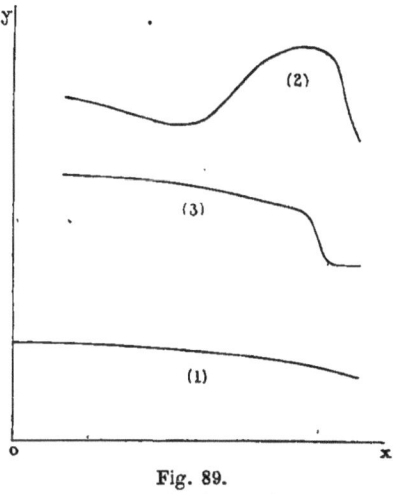

Fig. 89.

a modification du « Silver bill » aux États-Unis. Dans d'autres cas, on trouverait que l'introduction d'un procédé nouveau produit un résultat similaire : pour l'aluminium par exemple.

Les conséquences précédentes ne doivent pas être prises au pied de la lettre, car on arriverait, au bout d'un temps donné, à des valeurs zéro.

L'abaissement des cours entraîne la ruine de mines dont les frais sont trop considérables ou les teneurs insuffisantes, et leur fermeture supprime naturellement leur production. Si cet effet se manifeste avec quelque intensité, ou si, pour faire face à des besoins en progression, la demande augmente, la valeur des métaux prend un mouvement ascensionnel et s'arrête à des chiffres plus rémunérateurs ; mais l'ouverture de travaux nouveaux, les sacrifices que s'imposent les exploitations mourantes et les efforts qu'elles tentent pour augmenter leur tonnage ou diminuer leur prix de revient ne laissent guère espérer le retour des périodes brillantes. Quant à syndiquer les mines toutes ensemble, pour un métal donné, et à répartir entre elles des productions proportionnelles à leur importance et n'excédant pas la demande, c'est un rêve auquel il est à peine permis de songer. Toutes les tentatives de ce genre ont échoué soit par suite de l'impossibilité de grouper tous les exploitants, soit par suite des jalousies et des discussions des syndicataires, soit enfin par suite de l'ouverture de mines similaires venant faire concurrence aux producteurs primitifs.

Disproportion du capital. — Un gros écueil est la difficulté que l'on a à proportionner le capital aux ressources de l'entreprise. Nous n'avons pas à entrer dans les considérations qui président aux naissances des sociétés ; nous ferons seulement remarquer qu'une affaire peut être bonne avec un certain capital et mauvaise avec un autre. Un produit net de 300 000 francs par an permettra de payer 20 p. 100 à un capital de 1 500 000 francs, ce qui est excellent, et seulement 5 p. 100 à un capital de 6 millions, ce qui est fort médiocre dans l'industrie minière. Il est vrai que les *apporteurs*, propriétaires de titres qui ne leur coûtent rien, font parfois sur le tout une affaire magnifique. Mais, nous le répétons, nous n'entendons pas entrer dans la critique des opérations financières, nous appellerons seulement l'attention sur deux points particuliers :

1° Le *prix d'achat de la mine*, généralement exagéré, car le propriétaire affirme qu'il possède un « Comstok lode » ou un « Broken Hill » ;

2° L'*argent disponible*, qui doit être suffisant pour faire face aux dépenses de premier établissement et laisser ensuite le fonds de roulement nécessaire.

Trop souvent les devis faits sont au-dessous de la vérité et les dépenses réelles dépassent les prévisions. D'autres fois, on trace un programme insuffisant et on restreint les évaluations. Ces deux fautes sont extrêmement graves et peuvent conduire à un résultat fatal.

Quant aux administrateurs, ils ne doivent pas oublier, en examinant un devis, qu'il y a mille détails impossibles à donner, que les dépenses sont parfois groupées sur un prix d'achat ou sur tout autre item, et que, du fait qu'un chiffre paraît exagéré, il ne faut rien conclure contre le total de l'estimation.

Un capital disponible, insuffisant au début, peut provoquer la perte de l'affaire, en forçant la direction à abandonner les travaux faute d'argent, ou conduire l'administration à des emprunts excessivement onéreux.

Prix d'achat des mines. — Il y a lieu de distinguer tout d'abord entre une mine ouverte et un simple prospect ; la valeur de celui-ci ne peut jamais être bien élevée. Le mérite des reconnaissances est plus ou moins grand, suivant que l'horizon est ordinairement productif ou peu minéralisé. La proximité d'une mine riche est un bon argument en faveur de nouveaux travaux qui prendront plus d'importance s'ils sont pratiqués sur le prolongement d'une bonne fracture ou sur une veine parallèle à un filon déjà exploité. Si les données recueillies sont favorables, on pourra fixer un certain prix pour le prospect en question.

Mais sur quelles bases tabler ? Certainement ce n'est pas sur les prétentions du propriétaire qui demandera une somme peut-être dix fois supérieure à celle qu'il convient de payer. On ne peut se guider non plus sur les dépenses, car toutes ne sont pas judicieuses, et l'acheteur ne peut être responsable des extravagances des premiers travailleurs. En réalité, un prospect ne vaut pas grand'chose et son prix réel ne peut guère être estimé à plus de *quatre ou cinq fois le montant des dépenses utiles faites*. D'un autre côté, peu de propriétaires voudront entendre parler d'une somme aussi minime et cesser de croire qu'ils possèdent un trésor inestimable.

Ce qui semble le plus rationnel est de conclure en quelque sorte un marché à terme, sorte de compromis souvent réalisé aux États-Unis. On passe avec le possesseur de la mine un contrat par lequel il s'engage à vendre sa propriété, à un prix déterminé, jusqu'à une certaine époque, et, entre la date de signature du contrat et celle de l'expiration de l'option, l'acquéreur éventuel peut travailler activement et se renseigner plus complètement sur l'existence du gîte. A l'expiration du délai accordé, ou même auparavant, si les recherches sont heureuses, on peut entrer en possession de la mine sous les conditions fixées à l'origine. Dans le cas d'insuccès, ceux qui ont fait une pareille tentative ne perdent que le montant des travaux.

Pour faciliter les transactions, les acheteurs versent quelquefois, au début, une certaine quantité d'argent comptant entre les mains du propriétaire, mais cette somme ne doit pas dépasser le montant des dépenses faites en *travaux utiles*.

Lorsqu'il s'agit de mines ouvertes ou d'exploitations en marche, la question change du tout au tout. Il est alors possible d'évaluer le revenu annuel et par conséquent de trouver une base pour les transactions. Dans quelle mesure peut-on tenir compte des espérances conçues? Dans quelles proportions peut-on faire entrer les aléas qui accompagnent toute installation minière ? C'est ce que nous allons tâcher d'élucider[1].

Nous poserons les principes suivants peut-être discutables, mais d'une grande utilité pratique.

1° *L'argent comptant sera considéré comme ayant une valeur*

---

[1] Il est bien évident que nous supposons que l'exploration technique a été satisfaisante et que les conclusions de l'expert sont favorables. Nous admettons implicitement que nous avons affaire à un gîte étendu dont les massifs productifs ont été suffisamment reconnus pour qu'on puisse en induire la continuité. En un mot, les *réserves* sont abondantes.

double par rapport aux estimations de la propriété faites d'après les revenus probables ;

2° *Une mine ne tient ordinairement que la moitié de ce qu'elle promet* (ceci pour faire la part de l'imprévu) ;

3° *Une mine sera estimée d'après son revenu capitalisé au denier dix, à cause des périodes de stagnation, des arrêts et de la baisse des cours.*

Appliquons ces principes à une mine dont le revenu annuel estimé au cours du jour, sera n, tandis qu'il faut un capital N pour mettre l'affaire sur pied.

Tout d'abord, en vertu du principe n° 2, on ne devra compter que sur un revenu $\frac{n}{2}$, ce qui, capitalisé au denier 10, donne $10\frac{n}{2}$ ou $5n$ pour la valeur de la mine. D'autre part, comme l'exploitation ne peut avoir de valeur qu'autant que le capital lui vient en aide, il est juste de considérer que la moitié de cette valeur est due au capital, aussi réduirons-nous à $\frac{5}{2}n$ la quotité afférente à la mine elle-même.

Nous admettrons alors que *le prix d'une mine simplement ouverte et dépourvue d'installations est égal à 2 1/2 fois le revenu que l'on est en droit d'espérer avec les cours du moment.* Dans le cas où il existe des installations ou des approvisionnements, le prix de ces objets, *pour le montant de leur utilité*, peut être ajouté à celui de la mine.

Dans le cas où le propriétaire de la mine cherche à s'associer avec des capitalistes, fournissant le capital N, ceux-ci seront considérés comme apportant 2 N en vertu du principe n° 1 et le mineur aura une quote-part représentée par $\frac{5}{2}n$. Les installations et les approvisionnements doivent être considérés comme *argent comptant* pour leur *montant utile* et l'apport du propriétaire sera représenté non seulement par la mine, mais aussi par le double de cette estimation.

Prenons un exemple et supposons qu'il faille 1 million pour mettre en route une mine promettant par an 500 000 francs de bénéfices. Le prix d'achat d'un tel gîte serait de 1 250 000 francs s'il n'y a pas d'installations. En cas d'association, la mine valant 1 250 000 francs, les bailleurs de fonds auront droit à une proportion de 2 millions.

Le capital rationnel serait donc de 1 625 000 francs, dont 1 million pour les souscripteurs et 625 000 pour le propriétaire. Nous restons, bien entendu, en dehors de toutes questions d'apports, de rémunération d'intermédiaires, de création de parts de fondateurs, etc., etc.

Si le propriétaire désire être payé partie en actions, partie en espèces, quelle proportion adopter ? Nous appellerons A la somme en espèces qui est plus petite que $\frac{5}{2} n$. Dans ces conditions, ses droits sont représentés par $\left(\frac{5}{2} n - A\right)$. Quant aux acheteurs, ils doivent non seulement verser la somme N, mais aussi la somme A et par suite leur quotité vis-à-vis de $\left(\frac{5}{2} n - A\right)$ devra être de 2 (N + A).

Dans l'exemple précédent, supposons que le propriétaire reçoive comptant 625 000 francs. Les acheteurs auront à verser 1 625 000 francs en tout. Tandis que le propriétaire a droit à une quotité représentée par 625 000 francs, la leur se montera à 3 250 000. Par suite, le capital devra être de 1 937 500 dont 312 500 seulement pour le propriétaire.

Dans la pratique, on ne procédera pas avec une semblable rigueur, mais il sera bon de ne pas perdre ces considérations de vue.

Dans le cas d'une exploitation en pleine marche, les mêmes règles d'évaluation peuvent être observées. Seulement, ici, on aura toujours des installations existantes qui seront estimées pour les services qu'elles peuvent encore rendre et non pas pour leur coût d'installation. De même pour les bâtiments et approvisionnements.

Le revenu sera prouvé, non seulement par les résultats des années passées, mais aussi par l'examen attentif de la formation dans laquelle on devra relever les moindres variations. Le fait d'une exploitation antérieure, s'il prouve la continuité du gîte, lui enlève en même temps de sa valeur, puisqu'une partie du minerai a disparu. On peut admettre que ces éléments se contre-balancent pourvu que le dépilage ne soit pas trop développé et que la métallisation ne présente pas de diminution dans l'ensemble. Il va sans dire que si la richesse paraît diminuer, on ne peut plus prendre pour estimation des revenus les résultats passés, mais on est obligé de procéder à de nouvelles évaluations.

Si N est le capital nécessaire, n le revenu net prévu et I la valeur utile des installations et approvisionnements, l'apport des propriétaires sera considéré comme $\frac{5}{2} n + 2I$ et celui des capitalistes comme 2 N. En cas d'achat, la somme à payer serait $\frac{5}{2} n + I$.

En présence d'un gîte limité (dans lequel on a reconnu un tonnage disponible), on ne peut conclure de la même façon.

Chaque tonne devant laisser un bénéfice (sans cela on n'entreprendrait pas l'exploitation), on peut évaluer le total et c'est là ce qui servira de point de départ aux participations futures.

Nous admettons que l'exploitation ne puisse durer que α années à raison d'un bénéfice annuel n. Le profit total sera donc αn.

Dans ces conditions, on devra compter que le capital argent sera remboursé en $\frac{\alpha}{2}$ années; on aura donc, à la fin de chaque exercice, à prélever une somme de $\frac{2 N}{\alpha}$ pour amortir le capital, et le bénéfice de la mine sera seulement $n - \frac{2 N}{\alpha}$.

Si donc une entreprise promet 500 000 francs par an, pendant dix ans, s'il faut 1 million pour mettre l'affaire sur pied, il sera juste pour les capitalistes de prélever annuellement une somme de 200 000 francs; les 300 000 francs restant pourront être partagés entre eux et les propriétaires du gîte qui auront pour leur part 50 p. 100, c'est-à-dire 150 000 francs. C'est la moitié de $n - \frac{2}{\alpha}N$ ou $\frac{n}{2} - \frac{N}{\alpha}$.

Dans le cas où on aurait à acheter la mine, on voit qu'on se substituerait aux propriétaires et qu'on recevrait 1 500 000 francs en dix ans ; il est évident qu'on ne pourrait payer plus de la moitié de cette somme, c'est-à-dire 750 000 francs. Cela revient à multiplier 150 000 francs par 5, moitié de la durée probable de l'exploitation.

Si au lieu de dix ans le gîte devait durer vingt ans, N pourrait être amorti en dix ans ; le prélèvement annuel dans les conditions précédentes serait de 100 000 francs et la part des propriétaires de 200 000 francs par an ; en multipliant par $\frac{\alpha}{2}$ ou 10, on voit qu'on pourrait leur verser comptant une somme de 2 millions, l'ensemble des profits devant se monter à 10 millions.

Nous avons vu plus haut que, pour un gîte ordinaire, le prix d'achat doit être de $\frac{5}{2}n$, c'est-à-dire de 1 250 000 francs. Notre formule nous conduit à payer 2 millions un gîte limité, devant durer vingt ans. Il semble y avoir anomalie. Disons de suite que la contradiction n'est qu'apparente, car on ne peut déclarer un gîte limité qu'après s'être assuré d'un *tonnage absolument exact* ; l'exploitation gagne donc en sécurité ce qu'elle peut perdre en durée et il est juste de payer plus largement une affaire qui présente moins d'aléa.

Du reste ces données ne sont purement et simplement que des indications dont on s'éloignera souvent dans la pratique, mais que nous considérons comme équitables.

Conclusion. — Si l'on voulait bien s'en tenir aux principes précédents et procéder avec toute la sévérité désirable, on compterait moins d'insuccès et les mines seraient plus en faveur.

La continuité et la nature du gîte devraient être mises hors de doute avant le début des travaux et les *réserves* démontrées suffisantes pour permettre le remboursement des sommes effectivement nécessaires, soit pour l'achat, soit pour les installations, soit pour le fonds de roulement. Le jour où ces précautions seront prises (ce qui arrive trop rarement aujourd'hui), les exploitations minières perdront ce caractère aléatoire qu'on leur reproche tant.

L'extraction des matières premières existant dans l'écorce de notre globe nécessite la résolution d'une série de problèmes, tous plus intéressants les uns que les autres. Il faut non seulement jeter un regard en arrière pour lire les chroniques tracées par la nature et en déduire un enseignement, mais aussi, surveiller le présent, ne pas se perdre dans des rêves scientifiques, rester attaché aux choses de ce monde, et demander aux diverses branches de la science mille solutions dont on a besoin.

La civilisation serait arrêtée d'un coup si la production des mines venait à cesser. Le monde serait ramené de plusieurs milliers d'années en arrière; l'homme n'aurait plus à sa disposition que les bâtons et les pierres comme aux temps préhistoriques. On se disputerait les derniers vestiges de métaux aujourd'hui méprisés, et sans lesquels la vie, telle que nous la comprenons, est matériellement impossible.

Quelle que soit la prévention que certains esprits possèdent contre les mines, ils doivent comprendre la nécessité de leur exploitation. Les anciens gîtes s'épuisent; de nouveaux doivent s'ouvrir et les incertitudes tant redoutées doivent disparaître avec le concours de gens réellement expérimentés. L'art des mines est aujourd'hui devenu une science, science bienfaisante, car elle nous fournit nos matières premières, science élevée et grandiose, car elle touche à l'histoire de notre globe, en pénètre la structure intime et grandit tous les jours, preuve manifeste de l'intelligence et de l'activité humaines.

INDEX BIBLIOGRAPHIQUE

AGRICOLE.	De re metallica.
J. W. ANDERSON.	Prospector's Handbook.
BALLING.	Manuel pratique de l'art de l'essayeur.
E. DE BEAUMONT.	Emanations volcaniques et métallifères.
G. F. BECKER.	Geology of the Comstock lode and Washoë district.
—	Geology of the quicksilver deposits of the Pacific slope.
G. BISCHOF.	Ueber die Enstehung des quartz u. Erzgänge.
BOUTAN.	Préparation mécanique des minerais.
BURAT.	Etudes sur les mines.
—	Sur les variations des gîtes métallifères en profondeur.
—	Traité des minéraux utiles.
CALIFORNIE.	(Géologues de l'Etat de.) Annuaires et Mémoires divers.
A. CARNOT.	Cours de Docimasie.
A. CLASSEN	Précis d'analyse chimique.
COLORADO.	(Géologues de l'Etat de). Mémoires divers.
CORNWALL.	Traité du chalumeau.
V. COTTA.	Die Lehre von den Erzlagerstätten.
—	Gangstudien.
CUMENGE ET FUCHS.	L'or.
J. S. CURTIS.	Silver-Lead deposits of Eureka.
J. J. DANA.	Géologie.
—	Minéralogie.
DAUBRÉE.	Etudes synthétiques de géologie expérimentale.
D. C. DAVIES.	Metalliferous minerals and mining.
—	Earthy minerals and mining.
A. DELAUNAY.	Formation des gîtes métallifères.
DIEULAFAIT.	L'origine et la formation des minerais métallifères.
DUROCHER.	Sur les gîtes métallifères et leur formation.
EGLESTON.	Métallurgie de l'or et de l'argent.
EISSLER.	Metallurgy of gold.
—	Metallurgy of silver.
S. F. EMMONS.	Geology and mining industry of Leadville.
FLEISCHER.	Traité pratique d'analyse chimique par la méthode volumétrique.
W. FOX.	Formation des gîtes métallifères.
—	L'origine des gîtes minéraux.

Fremy.	Chimie générale.
—	Encyclopédie chimique.
Fuchs et de Launay.	Traité des gites minéraux.
A. Geikie.	Text-book of geology.
—	Outlines of field geology.
Von Groddeck.	Traité des gites métallifères.
Gruner et Roswag.	Généralités sur la métallurgie et cuivre.
Haton de la Goupillière.	Cours d'exploitation des mines.
Henwood.	On metalliferous deposits.
R. Hunt.	British mining.
T. S. Hunt.	Chemical and Geological Essays.
J. F. Kemp.	The Ore Deposits of the United States.
De Lapparent.	Géologie.
—	Minéralogie.
Laur.	Gisement de l'or en Californie.
Lehman.	Traité de la formation des métaux.
Lock.	Gold; its occurence; its extraction.
Sir. Ch. Lyell,	Principes de géologie.
Mallard.	Traité de cristallographie,
R. Mallet.	Philosophical Transactions.
S. Meunier.	Cours élémentaire et pratique de géologie.
Mohr et Classen.	Traité d'analyse chimique par la méthode des liqueurs titrées.
L. Moissenet.	Parties riches des filons.
W. Morgans.	Mining tools.
R.-I. Murchison.	Géologie de la Russie.
J. Percy.	Metallurgy.
J. A. Phillips.	Ore deposits.
J. A. Phillips and Bauerman.	Elements of Metallurgy.
Posepny.	The genesis of ore deposits.
J. Post.	Traité complet d'analyse appliquée aux essais industriels.
J. W. Powell.	Reports of the United States geological Survey.
R.-W. Raymond.	Mémoires divers.
L. E. Rivot.	Métallurgie.
—	Docimasie.
—	Mémoires divers.
Roscoe et Schorlemmer.	A. Treatise on Chemistry.
Roswag.	L'argent.
Fr. Landberger.	Recherches sur les filons métallifères.
Schmidt.	Theorie der Verschiebungen älterer Gängen.
—	Beiträge zur Lehre von den Gängen, etc.
Wadsworth.	Theory of ore deposits.
W. Wallace.	The laws which regulate the deposition of Lead ore in veins.
Werner.	Neue Theorie von der Enstehung der Gänge.
Whitney.	Publications diverses.
Etc., etc., etc...	

Publications périodiques.

Annales de chimie et de physique.
Annales des mines.
Berg. und Huttenm. Jahrbuch der K. K. Ostreich. Bergacademie.
Berg. und Huttenmannische Zeitung.
Engineering and mining journal.
Génie civil.
Geological magazine.
Industrie minérale (Bulletin de l') de Saint-Etienne.
Oesterreischische Zeitschrift fur Bergund HuttenWesen.
Proceedings of the geological Society. London.
Quarterly journal of the geological Society of London.
Transactions of the American Institute of mining engineers.
United States Geological Survey.
Zeitschrift der deutschen geologischen Gesellschaft.
Etc., etc.

CATALOGUE DE LIVRES

SUR LA

MINÉRALOGIE ET LA GÉOLOGIE

PUBLIÉS PAR

LA LIBRAIRIE POLYTECHNIQUE, BAUDRY ET Cie

15, RUE DES SAINTS-PÈRES, A PARIS

Le catalogue complet est envoyé sur demande.

MINÉRALOGIE ET GÉOLOGIE

Traité de minéralogie.
    Traité de minéralogie à l'usage des candidats à la licence ès sciences physiques et des candidats à l'agrégation des sciences naturelles, par WALLERANT, professeur à la Faculté des sciences de Rennes. 1 volume grand in-8°, avec 341 figures dans le texte. . . . . 12 fr. 50

Les Minéraux des roches.
    Les minéraux des roches. 1° Application des méthodes minéralogiques et chimiques à leur étude microscopique, par A. MICHEL LÉVY, ingénieur en chef des mines. 2° Données physiques et optiques, par A. MICHEL LÉVY et LACROIX. 1 volume grand in-8°, avec de nombreuses figures dans le texte et une planche en couleur. . . . . 12 fr. 50

Tableaux des minéraux des roches.
    Tableaux des minéraux des roches. Résumé de leurs propriétés optiques, cristallographiques et chimiques par MICHEL LÉVY et LACROIX. 1 volume in-4°, relié. . . . . 6 fr.

Roches éruptives.
    Structures et classification des roches éruptives, par A. MICHEL LÉVY, ingénieur en chef des mines. 1 volume grand in-8°. . . . . 5 fr.

Minéralogie de la France.
    Minéralogie de la France et de ses colonies. Description physique et chimique des minéraux, étude des conditions géologiques de leurs gisements, par A. LACROIX. 1re *partie du tome* Ier. 1 volume grand in-8°, avec de nombreuses figures dans le texte. . . . . 15 fr.
    NOTA. La 2e partie du Tome Ier sera mise en vente dans le milieu de l'année 1894. Le Tome II et dernier paraîtra avant la fin de 1894.

Les Méthodes de synthèse en minéralogie.

Les méthodes de synthèse en minéralogie. Les productions spontanées des minéraux contemporains. — Les synthèses accidentelles. — Les synthèses rationnelles : les méthodes de la voie sèche ; les méthodes de la voie mixte ; les méthodes de la voie humide. Cours professé au Muséum d'histoire naturelle, par Stanislas Meunier. 1 volume grand in-8°, avec figures dans le texte. . . . . 12 fr. 50

Traité des gîtes minéraux et métallifères.

Traité des gîtes minéraux et métallifères Recherche, étude et conditions d'exploitation des minéraux utiles. Description des principales mines connues. Usages et statistique des métaux. Cours de géologie appliquée de l'Ecole supérieure des mines, par Ed. Fuchs, ingénieur en chef des mines, professeur à l'Ecole supérieure des mines, et De Launay, ingénieur des mines, professeur à l'Ecole supérieure des mines. 2 volumes grand in-8°, avec de nombreuses figures dans le texte et 2 cartes en couleur. Relié. . . . . 60 fr.

Géologie appliquée

Géologie appliquée à l'art de l'ingénieur, par E. Nivoit, ingénieur en chef des mines, professeur à l'Ecole des ponts et chaussées. 2 volumes grand in-8°, avec de nombreuses figures dans le texte. . . . . 40 fr.

Géologie appliquée à l'agriculture.

Applications de la géologie à l'agriculture, par Burat. 1 volume in-16. 1 fr. 50

Géologie de la France.

Géologie de la France, par Burat, ingénieur, professeur à l'Ecole centrale des arts et manufactures. 1 volume grand in-8°, avec de nombreuses figures intercalées dans le texte. . . . . 16 fr.

Géologie de la Bohême.

Géologie de la Bohême, par J. de Morgan. 1 volume in-8° avec 39 figures dans le texte, 7 planches tirées hors texte et 4 cartes géologiques en couleur, cartonné . . . . 20 fr.

Carte minière de la France.

Carte minière de la France, par A. Caillaux, imprimée en 18 couleurs. Prix : en feuille, 20 fr. ; collée sur toile et pliée. . . . . 25 fr.

Filons d'or de la Guyane française.

Les filons d'or de la Guyane française. — Formation géologique. — Travaux de recherche. — Conséquence de l'exploitation filonienne, par L. Fernand Viala, ingénieur civil des mines, ancien élève de l'Ecole polytechnique, 1 volume in-8° . . . . 5 fr.

Phosphates de chaux.

Les phosphates de chaux naturels ; recherche des gisements, essais chimiques, extraction, emplois dans l'industrie, phosphates industriels, superphosphates, par Paul Hubert. 1 volume grand in-8°, avec figures dans le texte . . . . 3 fr. 50

Mont-Blanc.

Le massif du Mont-Blanc, étude sur sa constitution géodésique et géologique, sur ses transformations et sur l'état ancien et moderne de ses glaciers, par Viollet-le-Duc. 1 volume in-8°, avec 112 figures dans le texte . 10 fr.

Carte du Mont-Blanc.

 Carte du massif du Mont-Blanc, dressée au 1/40 000°, par E. VIOLLET-LE-DUC, 4 feuilles imprimées en 12 couleurs. . . . . 10 fr.
Collée sur toile et en étui. . . . . 17 fr.
Collée sur toile, montée sur rouleaux et vernie . . . . 20 fr.

Sources.

 L'art de découvrir les sources, par l'abbé PARAMELLE. 1 volume in-8°. 6 fr. 50

PUBLICATIONS DU SERVICE

DE LA

CARTE GÉOLOGIQUE DÉTAILLÉE DE LA FRANCE

(Ministère des Travaux publics)

Carte géologique de la France au 80 millième.

 Carte géologique détaillée de la France à l'échelle du 80 millième publiée par le ministère des Travaux publics, comprenant 267 feuilles de 94 centimètres sur 72 centimètres.

PRIX DE CHAQUE FEUILLE ACCOMPAGNÉE DE SA NOTICE EXPLICATIVE

 En feuilles. . . . . 6 fr.
 Collée sur toile et pliée. . . . . 10 fr.
 Le tableau d'assemblage indiquant les feuilles parues est envoyé franco sur demande.

Carte géologique de la France au 320 millième.

 Carte géologique de la France à l'échelle du 320 millième publiée par le Ministère des Travaux publics. Chaque feuille de la carte au 320 000° comprendra le contenu de 16 feuilles de la carte au 80 000°.
 La seule feuille parue jusqu'à ce jour est la carte n° 13, PARIS correspondant aux n° 30, 31, 32, 33, 46, 47, 48, 49, 63, 64, 65, 66, 78, 79, 80, 81 de la carte au 80 000°.
 Prix : Collée sur toile et pliée. . . . . 10 fr.
 En feuille. . . . . 6 fr.

Carte géologique de la France au millionième.

 Carte géologique de la France à l'échelle du millionième exécutée en utilisant les documents publiés par le service de la carte géologique détaillée de la France par un comité composé de M. Barrois, Bergeron, Bertrand, Depéret, Fabre, Fontannes, Fouqué, Gosselet, Jacquot, Lecornu, Lory, Michel Lévy, Potier et Vélain, sous la direction de MM. JACQUOT, inspecteur général des mines, et MICHEL LÉVY, ingénieur en chef des mines, 4 feuilles de 65 centimètres sur 60 centimètres, imprimées en 41 couleurs.
 Prix : Collée sur toile et pliée . . . . 15 fr. »
 Collée sur toile montée sur rouleaux et vernie. . . . . 20 fr. »
 En feuilles . . . . 9 fr. 50
 Ajouter 1 fr. 35 par envoi pour l'emballage et l'affranchissement des cartes en feuille, et 2 fr. 25 pour l'emballage et l'affranchissement des cartes montées sur rouleaux.

L'Ardenne.

L'Ardenne, par J. Gosselet, professeur de géologie à la Faculté des sciences de Lille. 1 volume in-4° contenant 26 planches en héliogravure tirées en taille-douce, 243 figures intercalées dans le texte et 11 planches de cartes et de coupes géologiques . . . . 50 fr.

Le pays de Bray.

Le pays de Bray, par A. de Lapparent, ingénieur au corps des mines. 1 volume in-4° avec 20 figures intercalées dans le texte et 4 planches de cartes. . . . . 7 fr. 25

Explication de la carte géologique de la France.

Explication de la carte géologique de la France publiée par le ministère des Travaux publics.
Tome Ier. . . . . (*Epuisé*.)
Tome II. Terrain du trias et terrain jurassique, par Dufrenoy et Élie de Beaumont. 1 volume in-4°, avec 104 figures dans le texte . . . . 14 fr. 40
Tome III (1re partie). Craie, terrain tertiaire, chaîne des Pyrénées, terrain volcanique, par Dufrenoy. 1 volume in-4°, avec 18 figures dans le texte. 4 fr.
Tome IV (2e partie). Végétaux fossiles du terrain houiller, par Zeiller. 1 volume in-4°. . . . . 3 fr. 75

Atlas de paléontologie.

Atlas de paléontologie, par Bayle et Zeiller.
1re *partie* : Fossiles principaux des terrains, par Bayle.
2e *partie* : Végétaux fossiles du terrain houiller, par Zeiller.
1 volume in-folio contenant 176 planches. Chaque planche est accompagnée d'une feuille de texte contenant l'explication des figures. . . . . . 80 fr.
Cet ouvrage forme l'atlas du 4e volume de l'explication de la carte géologique de la France.

Carte géologique des environs de Paris.

Carte géologique des environs de Paris à l'échelle du 40 millième, publiée par le ministère des Travaux publics, comprenant 4 feuilles de 84 centimètres sur 64 centimètres chacune.
Prix : En feuilles. . . . . 15 fr.
      Collée sur toile en 4 feuilles et pliée . . . . 25 fr.
      Collée sur toile, montée sur rouleaux et vernie . . . . . . 30 fr.

Notice sur la carte géologique des environs de Paris.

Notice sur une nouvelle carte géologique des environs de Paris, par Gustave Dollfus. 1 volume grand in-8°, avec 2 planches . . . . . . 7 fr. 50

Carte géologique du bassin d'Autun.

Carte géologique du bassin d'Autun à l'échelle du 40 millième, par Michel Lévy, Delafond et Renault, publiée par le ministère des Travaux publics. 1 feuille de 1^m,05 sur 75 centimètres . . . . 6 fr.

Carte géologique de l'Algérie.

Carte géologique de l'Algérie à l'échelle du 800 millième, publiée par le ministère des Travaux publics, sous la direction de MM. Pomel, directeur de l'École supérieure des sciences d'Alger et Pouyanne, ingénieur en chef des mines. 4 feuilles de 78 centimètres sur 58 centimètres, accompagnées d'un volume grand in-8°.
Prix : Collée sur toile et pliée. . . . . 21 fr.
      Collée sur toile, montée sur rouleaux et vernie. . . . . 26 fr.

En feuilles . . . . 15 fr.

Ajouter 1 fr. 35 par envoi pour l'emballage et l'affranchissement des cartes en feuilles et 2 fr. 25 pour l'emballage et l'affranchissement des cartes montées sur rouleaux.

Bulletin de la carte géologique de la France.

Bulletin des services de la Carte géologique de la France et des Topographies souterraines (ministère des Travaux publics) publié sous la direction de M. Michel Lévy, ingénieur en chef des mines, avec le concours des professeurs, des géologues et des ingénieurs qui collaborent à la Carte géologique détaillée de la France et aux topographies souterraines publiées par le ministère des Travaux publics.

Ce bulletin paraît depuis le mois d'août 1889 par fascicules contenant chacun un mémoire complet, dont la réunion forme chaque année un beau volume grand in-8°, accompagné d'un grand nombre de planches et avec de nombreuses figures intercalées dans le texte.

Prix de l'abonnement . . . . 20 fr.
Prix de l'année parue. 20 fr.

Nous avons fait tirer à part un certain nombre d'exemplaires de chacun des bulletins destinés à être vendus séparément, aux prix suivants :

LISTE DES BULLETINS PARUS :

Le Mont Pilat et le Plateau Central.

N° 1. Etude sur le massif cristallin du Mont Pilat, sur la bordure orientale du Plateau Central, entre Vienne et Saint-Vallier, et sur la prolongation des plis synclinaux houillers de Saint-Etienne et Vienne, par Termier, ingénieur des mines, professeur à l'Ecole de Saint-Etienne. 1 brochure grand in-8°, avec 28 figures dans le texte et 2 planches . . . . 3 fr. 75

Les Environs de Lyon.

N° 2. Note sur les terrains d'alluvions des environs de Lyon, par Delafond, ingénieur en chef des mines. 1 brochure grand in-8°, avec 1 planche 1 fr. 25

Les Pyrénées de l'Aude.

N° 3. Note sur l'existence des phénomènes de recouvrement dans les Pyrénées de l'Aude, par L. Carez, docteur ès siences naturelles. 1 brochure grand in-8°, avec 1 planche. . . . . 1 fr. 25

Les roches primitives de la feuille de Brive.

N° 4. Note sur les roches primitives de la feuille de Brive, par L. de Launay, ingénieur des mines. 1 brochure grand in-8°, avec 6 figures dans le texte . . . . 0 fr. 75

Bassin tertiaire de Marseille.

N° 5. Notes stratigraphiques sur le bassin tertiaire de Marseille, par Ch. Depéret, professeur à la Faculté des sciences de Lyon. 1 brochure grand in-8°, avec 6 figures dans le texte. . . . . 1 fr. 50

Les environs d'Annecy, la Roche, Bonneville, etc.

N° 6. Notes sur la géologie des environs d'Annecy, la Roche, Bonneville et de la région comprise entre le Buet et Sallanches (Haute-Savoie), par G. Maillard, conservateur du musée d'Annecy. 1 volume grand in-8°, avec 9 planches 5 fr. 25

Les éruptions du Menez-Hom (Finistère).

N° 7. Mémoire sur les éruptions diabasiques siluriennes du Menez-Hom (Finistère), par CH. BARROIS, professeur adjoint à la Faculté des sciences de Lille. 1 volume grand in-8°, avec 23 figures dans le texte et 1 planche. 4 fr.

Le nord de la France et le Bassin de Paris.

N° 8. Relations entre les sables de l'éocène inférieur dans le nord de la France et dans le bassin de Paris, par J. GOSSELET, professeur à la Faculté des sciences de Lille, membre correspondant de l'Institut. 1 brochure grand in-8, avec 7 figures dans le texte. . . . . 75 c.

Les roches des environs du Mont-Blanc.

N° 9. Etude sur les roches cristallines et éruptives des environs du Mont-Blanc, par MICHEL LÉVY, ingénieur en chef des mines, directeur du service de la carte géologique de la France. 1 brochure grand in-8, avec 4 planches en photogravure, une planche de coupes, et des figures dans le texte   2 fr. 50

Le Plateau Central entre Tulle et Saint-Céré.

N° 10. Etude sur la stratigraphie du Plateau Central entre Tulle et Saint-Céré, par MOURET, ingénieur des ponts et chaussées. 1 brochure grand in-8°, avec une planche de coupes et une carte géologique. . . . . . . 2 fr. 75

Les roches de l'Ariège et de l'Auvergne.

N° 11. I. Contribution à l'étude des roches métamorphiques et éruptives de l'Ariège (feuille de Foix). — II. Sur les enclaves acides des roches volcaniques de l'Auvergne, par A. LACROIX, préparateur au Collège de France. 1 brochure grand in-8°, avec 12 figures dans le texte. . . . . 3 fr.

Terrains Bressans. — Bassins de Blanzy et du Creuzot.

N° 12. I. Nouvelle subdivision dans les terrains Bressans. — II. Bassin de Blanzy et du Creuzot, par DELAFOND, ingénieur en chef des mines. 1 brochure grand in-8, avec 16 figures dans le texte . . . . 1 fr. 50

Les éruptions du Velay.

N° 13. Les éruptions du Velay. I. Roches éruptives du Meygal. — II. Argiles métamorphosées par le phonolithe, à Saint-Pierre-Eynac, par P. TERMIER, ingénieur des mines, professeur à l'Ecole des mines de Saint-Etienne. 1 brochure grand in-8°, avec 11 figures dans le texte . . . . 1 fr. 50

Le Bassin de Paris.

N° 14. Recherches sur les ondulations des couches tertiaires dans le bassin de Paris, par GUSTAVE F. DOLLFUS. 1 brochure grand in-8, avec 16 figures dans le texte et une carte. . . . . 4 fr. 75

Le Forez et le Roannais.

N° 15. Note sur les formations géologiques du Forez et du Roannais, par LE VERRIER, ingénieur en chef des mines. 1 brochure grand in-8°, avec 41 figures dans le texte et 4 planches . . . . 4 fr. 75

La vallée d'Apt. — Le Pliocène à Théziers (Gard).

N° 16. I. Note sur les sables de la vallée d'Apt, par KILIAN, de la Faculté des sciences de Grenoble, et F. LEENHARDT, de la Faculté de théologie protestante de Montauban. — II. Note sur la découverte de l'horizon de Montaignet à *Bulimus Hopei*, dans le bassin d'Apt, par DEPERET et LEENHARDT. — III. Note sur le Pliocène et sur la position stratigraphique des couches à congénéries de Théziers (Gard), par DEPERET, professeur à la Faculté des sciences de Lyon. 1 brochure grand in-8, avec 10 figures dans le texte et 1 planche . . . . 1 fr. 75

La structure des Corbières.

N° 17. Note sur la structure des Corbières, par Emm. de Margerie. 1 brochure grand in-8°, avec 3 figures dans le texte et 1 planche. . . . 2 fr. 50

La chaine de la Sainte-Beaume.

N° 18. I. Note sur la continuation de la Chaîne de la Sainte-Beaume (Feuille de Draguignan). — II, III, IV, V. Notes sur quelques points de la feuille de Castellane, par Ph. Zurcher, ingénieur en chef des ponts et chaussées. 1 brochure grand in-8°, avec 22 figures dans le texte et 4 planches 3 fr. 25

Terrains tertiaires du Sud-Ouest.

N° 19. Contribution à l'étude des terrains tertiaires du Sud-Ouest de la France, par G. Vasseur, professeur de géologie à la Faculté des sciences de Marseille. 1 brochure grand in-8°, avec 18 figures dans le texte . 0 fr. 75

Le massif de la Vanoise.

N° 20. Géologie et stratigraphie du Massif de la Vanoise, par Termier, ingénieur des mines, professeur à l'Ecole de Saint-Etienne. 1 volume grand in-8°, avec 58 figures dans le texte, une carte géologique et 9 planches 10 fr.

Les chaines subalpines entre Gap et Digne.

N° 21. Les chaines subalpines entre Gap et Digne, Contribution à l'histoire géologique des Alpes françaises, par Emile Haug, docteur ès sciences, chef des travaux pratiques au Laboratoire de géologie de la Faculté des sciences de Paris. 1 volume grand in-8°, avec figures dans le texte, une carte géologique et 2 planches. . . . . 10 fr.

Les environs d'Annecy.

N° 22. I. Note de M. Michel Lévy sur les derniers travaux de G. Maillard. — II, III. Note sur les diverses régions de la feuille d'Annecy, par G. Maillard. 1 brochure grand in-8°, avec 45 figures dans le texte. . . . . . . 2 fr. 50

Géologie de l'Oise. — Le trias de l'Ariège.

N° 23. I. Contribution à la géologie de l'Oise. Notice géologique de Beauvais, par H. Thomas, contrôleur principal des mines, chef des travaux graphiques de la carte géologique de la France. — II. Note sur le trias de l'Ariège et de l'Aude, par C. de Lacvivier, proviseur du lycée de Montpellier. 1 brochure grand in-8°, avec 12 figures dans le texte. . . . . . . 1 fr. 50

Le massif d'Allauch.

N° 24. Le massif d'Allauch, au nord-ouest de Marseille, par M. Bertrand, ingénieur en chef des mines, professeur de géologie à l'École nationale des mines. 1 brochure grand in-8°, avec 28 figures dans le texte et 2 planches.
3 fr. 50

La craie des Corbières.

N° 25. Etude sur la craie supérieure. La craie des Corbières, par A. de Grossouvre, ingénieur en chef des mines. 1 brochure grand in-8, avec 5 figures dans le texte. 0 fr. 75

Les massifs du Chablais.

N° 26. Etude sur les massifs du Chablais compris entre l'Arve et la Drance (Feuilles de Thonon et d'Annecy), par Aug. Jaccard, professeur de géologie à l'Académie de Neuchâtel. 1 brochure grand in-8, avec 44 figures dans le texte. . . . . 2 fr. 25

La chaine des Aiguilles Rouges. — Les roches du Flysch du Chablais.

N° 27. I. Note sur la prolongation vers le sud de la chaine des Aiguilles-

Rouges (Montagnes de Pormenaz et du Prarion). — II. Etude sur les pointements de roches cristallines qui apparaissent au milieu du Flysch du Chablais, des Gets aux Fenils, par A. MICHEL-LÉVY, ingénieur en chef des mines. 1 brochure grand in-8°, avec 18 figures dans le texte et 7 planches. . . 3 fr. 50

Description géologique du Velay.

N° 28. Description géologique du Velay, par MARCELLIN BOULE, agrégé de l'Université, docteur ès sciences. 1 volume grand in-8, avec 80 figures dans le texte et 11 planches. 12 fr.

Contact du Jura méridional et de la zone subalpine.

N° 29. Contact du Jura méridional et de la zone subalpine aux environs de Chambéry (Savoie), par M. HOLLANDE. 1 brochure grand in-8°, avec 23 figures dans le texte . . . . 1 fr. 50

La Vallée du Cher dans la région de Montluçon.

N° 30. Etudes sur le Plateau central. — I. La Vallée du Cher dans la région de Montluçon, par L. DE LAUNAY, ingénieur des mines, professeur à l'Ecole supérieure des mines. 1 brochure grand in-8, avec 23 figures dans le texte et 6 planches. . . . . 3 fr. 50

Les Ophites et les Lherzolites de l'Ariège.

N° 31. Note sur la distribution géographique et sur l'âge géologique des ophites et des lherzolites de l'Ariège, par C. DE LACVIVIER, proviseur du lycée de Montpellier. 1 brochure grand in-8°, avec une figure dans le texte 0 fr. 75

Le Môle et les collines de Faucigny.

N° 32. Le Môle et les collines de Faucigny (Haute-Savoie), par MARCEL BERTRAND, ingénieur en chef des mines, professeur de géologie à l'Ecole des mines. 1 brochure grand in-8°, avec 27 figures dans le texte et une carte en couleurs . . . . 2 fr. 25

Plissements siluriens du Cotentin.

N° 33. Sur les plissements siluriens dans la région du Cotentin, par L LECORNU, ingénieur des mines, maître de conférences à la Faculté des Sciences de Caen. 1 brochure grand in-8°, avec 16 figures dans le texte. . 1 fr. 50

Géologie de la vallée d'Aspe.

N° 34. Note sur la géologie de la haute vallée d'Aspe (Basses-Pyrénées), par J. SEUNES, professeur chargé de cours à la Faculté des sciences de Rennes. 1 brochure grand in-8°, avec 15 figures dans le texte . . . . . . 1 fr. 50

Etude stratigraphique des Pyrénées.

N° 35. Etude stratigraphique des Pyrénées, par JOSEPH ROUSSEL. 1 volume grand in-8°, avec figures dans le texte et cartes . . . . 17 fr. 25

Le granite de Flamanville.

N° 36. Contribution à l'étude du granite de Flamanville et des granites français en général, par MICHEL LÉVY. 1 volume grand in-8°, avec 6 figures dans le texte et 5 planches. 2 fr. 25

PUBLICATIONS DU SERVICE
DES TOPOGRAPHIES SOUTERRAINES
(Ministère des Travaux publics)
ÉTUDES DES GITES MINÉRAUX DE LA FRANCE

Bassin houiller de la Loire.

Bassin houiller de la Loire, par L. GRUNER, inspecteur général des mines. 2 volumes in-4°, et 1 atlas de 28 planches in-plano. . . . . 76 fr.

Bassin houiller de Valenciennes.

Bassin houiller de Valenciennes (partie comprise dans le département du Nord), par A. OLRY, ingénieur en chef des mines. 1 volume in-4°, et 1 atlas de 12 planches in-plano. . . . . 52 fr.

Bassins houillers de Brioude, Brassac et Langeac.

Bassin houiller de Brioude et de Brassac, par J. DORLHAC, ingénieur civil des mines, et Bassin houiller de Langeac, par AMIOT, ingénieur au corps national des mines. 1 volume in-4°, avec figures intercalées dans le texte et 1 atlas de 18 planches in-folio. 37 fr.50

Bassin houiller de Ronchamp.

Bassin houiller de Ronchamp, par E. TRAUTMANN, inspecteur général honoraire des mines. 1 volume in-4°, et 1 atlas de 9 planches in-plano . 15 fr.50

Flore fossile du bassin houiller de Valenciennes.

Description de la flore fossile du bassin houiller de Valenciennes, par R. ZEILLER, ingénieur en chef des mines. 1 volume in-4°, avec 45 figures dans le texte et 1 carte en couleur, et 1 atlas in-4° contenant 94 planches de dessins faits d'après nature et lithographiés par C. Cuisin. . . . . 75 fr. 25

Bassin houiller et permien d'Autun et d'Épinac.

Bassin houiller et permien d'Autun et d'Epinac. Fascicule premier, Stratigraphie par DELAFOND, ingénieur en chef des mines, avec 15 figures dans le texte, une planche et une carte géologique au 40 millième par MICHEL LÉVY DELAFOND et RENAULT. . . . . 12 fr.

Fascicule II. Flore fossile (1ʳᵉ partie), par R. ZEILLER, ingénieur en chef des mines. 1 volume in-4° et 1 atlas in-4° de 27 planches. . . . . . . 30 fr.

Fascicule III. Poissons fossiles, par le Dʳ SAUVAGE. 1 volume in-4°, avec 5 planches. . . . . 4 fr.

Bassin houiller et permien de Brive.

Bassin houiller et permien de Brive. Fascicule premier. Stratigraphie, par GEORGES MOURET, ingénieur en chef des ponts et chaussées. 1 volume in-4°, avec 120 figures dans le texte, 2 planches et 1 carte géologique. — Fascicule II. Flore fossile, par R. ZEILLER, ingénieur en chef des mines. 1 volume in-4°, avec 15 planches. Prix des deux volumes . . . . 30 fr.

Mémoires de Paléontologie.

Mémoires de Paléontologie de la Société géologique de France, publiés sous la direction de MM. A. GAUDRY, membre de l'institut, professeur de paléontologie au Muséum d'histoire naturelle ; MUNIER-CHALMAS, maître de conférences à l'Ecole normale supérieure; DOUVILLÉ, professeur de paléontologie à l'Ecole des mines; ZEILLER, ingénieur en chef des mines, et J. BERGERON, docteur ès sciences.

Cette publication paraît depuis 1890 par fascicules trimestriels, et forme chaque année un beau volume grand in-4° contenant au minimum 20 planches

ABONNEMENTS : Paris, 25 francs. — Départements, 28 francs. — Union postale, 30 francs. Prix de l'année parue. 40 fr.

Nous avons fait tirer à part un certain nombre d'exemplaires de chacun des mémoires destinés à être vendus séparément aux prix suivants :

Le Dryopithèque.

N° 1. Le Dryopithèque, par ALBERT GAUDRY, membre de l'Institut, professeur de paléontologie au Muséum d'histoire naturelle. 1 brochure in-4°, avec 1 planche. . . . . 2 fr. 50

Les Céphalopodes du Crétacé supérieur.

N° 2. Contribution à l'étude des Céphalopodes du Crétacé supérieur de France, par JEAN SEUNES. 2 brochures in-4°, avec 5 planches . . . 7 fr. 50

Les animaux pliocènes du Roussillon.

N° 3. Les Animaux pliocènes du Roussillon, par CHARLES DEPÉRET, professeur à la Faculté des sciences de Lyon. — *En préparation.*

Paléontologie du sud-est de l'Espagne.

N° 4. Contributions à la Paléontologie du Sud-Est de l'Espagne, par RENÉ NICKLÈS, ingénieur civil des mines. 1 brochure in-4°, avec 4 planches. 6 fr. 50

Le Nelumbium provinciale.

N° 5. Le Nelumbium provinciale, par G. DE SAPORTA, correspondant de l'Institut. 1 brochure in-4°, avec 3 planches. . . . . 3 fr. 75

Les principales espèces d'hippurites.

N° 6. Etude sur les Rudistes. Revision des principales espèces d'hippurites, par H. DOUVILLÉ, ingénieur en chef des mines, professeur à l'Ecole nationale supérieure des mines. 3 brochures in-4°, avec 15 planches. . . . . 23 fr.

Deux oiseaux du gypse parisien.

N° 7. Description de deux nouveaux oiseaux du gypse parisien, par FLOT, docteur ès sciences. 1 brochure in-4°, avec 1 planche. . . . . 2 fr.

Remarques sur les mastodontes.

N° 8. Quelques remarques sur les Mastodontes, à propos de l'animal du Cherichira, par ALBERT GAUDRY. 1 brochure in-4, avec 2 planches 2 fr. 50

La végétation du niveau aquitanien.

N° 9. Recherches sur la végétation du niveau aquitanien de Manosque, par G. DE SAPORTA. 2 brochures in-4°, avec 20 planches . . . . . . 26 fr. 50.

Les Pythonomorphes de France.

N° 10. Les Pythonomorphes de France, par ALBERT GAUDRY. 1 brochure in-4° avec 2 planches . . . . 4 fr.

Appareil fructificateur des sphenophyllum.

N° 11. Etude sur la constitution de l'appareil fructificateur des sphenophyllum, par R. ZEILLER, ingénieur en chef des mines. 1 brochure in-4°, avec 3 planches . . . . 6 fr. 50

EXPLOITATION DES MINES

Législation des mines.

Législation des mines française et étrangère, 2° tirage augmenté d'un Index alphabétique, par LOUIS AGUILLON, ingénieur en chef, professeur à l'Ecole des mines de Paris. 3 volumes grand in-8° . . . . 40 fr.

Exploitation des mines.

Exploitation des mines. — Gîtes minéraux. — Minéraux utiles non métallifères. — Minerais. — Eaux souterraines. — Marche générale d'une exploitation, recherches, aménagements. — Transmission de la force dans les mines. — Travaux d'excavation, outillage et procédés de l'abatage. — Sondages. — Puits, galeries, tunnels. — Aérage, éclairage. — Transports souterrains. — Extraction, descente des remblais, translation des ouvriers. — Assèchement des mines. — Méthodes d'exploitation. — Sièges d'exploitation. transports extérieurs, manipulations au jour. — Préparation mécanique des minerais, épuration de la houille. — Accidents, personnel, loi des mines, prix de revient, par E.-J. DORION, ingénieur civil, répétiteur à l'Ecole Centrale. 1 volume grand in-8°, avec figures dans le texte. . . . . 25 fr.

Exploitation des mines.

Cours d'exploitation des mines, professé à l'Ecole centrale des arts et manufactures, par BURAT. 1 volume grand in-8° et 1 atlas in-4° de 143 planches doubles. . . . . 80 fr.

Exploitation des mines.

Traité de l'exploitation des mines de houille, ou exposition comparative des méthodes employées en Belgique, en France, en Allemagne et en Angleterre, pour l'arrachement et l'extraction des minéraux combustibles, par PONSON. 2° édition. 4 gros volumes in-8° et 1 atlas de 80 planches. . 72 fr.

Supplément au traité de l'exploitation des mines de houille, par le même auteur. 2 gros volumes in-8° et 1 atlas de 68 planches in-folio. . . . 60 fr.

Matériel des houillères.

Le matériel des houillères en France et en Belgique, par BURAT. 1 volume grand in-8° et 1 atlas de 77 planches in-folio . . . . 60 fr.

Supplément au matériel des houillères, par le même auteur. 1 volume grand in-8° et 1 atlas de 40 planches in-folio . . . . 30 fr.

Puits de mines.

De l'établissement des puits de mines dans les terrains ébouleux et aquifères, par GLÉPIN. 1 volume in-8°, avec un atlas de 16 planches grand in-4°, dont plusieurs doubles . . . . 25 fr.

Air comprimé.

Traité élémentaire de l'air comprimé par JOSEPH COSTA, ingénieur civil, ancien élève de l'Ecole polytechnique. 1 volume grand in-8°, avec 20 figures dans le texte . . . . 5 fr.

Moyens de transport.

Les moyens de transport appliqués dans les mines, les usines et les travaux publics, voitures, tramways, chemins de fer, plans inclinés, traînage par câble et par chaîne, etc., organisation et matériel, par A. EVRARD, directeur des aciéries et forges de Firminy. 2 volumes in-8°, avec un atlas de 123 planches in-folio contenant 1400 figures . . . . 100 fr.

Atlas du comité des houillères.

Atlas du comité central des houillères de France. Cartes des bassins houillers de la France, de la Grande-Bretagne, de la Belgique et de l'Allemagne, accompagnées d'une description technique générale et de renseignements statistiques et commerciaux, par E. GRUNER, ingénieur civil des mines. 1 volume in-4°, avec 36 planches imprimées en couleur . . . . . . 40 fr.

Tirage des mines par l'électricité.

Le tirage des mines par l'électricité, par PAUL-F. CHALON, ingénieur des arts et manufactures. 1 vol. in-18, avec 90 figures dans le texte, relié . 7 fr. 50

MÉTALLURGIE

Métallurgie de l'acier.

La métallurgie de l'acier, par HENRY MARION HOWE, professeur à Boston

(Etats-Unis), traduit par Octave Hock, ingénieur de l'école de Liège, ingénieur aux usines à tubes de la société d'Escaut et Meuse, à Anzin, ancien chef de service des Aciéries d'Isbergues. 1 volume in-4°, avec de nombreuses figures dans le texte, relié . . . . 75 fr.

Métallurgie.

Principes de la fabrication du fer et de l'acier, par sir J. Lowthian Bell, traduit de l'anglais par Hallopeau, professeur à l'Ecole centrale. 1 volume grand in-8°, avec 7 planches hors texte . . . . 15 fr.

Métallurgie.

Album du cours de métallurgie professé à l'École centrale des arts et manufactures, par Jordan, ingénieur d'usines métallurgiques, professeur à l'Ecole centrale. 1 atlas de 140 planches in-folio, cotées et à l'échelle, et 1 volume grand in-8° . . . . 80 fr.

Métallurgie.

Traité complet de métallurgie, comprenant l'art d'extraire les métaux de leurs minerais et de les adapter aux divers usages de l'industrie, par Percy, professeur à l'Ecole des mines de Londres. Traduit avec l'autorisation et sous les auspices de l'auteur, avec introduction, notes et appendices, par A.-E. Petitgand et A. Ronna, ingénieurs. 5 vol. grand in-8°, avec de nombreuses gravures . . . . 75 fr.
Chaque volume se vend séparément . . . . 18 fr.

Métallurgie.

Cours de métallurgie professé à l'Ecole des mines de Saint-Etienne, par Urbain Le Verrier, ingénieur des mines.
1ro partie. Métallurgie des métaux autres que le fer, comprenant la métallurgie du plomb, du cuivre, du zinc, de l'étain, de l'antimoine et du bismuth, du nickel et cobalt, du mercure, de l'argent, de l'or et du platine. 1 volume in-4°, avec 43 planches. . . . . 18 fr.
2e partie. Métallurgie générale. 1 volume in-4°, 36 planches . . . 25 fr.

Préparation des minerais.

Traité pratique de la préparation des minerais, manuel à l'usage des praticiens et des ingénieurs des mines, par C. Linkenbach, ingénieur des usines à plomb argentifère d'Ems, traduit de l'allemand par H. Coutrot, ingénieur des mines. 1 vol. grand in-8°, avec 24 planches. Relié . . . . . . 30 fr.

Hauts fourneaux.

Construction et conduite des hauts fourneaux et fabrication des diverses fontes, par A. de Vathaire, ancien directeur des hauts fourneaux de Bessèges, Saint-Louis, Marnaval, Forges de Champagne et Balaruc. 1 vol. grand in-8° et 1 atlas in-4° de 16 planches . . . . 18 fr.

Hauts fourneaux.

Documents concernant le haut fourneau pour la fabrication de la fonte de fer, par Schinz, traduit de l'allemand par Fievet. 1 vol. grand in-8°, avec planches . . . . 6 fr. 50

www.ingramcontent.com/pod-product-compliance
Lightning Source LLC
Chambersburg PA
CBHW060518230426
43665CB00013B/1568